農業環境の経済評価

――多面的機能・環境勘定・エコロジー――

出村克彦・山本康貴・吉田謙太郎［編著］

北海道大学出版会

用水路敷地へのコスモスの植栽。浦河土地改良区・西利明氏提供

用水路敷地へのルピナスの植栽。浦河土地改良区・西利明氏提供

雨竜町丹波沼の風景。空知支庁提供

雨竜町鶴田沼の風景。空知支庁提供

用水路敷地へのデルフィニウムの植栽。浦河土地改良区・西利明氏提供

ハーブの畦道づくり(美唄市)。今橋道夫氏提供

芦別市新城に見る郷(さと)の風景。空知支庁北部耕地出張所提供

フットパス入口の動物ランド(根室市)。
出村克彦提供

牧草ロールのある風景(富良野市布札別)。
富良野市提供

草地丘陵のフットパス(根室市)。
出村克彦提供

沿道沿いのフットパス(左奥。根室市)。
出村克彦提供

ひまわりのある風景(富良野市麓郷)。富良野市提供

開けゆく農地(雨竜町)。空知支庁北部耕地出張所提供

地域はもとより通行する人々にも安らぎを与え、農村の魅力をアピールするキカラシの景観。
上更別地域資源保全会提供

は し が き

1. 本書の目的

　本書では農業・農村に由来する環境問題に課題を限定しており，その環境現象を様々な手法により評価することで，持続的な農業・農村のあり方にコミットする論文で構成されている。農業・農村における環境問題をアメニティ(goods)と汚染(bads)の双方から捉えるものである。

　現代は環境の時代である。環境(の発現)には，goodsとbadsがある。何がgoodsであり，何がbadsであるのかを指摘し語ることは，特に難しいことではない。いずれの環境現象も目に見えるものがあり，また見えないものもある。美しい景観の下に様々な生態系の循環機能が働いている。また汚染が地下深く浸透し，一見綺麗な水系も汚れている。森林や草地，河川・河原などの自然環境で，人間の(開発の)手が入らない原始の環境は，日本の自然においては稀有である。美しいままの自然が自然のまま存在しているのではなく，自然は保全していくことで美しさが維持される。環境を汚すのは人間であるが，その環境を美しく保全するにはやはり人間の活動が必要である。美と醜は意識することにより，両者のその違いを一層際立たせる。無知と無関心は，何も生み出さないだけでなく，無残な破壊をもたらす結果を招来させる。

　美しい環境と汚れた環境を認識し，その状態を評価するところから，環境問題に対する日常的また学問的接近が始まり，その解決へとつなぐことが可能となる。環境問題はbads(公害)として捉えられるのが通常の認識である。都市では，ごみ，大気の汚染などが，農村では，農業生産に起因する汚染(家畜糞尿，化学肥料・農薬などによる土壌，水質汚染)などが代表的な環境公害である。さらに，より広範囲な地球温暖化の問題があり，これとても農業は無関係ではない。近代的な農業は汚染を発生させる点では，ほかの産業と変わることのない公害産業である。

農業生産活動とその舞台となる農村は工業や都市と比較するなら，いい過ぎを承知で対照すると次のようにいいうる。農業生産は土壌，水および動植物等々の自然資源を使い，資源間の自然循環機能を活用する生産活動である。自然循環機能を利用した活動は，様々な外部効果を発揮する。それが多面的機能と総称される。農業は汚染の外部不経済効果をもたらすが，一方では多面的機能の外部経済効果を発揮する産業である。農村は多面的機能により形成される緑空間，快適空間であり，都市住民が来訪して憩うことのできる交流空間，居住空間でもある。都市は農村にはない様々な利便性，快適性に満ちた快適空間であるが，その快適性は農村のそれとは質的違いがあり，両者を比較することはあまり意味がない。都鄙は比較することで，その優劣を論じる対象ではない。

2. 本書の位置づけ

本書は先に上梓した『農村アメニティの創造に向けて──農業・農村の公益的機能評価──』(出村克彦・吉田健太郎編著(1999)：大明堂)の続編，ないしは改訂版と位置づけられる。この間に環境評価に対する理解は十分とはいえないが，それなりの広がりを見せてきた。CVMといった用語も説明なしで使用されている。公益的機能とか外部経済効果という表現は，多面的機能として統一されたといってよい。また方法論的な研究の進歩がある。何よりも，環境評価の研究を進める社会的，学術的な勢い，流行が後押ししたことである。ただ，研究業績の量的蓄積(論文数)は決して十分とはいえない。

本書は『農村アメニティの創造に向けて』の続編といったが，決してそれを意図して計画的に環境研究をしてきたわけではない。図らずしも，執筆者たちの研究がこの分野に集中したことである。本書で扱った農業環境問題の研究を進める動因は，1つに環境評価に対する社会的要請，必要性が高まってきたことであり，次にそうした研究が具体性を持ちえたのは，方法論の進歩と農学的データの利用が可能になったことによる。前掲書の「公益的機能」では，アメニティ，外部経済効果に焦点があてられて分析されていた。その理由の1つは，外部不経済，環境負荷の評価手法が，理論的にも実態把握の数値化においても，資料収集においても不十分であり，記述表現，定性分析に終わらざるを得な

かったためである。環境負荷の評価分析をするには，農学領域の研究データ，知識が不可欠である。

「文理融合」が学問のシナジー効果を高めることになるが，環境研究はその代表であろう。学術研究には流行がある。経済学の分野でいえば，次の言及がある。「(理論経済学，計量経済学の最先端の研究発表が…[中略]…専門誌に掲載される諸論文のテーマ内は流行現象が見られるようになった。そして)流行は優れた仕事を生み出す原動力であり，そこから生み出される成果は，同様の関心を持つ経済学者たちの競争的共同作品である」(池尾愛子(2006)：『日本の経済学 20世紀における国際化の歴史』名古屋大学出版会, p. 33.)。確かに環境研究は1つの流行である。しかしながら，農業(経済学)分野における環境研究あるいは環境評価研究は，研究の量的，質的蓄積は決して多くはない。

環境財の評価に対する批判的意見を見ると，かつての技術進歩に対する批判を，つまり技術進歩それ自体に対する批判ではなく，技術進歩の評価，計量手段に対する批判を連想させる。技術進歩は初期の時期は時間(t)を代理変数として計量モデルに組み込まれた。それが様々な工夫を経て，技術進歩変数として具体化されてきた。慣行的投入変数では補足できない部分を評価するとして表現としての measurement of unknown が，「無知の計測」と揶揄されたものである。正確には，measure of our ignorance と表現されている(Abramovitz, M. (1956): "Resource and Output Trends in the United States since 1870," *American Economic Revie*, vol. 46(2), pp. 5-23)。経済学は方法論的個人主義に立脚する学問である。環境研究の経済学的アプローチは，他方では規範を論じる領域を含んでいる。論理性と実証性をいかに融合させていくか。それは研究の中から示していかねばならない。

本書は思いのほか5部構成の大部な章立てとなった。方法論に関心のある読者はその該当部分を拾い読みしてもよいであろう。本書の編集において，読みやすさや方法論の追試的適用において理解できる表現を保持するように心掛けた。そのために研究室の院生諸君に多大な協力をしてもらった。全章を通読してもらい，文章の不明な点や簡にして要を得ない箇所，誤字脱字等々の不備を指摘してもらい，数度の書き直しを行った。それが功を奏したかどうかの成否

はわれわれの責任である。特に大学院生の桟敷孝浩，渡久地朝央，澤内大輔の諸君には，原稿の精読，校正のチェックに尽力していただいた。ここに衷心より深謝したい。また，出版にあたり北海道大学出版会の前田次郎氏と，成田和男・杉浦具子両氏には企画の段階からお世話いただいた。特に成田・杉浦両氏には特段のご配慮をいただき，本書の迅速な出版にこぎつけることができた。ここに衷心より感謝致します。

　本書は，平成16～19年度科学研究費補助金(基盤研究(A))「農業生態資源・環境と調和した人間活動の多様性評価の比較研究，課題番号：16208021」(研究代表者　出村克彦)の研究助成を受け，その「研究成果報告書」による刊行物である。

2008年2月20日

執筆者を代表して

出村克彦

目　次

はしがき ·· i
　1. 本書の目的　i
　2. 本書の位置づけ　ii

第I部　課題と方法

第1章　環境評価の視点と方法 ································· 出村克彦 ········ 3
　1. 本書の課題　3
　2. 環境評価の方法と意義　5
　3. 本書の梗概　10

第2章　環境評価における社会調査手法の理論と実践
　　　　··· 岩本博幸・小池　直 ······ 16
　1. はじめに　16
　2. 標本設計　18
　3. 標本抽出方法と調査計画　20
　4. 面接調査法　28
　5. 郵送調査法　31
　6. 電話調査法　33
　7. インターネットリサーチ　35

第II部　CVM，トラベルコスト法とコンジョイント法

第3章　表明選好法による農業・農村政策の便益評価と便益移転
　　··· 吉田謙太郎・伊藤寛幸 ········ 43
　1. 便益移転の概念と枠組み　43
　2. 表明選好法による農業農村整備の環境便益評価　50
　3. 農業農村整備における便益移転の適用——農業集落排水事業を事例に——　56
　4. コンジョイント分析による直接支払政策の便益移転　72
　5. 便益移転の今後の課題　85

第4章　選択実験型コンジョイント分析による
　　　　　北海道酪農の多面的機能評価
　　　　　 ·· 佐藤和夫・岩本博幸 ········ 92

1. はじめに　92
2. 酪農の多面的機能評価の枠組み　93
3. モデル推定と評価額の検討——観光牧場と酪農草地面積の代替関係——　99
4. まとめ　104

第5章　トラベルコスト法とその展開 ……… 中谷朋昭・佐藤和夫 ……… 108
1. はじめに　108
2. トラベルコスト法の基礎となる考え方　108
3. 経済理論によるトラベルコスト法の定式化　109
4. データ収集方法と各種の分析モデル　111
5. 適用事例——日本在来馬の便益評価——　115
6. まとめ　121

第6章　途上国における水環境汚染改善の評価
——インドネシアの生活排水による水環境汚染の改善に対する住民評価——
……………………………… 岩本博幸・斉藤　貢・眞柄泰基 ……… 125
1. はじめに　125
2. 汚水処理システム導入の便益および費用の評価方法　126
3. 地域住民による便益評価額と汚水処理システム導入費用　132
4. プロジェクトの適正性の検討と国際援助のあり方　136
5. おわりに　141

第Ⅲ部　Life Cycle Assessment

第7章　LCAの理論的枠組みとわが国の農業分野への適用
……………………………………………………… 増田清敬 ……… 149
1. LCAの特徴と問題点　149
2. 環境経済学におけるLCAの位置づけ　150
3. 国際規格に基づいたLCAの実施手法　152
4. わが国の農業分野におけるLCA研究　158

第8章　LCAを用いた精密農業の環境影響評価
——稲作施肥技術を対象として——
……………………………………………………… 工藤卓雄 ……… 169
1. はじめに　169

2. LCAによる分析の手順　171
   3. LCAによる局所施肥管理技術評価の枠組み　171
   4. 局所施肥管理技術により影響される経営収支情報　175
   5. 温室効果ガスの排出に及ぼす影響評価　175
   6. おわりに　179

第9章　LCAを用いた低投入型酪農の環境影響評価
──北海道根釧地域の「マイペース酪農」を事例として──
....増田清敬・山本康貴.........185
   1. はじめに　185
   2. 事例農家の「マイペース酪農」転換による経営変化　186
   3. 「マイペース酪農」転換におけるLCAの適用　190
   4. 「マイペース酪農」転換による環境負荷削減効果　197
   5. まとめ　201

第10章　LCAを用いた農業地域における有機性資源循環システムの環境影響評価
──バイオガスプラント導入を事例として──
....増田清敬・山本康貴.........208
   1. はじめに　208
   2. 鹿追町農業におけるLCAの適用　209
   3. バイオガスプラント導入による環境負荷削減効果　216
   4. まとめ　220

第Ⅳ部　環境会計

第11章　マクロ環境会計の理論　.................山本　充・林　　岳.........229
   1. はじめに　229
   2. 環境会計の定義と目的　230
   3. 環境会計の種類　232
   4. マクロ環境会計の理論的枠組み　236
   5. マクロ環境会計理論の農林業への適用意義　259
   6. おわりに　262

第12章　マクロ環境会計による農林業の環境評価
　　　　　　　　………………………………林　　岳・山本　充………270
　1. はじめに　270
　2. SEEAによる多面的機能のマクロ的評価　270
　3. 農業由来の廃棄物による環境影響の評価　282
　4. マクロ環境会計適用の限界と今後の可能性　289
　5. おわりに　291

第13章　メゾ環境会計による地域経済と農林業の
　　　　　持続可能性の分析
　　　　　　　　………………………………林　　岳・山本　充・髙橋義文………294
　1. はじめに　294
　2. メゾ環境会計による北海道経済の持続可能性の分析　294
　3. 地域農林業における持続可能性の評価　310
　4. 地域におけるバイオマス循環システム構築の影響評価　324
　5. まとめ　330

第14章　農業におけるミクロ環境会計の適用　………林　　岳………334
　1. ミクロ農業環境会計の意義　334
　2. ほかの産業の環境会計との相違　338
　3. ほかの評価手法との関連　347
　4. ミクロ農業環境会計の課題　351
　5. おわりに　355

第Ⅴ部　生態系の環境評価, エコロジカル・エコノミックス

第15章　持続可能性とエコロジカル経済学
　　　　　　　　………………………………………………髙橋義文………359
　1. はじめに　359
　2. 環境収容力概念に対応した持続可能性　360
　3. 持続可能性とエコロジカル経済学　369
　4. まとめ　374

第 16 章　エコロジカル・フットプリントを用いた持続可能性
　　　　　評価と環境収容力の推定
　　　　　　　──土地資源に注目した Carrying Capacity の静学評価──
　　　　　　　　　　　　　　　高橋義文・林　　岳・山本　充・出村克彦……383
　　1. は じ め に　383
　　2. エコロジカル・フットプリントの定義と既存研究　384
　　3. エコロジカル・フットプリントによる持続可能性評価と環境収容力の推定
　　　　──中国広西壮族自治区大化県七百弄郷を事例にして──　387
　　4. 環境負荷と環境便益を考慮した環境面からの持続可能性評価
　　　　──北海道の農林業を事例にして──　401
　　5. ま　と　め　407

第 17 章　エメルギーフロー・モデルを
　　　　　用いた持続可能性評価と定常状態の推定
　　　　　　　──太陽エネルギーに注目した動学評価──
　　　　　　　　　　　　　　　　　　　　　　　　高橋義文・出村克彦………413
　　1. は じ め に　413
　　2. エメルギーフロー・モデルについて　414
　　3. エメルギーフロー・モデルの中国への適用　420
　　4. 分 析 方 法　429
　　5. シミュレーション結果と考察　433
　　6. ま　と　め　439

第 18 章　む　す　び──日本における農業環境政策に向けて──
　　　　　　　　　　　　　　　　出村克彦・山本康貴・吉田謙太郎………445

　初 出 一 覧　451
　執筆者紹介　454

コラム

- 個人情報保護と社会調査のマナー　40
- 農業農村整備事業　51
- 選択実験型コンジョイント分析による評価額算出　106
- 調査方法とデータの性質　114
- 海外におけるCVM調査　144
- バイオマス・ニッポン総合戦略　163
- 精密農業　169
- 「マイペース酪農」の経営分析　204
- バイオガス生産のメカニズム　223
- SEEA2003　264
- SERIEE　271
- 廃棄物勘定　301
- 農業環境活動チェックソフト　339

第Ⅰ部

課題と方法

千葉県鴨川市大山千枚田にて。棚田オーナーたちが稲刈りと掛け干しを行っている。

第1章　環境評価の視点と方法

出村克彦

1. 本書の課題

　本書の主題は農業農村の環境問題の評価である。農業農村に由来する環境問題の発生現象を把握し対策を求めるには，環境を適切に評価することが必要であり，そのためにはその環境評価に適した手法を採用することが不可欠である。本書は，環境評価をそれに適した方法論で行い，その結果を参酌して，持続的な農業農村のあり方を論じる論文で構成されている。ここでの評価とは経済的な貨幣評価の謂である。農業環境という環境財(nonmarketed goods)を貨幣表示することは，貨幣評価の絶対額に意味があるのではなく，環境財に由来するプラスとマイナスの影響を，ほかの経済的，社会的厚生水準と比較する基準となる指標を提示することである。

　分析手法としては，まずこれまで研究事例が比較的に多く蓄積されており，また問題点が明らかになっている方法論であるCVM(Contingent Valuation Method；仮想的市場評価法)，トラベルコスト法，コンジョイント法(選択実験法)を取り上げ，農業農村の多面的機能評価を行う。次に，経済活動全体に対する農業部門の環境評価には環境勘定を用いる。さらに貨幣表示が適さない環境負荷の発生対象に対しては，LCA(Life Cycle Assessment)を採用する。また環境が有する生態系機能における環境容量の評価には，エコロジカル経済学の指標を用いる。マクロ指標でいえば，国民経済計算体系は市場価格評価による財・サービスの集合概念であるが，環境面を含めた国民所得や国富の実質的な，トータルとしての評価には，自然資源を含めたすべての資源・資本財が計上されなければならない。そのために，環境経済統合会計(SEEA)のフレーム

ワークが必要となる。自然資源には，commercial natural resources と pure natural resoureces が含まれる。後者の自然資源は利用せずとも，劣化，破壊，消滅することで外部不経済が発生する。自然資源の環境問題ではこの観点が重要であり，それは生態系機能と関連づけられる。本書で扱うエコロジカル経済学において，自然資源の供給力と環境収容力を評価するためにエコロジカル・フットプリント（ecological footprint）およびエメルギー・フロー（emergy flow）の分析手法を用いて，生態的なマクロ指標を求める。

　本書では，農業農村における環境問題の発生をアメニティ（goods）と環境負荷（bads）の双方から捉えるものである。稲作，畑作，酪農の農業生産活動が，どのようなプラスのアメニティ効果を生み出しているのか，またいかなるマイナスの汚染を発生しているのかを分析する。すなわち，農業環境の goods と bads を評価するには，いかなる方法論によって評価が可能になるかを示すもので，環境評価手法の適用可能性，実証性から農業環境問題にアプローチするのである。方法論の適用領域は，酪農，稲作，畑作の農業生産活動，およびアメニティ効果を発現する多面的機能発揮の活動を対象としており，また圃場レベル，農家レベル，地域レベル，国レベルの領域を分析対象としている。農業の環境問題を方法論の実証的適用により，経済評価および生態系機能評価を分析をするという方法論的アプローチを採るのが本書のスタンスである。

　環境問題の研究には，方法論的，分析的な学術性を持つが，同時に環境問題の解決へ向けての政策的提言を伴うものである。環境の維持，保全，修復を実行することで持続可能性を求めることが必要となる。環境問題は policy-issue である。環境政策を実施するためには，精確な，数量的環境評価を必要とする。農業農村の環境問題の政策として，中山間地域等直接支払制度や農業環境政策[1]が実施される。農業環境政策の実効性を評価する上で，環境現象の実態把握が不可欠であり，本書はそれに資する情報提供を意図している。

2. 環境評価の方法と意義

2-1. 環境評価の方法について

　ここでは，本書がよって立つ理論的基盤としての環境経済学の評価手法について整理しておく。環境財と称される財，または自由財とされてきた環境をどのように経済学の理論的枠組みに組み込んでいくのか。ここでは外部性および公共財性の概念が重要である。経済学における環境分析の理論的枠組みは，ここでの経済学は新古典派経済学であるが，環境問題を外部性として捉え，ミクロ経済学の応用問題として分析されている(Maler and Vincent [8])。市場メカニズムでは資源の最適再配分は達成されない。自然資源は市場性を欠いており，自然資源の変化は不可逆的である。また，財の評価は個人の選好により，市場における価格をメルクマールとする。個人の選好をどのように社会的に評価するかの理論は，理論的にも，実証的にも研究成果が蓄積されてきた。環境財とは市場で評価されない，価格がつかない領域の財であり，その評価は個人の選好に依存する立場から厚生経済学の理論が有効であった。厚生経済学の価値評価の基本は個人的価値選好を社会的価値序列へ関係づけることである。その理論として古典的なピグー的基数評価，新厚生経済学による序数的評価，パレート最適，カルドア，ヒックスの補償原理などがあり，これらの理論的枠組みにより厚生評価分析が行われてきた。カルドア，ヒックスの補償原理は仮想的(potential)補償である。これに対するリットルの批判と現実的補償原理があるが，実際的には仮想的補償原理が理論的，政策的に potential compensation test として適用可能である。仮想的市場評価法(CVM)も基本的にその原理はそれと同根であると考える。

　環境研究が発展してきた背景には，環境問題の深刻化とともに理論的発展があった。特に環境財という非市場財に対する個人選好の評価手法の発展がある。非市場財(public goods)の厚生評価は市場財(private goods)で評価されることにより議論の対象となる。非市場財に対する需要の計測の理論，技術(方法)は発展してきた。個人の選好表明は，顕示選好(revealed preference)および表明選好(stated preference)により可能である。この前提を否定するなら，環境評

価の議論は先へ進まないし発展もない。

　環境評価において支払意志額(WTP)を計量することは新奇なことではなく，効用選好理論，個人的効用と社会的効用の関係を論じる厚生経済学の伝統に基づき，市場財から非市場財へ，そして自然環境(environmental goods)に領域を広げることで発展してきた。WTPは個人の気まぐれな値つけゲームではない。消費者余剰は現在の経済学で認められた共通概念である。WTPは消費者余剰であり，市場価格と消費者が潜在的に評価する価値との差であると理解するとわかりやすい(スティグリッツ[12])。

　個人的支払意志額をアンケートで聞くことは仮想的であるが，決して「愉快犯」的ゲームではない。真摯な回答であると信じる根拠は分析におけるデータの吟味とその結果から確認できる。もし，杜撰な回答なら，質問相互間に矛盾する回答が発生し，また不完全回答が多くなる。アンケート回答を精査することで，不完全回答，完全回答，その中で矛盾回答，抵抗回答等々のチェックする作業は不可欠なデータ処理法である。生産環境の変化が非経済的な外部性の変化にどのような影響があるのかといった検証は，限界領域であろうと全体的な事象であろうと検討する必要がある。それも記述的ではなく，数量的(市場価格ターム，物量ターム)に求めねばならない。支払意志額を評価することは，人間の心理的条件を評価することである。将来に対する価値観の評価あるいは現在と将来の環境に対する評価は，社会的割引率を勘案した人々の選好の異時間評価である。持続可能性の定義として世代間の衡平性が挙げられる(鈴村[13])が，そこにおける基準の客観性を主張できるほどに，経済学は頑健ではない。しかし，このことをもって社会科学の非科学性を主張することにはならない。経済学が人間行動を科学する限り，この曖昧性，多様性は回避できない。逆にいえば，この人間社会における複雑な現象を科学することが社会科学，経済学の役割である。環境評価研究には，評価に用いる良質なデータを必要とする。データには，統計データ，調査データ，自然科学的観測データがある。環境評価の手法は社会科学・経済学の領域から農学・自然科学的領域へ必然的に拡大していくし，その知識，技術を必要としてくる。調査データには，人々の意向を聞く，広義の「アンケート」データが含まれる[2]。人々の主観評価をいかに客観的な社会的データ(つまり，平均値としての妥当性)として収集し，集

約し，数値化できるのかが課題となる。アンケートデータについては第2章で詳述する。

　初期の環境評価の研究は，批判のあるごとく極めて荒っぽい，時には非現実的な評価ではあったが，その後改良を加え，理論的に，方法論的に，計測技術的に精緻化されてきた。環境研究の進歩には批判を受けとめ，改良していくことは必要であり，何よりも研究事例を蓄積してことが重要となる[3]。環境事象の評価は，極めて条件つき，限定的であり，文字通り contingent である。研究蓄積の中から，客観的 fact finding を明らかにする努力が必要となる。計量分析はパラメータの計測値を導出する過程で，多くの実態的情報を捨象している。個別の，地域の様々な営みは確かに多くの情報を提供するし，その実態を帰納的に分析することは，また代表的な優良事例を総合的に分析することは，社会科学の有効な方法論的接近である。しかしながら，われわれはそのことを認めながらも，課題への分析的接近として，計量的，理論的課題の検討とともに実証的に計測結果を求めるという分析に与するものである。それは，理論モデルの特定化，資料収集，計測，分析といった作業過程を通して，そこにおける様々なバイアスの吟味と保留事項の詰めをする困難な作業を回避して，現実の具体的事例にその解答の一端を見出すことを諒とはしないためである。

2-2. 環境評価の意義

　本書で用いた計量手法による環境評価の意義は以下のようにまとめることができる。

　環境財あるいは自然環境が生み出す環境便益は，もはや自由財といわれたように費用を負担せずに，あるいは価格を支払わずに利用できる状況ではない。快適な環境，豊かな自然は希少性を持ち，不快な環境汚染は経済的実害を及ぼしている。われわれは自然環境を活用して経済活動を営み，環境の便益を享受する生活をしてきた。環境問題とは環境の質の低下，環境便益の減少である。環境の便益を持続的に確保するためには，環境の便益に対する人々の選好を明らかにしなければならない。そのために環境財とその便益サービスに価値を帰属させる必要がある。人々の WTP，WTA を観察することで環境に価値を帰属させることが可能である。われわれが観察できるのは環境の価値の一部の経

済的価値であるが，これにより人々の環境に対する選好の強さを把握できる。価値評価(Valuation)は市場評価と同一次元で環境便益を貨幣評価することである。環境の価値評価とは，市場価格やWTPなどから観察される人々の環境に対する選好の強さに基づく環境財の相対的価値評価であり，環境に社会経済的重要性を与え，社会的合意の意思決定の順序づけの中に環境を位置づけることである。CVM，トラベルコスト法，ヘドニック法などの評価手法では，環境に対する人々の選好をいかに精確に引き出し，その評価を貨幣価値(WTP)で正確に表明してもらうかが重要となる。環境にいくら支払いますかといった単純な調査ではない[4]。

　LCA分析は財生産に伴う環境負荷の総合的評価手法である。個々の製品の生産，消費，廃棄に至るプロセスから排出される環境負荷の物質レベルでの環境影響を，LCAで総合的に評価することができる。LCA分析の利点は，全体の負荷を知ることによって，個々のプロセスの影響度(負荷排出源)が明らかになり，そこに環境対策を施すことが可能となる。また，あるプロセスに環境対策を施した結果，ほかのプロセスの環境負荷排出が増加してしまうというプロブレム・シフティングを回避することができる。LCAは製品のライフサイクルに応じた環境負荷の分析が可能となる手法である。すでに工業製品において具体的事例分析が蓄積されており，普遍性の高い手法である。LCA分析を農業環境分野に適用することで，消費者に環境負荷や削減効果の情報提供が，わかりやすく具体化される。また，エコ農産物の生産，循環型農業生産システムの構築に対する評価手段として利用可能である。LCA分析の酪農への適用は，糞尿の環境負荷を評価するという点で理解しやすい。本書で扱っているもう1つの事例である稲作に適用することで，技術開発を評価することも可能となる。新技術評価には技術論的な合理性の評価とともに，収益や労働時間への影響という経営面での評価とさらに新技術導入による環境面への影響評価も欠かせない。LCAによって，慣行的技術による農業生産活動がどの程度の環境負荷を与えているのか，新技術導入により影響がどの程度緩和できるのかという観点から比較検証を可能にする。さらに，国際化時代の食料政策を評価するために，輸入農産物と国産農産物の生産におけるコスト以外の環境負荷の視点を導入できる。輸入農産物の輸送による環境負荷の評価や農産物輸入による国内におけ

る養分過剰の把握，輸出国の土壌劣化の評価など，グローバルな観点からの環境問題の把握にも LCA 分析は有効である。

　経済活動とそれに伴う環境汚染は，地域や国全体の問題から地球規模の環境に影響が及んでいる。マクロ的視点の方法論からは，環境評価としてマクロ環境会計を利用し，さらに生態系の機能評価としてエコロジカル経済学の手法を取り上げる。マクロ環境会計における環境の経済価値(CVM による評価額)の扱いは国連の SEEA では含まれており，CVM の利用可能性も取り上げている。しかし，市場の存在しないところで人々の選好によって自然資産を貨幣評価することが可能であるかという点に関しては多くの経済学者が疑問を持っている。日本で試算された SEEA はⅣ2 版であり，WTP による評価法は採用しておらず，市場価格を参照する維持費用評価法による環境劣化の費用評価である。現時点のマクロ環境会計の試算，評価は，市場における環境保全費用の負担状況から環境に対する人々の選好を捉えて，環境の汚染状況を物量情報として把握しようとする方法が主流である。本書での評価方法はこの考え方によっている。

　エコロジカル経済学の考えは環境理論，環境思想の観点からは，今日的な視点である[5]。古くはローマクラブの『成長の限界』が警鐘を与えたように，人間活動に対する自然環境の許容関係は制限的であり，調和した関係が重要となる。その関係を定量的に評価するところから，環境思想を経済学，環境学に結びつけ，科学することが始まる。本書のエコロジカル的指標による分析は緒についた試算であるが，農学的データ用いた手法的には厳密に詰めた事例である。環境研究の目的として，環境評価の成果をどのように政策に結びつけるかが問われる。農業公共投資に対する事前・事後評価はこれからの事業評価には不可欠な手続きであり，便益移転問題と関連してくる(吉田[14])。環境財，農業環境の便益に対する経済評価の問題は，その方法論的な厳密性，科学性の問題とともに，調査方法と分析方法，そして評価の結果をいかに解釈するかという「運用」の巧拙が，現実的課題として存在している。事業評価に CVM を用いる場合にしばしば見られる杜撰な，不適切なアンケートの作成，データ収集における偏り，方法論，統計的手法に対する低い理解度が，いたずらに話題性を提供するだけの一過性のニュースに終わることも少なくなかった。環境研究にはこうした政策的ニュース性の問題に対する説明責任の対応としても重要であ

り，そのためにも研究事例の蓄積が必要となる。

3. 本書の梗概

　本書は5部構成である。方法論として，まずCVM，コンジョイント法，トラベルコスト法がある。これらは比較的になじみのある評価法である。次いで，Life Cycle Assessmentによる総合的環境評価，また環境会計によるマクロ的評価，そしてエコロジカル経済学による生態系の評価法である。

　第I部「課題と方法」の第2章「環境評価における社会調査手法の理論と実践」では，社会調査法の理論的枠組みと実際上の具体的調査方法と手順を紹介する。CVM，選択実験(選択型コンジョイント分析)，トラベルコスト法の環境評価手法の分析データはアンケート調査などの社会調査に依存している。サンプルの代表性，研究成果の一般性を担保するためには，社会調査法に依存しつつ，また環境評価に伴う特有の問題に配慮した社会調査が求められる。一言でいえば，質のよいデータをいかに確保するかである。適切なアンケートの質問項目ができれば，調査の目的の過半は達成したことになる。ただし，適切なアンケートとはその内容だけではなく，発送，回収の作業が滞りなく完了することで，十分な量の完全回答の入手により完結する。個人情報の保護が社会的に求められている現代においては，社会調査法は制約が多くなっている。新たな調査法として，インターネットリサーチが普及してきたので，この方法の問題点と環境評価研究への適用可能性を解説する。

　第II部「CVM，トラベルコスト法とコンジョイント法」は，主要な環境評価手法を扱い，この手法に対する批判点を考慮して，理論的，実証的改良を加えた4章構成である。

　第3章「表明選好法による農業・農村政策の便益評価と便益移転」では，農業集落排水事業を対象に，便益移転の可能性を検証し，また中山間地域での棚田を対象にした便益移転の可能性を検証する。

　第4章「選択実験型コンジョイント分析による北海道酪農の多面的機能評価」では，多面的機能の発揮を目的とする施策として中山間地域等直接支払制度を取り上げ，コンジョイント法により多面的機能の複数の機能項目を個別に

評価することや複数の便益水準の評価を行う．従来のCVMによる多面的機能の評価は一括してその機能評価を行うために，これら諸機能の識別や，施策により具体的に何を保全すれば，機能別の便益がどの程度発揮されるのかという識別が曖昧になる結果となり，ここにCVMに対する批判の一端が存在してきた．この批判に応えるために，選択実験法であるコンジョイント法を適用することにより，多面的機能のどのような機能が，あるいは農業農村に賦存する資源要素をどの程度保全することが重要であるかを，具体的，定量的評価を行うものである．

第5章「トラベルコスト法とその展開」では，個人トラベルコスト法を適用して，日本在来馬の保存とその施設活用による利用価値であるレクリエーション機能の評価をする．評価対象に「馬」を扱った点と，トラベルコスト法によるデータサンプリングの問題点とその対応を吟味したことに新規性がある．トラベルコスト法は日本においては適用範囲が限定されており，分析事例はほかの評価法に比べて少ない．トラベルコスト法は，実際の人々の行動をベースにした「顕示選好法」であり，CVMやコンジョイント法の「表明選好法」とは異なるが，現実の訪問者が訪れた観光地，観光資源に由来する便益を比較的高い信頼性で評価できる利点を持つ．

第6章「途上国における水環境汚染改善の評価」では，インドネシアでの開発プロジェクトの便益評価にCVMを適用した分析である．途上国の開発プロジェクトでは費用便益分析による事業評価が必要であるが，従来は代替法による便益評価が一般的であり，そのために時として単なる工法比較となる傾向があった．CVMによる評価は，受益者が表明する便益の計測であり，プロジェクトのフィージビリティの検討に有益な情報を提供する．CVMの社会的調査になじみのない途上国の住民に対しアンケート調査を実施することに伴う様々な制約を，どのように対応したかという点でもパイロット・スタディである．

第III部「Life Cycle Assessment」は，環境評価の総合的評価手法であるLCAを，経営形態別に稲作，酪農に適用した分析と，バイオガスプラント導入による酪農由来の有機資源循環システムの環境負荷削減効果を地域(町)全体で評価するもので，4章構成である．

第7章「LCAの理論的枠組みとわが国の農業分野への適用」では，LCAの

理論と環境評価への適用の技術的課題，これまでの，特に農業分野への実証分析の動向を解説する。

第8章「LCA を用いた精密農業の環境影響評価」では，精密農業の一形態である局所施肥管理技術について，稲作の既存技術である一律施肥との比較において温暖化ガスの排出削減効果を LCA 分析により評価する。施肥技術は収量性，収益性と関連しており，環境負荷への影響は経営成果との相対関係で評価しなければ，農業者が実際に新技術を採用するか否かの判断に至らない。いくつかのシナリオによるシミュレーションで検証している。稲作は環境にやさしい農業と理解されているが，地球温暖化ガスの排出や水質汚染がある。LCA 分析の適用で，稲作における環境に対する総合的影響評価をすることにより，「水田」は環境に優しいというイメージをより正確な認識へと導くことができる。

第9章「LCA を用いた低投入型酪農の環境影響評価」では，大規模経営を目指してきた北海道酪農の転換として低投入型酪農である「マイペース酪農」を取り上げ，温暖化，酸性化，富栄養化の環境負荷削減効果を総合的に分析している。複数の汚染物質の総合的評価は LCA 分析の利点である。マイペース酪農の成否は，環境改善効果とともに経営成果である所得への影響を評価しなければならない。ただし，本書での分析では，まだその総合評価を判断するには経営的データが十分に利用できないために，総合的な結果を出せる段階ではなく，その点不十分さを残している。

第10章「LCA を用いた農業地域における有機性資源循環システムの環境影響評価」において，LCA 分析の適用では，資源，資材の投出入をすべて把握しなければならないために圃場レベル，農家レベルが評価単位となるが，ここでは地域全体において LCA 評価をした。バイオガスプラントの導入により，地域全体で家畜糞尿の有効利用，環境改善を目指す計画が提唱されているが，主要な汚染物質すべてに対して効果があるとはいえず，逆に環境悪化を招来する結果となる場合があることが示唆されている。

第Ⅳ部「環境会計」ではマクロ環境評価手法を扱う。農業由来の環境汚染では家畜糞尿，農薬，化学肥料などによる土壌や水域の汚染があり，これらは汚染源の面源性と汚染の広範囲な地域性を持っている。したがって国レベルまた

は地域レベルでの環境の状況把握には，マクロ・メゾ環境会計を農村地域に適用することが望ましい。ミクロ環境会計は，製造業・サービス業などで採用され，企業の環境保全活動の評価に利用されている。農林業においても環境保全活動の評価が必要となる。環境改善への取り組みが重要になってくるが，そのためには情報開示が求められ，環境会計は情報開示の点からも重要性を持つことになる。第Ⅳ部は4章構成でマクロ面からの環境評価手法とその適用，分析を扱う。

第11章「マクロ環境会計の理論」では，環境会計の理論的系譜とマクロ・メゾ・ミクロの環境会計理論を解説する。マクロ・メゾ環境会計では，日本におけるSEEA，NAMEAの試算例を示す。環境会計を農林業に適用する際のメリット，問題点を検討する。

第12章「マクロ環境会計による農林業の環境評価」では，農林業における多面的機能評価にマクロ環境会計を適用した分析事例を示し，またSEEAによる農林業の多面的機能評価手法の開発事例を試算し，分析を行う。特に課題特化型マクロ環境会計の適用例として，廃棄物勘定を用いた国産稲わらによる輸入稲わら代替に伴う環境負荷低減効果を試算する。

第13章「メゾ環境会計による地域経済と農林業の持続可能性の分析」では，地域環境評価に適した特化型環境会計を提示する。マクロ統合型の環境会計システムであるSEEA，NAMEAを基に，そのフレームワークを利用した統合型メゾ環境会計を提示する。また，SEEAの特化型である廃棄物勘定のフレームワークを利用した特化型メゾ環境会計を北海道へ適用した事例を紹介する。さらに，バイオマス・リサイクルによる効果を評価するために，廃棄物勘定をベースとした新たな手法を提示し，事例分析を紹介する。

第14章「農業におけるミクロ環境会計の適用」では，環境会計のうちミクロ環境会計に焦点をあてる。企業の環境会計と農林業用の環境会計の理論面とフレームワーク面においての同異を論じる。さらに，農林業に環境会計を導入する際のメリット，課題，導入を妨げる要因を理論面と実践面から解説する。

第Ⅴ部「生態系の環境評価，エコロジカル・エコノミックス」は，生態系の物質循環機能を考慮した環境・経済理論の系譜を示し，それに基づく生態系と人間活動の関連を評価するもので，環境評価の分野では新しい領域である。

第15章「持続可能性とエコロジカル経済学」では，日本でまだなじみの少ない，というよりはまだ認知されていないといった方が適切かもしれない，エコロジカル経済学を環境経済学との関連で解説する。特にエコロジカル経済学で重要概念である環境収容力，持続可能性を取り上げる。

第16章「エコロジカル・フットプリントを用いた持続可能性評価と環境収容力の推定」では，エコロジカル経済学の代表的計測手法であるエコロジカル・フットプリント（Ecological Footprint; EF）を解説し，その応用例として中国山岳地帯の環境評価分析を行う。EF分析はデータの利用可能性から，マクロレベルでの分析が多いが，限定された地域分析では，本章が初出であろう。

第17章「エメルギーフロー・モデルを用いた持続可能性評価と定常状態の推定」では，動学過程の分析を行う。EF分析は現時点での環境資源，環境容量と人間活動の関係を示す点では静学的分析である。第16章ではEFによる環境容量の現状把握を行ったが，その持続可能性の現状が，将来にわたり改善方向ないし悪化方向に向かうかの判断，つまり動学的な持続可能性評価はできない。数理生態学分野で用いられるエメルギーフロー（Emergy Flow）分析を前章の事例に適用し，シミュレーション分析を行う。

第18章「むすび——日本における農業環境政策に向けて」ではまとめを述べ，むすびとする。

注

1) 日本版の環境支払いが政策的に注目されている。政策的には，2007年から，農地・水・環境保全向上対策として環境支払いを実施する予定である。この対策は，農地，農業用水などの生産資源保全活動への助成と，環境保全型農業を進める営農支援を行うものである。当然施策の効果を評価することが求められる。
2) 社会調査法では盛山[10]，林[4]がある。本書第2章で詳述する。
3) 農業経済学からの批判としては，生源寺[11]，速水・神門[3]，本間[6]がある。批判内容をかいつまんでいえば，評価数値の導出過程とそれに依存する解釈の紋きり性に対する指摘である。また，経済的社会的な問題発生の多次元的な内容を総合的に判断するという困難な問題を回避しているという批判である。また，多面的機能評価金額の巨額な評価の非現実性に対する批判である。これら批判点は当然の指摘であるが，しかし環境評価の本質的な欠陥ではない。評者たちの批判に対する改善策は，本書でそれなりに意識しており，分析を行っている。
4) 1993年報告のNOAAパネルの結論では，自然資源破壊の損害賠償に関する訴訟にお

いて,「環境は経済的価値を持っており,Valuationの方法論を用いれば,ある程度の精度でそれを推計することができる」という基本点が出され,これはほぼ認められているのが現状である。Hausman [2],栗山[7]を参照。
5) エコロジカル経済学の文献は,代表的にHerman [5],Martinez-Alier [9],Georgescu-Roegen [1]がある。

引用・参考文献

[1] Georgescu-Roegen, N. (1971): *The Entropy Law and Economic Process*, Harvard University Press.(高橋正立・神里公ほか訳(1993):『エントロピー法則と経済過程』みすず書房)
[2] Hausman, J. A. (ed.)(1993): *Contingent Valuation: A Critical Assessment*, North-Holland.
[3] 速水祐次郎・神門善久(2002):『農業経済論 新版』岩波書店。
[4] 林英夫(2006):『郵便調査法[相補版]』関西大学出版部。
[5] Herman, E. D. (1996): *Beyond Growth: The Economics of Sustainable Development*, Beacon Press, Boston.(新田功・藏本忍・大森正之共訳(2005):『持続可能な発展の経済学』みすず書房)
[6] 本間正義(2006):「国際化に対応する日本農業と農政のあり方」『2006年度日本農業経済学会大会報告要旨』pp. S17-S32。
[7] 栗山浩一(1998):『環境の価値と評価方法』北海道大学図書刊行会, pp. 88-92。
[8] Maler, K. G. and Vincent, J. R. (ed.)(2003): *Handbook of Environmental Economics: Environmental Degradation and Institutional Responses*, North-Holland.
[9] Martinez-Alier, J. (1991): *Ecological Economics*, Basil Blackwell.(工藤秀明訳(1999):『エコロジー経済学——もうひとつの経済学の歴史(増補改定新版)』新評論)
[10] 盛山和夫(2004):『社会調査法入門』有斐閣。
[11] 生源寺真一(1996):「農業環境政策と貿易問題——経済学的考察」『農業経済研究』vol. 68(2), pp. 71-78。
[12] スティグリッツ, J. E. (藪下史郎ほか訳)(1994):『入門経済学』東洋経済新報社。
[13] 鈴村興太郎編(2006):『世代間衡平性の論理と倫理』東洋経済新報社。
[14] 吉田謙太郎(2003):「政策評価における環境評価利用の現状」『環境経済・政策学会年報』No. 8, pp. 68-81。

第2章　環境評価における社会調査手法の理論と実践

岩本博幸・小池　直

1. はじめに

　仮想評価法(Contingent Valuation Method; CVM)やコンジョイント分析(Conjoint Analysis; CA)，トラベルコスト法(Travel Cost Method; TCM)など環境評価手法の分析データの多くはアンケート調査などの社会調査に依存することが多い。したがって，サンプルの代表性など研究成果の一般性を担保するためには，社会調査法に依拠しつつも環境評価特有の問題にも配慮した社会調査が必要となる。本章では，社会調査法の理論的枠組みとともに，実践での具体的な調査方法と手順について紹介する。

　社会調査とは，社会事象を対象として現地調査でデータを直接収集し，そのデータを処理・分析・記述する全作業過程である(森岡[8])。本書で用いられているCVMおよびCAは，環境便益の受益者として想定される人々から表明された環境便益に対する評価を分析データとする表明選好法に分類される。したがって，受益者からの環境便益に対する評価データは，市場データから得ることはできない。TCMは，評価対象地までの旅行費用を分析データとする顕示選好法に分類される。旅行費用の多くは，市場データであるものの，特定の評価対象地に限定した市場データを得ることは極めて困難である。また，表明選好法あるいは顕示選好法のどちらの評価手法を用いても，環境便益に対する評価と評価者の知識，態度，所得や性別，年齢，学歴といった個人属性データとの関係性を分析するためには，現地調査などによってデータを直接収集する必要がある。このように，環境評価研究では，分析データの多くを自ら収集する必要があり，ここに社会調査法が求められる理由がある。

第 2 章　環境評価における社会調査手法の理論と実践　17

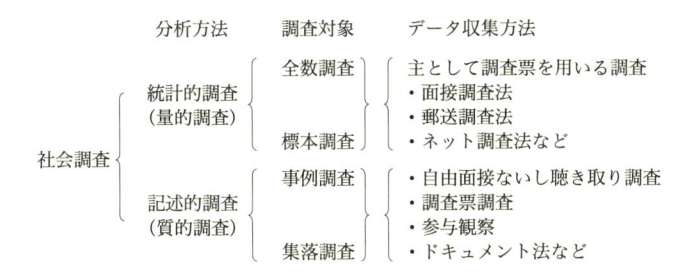

```
                    分析方法        調査対象        データ収集方法
                                ┌ 全数調査 ┐    主として調査票を用いる調査
                  ┌ 統計的調査 ┤          ├  ・面接調査法
                  │ (量的調査) │          │  ・郵送調査法
        社会調査 ┤            └ 標本調査 ┘  ・ネット調査法など
                  │            ┌ 事例調査 ┐  ・自由面接ないし聴き取り調査
                  └ 記述的調査 ┤          ├  ・調査票調査
                    (質的調査) │          │  ・参与観察
                                └ 集落調査 ┘  ・ドキュメント法など
```

図 2-1　社会調査の分類。出典：森岡[8] (p. 14，図 1-1) を筆者が加工して転載

　社会調査のデータ処理方法，調査対象者の範囲，データ収集方法による分類を図 2-1 に示す。社会調査は，データの処理方法の観点から統計的な分析を目的とした統計的(量的)調査と定性的な分析を目的とした記述的(質的)調査に大別することができる[1]。本書で取り上げる CVM，CA，TCM などの環境評価手法は，いずれも統計的分析を目的としているため，本章では，主に統計的調査としての社会調査手法を取り上げることとする。

　統計的調査における評価対象の範囲は，全数調査と標本調査に分類される。全数調査は悉皆調査とも呼ばれ，環境評価の場合，環境便益の受益者と予想される人々あるいは世帯すべてを調査する方法である。環境便益の受益範囲が極めて限定的な評価対象財の場合，全数調査を採用することがある。具体的な調査例としては，近藤・岩本[4]，笹木ら[10]などがある。全数調査は，調査対象者すべてのデータを収集していることから，無効回答などによるサンプルの欠損が生じなければ，標本誤差が生じない利点がある。しかしながら，多くの環境評価研究で対象とする環境便益の受益範囲は，広範となる場合が多く，農業・農村の多面的機能評価研究では，全国の世帯を対象とすることもある。このように母集団の規模が大きく，予算や時間的な制約，調査員の確保などの面から全数調査が困難な場合，標本調査が用いられる。標本調査は，母集団から一部を標本(サンプル)として抽出し，分析結果から母集団の状態を推測することから，標本抽出(サンプリング)では，母集団の状態ができる限り反映されなければならない。第 2 節では，標本抽出の理論について，第 3 節では，標本抽出手法について概説する。

統計的調査におけるデータ収集では，調査票を用いることが多い。調査手段によって面接調査法，郵送調査法，電話調査法，インターネットリサーチなどに分類することができる。統計的調査において調査票を用いる利点は，回答形式をそろえることによって回答データを数値化（コード化）することが容易な点である。本章では，第4節から第7節で各調査実施手段の特徴と実際の調査実施手続きについて解説する。具体的には，第4節で面接調査法を取り上げ，一般的な面接調査法の手順および利点と欠点について述べる。また，CVM，CA，TCMなどの環境評価研究において実施されることが多い屋外での面接調査を取り上げ，標本抽出および調査手順を紹介する。第5節では，郵送調査法の一般的な実施手順および利点と欠点について述べる。郵送調査法は，オンサイトでの面接調査法と並んで環境評価研究に用いられている調査手法であり，本書のCVM，CA研究事例においても用いられている。第6節では，内閣支持率などの世論調査で広く用いられている電話調査法を取り上げ，一般的な実施手順および利点と欠点について述べる。本書のCVM，CA研究事例で電話調査法は用いられておらず，国内の環境評価研究事例でも，適用事例はほとんど見られない。しかし，欧米ではCVM研究での適用事例が見られることから，本節で紹介することとした。第7節では，近年，急速に適用範囲を広げつつあるインターネットリサーチについて取り上げ，その利点と欠点について述べる。また，インターネットリサーチの社会調査への適用に関する議論を踏まえつつ，環境評価研究におけるインターネットリサーチの適用可能性について検討する。

2. 標本設計

　標本調査は，母集団から一部を標本（サンプル）として抽出し，分析結果から母集団の状態を推測することから，標本抽出（サンプリング）では，母集団の状態ができる限り反映されなければならない。そこで問題となるのが，母集団の状態を適切に反映することができる標本数を具体的にどのようにして求めるのかという点である。母集団の標準偏差（σ）が既知であれば，標準誤差（標本平均値の標準偏差）を任意のσ_xとすることで，次式から必要とする標本数（n）を求めることができる。

$$n = \frac{\sigma^2}{\sigma_x^2} \cdots\cdots (2\text{-}1)$$

(2-1)式が意味するのは，必要とする標本数は標準誤差の2乗に逆比例するということである。したがって，標準誤差を1/2にするためには，標本数は4倍にしなくてはならない。標本調査は，母集団の規模が大きく，予算や時間的な制約で全数調査が困難な場合に採用される面もあることから，むやみに精度を上げようとするのは，調査の実行可能性を低下させることにつながる。このように，社会調査データを利用した環境評価研究では，調査実施面での制約条件下でいかにして分析結果の精度を上げうるかが常に課題となる。

　実際の標本数の決定においては，調査項目の母平均あるいは母比率が未知である場合が多い。したがって，性別の比率，世帯主の平均年齢，平均世帯員数など母平均や母分散あるいは母比率を事前に知ることができる人口学的なデータを利用して，別途定めた目標とする精度における必要標本数を複数求め，必要標本数の最大値を採用する方法が考えられる。

　世帯主の平均年齢など母集団となる調査対象地域の人口統計データから母平均や母分散が求めることができる場合，まず信頼水準から標準誤差の何倍に設定するかを決める。95%であれば$\lambda=1.96$，99%であれば$\lambda=2.58$となる。次いで標本誤差の許容値（許容誤差：d）を設定し，目標精度を定める。許容誤差（d）とλから標準誤差（σ_x）は(2-2)式から得られ，(2-3)式から必要とされる標本数を求めることができる。

$$d = \lambda \sigma_x \cdots\cdots (2\text{-}2)$$

$$n = \frac{\sigma^2}{\sigma_x^2} = \frac{\lambda^2 \sigma^2}{d^2} \cdots\cdots (2\text{-}3)$$

　性別の比率など母集団の母比率を人口統計データから求めることができる場合，母比率Pを用いて標準誤差（σ_x）を(2-4)式から求めることができる。

$$\sigma_x = \sqrt{\frac{P(1-P)}{n}} \cdots\cdots (2\text{-}4)$$

標準誤差を求めることができれば，信頼水準からλを設定し，許容誤差を別途設定することにより，母平均と母分散から求める場合と同様に(2-3)式から

必要とされる標本数を求めることができる[2]。

　以上の必要標本数決定の方法は，調査対象地域を母集団として母平均，母分散，母比率などが既知の場合に適用可能な方法である。これらの方法とは別に，統計的に安定性の高い環境便益評価額の推定値を求めるための標本数決定方法を検討した事例として，寺脇[13]，合崎ら[1]がある。寺脇[13]は，二段階二肢選択型のCVMにおけるノンパラメトリック推定法について，提示額数と標本数の組み合わせを変えて，モンテカルロ実験を行い，望ましい提示額と標本数を検討した[3]。分析結果から，平均値評価額を推定するには，初期提示額は4段階，標本数は最低500サンプルが必要であり，中央値評価額を推定するには，初期提示額は2段階，標本数は最低300サンプル必要であることを示している。合崎ら[1]は，選択実験における各属性の係数推定値のt値について有効回答を用いたブートストラップ法により，有効回答数と係数推定値のt値との関係を検討した[4]。検討結果から，合崎らは，予備調査から得られたデータに基づいてシミュレーションを実施し，計測結果が安定するために必要な観測数を推定して必要標本数を決定する方法を提案している。

　以上の必要標本数を求める方法からは，分析に利用可能な標本数が求められる。したがって，最終的な必要標本数は，無回答標本や欠損データの多い無効標本を考慮した有効回答率を勘案して決定する必要がある。

3. 標本抽出方法と調査計画

3-1. 標本抽出方法

　標本抽出方法には，確率抽出法と有為抽出法(非確率抽出法)がある。確率抽出法は，母集団の数が判明しているか，または推計可能な状況下で抽出数を確定し，母集団を構成する調査単位のすべてにおいて，抽出される確率が0より大きく設定される抽出法である。したがって，確率抽出法で抽出された標本は，特定の調査単位を代表するものではなく，不特定の調査単位を代表としていることから，調査結果から母集団全体の傾向を推計することが可能となる。これに対し，有為抽出法とは，抽出にあたって調査者の「作為がある」抽出方法で

あり，母集団を設定しているにもかかわらず，特定の調査単位のみを抽出対象としたり，特定の調査単位を抽出対象からはずすことなどが行われる。有為抽出法での抽出作業では，調査単位のすべてに抽出機会が与えられないため，調査結果から母集団全体の傾向を推計することはできない。環境評価研究では，研究課題に応じて確率抽出法と有為抽出法を使い分けることになる。農業・農村の多面的機能評価の場合は，標本から推定された世帯当たりの支払意志額（Willingness-to-Pay; WTP）を受益範囲の総世帯数に乗じて総便益額を推計することから，確率抽出法によって標本を抽出する必要がある。一方，特定の商品カテゴリーにおける環境配慮型商品のグリーン購入意向を評価する研究では，あらかじめ商品の利用者のみに限定した標本抽出が必要となり，その場合は有為抽出法によって標本を抽出するのが望ましい。また，調査項目の検討など準備段階の情報収集においては，プレテストの実施前に，有為抽出法の1つであるフォーカスグループ・インタヴューを用いる必要がある。本書で取り上げたCVM，CA，TCM などの環境評価研究の多くは，確率抽出法によって分析データ収集が実施されていることから，本章では，確率抽出法を中心に，代表的な抽出方法として，ランダム抽出法，系統抽出法，多段抽出法，層化抽出法について以下に概説する。

（1）ランダム抽出法

　ランダム抽出法は，母集団を構成するすべての調査単位の抽出確率が等しくなるような客観的な方法のもとで抽出を実施する方法である。具体的な方法としては，乱数を発生させるための乱数サイコロや乱数表などを用いた無作為抽出が多いが，近年では，コンピュータで乱数を生成して利用する方法が広く用いられている。コンピュータの利用により，乱数生成の作業が大幅に簡略化されたものの，次のような欠点が一般的に指摘されている（松井[6]）。第1に，母集団全体のリストが必要となる点である。世帯や個人については無作為に利用できるリストを入手することは困難であり，リストを作成する場合においても，調査実施時には，リストが古くなって実態に合わなくなる可能性が高い。第2に調査実施に多大な労力を要する点である。郵送調査の場合は大きな問題とはならないが，調査員が訪問する面接調査の場合には，地理的に離れた標本を移動する必要が生じるため，1人の調査員の訪問数が限られる。そのため，

調査員の増員，交通費など費用負担が大きくなる。第3に，標本設計時に利用可能な情報が反映できないため，非効率的な調査となりやすい点である。母集団リストには，世帯員数などの情報が付随していることが多い。あらかじめ，付加的な情報を利用することができるならば，層化抽出法などにより，より少ない標本数で調査を実施できる場合がある。これらの欠点から単純無作為抽出によるランダム抽出法を実際の調査で用いることは少ない。環境評価の分析データ収集では，極めて小規模の受益範囲を設定する調査でのランダム抽出法利用が考えられる。

（2）系統抽出法

系統抽出法は，母集団数を抽出標本数で除して求めた抽出間隔に従って，等間隔に抽出する方法である。具体的には，母集団リストに通し番号を付与して，最初に抽出する標本を無作為抽出によって決定する。以降の抽出はあらかじめ求めた抽出間隔に従って実施する。最初の抽出を無作為抽出とすることで，ランダム抽出法の近似的な成果を得ようとする手法であり，ランダム抽出法に比べて作業負担が大幅に軽減される利点がある。ただし，系統抽出法を採用する際には，母集団リストの配列に注意を要する。母集団リストの配列に何らかの規則性がある場合，等間隔抽出によって抽出された標本も同じ特徴を持つ標本が抽出されることになり，無作為抽出の近似とはならない。

（3）多段抽出法

多段抽出法は，母集団を複数の階層に区分し，階層数に応じた抽出段階を経て標本抽出を実施する方法である。2段階の場合は2段階抽出，3段階の場合は3段階抽出となる。最も単純な2段階抽出を例とすると，第1段階目の抽出は，母集団となる地域から調査対象とする集落を抽出し，第2段階目の抽出は，集落内から標本抽出を実施する手順を踏む。したがって，調査対象となる標本はいくつかの集落内に分散することになるため，調査員が訪問する面接調査の場合には，標本間の移動負担が大幅に軽減される利点がある。また，選挙人名簿などを母集団リストとする場合は，名簿が投票所ごとに分冊化されているため，多段抽出法が適している。

多段抽出法の各段階における調査単位の抽出確率を定める方法として，等確率抽出法と確率比例抽出法がある。2段階抽出における等確率抽出法とは，第

1段階目の抽出では，各調査単位の規模によらず等しい抽出確率を割り当て，第2段階目の抽出では，第1段階目に抽出された調査単位の規模に比例させた抽出確率を割り当てる方法である。2段階抽出における確率比例抽出法では，第1段階目の抽出では，各調査単位の規模に比例させた抽出確率を割り当て，第2段階目の抽出では，第1段階目で抽出された調査単位の規模によらず等確率となるよう，抽出数を割り当てる方法である。等確率抽出法と確率比例抽出法のいずれの方法を採用しても最終的な標本の抽出確率は等しくなることから，母集団の規模や母集団リストの利用形態に応じて，作業負担を軽減できる方法を採用するのが望ましい。

(4) 層化抽出法

層化抽出法とは，母集団をあらかじめ何らかの特性によって層化し，各層から標本を抽出する方法である。特性による層化とは，都市の規模別，産業区分別など調査目的に基づいて階層を設定することを意味する。各階層から調査対象となるクラスタを抽出し，各クラスタから標本を抽出する層化2段階抽出法が広く用いられており，研究者によっては，多段抽出法の1つに分類することがある。層化抽出法は，注目する特性に関する情報(労働人口の産業区分別構成比など)を活用することにより，単純なランダム抽出よりも標本誤差を小さくすることができる特長を持つ。抽出確率を定める方法として，等確率抽出法と確率比例抽出法がある。しかしながら，産業区分別による層化において，第一次産業従事者の割合が極端に小さい場合のように，特定の層の抽出数が少なく，調査後に統計的な分析ができない恐れがある場合には，各層から同数のクラスタを抽出し，比率にかかわりなく，同数の標本を抽出する方法もある。等確率抽出法と確率比例抽出法では，最終的な母集団からの標本抽出確率は等しくなるので，分析結果から母集団の傾向を推計することができるが，各層，各クラスタから同数を抽出する場合は，各層の回答傾向の比較分析には適しているものの，母集団の傾向を推計することはできない。

3-2. 母集団リスト

研究課題(調査目的)の設定によって，対象となる母集団が定まると，その母集団を最も適切に反映している母集団リストから抽出作業を実施することとな

る。一般的な社会調査においてアクセス可能な母集団リストとして，(1)住民基本台帳，(2)選挙人名簿，(3)電話帳データが考えられる。以下では，各母集団リストの概要と特徴について整理する。

(1) 住民基本台帳

住民基本台帳は，住民登録に基づいて市区町村が管理する世帯および世帯員のリストである。氏名，生年月日，性別，世帯主および世帯主との続柄，戸籍，住所の異動年月日などのほか，国および地方公共団体が提供する福祉サービスの受給状況などが記載されている。住民登録に基づいているため，届出のない異動が反映されない欠点はあるものの，一般的な社会調査，世論調査の母集団リストとしては最も高い精度を持つといえる。しかしながら，閲覧手続きが厳格な場合が多いことから，実際には，選挙人名簿が住民基本台帳よりも母集団リストとして多く利用されている。住民基本台帳の閲覧手続きが厳格であるのは，多くの市区町村で開示情報を制限した閲覧用台帳を備えているものの，選挙人名簿に比べてプライバシーにかかわる情報が多いためである。また，近年，個人情報保護への人々の関心が高まり，住民基本台帳法で定められた「原則公開」が疑問視されている。2006年6月9日には，「原則公開」を「原則非公開」に改める「住民基本台帳法の一部を改正する法律」が国会で可決・成立した。学術研究目的の閲覧は認められるものの，総務大臣の定める基準によって公益性が高いとされる調査申請に限定されることとなった。今後，さらに閲覧許可基準が厳格化されると推測される[5]。

(2) 選挙人名簿

選挙人名簿は，住民票の届出先となる市区町村における選挙管理委員会が，20歳以上の選挙権を有する住民について氏名，住所，性別，生年月日を記載した名簿である。住民基本台帳と同様，住民票をもとに作成されていることから，届出のない異動は反映されない欠点がある。また，有権者に関する名簿であるため，20歳以上に母集団が限定されることになる。しかしながら，事前審査などの手続きが必要であるものの，住民基本台帳の閲覧手続きと比べて簡便であり，無料で閲覧が可能であることから，一般的な社会調査の多くが選挙人名簿を母集団リストとしている。また，CVMやCAによる環境便益評価の場合，仮想的な環境保全政策への賛否(支払意志)を問うシナリオを提示するこ

とが多いことから，政治参加可能な20歳以上の有権者の集合である選挙人名簿が母集団リストとしては，むしろ適切であるともいえる。

　選挙人名簿の閲覧は公職選挙法第29条第2項に規定されており，これに基づき市区町村の選挙管理委員会では，閲覧規定を設けている[6]。具体的な閲覧作業の手順は次のようになる。まず，調査課題と母集団を設定し，対象となる市区町村の選挙管理委員会に電話で閲覧日の予約調整を行う。閲覧日は先着予約順で設定されるため，1ヶ月程度前もって予約することが望ましい。特に，選挙人名簿の更新直後は閲覧希望者が増加する。また，公職選挙法で定められた選挙の公示あるいは告示日から選挙後5日間は閲覧が法律により禁じられているので注意を要する。電話による予約では，当日持参すべき申請書類など一式および閲覧に関する注意事項を確認する必要がある。具体的には，作業スペースの制約による同時閲覧可能人数の確認，手書きあるいはPCの持ち込みなど閲覧作業上の注意事項の確認，閲覧作業可能な時間帯の確認などである。また，申請書類一式の事前確認を求められることが多いので，申請書類の様式をFAXなどで送ってもらうよう依頼する。閲覧日の1週間前程度に事前確認用の書類一式を選挙管理委員会に送付し，確認を受ける。申請書類には，調査票が含まれている場合が多いため，事前確認までには調査票を完成させる必要がある。選挙人名簿は，投票所ごとに分冊化されているため，標本抽出は，2段階抽出法に従って実施する場合が多い。まず，選挙区ごとの登録人数を確認し，等確率抽出法あるいは確率比例抽出法による抽出人数を設定する。次いで，選挙区ごとに最初の抽出標本を乱数の割り当てによって決定し，以降は，系統抽出法によって抽出作業を実施する。

　選挙人名簿を母集団リストとして利用する標本抽出作業は，以上に整理したように，選挙管理委員会との調整作業や実際に選挙管理委員会に出向いて抽出作業をする必要がある。したがって，調査対象地域が全国に及ぶ場合には，多段抽出法あるいは，層化抽出法を利用する必要がある。しかしながら，抽出方法の工夫によっても，全国調査の場合には，地理的に離れた地域の選挙管理委員会に出向く必要があり，短期間で作業を完了させるためには，多人数の抽出作業者を確保する必要があることから，困難な場合が多い。その場合，電話帳データなど簡便な方法を用いることがある。

（3）電話帳データ

　電話帳データは，NTT 電話帳を母集団リストとするデータである。記載情報は氏名，電話番号，住所であることから，訪問による面接調査，郵送調査，電話調査の母集団リストとして利用可能である。一方，選挙人名簿と比較して，性別，年齢に関する情報が得られないことから，層化抽出に利用することはできない。電話帳データを母集団リストとして利用する最大の利点は，電話帳自体が市販されているため利用のための手続きが必要ない点，また，現在は全国の電話帳データがデータソフト化・市販され，PC 上での抽出作業が可能であることから，現地に移動することなく少人数で抽出作業が実施できる点である。

　以上のような利点から，公的な母集団リストの近似として電話帳データが多くの環境評価研究で利用されてきた。しかしながら，高い利便性の反面，いくつかの問題があることも事実である。第 1 に，電話帳への登録拒否世帯の増加である。第 2 に，固定電話加入者の減少である。第 3 に，2 世代，3 世代が同居する世帯では，電話加入者（＝電話帳登録者）が高齢者に偏る傾向にあることである。これらを考慮すると，電話帳データは，住民基本台帳に比べて偏りのあるデータであることを承知の上で利用しなくてはならない。

　データソフト化された電話帳においても市域ごとにまとめられているため，抽出作業では市域ごとにデータを表計算ソフトやデータベース・ソフトに写し，無作為抽出を繰り返すこととなる。PC 上で作業が完結するため，選挙人名簿からの抽出と比べると作業負担は大幅に軽減されるものの，全国を母集団とする無作為抽出は難しいことから，全国調査には多段抽出法が用いられることが多い。

3-3. 調査計画の立案

　一般的な社会調査では，調査課題の設定，標本抽出の実施，現地調査，データ分析，報告書の作成の順に調査を進める。環境評価においても，ほぼ同じ作業手順をたどることになるが，本書で取り上げた CVM，CA，TCM など環境評価研究例の一般的な調査手順を図 2-2 に示す。

　研究課題が設定されると，まずは，事前調査を実施する必要がある。CVM や CA など表明選好法を用いる場合は，仮想状況として設定するシナリオ作

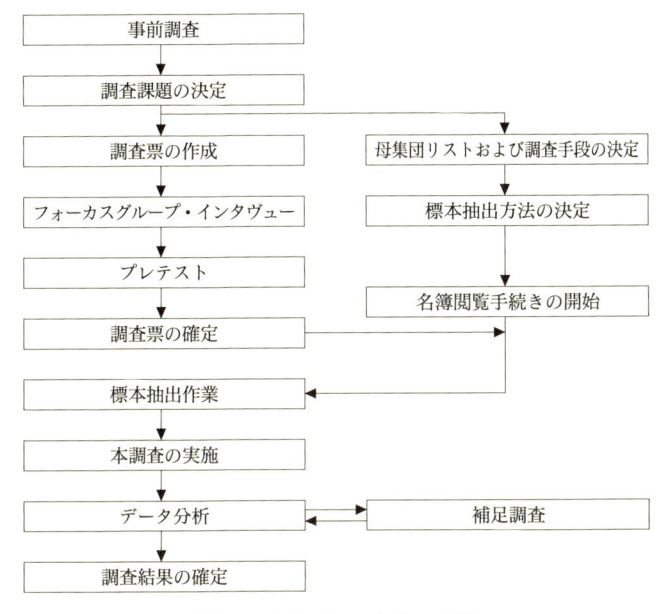

```
┌──────────────┐
│   事前調査   │
└──────┬───────┘
       ↓
┌──────────────┐
│ 調査課題の決定 │
└──┬─────────┬─┘
   ↓         ↓
┌──────────┐ ┌────────────────────────┐
│調査票の作成│ │母集団リストおよび調査手段の決定│
└─────┬────┘ └───────────┬────────────┘
      ↓                  ↓
┌────────────────────┐ ┌──────────────┐
│フォーカスグループ・インタヴュー│ │標本抽出方法の決定│
└─────────┬──────────┘ └──────┬───────┘
          ↓                   ↓
┌──────────┐           ┌──────────────────┐
│ プレテスト │           │名簿閲覧手続きの開始│
└─────┬────┘           └──────┬───────────┘
      ↓                       │
┌──────────┐                  │
│調査票の確定│←─────────────────┘
└─────┬────┘
      ↓
┌──────────┐
│ 標本抽出作業│←──────────┐
└─────┬────┘             │
      ↓                   │
┌──────────┐              │
│本調査の実施│              │
└─────┬────┘              │
      ↓                   │
┌──────────┐  ┌──────────┐
│ データ分析 │←→│ 補足調査 │
└─────┬────┘  └──────────┘
      ↓
┌──────────┐
│調査結果の確定│
└──────────┘
```

図2-2　調査データ収集の手順

成に必要な情報を中心に収集する必要がある．優先順位の高い調査項目としては，①評価対象となる環境便益の便益項目を明らかにすること(シナリオ設定のための情報)，②受益範囲はどの程度の広がりを持つのかを把握すること(母集団特定のための情報)，③調査対象地域における公共財の管理方法を把握すること(支払形態設定のための情報)などが考えられる．

　事前調査結果の検討を経て，具体的な調査課題を決定する．調査課題が決定することによって調査票の質問項目作成と母集団リストの設定および調査手段の選択が可能となる．調査票作成では，まず調査票原案を作成し，母集団から少人数を任意に集め，フォーカスグループ・インタヴューを実施する．フォーカスグループ・インタヴューでは，仮想状況のシナリオ設定に事実誤認がないか，あるいは設定が現実的な範囲におさまっているかなどのチェックをはじめとして，言い回しや語彙の選択が専門的に過ぎないか，レイアウトやイラストなど視覚的補助の利用が適切かといった回答者の視点から調査票を検討する．

次いで，フォーカスグループ・インタヴューを経て修正を重ねた調査票によるプレテストを実施する。プレテストでは，フォーカスグループ・インタヴューでの修正点を確認するほか，回答者が質問内容を適切に理解し，回答しているかを確認する。プレテストでの問題点が解消された時点で最終的な調査票が確定する。

調査課題の決定によって母集団が設定されると，次いで，母集団リストと調査手段を選択する必要がある。電話帳データや民間調査会社のデータを利用する場合には，特段の利用手続きを必要としないが，選挙人名簿や住民基本台帳など公的なデータを母集団リストとする場合には，事前の手続きを必要とする。閲覧のスケジュール調整などについては，調査課題が確定し次第，できるだけ早くから調整に入ることが望ましい。しかし，最終的な事前審査には，調査票が審査対象となるため，事前審査と標本抽出作業は調査開始直前に設定する必要がある。また，母集団リストは時間の経過とともに，母集団の実態と離れてしまうことから，母集団リストの正確性を期する点からも，標本抽出作業は調査開始直前が望ましい。標本抽出作業と同時に，調査手段の選択と現地調査に向けて準備することも必要である。具体的な調査手段には，面接調査法，郵送調査法，留め置き調査法，電話調査法などがある。本章では，環境評価研究で多く用いられている調査手段として，面接調査法，郵送調査法，電話調査法そして近年注目されつつあるインターネットリサーチを取り上げ，次節以降でこれらの調査手段について整理する[7]。

4. 面接調査法

面接調査法（Face-to-Face Interview Method）とは，調査員が回答者に1対1で対応し，調査票を見せることなく，基本的には口頭のみで質問を提示し，口頭で得た回答を調査員が調査票に記入していく調査法である。面接調査法には，一般的に以下の利点があるとされている。

① 調査員と回答者のやりとりが中心になるので，家族など第3者の回答への介入を防ぐことができる。
② 回答者に調査票を見せないことから，回答者は，後ろの質問を参考にして

前の質問に答えるといった影響(繰越効果)を防ぐことができる。
③　調査員が回答者の理解度を確認しながら回答を得ることから，回答者の誤解を防ぐことができる。
④　口頭での質問が困難な場合には，図表や映像，音声など補助資料を活用することができる。
⑤　調査員が回答者本人を確認するため代理回答がない。

以上に挙げたような利点のほかにも，回答の未記入が防止可能な点，調査員が複数回面接を試みることで，回答率を高めることが可能な点などが挙げられる。これらの利点から環境評価分野，特にCVM調査実施のガイドラインとなっているNOAAパネル・ガイドラインにおいても，面接調査法が推奨されている。しかしながら，ほかの調査法に比べて高い信頼性をもつとされながらも，面接調査法には，次のような欠点が指摘されている。
①　調査員の能力，態度によって回答者の答え方に変化が生じる可能性がある。
②　Face-to-Faceであるため，プライバシーに深くかかわる質問を設定するのは難しい。
③　留め置き調査法などに比べて回答時間がかかり，調査員を多く確保する必要があるため，経費がかかる。

　一般的な社会調査において面接調査法が用いられる場合，回答者の自宅を調査員が訪問する形式が多い。一方，環境評価研究で面接調査法を用いることが多いのは，評価対象となる自然公園や観光牧場などでのオンサイト調査である。自宅訪問での面接調査法とオンサイト調査での面接調査法の大きな違いは，回答者を選ぶ際の標本抽出法の違いである。自宅訪問での面接調査では，あらかじめ，母集団リストが存在しており，事前に等確率抽出法または確率比例抽出法に基づいて回答者を抽出し，面接調査を実施する。一方，オンサイト調査の場合は，母集団リストを事前に入手することができない。そのため，自然公園や観光地で継続的に収集されている入込み客数から調査当日の入込み客数を推計し，おおよその母集団を推定する。この推定母集団数と標本抽出数から等確率抽出法を用いて回答者の抽出間隔を計算し，調査を実施することになる。等確率抽出法で調査を実施する場合には，調査途中で抽出間隔を変えたり，予定回答者数を調査終了時刻前に集め終えても，途中で調査を終了することはでき

30　第Ⅰ部　課題と方法

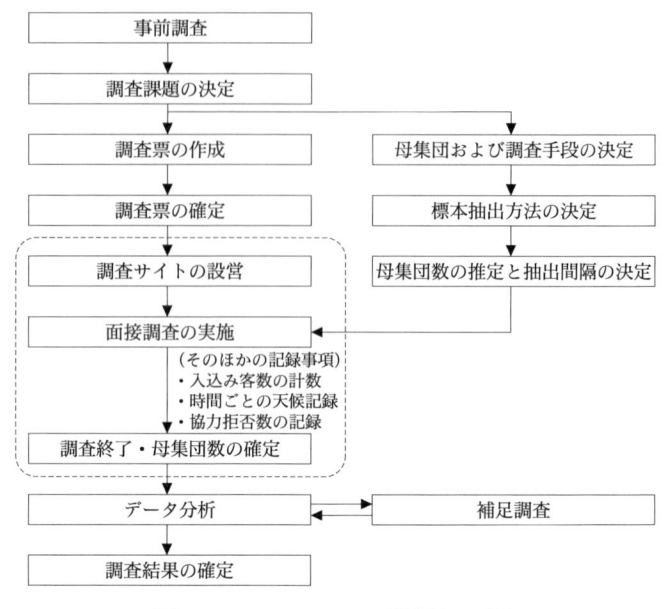

```
事前調査
　↓
調査課題の決定 ──────────┐
　↓                          ↓
調査票の作成        母集団および調査手段の決定
　↓                          ↓
調査票の確定          標本抽出方法の決定
　↓                          ↓
┌ ─ ─ ─ ─ ─ ─ ─ ─ ─ ─ ─ ─ ─ ─ ┐
│ 調査サイトの設営              │
│   ↓                           │
│ 面接調査の実施 ← 母集団数の推定と抽出間隔の決定
│   （そのほかの記録事項）      │
│   ・入込み客数の計数          │
│   ・時間ごとの天候記録        │
│   ・協力拒否数の記録          │
│   ↓                           │
│ 調査終了・母集団数の確定      │
└ ─ ─ ─ ─ ─ ─ ─ ─ ─ ─ ─ ─ ─ ─ ┘
　↓
データ分析 ←──→ 補足調査
　↓
調査結果の確定
```

図2-3　オンサイトでの面接調査の手順

注1）本図では，調査票の作成から確定までの作業を省略している。詳細は図2-2を参照のこと。
注2）図中の破線枠内は，現地調査で実施する作業内容を示す。

ない。等確率ならば，調査終了と同時に確定する母集団数が多い場合には，標本数が増加し，推定よりも母集団数が少ない場合には，標本数も減少するはずである。

　具体的な環境評価研究における面接調査の手順を図2-3に示す。まず，調査票が確定し，オンサイト調査に入ると，現地での調査サイト設営を行う。設営場所は，事前調査の結果を踏まえて実施前に確定し，設営に必要な資材も事前に確保する必要がある。設営場所に適しているのは，駐車場付近など調査対象者が現地の訪問を終え，出口に向かう途中に調査を依頼できる場所である。調査サイト設営後，事前に定めた抽出間隔に従って面接調査を実施する。調査員には，抽出方法はもちろん，訪問者への依頼方法，協力拒否者数の記録，面接時のトラブルへの対応方法などをマニュアル化して周知させることが必要である。また，調査以外に必要な作業としては，入口での入込み客数の計数，時間

ごとの天候記録を実施する必要がある．協力拒否者の記録は，入込み客数の記録とともに，最終的な母集団数と回答率を求めるために必要な情報となる．また，野外での調査，特に景観評価では，天候によって回答傾向に変化が生じる可能性があることから，事後的な検証を可能とするために天候記録が必要となる．

本書の CVM，CA，TCM による環境評価研究では，自宅訪問による面接調査は採用しておらず，オンサイト調査においても面接ではなく，調査員が調査票の配布・回収のみを行う自記入式の調査を採用している．その理由は，面接調査法の欠点として挙げた，調査員の能力，態度に回答が左右される可能性があるためであり，また，この問題を避けるために，よく訓練された調査員を多人数で確保することが難しいためである．

5. 郵送調査法

郵送調査法(Mail Survey Method)とは，調査票の配布・回収あるいはそのいずれかを郵送で実施する調査法である．調査票に回答者が直接回答を記入する自記入方式となる．郵送調査法には，一般的に以下の利点があるとされている．
① 調査員を必要としないため，面接調査法と同等の経費で大量の標本を調査することが可能である．
② 郵便の利用により，調査範囲が広域の場合でも容易に配布・回収が可能である．
③ 調査員が回答に介在しないため，調査者側の人的な影響を排除することができる．
④ 調査期間内でいつ回答するかは，回答者に委ねられているため，比較的質問数が多く，回答時間が長い調査も協力が得られやすい．
これらの利点に対して，以下のような欠点があることも事実である．
① 無記名式での調査では，調査対象者以外の人が回答する代人記入のチェックが難しい．
② 調査票全体を見渡せることから，繰越効果が生じる可能性がある．
③ ほかの調査法と比較して回収率(回答率)が低く，回答をスキップする無回

答が発生しやすい。

　欠点①の代人記入の問題は，完全に排除することは難しいものの，調査依頼の際に，回答者を指定するといった工夫によって影響を軽減することが必要である。欠点②の繰越効果については，各質問をできる限り独立させるなどの工夫が必要である。しかし，前の質問が後の質問に与える影響については，質問という形を通じて評価対象に関する情報を与える方法として利用する場合がある。また，欠点③についても，無回答の発生をなくすことは難しい。しかしながら，質問紙調査において無回答が発生するのは，質問が理解しにくい場合や自らの回答に合致した選択肢がない場合など，多くが質問設定自体に問題があることが多い。フォーカスグループ・インタヴューやプレテストで十分に検討することにより無回答の発生をある程度軽減することができるだろう。

　具体的な郵送調査の手順を図 2-4 に示す。調査方法を問わず，回収するデータは，追跡調査を企図しない限り，無記名式で回収するのが原則である。しか

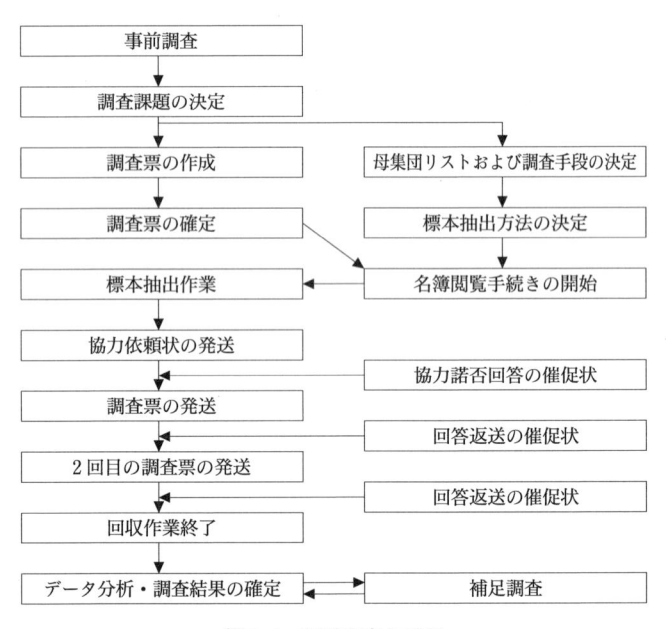

```
          事前調査
            ↓
        調査課題の決定
         ↓        ↓
   調査票の作成   母集団リストおよび調査手段の決定
         ↓        ↓
   調査票の確定   標本抽出方法の決定
         ↓        ↓
   標本抽出作業 ← 名簿閲覧手続きの開始
         ↓
   協力依頼状の発送
         ↓     ← 協力諾否回答の催促状
   調査票の発送
         ↓     ← 回答返送の催促状
   2回目の調査票の発送
         ↓     ← 回答返送の催促状
   回収作業終了
         ↓
   データ分析・調査結果の確定 ← 補足調査
```

図 2-4　郵送調査の手順

注）本図では，調査票の作成から確定までの作業を省略している。詳細は図 2-2 を参照のこと。

し，郵送調査は，ほかの調査方法に比べて回答率が低い傾向にあることから，回答の未返送者に対する催促によって，いかに回収率を引き上げるかが課題となる．そのためには，ある程度，未返送者が特定できることが望ましい[8]．このようなプライバシーの保護と回収率の引き上げを可能な限り両立させる手法として，以下では，林[2]，Mangione [5] に依拠した郵送調査法を紹介する．標本抽出を終え，調査対象者が確定すると，まず，調査への協力依頼状を送付する．協力依頼状では，調査趣旨とともに，どのようにして調査対象者を選定したのかを説明した上で，調査への協力を依頼する．また，協力依頼状には協力の諾否を表明する返送用ハガキなどを同封し，調査票送付前に協力の諾否を確認する．協力依頼状による諾否確認を行うことにより，返送の可能性が高い回答者の数を事前にある程度把握することができる．

次いで，調査協力を受諾した調査対象者のみに調査票を送付する．郵送調査法では，ほかの調査法と比較して回収率が低いとされているが，この方法では，協力依頼状への諾否回答と調査票返送において，都合3回の催促状を送付する．その際に，未返送者を識別する方法として，調査票返送時に返送済みであることを調査者に知らせるハガキを別に用意し，無記名の調査票とは別にハガキを投函するよう依頼する．この方法を用いることの利点は，第1に，返送済みの回答者に催促状が届くことによる不快感を軽減することと，第2に催促状発送費用の節約が挙げられる．以上に概説した郵送調査法を用いることにより，第4章の調査では45.4%，佐藤ら[11]では56.0%の回収率を挙げている．調査票発送のみの郵送調査の回収率が平均して20%程度とされていることを考慮すると，林[2]，Mangione [5] に依拠した郵送調査法は質の高い調査データを確保する手法として有効であるといえる．

6. 電話調査法

電話調査法(Telephone Survey Method)とは，調査員が調査対象者に電話を通じて質問し，得られた回答を記録する調査法である．一般的な調査手順は次のようになる．まず，標本抽出法に従って抽出された調査対象者に調査員が電話をかける．次いで，調査への協力を受諾した調査対象者に対して，調査員が

調査項目に関する質問を行う。回答に選択肢を設ける場合には，選択肢についても調査員が読み上げる。最後に調査対象者から得られた回答を調査員が調査票に記入，あるいは，プッシュ回線を利用して回答番号を直接記録し，データを収集する。

電話調査は面接調査と同様，インタヴュー形式で調査対象者から回答データを収集するため，視覚的な補助資料を利用できないことを除けば，回答への第3者の介入を防ぐことが可能な点，繰越効果を防ぐことが可能な点など面接調査法とほぼ同じ利点を有する。そのほか，電話調査法の利点には，以下の項目が挙げられる。

① 調査員と電話などの機材を多く確保することができれば，比較的短期間での調査が可能である。

② 郵送調査と同様，調査員が現地（調査対象者の自宅）に直接出向く必要がないため，広範な調査対象地域の設定が可能である。

これらの利点に対し，欠点についても，調査員の能力や態度に回答が影響を受ける可能性やプライバシーに関する質問の設定が難しいことなど，面接調査法で指摘されている欠点が，ほぼ同様に当てはまる。そのほか，一般的に指摘される電話調査法の欠点として，以下の点が挙げられる。

① 携帯電話などの普及に伴う固定電話加入率の低下および電話帳記載率の低下により，電話帳データを母集団リストとする場合は，調査対象地域の世帯分布との乖離が生じやすい。

② 音声のみでのコミュニケーションのため，面接調査法に比べて調査対象者の信頼感を形成しにくく，協力依頼時点での拒否率が高い傾向にある。

③ 調査時間が長くなると，電話を切るといった調査途中での拒否回答が増加する。

これらの欠点のうち，電話帳記載率の問題については，電話帳データを母集団リストとしている以上，避けることは難しい。そこで，電話帳データによらない標本抽出方法として，世論調査などでは，RDD(Random Digit Dialing)が利用されている。RDDは，コンピュータで乱数を発生させて電話番号を作り出し，実在の電話番号に行き当たるまで電話をかけ続ける方法である。市外局番などを固定することによって，地域を特定した抽出も可能であり，電話加入

者のすべてを対象とした無作為抽出となる[9]。

 以上のように，電話調査法には，面接調査法に近いコミュニケーションを維持しつつ，郵送調査法と同様に広範囲の地域を調査対象とできる利点がある。しかし，環境評価研究，なかでも CVM や CA への適用には難しい面が多い。CVM では，複雑な仮想状況をシナリオとして提示する場合があり，視覚的な補助資料なしで，回答者に調査者の意図通りのシナリオをイメージさせるのは難しい。CA では，仮想状況だけでなく，回答の選択肢も複数の属性と水準を設定するため，さらに回答者の心理的負担は大きくなる。したがって，CVM あるいは CA で電話調査を適用するには，調査前に視覚的な補助資料を調査対象者に送付しておくなどの工夫が必要となるが，調査費用がかさむことにつながる。また，小規模な調査プロジェクトでは，電話回線の確保などの機材調達や面接調査法と同様に訓練された調査員の確保が難しい場合が多い。このような理由で，本書の CVM および CA 研究では電話調査法を採用しておらず，国内での適用事例はほとんど見られない。

7. インターネットリサーチ

 インターネットリサーチ(Internet Research)とは，インターネット上の調査サイトを通じて回答者の回答データを収集する手法である。類似の用語として，電子調査法，インターネット調査などがあるが，電子調査法は紙媒体による調査をコンピュータ画面に置き換えただけの簡素な方法から POS システムまで含まれる幅広い調査法である。また，インターネット調査については，インターネット上の調査サイトを利用した調査である点はインターネットリサーチと変わらないものの，調査対象者のリスト構築の方法に違いがあるとしている場合がある(大隅[9])。

 調査対象者リストの構築方法の違いには，公募型と非公募型がある。公募型による調査対象者リストの構築方法とは，調査対象者をインターネット上の公募によって集め，リストを構築する方法である。具体的には，インターネット利用者が多く閲覧するポータルサイトなどにバーナー広告によって参加希望者を調査サイトに誘導する方法などが挙げられる。非公募型による調査対象リス

トの構築方法には，企業が自社やグループ企業で保有している名簿や公開されている個人属性データを利用して調査対象者を募り，参加希望者を調査サイトに誘導する方法とインターネットへのアクセス可能性を全く考慮せず，郵送や面接など従来型の調査法で調査対象者を募り，参加希望者を調査サイトに誘導する方法に大別される。

　公募型の調査対象者リスト構築方法は，リストの背後に明確な母集団の存在を想定していない。いわゆる「この指とまれ」方式の調査であり，有為抽出法による調査に位置づけられる[10]。したがって，公募型のインターネットリサーチの結果からは，社会一般の傾向を推計することはもちろん，インターネット利用者という母集団においても，標本抽出方法の不完全さから傾向の推計には利用することは難しい。一方，非公募型の調査対象者リスト構築方式では，いずれも明確な母集団を設定して確率抽出法により調査対象者を抽出している。しかし，母集団自体が「インターネット利用者」と限定されているため，非公募型インターネットリサーチが世論調査をはじめとする社会調査一般に適用できるとも言い切れない面がある。本多・本川[3]は，従来型の全国無作為抽出による面接調査結果とモニター回答者によるインターネットリサーチ，郵送調査の調査結果の大半に違いがあり，現段階において従来型調査法の代替手段としてインターネット調査を利用するのは不適切であると結論づけている。また，大隅[9]は，非公募型インターネットリサーチにおいてもインターネット利用者を代表しているとはいえないとしており，現在の非公募型インターネットリサーチに代わる調査手法として，新たな非公募型インターネット調査を提唱している[11]。

　以上のように，インターネットリサーチの社会調査への利用には，標本の母集団に対する代表性の観点から困難性が指摘されているものの，従来の調査手法にはない，利点が多いことも事実である。具体的なインターネットリサーチの利点として，第1に，調査開始から終了までの期間が短期間である点である。面接調査法の場合は，調査員の人数により調査期間が左右されるものの，統計的な分析に耐えうる標本数を確保するには，最低でも3日間から7日間の調査期間が必要である。郵送調査の場合は，協力依頼から調査終了まで約1ヶ月を要する。これらに対し，インターネットリサーチでは，調査開始から約1日間

で調査を終えることが可能である。社会的事象をテーマとする社会調査には，調査期間中に調査結果に大きく影響する事件・事故などが生じるリスクがあることから，インターネットリサーチの調査期間の短さは，大きな利点となる。

第2に，回答者の属性を絞り込んだ調査が容易な点である。従来の調査法では，層化抽出法によって，回答者の属性をコントロールする方法が中心であったが，そのためには，母集団リストに個人属性が含まれていなければならない。また，抽出作業によって回答者属性をコントロールした場合でも，調査実施後の回答率によっては，事前に設定した回答者属性の分布と異なる結果が得られてしまうリスクがある。非公募型のインターネットリサーチでは，回答者属性を含んだ母集団リストを調査会社が保有しており，概ね高い回答率が確保可能である。

第3に，回答不備をプログラムで事前防止できる点である。従来の調査手法においても，面接調査法や留め置き調査法では，調査員による回答不備の確認が可能であるものの，これらの調査手法では，郵送調査なみの大量標本の確保は難しい。一方，郵送調査では，回答不備を事前に防止できず，有効回答率が低下する場合も多い。インターネットリサーチでは，回答のスキップを許容しないプログラムを設定することができる。また，調査票による調査では，回答者が分岐質問を読み間違えることによる回答不備の防止が難しいが，インターネット調査では，プログラムにより防止することが可能である。回答不備の防止は，分析前のデータクリーニング作業を軽減するだけでなく，回答不備標本の削除による回答者の分布の歪みを防ぐためにも有効である。

以上のような，インターネットリサーチの特長を考慮すると，標本の母集団に対する代表性の問題から一般的な社会調査に利用するのは難しいものの，回答者を属性条件によって絞り込んだマーケティングリサーチには，適した調査手法であるといえる。実際，現在のインターネットリサーチは，企業の自社製品評価を目的としたマーケティングリサーチ分野で広く活用されている。したがって，マーケティングリサーチ分野と親和性の高い環境評価研究への適用は十分可能であると思われる。具体的な環境評価研究へのインターネットリサーチの適用分野として，環境配慮型商品の消費者評価研究などが考えられよう。世論調査など，社会調査へのインターネットリサーチ適用の問題点を過度に一

般化するのではなく，利点と欠点を十分吟味し，環境評価研究への適用可能性を検討し続けることが必要である。

注

1) 近年，テキストマイニングなど，質的調査によって記述的に得られたデータを統計的に分析する手法が普及しつつあり，量的調査と質的調査の区分は明確でなくなりつつある。
2) 抽出方法による標本数の求め方の違いについては，島崎[12]，松井[6]などを参照のこと。
3) モンテカルロ実験とは，乱数を利用したシミュレーションデータを生成する手法。有限標本の性質を明らかにする手法として広く利用されている。ただし，モンテカルロ実験によって得られた結果は，事前に仮定する確率分布に左右される問題があることに注意を要する。
4) ブートストラップ法とは，Efron によって定式化されたリサンプリング法の１つ。未知の分布の実現値として得られたデータの分布を経験分布として，ブートストラップ標本を生成し，それらの統計量を計算することによって，実現値だけでは知りえない統計量の分布の特性を知ることができる。ブートストラップ法の最も重要な特徴は，未知の分布関数を具体的に仮定する必要がないノンパラメトリック最尤法として求められる点にある。
5) そのほかに，住民基本台帳の利用が難しい理由として，高額な閲覧手数料が挙げられる。住民基本台帳法の改正以前は「原則公開」とされていたため，いわゆるダイレクトメール業者の大量閲覧が問題とされていた。そのため，閲覧手数料の引き上げによって大量閲覧を抑制しようとする地方公共団体が増えた結果，社会調査においても予算制約の面から閲覧が難しくなっている。住民基本台帳法の改正によって，営利目的の大量閲覧の抑制が期待されているが，閲覧手数料が社会調査で利用しやすい水準となるかは，不透明な状況にある。
6) 公職選挙法第 29 条第 2 項において選挙人名簿の閲覧は以下のように定められている。「市町村の選挙管理委員会は，選挙の期日の公示又は告示の日から選挙の期日後五日に当たる日までの間を除き，選挙人名簿の抄本(第十九条第三項の規定により磁気ディスクをもって選挙人名簿を調製している市町村の選挙管理委員会にあっては，当該選挙人名簿に記録されている全部若しくは一部の事項又は当該事項を記載した書類)を閲覧に供し，その他適当な便宜を供与しなければならない」。
7) CVM への面接調査法，郵送調査法，電話調査法の適用における利点および欠点は，Mitchell and Carson [7] の 109〜112 頁目にも整理されている。
8) 催促状を発送するのに，回答の未返送者を特定せず，調査票発送対象者全員に催促状を送付する場合もある。しかし，その場合，すでに返送済みの回答者にも催促状が届くため，郵送調査に対する不快感を惹起させる恐れがある。
9) ただし，市外局番と行政区域が一致しないことが多いため，市区町村単位での指定は

難しい。
10) 同様の有為抽出法による調査法として街角調査法(モールインターセプト方式)がある。
11) 大隅[9]が提唱する新たな非公募型インターネット調査には，従来の調査手法と同様にインターネット利用の有無を問わず設定した母集団リスト(住民基本台帳，選挙人名簿)から確率的抽出を実施し，確認調査によってインターネット利用者のみに調査への参加を呼びかけ，受諾者のみに調査を実施する方法と，確認調査によってインターネット非利用者には，受諾確認の上，測定機器を配布して調査を実施する方法がある。

引用文献

[1] 合崎英男・佐藤和夫・長利洋(2004)：「選択実験による農業・農村の持つ多面的機能の経済評価に関する工夫——質問紙調査における提示属性数の削減」『農業土木学会論文集』vol. 72(4)，pp. 433-441。
[2] 林英夫(2006)：『郵送調査法［増補版］』関西大学出版会。
[3] 本多則江・本川明(2005)：「インターネット調査は社会調査に利用できるか——実験調査による検証結果」『労働政策研究報告書』No. 17，独立行政法人労働政策研究・研修機構。
[4] 近藤功庸・岩本博幸(2002)：「農村景観事業がもたらす公益効果の経済評価」『旭川大学紀要』No. 53，pp. 73-89。
[5] Mangione, T. W. (1995): *Mail Surveys: Improving the Quality*, Sage Publications. (林英夫・村田晴路訳(1999)：『郵送調査法の実際——調査における品質管理のノウハウ』同友館)
[6] 松井博(2005)：『標本調査法入門』財団法人日本統計協会。
[7] Mitchell, R. C. and Carson, R. T. (1989): *Using Surveys to Value Public Goods: The Contingent Valuation Method*, Resource for the Future, Washington, D.C.
[8] 森岡清志(1998)：「どのような社会調査をしたいのか」森岡清志編『ガイドブック社会調査』日本評論社，第1章，pp. 1-31。
[9] 大隅昇(2004)：「インターネット調査の信頼性と質の確保に向けての体系的研究(CD-ROM)」社団法人日本マーケティング・リサーチ協会。
[10] 笹木潤・佐藤和夫・岩本博幸・出村克彦(2000)：「選択型コンジョイント分析による農村総合整備事業の整備項目別評価」『農業経済研究別冊2000年度日本農業経済学会論文集』pp. 174-176。
[11] 佐藤和夫・岩本博幸・出村克彦(2001)：「安全性に配慮した栽培方法による北海道産米の市場競争力——選択型コンジョイント分析による接近」『農林業問題研究』vol. 37(1)，pp. 37-49。
[12] 島崎哲彦(2002)：「標本抽出と推計」島崎哲彦編『社会調査の実際——統計調査の方法とデータの分析』学文社，第4章，pp. 50-79。
[13] 寺脇拓(2002)：『農業の環境評価分析』勁草書房。

個人情報保護と社会調査のマナー

近年，インターネットなどの情報技術の発展に伴って犯罪につながる個人情報の漏洩が問題視されるようになり，社会調査に対する協力を得ることが難しくなりつつある。住民基本台帳や選挙人名簿などの閲覧でさえも，過去の住民とのトラブルから婉曲的に断られることも多くなった。また，平成17年4月1日から施行された個人情報保護法により，民間企業の多くが個人情報保護指針の策定をはじめとする対応に追われたことは記憶に新しい。

個人情報保護法が施行されたことで，社会調査にどのような影響が生じたのか？　法律上は，同法第50条の規定により「大学その他の学術研究を目的とする機関若しくは団体又はそれらに属するもの」として適用除外とされている。しかし，抽出された対象者にとっては，大切な個人情報が閲覧されたことに変わりはなく，名簿の閲覧を許可したのは，地方自治体であって，調査対象者ではない。したがって，学術研究目的の社会調査であっても，同法を指針とした個人情報保護対応を講じることが望ましいだろう。

林[2]では，個人情報保護法に準じた郵送調査のあり方として，調査協力依頼の手続きを工夫した調査方法を紹介しているが，筆者の経験では，協力依頼と同じくらいに大切なのが，苦情などの問い合わせへの対応である。1回の調査につき，2, 3件の問い合わせが，ほとんどのケースで生じている。これらの問い合わせに対して丁寧に対応することで，最終的には調査協力を快諾してくれることも多い。そのためには，協力依頼状や調査票に問い合わせ先，担当者，時間帯などを明記することはもちろん，問い合わせを受け損なうことがないよう，調査期間中は常に待機している必要がある。

このような対応は，法律の遵守以前のマナーの問題ではあるが，誠実に対応することで社会調査に対する信頼を高め，最終的には回収率を高めることにつながっていくと考える。

〈岩本博幸〉

第II部
CVM，トラベルコスト法とコンジョイント法

愛媛県今治市「野間馬ハイランド」にて。希少動物保全の便益も環境評価手法の対象となる。

第3章 表明選好法による農業・農村政策の便益評価と便益移転

吉田謙太郎・伊藤寛幸

1. 便益移転の概念と枠組み

1-1. 便 益 移 転

　2001年1月の中央省庁改革とともに政策評価制度が導入された。政策評価制度は，各省庁が実施する諸政策の効果を明らかにし，それらの政策の効率性や必要性などを評価することにより，適切な政策立案および政策的意思決定を実現することを目的としている。各省庁に対して政策評価の導入が義務づけられたことを契機として，公共事業の費用対効果分析(費用便益分析)への環境評価手法の利用が急速に進められてきた。農林水産省や国土交通省などの主に公共事業を所管する官庁においては，環境保全や環境整備に関連した事業も増加しつつある。また，河川や港湾整備などの従来型の公共事業についても，その環境影響を便益として評価することにより，精度の高い費用対効果分析を実施していくことが課題となっている。2004年度からは規制影響評価が試行的に導入されており，2007年度以降の導入に向けて知見を蓄積することとなっている。規制影響評価の本格的導入は，米国と同様に環境評価研究へのニーズを高めることになると予想される(竹内[39], 吉田[52])。

　本章においては，国内の公共事業の中でもいち早く仮想評価法(Contingent Valuation Method；以下，CVM)を取り入れた農業集落排水事業を第1の事例として取り上げる。そして次に，全国各地で実施されており，多面的機能の維持保全をその目的の1つとしてうたっている中山間地域等直接支払制度に関するコンジョイント分析による評価結果を事例として取り上げる。

1990年代後半以降，環境評価手法を取り入れた政策評価は増加してきている。総務省が2004年8月に公表した「湖沼の水環境の保全に関する政策評価」においても，CVMによる水質評価が実施されていた。

ヘドニック法や代替法のように，既存の市場価値に関するデータベースを一旦構築すると，比較的時間や予算を要せず，新規プロジェクトについての便益評価額を得られる手法もある。しかしながら，CVMやコンジョイント分析のように，評価対象の選択に関して汎用性の高い表明選好法，あるいはレクリエーション価値の評価に適したトラベルコスト法の適用が進みつつある。これらの評価手法は，主に受益者へのアンケート調査に基づいて便益評価を行う手法であり，多額の調査費用や長期にわたる調査期間が問題となることも多い。例えば，全国数十ヶ所で実施されている同種の政策や事業に対して，詳細な環境評価を個々に行う場面を想定すると，調査費用や時間制約は無視できないほどに大きな問題となるだろう。

このような問題を回避する手法の1つとして，便益移転(benefit transfer)が注目されている。便益移転とは，すでに便益評価が実施された既存評価地における研究結果を利用することにより，新たに政策を実施する政策対象地において環境財の便益評価額を算出する手法である。1970年代から1980年代にかけて，米国において便益移転の使用が開始された当初は，専門家の判断(expert judgment)に基づく原単位(unit day value)法が主としてレクリエーション地の評価に用いられていた(Garrod and Willis [9]，Loomis and Walsh [21])。さらに，メタ分析(meta-analysis)や便益関数移転(benefit function transfer)といった手法の開発が進み，その後次第に用いられるようになってきた(Santos [33], Smith and Huang [35], Smith and Kaoru [34], Smith and Osborne [36], Walsh et al. [53])。メタ分析は，既存評価地における便益評価額の変動をもたらす要因を明らかにした上で，政策対象地の評価を新たに行う手法である。便益関数移転は，既存評価地のデータから便益関数を推定し，それを政策対象地に移転して評価を行う手法である。

便益移転は政策的要請から生み出された簡便な便益評価額試算方法の総称であるため，論者によって様々な定義や分類がある。Bergstrom and De Civita [4]やRosenberger and Loomis [32]などは，便益移転を①評価額移転(value transfer)と②関数移転(function transfer)に分類している。評価額移転は，単一の事例や複数の事例の平均値など，あるいは専門家の知見に基づき行政部局で承認された値を使用する手法に区分される。関数移転は，便益関数や需要関数を移転する手法とメタ分析を適用して移転する手法に区分される。関数移転についても，関数そのものの移転と関数によって推定された便益評価額の移転という2種類の観点からのアプローチがある。

　日本における農業関連の便益移転については，水環境整備事業を題材として便益関数移転を行った寺脇[43]，そして既存の農村景観評価研究についてメタ分析および便益関数移転を適用した吉田[46]がある。寺脇[43]では，便益関数の移転可能性のみが問題とされており，便益評価額自体の移転可能性については実証分析がなされていない。しかしながら，多数の調査結果に基づき，調査実施時の諸条件をそろえた実験的な便益移転が試みられている。吉田[46]は既存研究における便益評価額の移転可能性について，メタ分析と便益関数移転を用いることにより検証している。なお，両者ともにCVMを使用した評価研究について便益移転を適用している。

1-2. 政策評価への便益移転の適用

　便益移転手法が実際の政策評価に利用されてきた米国における事例を概観する。1981年に，レーガン大統領が，年間1億ドル以上の影響をもたらす主要な規制政策を新たに実施する際には，費用便益分析の実施を義務づけるという大統領令12291に署名した。その後，米国環境保護局(U.S. Environmental Protection Agency)は，予算制約および時間制約を考慮し，費用便益分析を行う際には，可能であれば既存の評価研究から便益評価額を推測すべきであるとのガイドラインを策定した(Desvousges et al. [6])。このような政策的背景に基づき，特定の地域におけるオリジナル調査によって得られた1次データによる評価(full-scale assessment)の代替的評価手法に関する研究が徐々に盛んになってきた。この代替的評価手法の1つが便益移転である。

　Rosenberger and Loomis [32] は，1次データではなく便益移転が正当化される条件として以下の3点を挙げている。①予算制約，②時間制約，③評価対象となる資源の影響が小さいこと。わが国の予算制度や政策評価を取り巻く状況

を勘案すると，全国各地で実施されている環境政策や公共事業の評価を，厳しい予算制約下で短期間のうちに実施する事態が想定できる。このような場合に便益移転が使用可能であるならば，人的資源や予算の節約という観点から有益である。

Desvousges et al. [6] が指摘するように，政策評価を行う際の環境評価に求められる精度の高さは，補償可能な損害/外部性の費用算定(compensable damage/externality costs)，政策的意思決定(policy decisions)，問題設定/選抜(screening or scoping)，問題発見/実情調査(fact-finding)という順序である(図3-1)。一般的に政策的意思決定を行う際には精度の高いオリジナルな調査が必要とされるが，費用便益分析を行う際にしばしば問題となるのは，便益が費用を上回るかどうかという点である。そのため，想定される範囲内の誤差を含んだ値を使用しても，それが費用便益分析による政策的意思決定に直接影響を与えないような場合に，便益移転の使用が推奨される。

また，Boyle and Bergstrom [5] は，便益移転を行う際には以下の3点を確認する必要があると指摘した。第1に，既存評価地と政策対象地の評価対象財が同一であること。第2に，既存評価地と政策対象地における母集団の特徴が同様であること。そして第3に，支払意志額(Willingness-to-Pay；以下，WTP)と補償受取意志額(Willingness-to-Accept compensation；以下，WTA)を入れ替えないこと。

次に，便益移転の方法について，評価額移転の1つとして区分される原単位法，そして関数移転の代表的な手法であるメタ分析と便益関数移転の順に説明を行う。

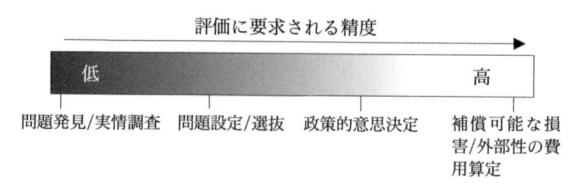

図3-1 意思決定状況と環境評価の精度。出典：Desvousges et al. [6]

1-3. 原単位法

　原単位法は，レクリエーション便益評価額について専門家などの意見や判断に基づいて推定する方法である。メタ分析や便益関数移転などの手法が導入される以前から現在に至るまで頻繁に利用されている。最もよく知られたところでは，米国水資源協議会(U.S. Water Resources Council)と米国農務省森林局(USDA Forest Service)の使用した原単位法がある(Loomis and Walsh [21])。

　米国水資源協議会が作成した原単位法は，1962年に実施された民間レクリエーション地の入場料調査を基に，専門家がレクリエーション体験の累積得点を算定した上で，それに応じた便益評価額を一覧表にしたものである。原単位法は，トラベルコスト法やCVMの適用が調査予算を超過し，なおかつレクリエーション地が比較的小規模である場合に使用されてきた。米国水資源協議会の原単位法については，その後1973年と1979年に改訂され，以後も逐次改訂されている。

　米国水資源協議会はレクリエーション地(レク地)を一般(general)と特化(specialized)の2つのカテゴリーに分類した上で，各レク地を100点満点で評価し，その得点に応じた便益評価額を算定した。100点満点の内訳は，レク体験の質(混雑度)が30点，代替地の利用可能性が18点，環境収容力が14点，アクセスの容易さが18点，環境質が20点である。

　Loomis and Walsh [21] は，米国水資源協議会の原単位法の欠点として以下の2点を挙げている。第1に，訪問者ではなくレクリエーション計画立案者が得点づけを行うことが多いが，両者のレクリエーション地に対する評価には乖離があるため，評価額にバイアスを生じることである。第2に，サイトごとに異なる計画立案者が得点づけを行うことにより，評価額の信頼性や統一性が損なわれることである。得点操作も容易であるため，その地域の政府や団体がプロモーションを行っているレクリエーション活動にとって有利な得点づけを行う誘因が働くことも問題点の1つである。

　米国農務省森林局のRPA(Resource Planning Act)値は，それらの欠点を補う性格をもつ原単位法である。1974年資源計画法の実施に伴い，森林局は独自の原単位法であるRPA値を1980年に作成し，5年ごとに改訂を繰り返して

きた。その際には，数多くの直近の評価研究から便益評価額を求め，より正確かつ政治的バイアスの少ない原単位法を算定するための努力が続けられてきている。

これらの原単位法については，いくつかの政府組織において現在も継続的に使用されており，ウェブ上に最新の原単位の詳細が掲載されている。メタ分析や便益関数移転に関する知見が増すとともに，最近では原単位法への依存度は徐々に低下してきているとのことである。

1-4. メ タ 分 析

便益移転のフレームワークにおけるメタ分析の主な手順は，便益評価額を被説明変数，環境財の属性や関数型，調査手法などを説明変数として回帰分析などを行い，評価額に影響を与える要因を統計的に解析するというものである。メタ分析を適用した代表的な研究事例は，以下の通りである。

Smith and Kaoru [34] は，トラベルコスト法による野外レクリエーション地の評価研究について，レクリエーション地や活動の種類のような変数だけではなく，代替価格や時間の機会費用の推計方法などに関する変数を加えて分析し，それらの変数が便益評価額に影響を与えていることを明らかにした。Smith and Huang [35] は，大気汚染に関するヘドニック法を用いた評価研究について，都市や消費者の特徴，モデルおよびデータ選択，研究公表の有無といった変数の影響を明らかにした。Smith and Osborne [36] は，国立公園の可視度に関するCVMを用いた評価研究についてメタ分析を行った。これは，後述する便益関数移転にやや近い方法である。各研究の平均評価額を被説明変数とするのではなく，5種類の評価研究から合計116個のデータを抜き取り，それを被説明変数としてメタ分析を行ったものである。ここで使用されたデータは，すべて支払カード方式や付値ゲーム法などのオープンエンド質問タイプのものであるため，WTPを被説明変数として分析することが可能である。ここでは，可視度の変化や質問方法などが変数として加えられている。

Walsh et al. [53] は，トラベルコスト法とCVMによる野外レクリエーションに関する評価研究のメタ分析を行い，観光地の質や調査地の管理主体，質問方法に関する変数の影響を明らかにした。Santos [33] は，農村景観に関する

各国の評価事例によるメタ分析，そして便益移転可能性の検証を行い，44%の事例における評価額の誤差が30%以内に収まることを明らかにした。吉田[46] は，農村景観や農村アメニティに関する11研究によるメタ分析を行い，質問方法や環境財からの距離，アンケートの回収率などがWTPの変動要因となることを明らかにした。また，政策対象地における属性データを関数に代入して便益移転を行うことにより，すべての評価額の誤差が30%以内に収束することを明らかにした。

Smith and Kaoru [34] をはじめとする一連のメタ分析研究は，環境評価によって推定された便益評価額が，評価対象や母集団の特徴，あるいは関数推定に用いたモデルによって決定されていること，あるいは未公刊の報告書レベルの評価結果が高くなることなどを明らかにした。このことは，環境評価による便益評価額の差違が単なる「ノイズ」ではなく，何らかの「シグナル」であることを示唆するものである。これ以外にも健康リスクなどの分野を中心に，ベイズ手法を適用したメタ分析手法の適用などが進んでいる。便益移転の主目的は，新たな政策対象地における便益評価額を新たな調査をせずに見つけ出すことにあるため，多くの既往研究をもとに便益評価額の決定要因などを明らかにするメタ分析は適用が容易であり，実際の費用便益分析に政策担当者が用いる際にも利用しやすい方法であるかもしれない。

1-5. 便益関数移転

本研究で使用する便益関数移転は，既存の評価研究から得られた便益関数を，類似の政策対象地の評価に移転して使用する方法である。便益関数移転を適用した代表的な研究事例は，以下の通りである。

Loomis [20] は，米国オレゴン州における降海型ニジマス釣りに関する多目的地トラベルコスト法によるデータを使用して，便益関数移転に関する研究を行った。10本の河川すべてのデータを使用したフルモデルによって推定された便益評価額と政策対象地の河川データを削除したモデルによる予測値との誤差を計算し，90%の事例が10%以内の誤差に収まることを明らかにした。また，フルモデルによって得られた評価額の平均値を移転する方法との比較を行い，便益関数移転の方は誤差が小さいことを明らかにしている。

Kirchhoff et al. [17] は，米国ニューメキシコ州とアリゾナ州における CVM 調査の便益評価額について，点推定値と 95% 信頼区間を用いて収束的妥当性 (convergent validity) の検証を行い，ほとんどの事例において妥当性が棄却されることを明らかにした。

Downing and Ozuna [7] はダミー変数モデルを使用することにより，米国テキサス州の湾岸 8 地域を対象とした CVM 調査について，異時点間および地域間における移転可能性の検証を行った。彼らは，本書と同様に，便益評価額だけではなく，便益関数と便益評価額の移転可能性について検証を行った。その結果，便益関数については移転可能性が高いが，便益評価額は必ずしも移転されないことを明らかにした。

メタ分析については，様々な公刊・未公刊資料を入手することによりデータとして利用可能であるという利点がある。他方，便益関数移転については，調査者自らが母集団や評価対象地の条件をそろえた上で，同一の調査手法によってデータ収集し，移転可能性の検証を行うことが可能である。そのため，実際の政策に適用するには実務者にとって費用効率的な手法ではないが，便益移転可能性を検証するという基礎研究としての側面を持ち，研究者にとっては重要な接近手法となっている。

2. 表明選好法による農業農村整備の環境便益評価

本節では，政策評価に関する全政府的取り組みに先立ち，2000 年度から農政改革の一環として全省的に政策評価に取り組んでいる農林水産省の公共事業などに対する事業評価に着目し，表明選好法による農業農村整備の環境便益評価の概要把握と便益移転の必要性を述べる。はじめに，政策評価導入の背景と経緯を含む農業農村整備事業の事業評価の概要を示す。次に，農業農村整備事業評価などに用いられている表明選好法による便益測定の概略を示し，便益測定における表明選好法適用の課題を述べ便益移転の必要性を示唆する。

2-1. 農業農村整備事業の事業評価

従来の行政機関の運営では，法律の制定や予算の執行などに重点が置かれ，

公共事業などにより発現する効果検証やその後の社会経済情勢の変化に基づいた政策の見直しなどが行われることは少なかった．しかし，厳しい財政状況のもと，透明性の高い効率的な政策の実施のために，事業の効果について，事業実施前後に客観的な評価を行い，評価結果を政策立案に反映させる政策評価制度の導入が求められた．

こうした政策評価制度導入の社会的ニーズを背景に，1997年12月，「物流効率化による経済構造改革特別枠」に関する関係閣僚会合において，内閣総理大臣より公共事業関係6省庁(北海道開発庁，沖縄開発庁，国土庁，農林水産省，運輸省および建設省(いずれも当時))に対して，公共事業の効率的な執行および透明性の確保を図る観点から，再評価システムの導入および事業採択段階での費用対効果分析の活用についての指示が出された[1]．

農業農村整備事業

事業の目的

農業農村整備は，国民に安全・安心な食を提供すること，力強い農業を実現すること，農村の暮らしをよりよく整えること，農業・農村の多面的機能の発揮に貢献することなどを目的としている．

事業の体系

事業の体系は，「農業生産基盤の整備」，「農村の生活環境の整備」，「農地等の保全と管理」に大別される．

① 農業生産基盤の整備：農業生産に必要な土地や水資源を確保し，その整備水準を高め，生産性の向上を通じて農業生産の体質強化を図るとともに，担い手育成などの構造政策を推進する．

② 農村の生活環境の整備：農村の快適な生活環境と定住条件を確保するため，生産基盤の整備と一体的な生活環境の整備を図り美しい村づくりを推進する．

③ 農地等の保全と管理：農業生産を維持し農村居住者の生命や財産を守る農地防災・保全施設などの整備を図り土地改良施設を管理する．

事業の経緯

土地改良法の制定以降，時代の要請により展開される農政の基本方向に沿って，農業農村整備事業は幾多の変遷を重ね推移してきた．今日の農業農村整備事業の端緒は，1949年の土地改良法の制定による食糧増産を目的とした「食糧増産対策事業」に遡ることができる．その後，予算の主要経費の名称変更に伴い，「農

業基盤整備事業」と改称している。さらに，1991年の「新しい食料・農業・農村政策」(いわゆる新農政)の制定による構造政策の推進と農村の定住条件の整備を目的として，予算上の項目などの再編に伴い事業の名称も「農業農村整備事業費」と改称している。今日では，1999年の「食料・農業・農村基本法」の制定により，同法の4つの基本理念(食料の安定供給の確保・農業の持続的な発展・農村の振興・多面的機能の発揮)の実現を図るための施策として農業農村整備事業は位置づけられている。

事業効果測定の変遷と経緯

事業により発現する事業効果の経済効果測定方法についても，土地改良事業の展開に応じて見直しが行われてきた。土地改良法制定以降の経済効果測定方法に関する主要な変遷と経緯は以下である。

1949年：土地改良事業地区などの着手・着工予定順位決定にあたり，経済効果測定方法の制度化や経済効果指標が採用される。

1951年：国土総合開発審議会が，経済効果測定の基本方針を定める。

1968年：土地改良事業の経済効果測定方式が改訂され，投資効率の概念が導入される。

1985年：定量的に計測が困難な事業効果についても記述など定性的手段をもって事業効果を言及するなど，土地改良事業の経済効果測定方式が改訂される。

1994年：農業農村を取り巻く社会経済環境の変化，GATTウルグアイラウンドの最終合意などを受け，新しい農業政策の展開に即して，土地改良事業の経済効果について，事業効果名称，経済効果測定方法および効果額算定様式が改訂される。

1998年：「中央省庁等改革基本法」を受け，「費用対効果分析の共通的な運用方針(試行案)」が定められる。

2001年：食料・農業・農村基本法(いわゆる新基本法，1999年制定)などを受け，土地改良法が改正され，土地改良事業実施の基本原則に「環境との調和への配慮」が規定される。経済効果測定方法についても，農業農村の多面的機能や環境への配慮などを考慮した枠組みが示される。

2002年：「行政機関が行う政策の評価に関する法律」の施行などによって，公共事業における事前評価，事後評価の実施が明確化される。

2004年〜：従来の経済効果測定方法の見直しや検討がなされる。今日では，農業農村整備事業により発現が見込まれる農業外効果については，仮

想評価法（Contingent Valuation Method; CVM）などの手法により便益の算定が試みられている。　　　　　　　　　　　　〈伊藤寛幸〉

以降，政策評価にかかる関係府省庁の連絡会議や閣議を経て，政策評価手法にかかる運用指針案などが策定され試行を含めた政策評価が着手された。その後，「行政機関が行う政策の評価に関する法律」[2] に基づき各府省庁は政策評価を実施することとなった。

農林水産省では，「行政機関が行う政策の評価に関する法律」，「農林水産省政策評価基本計画」[3] および「農林水産省政策評価実施計画」[4] などに基づき政策評価が実施されている。「政策評価に関する基本方針」[5] で示されている評価方式には，実績評価，総合評価，事業評価がある。さらに，農業農村整備事業など個々の公共事業に対する事業評価については，評価時点に着目した事前評価，再評価，事後評価がある。

なお，「行政機関が行う政策の評価に関する法律」や「農林水産省政策評価基本計画」などの事業評価において，定量的な測定による便益の精緻化は政策効果を把握する上での論点の1つである。

2-2. 事業評価における表明選好法による便益測定

「行政機関が行う政策の評価に関する法律」の施行などを経て，各所管官庁では事業評価のための費用対効果分析マニュアルなどを策定している。農業農村整備事業のうち，土地改良法に基づく事業については，土地改良法第8条第4項第1号で「基本的要件」を満たすことが義務づけられており，経済性の側面から評価されてきた経緯がある[6]。その後，農業・農村が有する農業生産以外の多面的機能が注目されるようになり，「食料・農業・農村基本法」第3条においても，その多面的機能の発揮が規定された。さらに，農業農村整備事業によって発現する多面的機能効果の定量的評価手法の検討も求められた[7]。現在では，農業農村整備事業によって発現する多面的機能効果を含む事業効果が体系化されているが，事業効果の中には市場によって取引されていないため，市場価格によって評価することができない非市場財の効果もある。費用対効果分析においては，このような非市場財の効果も便益として貨幣換算する必要が

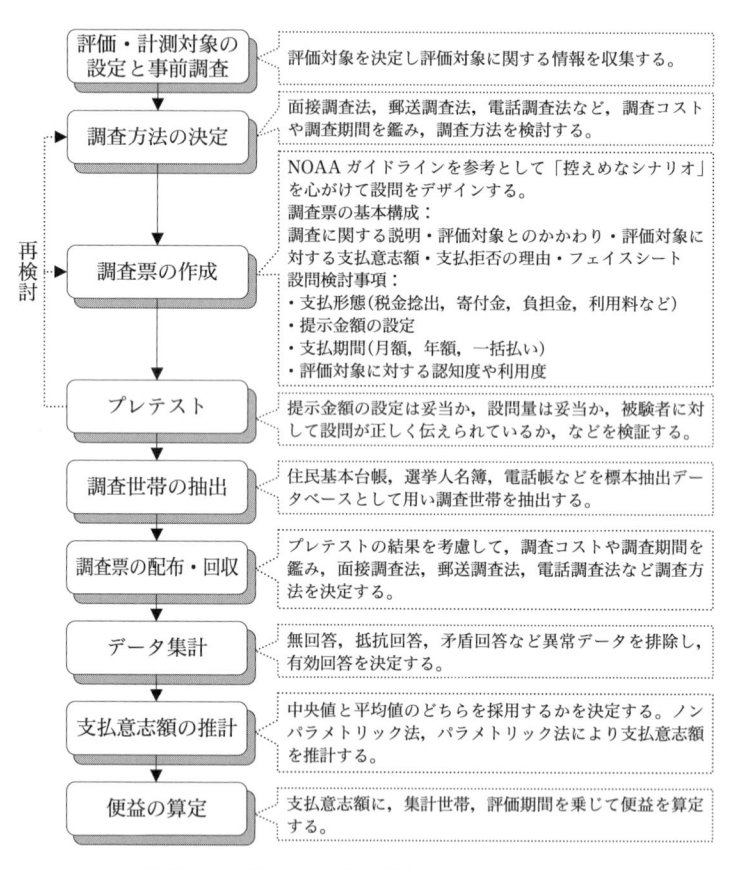

図3-2 CVMによる便益算定のフレームワーク

評価・計測対象の設定と事前調査	評価対象を決定し評価対象に関する情報を収集する。
調査方法の決定	面接調査法，郵送調査法，電話調査法など，調査コストや調査期間を鑑み，調査方法を検討する。
調査票の作成	NOAAガイドラインを参考として「控えめなシナリオ」を心がけて設問をデザインする。 調査票の基本構成： 調査に関する説明・評価対象とのかかわり・評価対象に対する支払意志額・支払拒否の理由・フェイスシート 設問検討事項： ・支払形態(税金捻出，寄付金，負担金，利用料など) ・提示金額の設定 ・支払期間(月額，年額，一括払い) ・評価対象に対する認知度や利用度
プレテスト	提示金額の設定は妥当か，設問量は妥当か，被験者に対して設問が正しく伝えられているか，などを検証する。
調査世帯の抽出	住民基本台帳，選挙人名簿，電話帳などを標本抽出データベースとして用い調査世帯を抽出する。
調査票の配布・回収	プレテストの結果を考慮して，調査コストや調査期間を鑑み，面接調査法，郵送調査法，電話調査法など調査方法を決定する。
データ集計	無回答，抵抗回答，矛盾回答など異常データを排除し，有効回答を決定する。
支払意志額の推計	中央値と平均値のどちらを採用するかを決定する。ノンパラメトリック法，パラメトリック法により支払意志額を推計する。
便益の算定	支払意志額に，集計世帯，評価期間を乗じて便益を算定する。

（調査票の作成・プレテストから再検討のフィードバックあり）

あることから，顕示選好法や表明選好法によって効果が便益として捉えられている。顕示選好法とは，人々の経済行動から得られるデータをもとに間接的に環境の価値や事業の効果を評価する手法であり，代替法，トラベルコスト法，ヘドニック法などがある。現行の事業評価では，理解しやすく定量化手法として広く受け入れられている代替法を用いる場合が多い。一方，表明選好法とは，人々に環境の価値や事業の効果を直接尋ねることで評価する手法であり，CVM，コンジョイント分析などがある。現行の事業評価では，非利用価値を評価する際に広く試行され多くの研究実績があるCVMを用いる場合が多い。

図 3-2 に CVM による便益測定の各段階における概略を伴ったフレームワークを示す。

現在，表明選好法は，農業農村整備事業により発現する農業外効果の便益測定手法として実務面で活用されているが，主要な課題として，①費用的負荷と時間的負荷の不可避性，②個人情報入手の困難性，などが挙げられる。これらの観点から便益移転の必要性を述べる。

CVM やコンジョイント分析などの表明選好法による支払意志額などの導出にあたっては，面接調査法，郵送調査法，電話調査法などの調査方法がある。NOAA ガイドライン[8] が推奨している面接調査法は郵送調査法と比較して調査票の回収率を高めることが可能であるが，調査員の人件費や交通費などの費用がかさむ場合が多い。一方，調査予算に多大な制約がある場合や，調査対象が地理的に広範囲に及ぶ場合などは，郵送調査法が選択される場合がある。郵送調査法では，調査票の回収率を高めるため，調査途中で未回答者への督促状送付や，回答者に対する謝礼や報奨の提供によって回収率を向上させるなどの工夫も図られる場合がある。調査票の発送料金と回収のための返送料金に加え督促状の送付，謝礼や報奨などを考慮すると，郵送調査法の費用も決して看過できない金額となる。以上が費用的負荷に関する課題である。一方，時間的負荷に関する課題については以下である。

CVM やコンジョイント分析などの表明選好法による支払意志額などの導出にあたっては，質問内容に過不足が生じないような仮想的シナリオが不可欠であり，仮想的シナリオの想定の検討には十分に時間をかける必要がある。また，CVM やコンジョイント分析などの表明選好法は，評価対象に関して調査対象者の理解を深めるため調査実施時に詳細な説明を必要とする。さらに，CVM による便益測定にあたっては，個人属性などに応じて支払意志額が異なる場合も考えられるため，回答者に不快感を持たれない範囲内において，年齢や性別，年収など回答者属性に関する詳細な情報の収集が望ましい。したがって，調査対象者の認知的負担の発生に伴い回答にも多くの時間を必要とする。

以上のように，便益の測定結果の信頼性確保など調査精度の向上を図りつつ，情報入手コストの節減も求められるなど，表明選好法の適用による便益測定の困難が予想される。こうした中，既存の研究事例やすでに測定された類似事業

の便益原単位などを利用して政策対象地の便益を評価する便益移転の有用性が注目されている。

3. 農業農村整備における便益移転の適用
　　──農業集落排水事業を事例に──

　本節では，農業集落排水事業を分析対象とした適用事例によってCVMによる便益移転の可能性を検証する。

3-1. はじめに

　現在，公共事業などの計画，実施にあたっては，事業の効率性や事業執行の透明性確保の観点から，費用対効果分析による事業評価が求められている。これまで事業評価が実施されてこなかった農業集落排水事業についても，先に決定した農政改革大綱によって，1999年度より事前評価が行われている。農業集落排水事業により発現が見込まれる効果には，事業により農業用水の水質が浄化され農作物被害が解消されるなどの農業効果と，事業によりトイレが水洗化になって生活の快適性が向上するなどの農業外効果がある。事業評価の対象として，農業効果ならびに農業外効果双方が測定される。特に，農業外効果の測定にあたっては，CVMを適用した農林水産省構造改善局[26]の策定によって，農業集落排水事業により発現する効果が省みられている。しかし，農業集落排水事業の事業評価は，主に新規採択時に基づくものであり，中間評価や事後評価は今なお試行的段階にある。一方，CVMなどの表明選好法は，事業便益について支払意志額を直接尋ねることから，面接やアンケートなどの調査実施にあたり長期の調査期間と多額の調査費用を必要とする。したがって，アンケート実施の際にかかる情報入手コストが非常に大きいという課題がある。さらに，2005年4月からのいわゆる個人情報保護法の施行によって，プライバシー保護と個人情報管理の観点から，個人情報入手にかかる社会調査の実施が今後ますます困難となることも予想される。

　こうした課題を背景として，事業実施の効率性や各種資源の節減の観点から，既存の研究事例やすでに測定された類似事業の便益原単位などを利用して政策

対象地の便益を評価する便益移転が注目されている．便益移転は，統計的検証を行った上で移転されることが政策評価など実務上においても重要である．

農業集落排水事業を対象とした事後評価研究には，CVM によって農業外効果の事後評価を行った伊藤ら[14]，伊藤[15] などがある．伊藤ら[14]，伊藤[15] では，農業外効果が農業効果を大きく上回り，トイレの水洗化による生活の快適性向上効果が特に大きいことを明らかにした．しかし，これらの先行研究は，個別地区の事例分析にとどまっている．一方，表明選好法による効果測定結果を用いた便益移転研究には，CVM を用いて農村公園整備の住民評価に対する支払意志額関数の移転可能性を検討した國光ら[19]，地域用水環境整備事業のアメニティ便益を事例とした大石[28] などがある．しかし，これらは，主に，既存の地域資源や事業計画策定地区を対象とした研究にとどまっている．農業や農村における各種資源の非市場価値を評価した CVM 調査は盛んに行われているにもかかわらず，農業農村整備を対象とした事後評価の便益移転研究は筆者らが知る限り現在のところ発見できない．農林水産省に限らず，多くの公共事業において概ね 5 年間を区切りとして事後評価が行われており，事後評価における便益移転の適用は研究面からだけではなく実務面からのニーズも大きな分野である(河川に関わる環境整備の経済評価研究会[16])．

そこで，本節では，農業集落排水事業において，すでに事業が完了した 2 地区を対象に，CVM によって得られた農業外効果(水洗化効果・宅内水周り改善効果・集落内水環境改善効果・公共域水環境改善効果)の便益移転の可能性検証を目的とする．2-2．で前述した通り，CVM 調査には多大な調査期間や多額の調査費用が伴う．厳しい財政状況のもとでの事業評価における調査費用の節減は大きな課題である．こうした観点から，本分析では，CVM による農業外効果にのみ着目し便益移転の可能性を検証する．なお，本分析には，伊藤ら[14]，伊藤[15] のデータを用いる．伊藤ら[14]，伊藤[15] はノンパラメトリック法により農業外効果を分析しているが，便益移転の可能性の分析までには至っていない．本分析では，便益移転の可能性を明示的に分析することから，ノンパラメトリック法ではなく，対数尤度などの情報が検出可能なパラメトリック法により農業外効果を分析する．

French and Hitzhusen [8] が指摘する通り，現実に政策担当者が便益移転を

実施する際には1ヶ所の既存評価地におけるデータしか利用できない場合も多い。便益評価を行う上で母集団に比較的類似性がある2地区を対象として評価を実施することは，実際に便益移転を使用する際の参考としても役立つと考えられる。

事前評価に加え今後本格的な導入が予定されている中間評価・事後評価において，事前評価段階では未確定であった効果や便益を検証することは，将来の政策立案にとって重要である。さらに，事後評価によって測定された効果から，便益移転の適用可能性を検証することは，費用便益分析による事業評価の普及と，厳しい財政状況のもと，各種資源の節減などの観点からも有益である。

3-2. 分析対象事業の概要

CVMによる便益移転の可能性を検証する対象事例である農業集落排水事業について，事業創設までの経緯，事業目的および事業内容など事業概要を示す。

1949年の土地改良法の制定により，農村地域の生産基盤整備の基礎が確立されたが，農村の生活環境施設への投資は少なく，農村の社会資本整備は都市と比較して遅れたままであった。また，1961年に制定された農業基本法が目標として掲げた農業従事者の所得の増大は，生産基盤の整備により生じた余剰労働力を他産業へ向けることで確保されるようになり，農業者の兼業化と同時に農業集落人口は都市に流出し，生活の場としての農村の魅力は薄れた。一方，大都市周辺の農村では，無秩序な都市化が進み，土地利用が混乱するとともに，大気汚染，水質悪化などの環境問題が発生した。このような背景の中，1970年に，農村の計画的な土地利用と都市に比べて立ち遅れた農村の生活環境の整備を進めることを目的として，農業基盤総合整備パイロット事業調査が開始された。その後，1970年のいわゆる総合農政の登場などを経て，農業基盤整備事業は，農業生産のための基礎条件整備にとどまらず，農村地域の土地利用，水利用の総合的整備，あるいは農村住民の居住環境整備など広範かつ多面的な分野を対象とするようになった。総合農政展開の中，新たな事業制度が必要となり，1972年に農村基盤総合整備パイロット事業[9]が制度化され農村整備事業がスタートした。その後の農村は，生活様式の変化に伴う農業用水の汚濁，集落内排水路の水質悪化が顕在化し，生活排水などによる不特定汚染対策が重

要な課題となった．河川の水質汚濁は，1970年の水質汚濁防止法の効果もあってピークを過ぎたが，農村地域においても，汚水処理施設の整備の必要性の高まりと豊かで潤いのある生活環境の希求，そして環境問題への関心の高まりから，水環境への新たな取り組みの必要性が各方面で論じられた．農村における生活排水を処理する事業創設の強い要望を受け，1973年に農村総合整備モデル事業の一工種として農業集落排水施設整備が取り上げられた．以来，1976年には，農業基盤総合整備事業の一工種に加えられ，1983年には，農業集落排水施設の整備を単独で行う農業集落排水事業が創設された．

農業集落排水事業の目的は，農業用用排水の水質保全，農業用用排水施設の機能維持または農村の生活環境の改善を図り，あわせて，公共用水域の水質保全に寄与するため，農業集落における屎尿，生活雑排水などの汚水，汚泥または雨水を処理する施設の整備または改築を行い，もって生産性の高い農業の実現と活力ある農村社会の形成に資することである．これらの事業目的から，①農業用用排水の水質保全，②農業集落の生活環境の改善，③公共用水域の水質環境保全，④処理水，汚泥の資源的利用，⑤農村コミュニティの維持強化などの事業効果が期待される．

また，農業集落排水事業は，汚水処理のための施設を整備するという点では下水道と同様の機能を有しているが，農業集落排水施設の整備による水質浄化を通じて，構造政策の推進のために不可欠な条件整備にも資する．さらに，農業集落排水事業による施設整備は，処理水や発生汚泥の地域内での再利用を容易にし，農村地域の特質を生かした，①小規模分散型処理方式，②処理水のリサイクル，③汚泥の農地還元利用などの整備方式となっている．

3-3. 分析対象地区の概要

本分析の対象は，蘭越町[10] 蘭越・蘭越東地区と厚沢部町[11] 厚沢部地区である．分析対象地区の概要を示す．

蘭越町は，北海道南西部に位置し，西は日本海に面している．その蘭越町の中央部に位置する蘭越・蘭越東地区は，国道が地区内を縦貫し，鉄道駅やバスターミナルなどの交通基盤を有している．また，町役場や学校など公共施設などの都市機能が集積し商店街も形成されるなど，蘭越・蘭越東地区は蘭越町の

中心的市街地である。蘭越・蘭越東地区における農業集落排水事業は，1989年度に着工し 1996 年度に完成した。調査時点の供用戸数は 802 戸である。一方，厚沢部町は，北海道南部の日本海側に位置している。厚沢部町の西部に位置する厚沢部地区は，主要国道が地区内を横断し交通の拠点でもある。また，町役場や学校など公共施設などの都市機能が集積し商店街も形成されるなど，厚沢部地区は厚沢部町の中心的市街地である。厚沢部地区における農業集落排水事業は，1993 年度に着工し 1997 年度に完成した。調査時点の供用戸数は331 戸である。

　両地区とも，市街地で人口が集積しているにもかかわらず，トイレの水洗化も進まず，台所・風呂場など宅内の水周りの改善も十分でなかったことから，生活環境の改善が急務となっていた。さらに，家庭などから排出される未処理の汚水による農村集落内の水環境の悪化から，農業用排水路や公共用水域における水質保全や水環境の改善も必要とされていた。また，両地区とも，調査時点の 2001 年度現在で，事業完了後概ね 5 年を経過している。農林水産省など各府省庁の政策評価に従えば，いずれも事後評価に準じる地区である。

3-4. CVM 調査の概要とデータ

（1）サーベイデザイン

a）評価対象

　アンケート調査票の設計にあたっては，事前評価との比較などを踏まえ，農林水産省構造改善局[26] に準拠した内容とする。CVM 調査における評価対象は，農業集落排水事業によって発現が見込まれる農業外 6 効果のうち，「水洗化による生活快適性向上効果」，「水周り利便性向上効果」，「農村空間快適性向上効果」，「公共用水域水質保全効果」の 4 効果である。本分析では，事業による効果や便益の対象範囲を考慮し，これら 4 効果をそれぞれ「水洗化効果」，「宅内水周り改善効果」，「集落内水環境改善効果」，「公共域水環境改善効果」と称する。

　各効果の概要は，次の通りである。農業集落排水事業を実施する以前の農村集落では，汲み取り式トイレを使用している世帯が多く，風呂や台所などの宅内における水周りの利便性も低い。また，家庭から排出される生活雑排水が，

集落内の水路へ流入することによって水路の水質が悪化し景観などにも悪影響を与える。加えて，家庭から排出される未処理の生活雑排水は，集落内の水路や農業用排水路を通じて河川や湖沼などへ流入し公共用水域の水質も汚濁される。こうした劣悪な住環境と悪化した水環境などの改善を目的に，農業集落排水事業が実施される。農業集落排水事業の実施により汲み取り式トイレの世帯は，水洗トイレとなり生活の快適性は向上する。排水管路の整備にあわせて，台所，風呂場などの整備も誘発され宅内の水周りの利便性も向上する。また，生活雑排水の浄化処理によって，集落内水路や周辺水路の水質が改善され景観なども保全される。さらに，生活雑排水の処理によって，公共用水域へ流入する汚濁物質は減少し，河川や湖沼などの公共用水域の自然環境も回復する。

以上のように，農業集落排水事業の実施により，トイレが水洗化され生活の快適性が向上する効果が「水洗化効果」，宅内の水周りの利便性が向上する効果が「宅内水周り改善効果」，集落内水路の水質や水路周辺のアメニティが良好になる効果が「集落内水環境改善効果」，公共用水域の水質保全に伴って自然環境も回復する効果が「公共域水環境改善効果」である。本分析では，トイレの水洗化など農村生活環境や公共用水域の水質保全などの効果を，市場データの存在しない非利用価値と捉え，CVM調査による評価対象とする。

b）支払形態と提示額

支払形態は，以下である。水洗化効果および宅内水周り改善効果では私的財方式を採用し，集落内水環境改善効果および公共域水環境改善効果では負担金方式を採用する。支払形態はほかに，税金方式，寄付金方式，基金方式などがある。特定地域の特定財に対して税金をかけることは不自然であること，寄付金方式，基金方式では評価額が過大に推定されやすいことなどが指摘されている。このため，汚水処理施設に対する支払いの場合は，私的財方式および負担金方式が現実的設定と考えられる。

二段階二肢選択法を適用した支払意志額に関する質問を図3-3～6に示す。設問中の提示額は表3-1に示すそれぞれ5種類である。

（2）CVM調査の実施とデータ

CVM調査は，農業集落排水処理施設が完成し供用が開始された蘭越・蘭越東地区，厚沢部地区において，宅内排水施設が整備された世帯を対象に2001

```
┌─────────────────────────────────────────────────────────────────┐
│ 問3  トイレをくみ取り式から水洗式に変えると生活がより快適になるなどさ │
│      まざまな効果が生まれます。                                      │
│      仮にあなたがこれから住宅を購入するとします。                    │
│      トイレがくみ取り式の住宅と，水洗トイレ付きの50万円ほど高い住宅と， │
│      2つの住宅から1つを選択するとして，あなたは水洗トイレ付きの住宅 │
│      を選びますか。（ただし水洗トイレのものは農業集落排水施設などで下水処 │
│      理されており，価格が50万円ほど高い以外は，他の条件が全く同じ住宅 │
│      物件とします。）                                                │
│                  1. はい                      2. いいえ              │
│                   ↓                            ↓                   │
│      問4-1 「問3」で「はい」を選択さ   問4-2 「問3」で「いいえ」を選択 │
│           れた方にお伺いします。             された方にお伺いします。 │
│           金額が先ほどより高い100万円       金額が先ほどより安い25万円 │
│           とすれば水洗トイレ付きの住宅       とすれば水洗トイレ付きの住宅 │
│           を選ばれますか。                   を選ばれますか。         │
│             1. はい  2. いいえ               1. はい  2. いいえ       │
└─────────────────────────────────────────────────────────────────┘
```

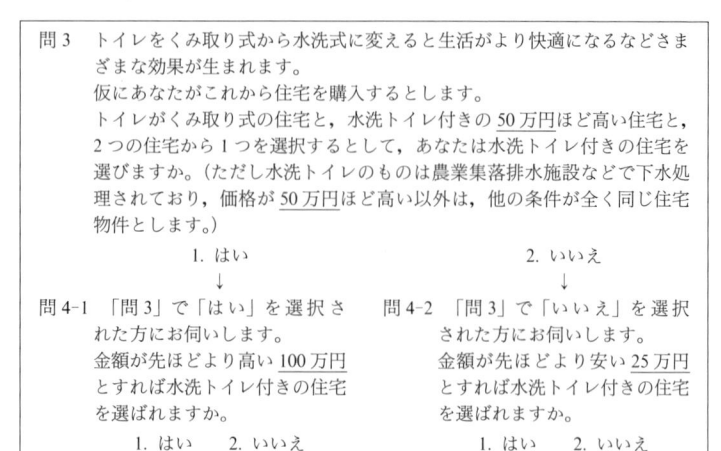

図 3-3　水洗化効果に関する設問

```
┌─────────────────────────────────────────────────────────────────┐
│ 問6  農業集落排水事業による整備にあわせ，台所，洗面所，風呂などの水周り │
│      を改善すると，生活が快適になります。                            │
│      仮に，この水周りの快適性を得るために必要な金額が一世帯当たり20万 │
│      円であったとします。                                            │
│      あなたのご家庭では，この追加の投資をしても良いと思いますか。       │
│                  1. はい                      2. いいえ              │
│                   ↓                            ↓                   │
│      問7-1 「問6」で「はい」を選択さ   問7-2 「問6」で「いいえ」を選択 │
│           れた方にお伺いします。             された方にお伺いします。 │
│           金額が先ほどより高い一世帯当       金額が先ほどより安い一世帯 │
│           たり30万円とすれば投資をし        当たり10万円であれば投資をし │
│           ても良いと思いますか。             ても良いと思いますか。   │
│             1. はい  2. いいえ               1. はい  2. いいえ       │
└─────────────────────────────────────────────────────────────────┘
```

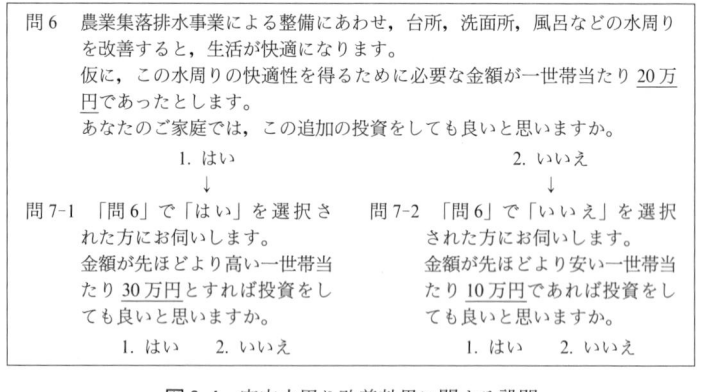

図 3-4　宅内水周り改善効果に関する設問

年8月に実施した。アンケート票の配布回収状況など調査の実施概要を表3-2に示す。次に，回答者の個人属性を表3-3に示す。性別については，母比率の差の片側検定の結果，1％水準で有意差が見られ蘭越・蘭越東地区は厚沢部地区と比較して男性の割合が高いと判断される。年齢については，母平均の差の両側検定の結果，1％水準で有意差は見られず，蘭越・蘭越東地区と厚沢部地区では年齢に差がないと判断される。職業については，母比率の差の片側検定

第3章　表明選好法による農業・農村政策の便益評価と便益移転　63

問10　農業集落排水事業によって，あなたのお住まいの集落内の水路や農業用排水路は，以前に比べて水質が改善され，景観も良くなり，自然環境が回復していると思います。
　　　仮に，一世帯当たり1年間で 5,000 円の費用を支払わなければ，この良好な環境が保てないとします。あなたのご家庭では，この費用を支払っても良いと考えますか。

　　　　　　1. はい　　　　　　　　　　　　　2. いいえ
　　　　　　　↓
問11-1　「問10」で「はい」を選択さ　　　問11-2　「問10」で「いいえ」を選択
　　　れた方にお伺いします。　　　　　　　　された方にお伺いします。
　　　金額が先ほどより高い年間で 1　　　　　金額が先ほどより安い年間で
　　　万円 とすれば支払いますか。　　　　　 2,500 円 とすれば支払いますか。

　　　　1. はい　　2. いいえ　　　　　　　　1. はい　　2. いいえ

図3-5　集落内水環境改善効果に関する設問

問14　農業集落排水事業によって。あなたのお住まいの近辺の河川や湖沼は，以前に比べて水質が改善され，景観も良くなり，自然環境が回復していると思います。
　　　仮に，一世帯当たり1年間で 5,000 円の費用を支払わなければ，この良好な環境が保てないとします。あなたのご家庭では，この費用を支払っても良いと考えますか。

　　　　　　1. はい　　　　　　　　　　　　　2. いいえ
　　　　　　　↓　　　　　　　　　　　　　　　　↓
問15-1　「問14」で「はい」を選択さ　　　問15-2　「問14」で「いいえ」を選択
　　　れた方にお伺いします。　　　　　　　　された方にお伺いします。
　　　金額が先ほどより高い年間で 1　　　　　金額が先ほどより安い年間で
　　　万円 とすれば支払いますか。　　　　　 2,500 円 とすれば支払いますか。

　　　　1. はい　　2. いいえ　　　　　　　　1. はい　　2. いいえ

図3-6　公共域水環境改善効果に関する設問

の結果，1% 水準で有意差は見られず，蘭越・蘭越東地区と厚沢部地区では非農業者の割合に差がないと判断される。世帯の年間所得については，母平均の差の片側検定の結果，1% 水準で有意差が見られ蘭越・蘭越東地区は厚沢部地区と比較して世帯の年間所得が高いと判断される。

　次に，回収されたデータから，支払意志額の推定に利用できない以下の回答を除去し，本分析に利用可能なサンプル数を確定する。
① 無回答：支払意志額の質問に答えていないもの

表 3-1 提示額の設定パターン

	パターン1	パターン2	パターン3	パターン4	パターン5
問3	50万円	100万円	200万円	300万円	500万円
問4-1	100万円	200万円	300万円	500万円	800万円
問4-2	25万円	50万円	100万円	200万円	300万円
問6	20万円	30万円	50万円	100万円	150万円
問7-1	30万円	50万円	100万円	150万円	200万円
問7-2	10万円	20万円	30万円	50万円	100万円
問10	5千円/年	1万円/年	2万円/年	3万円/年	5万円/年
問11-1	1万円/年	2万円/年	3万円/年	5万円/年	10万円/年
問11-2	2.5千円/年	5千円/年	1万円/年	2万円/年	3万円/年
問14	5千円/年	1万円/年	2万円/年	3万円/年	5万円/年
問15-1	1万円/年	2万円/年	3万円/年	5万円/年	10万円/年
問15-2	2.5千円/年	5千円/年	1万円/年	2万円/年	3万円/年

表 3-2 調査の実施概要

調査対象地区	蘭越・蘭越東地区	厚沢部地区
計画戸数	1,007戸	432戸
供用戸数	802戸	331戸
調査方法	郵送配布・郵送回収	区長配布・区長回収
調査時期	2001年8月	2001年8月
配布数	802戸	331戸
回収数	309戸	155戸
回収率	38.5%	46.8%

② 矛盾回答：回答の必要がない質問にも回答するなど回答ルールを誤解したもの，回答内容に一貫性がないもの
③ 抵抗回答：提示金額に対してではなく，支払形態や負担すること自体に異議を唱えている回答

次に述べる計測モデルの推定において，分析に利用可能なサンプル数は表3-4の通りである。

3-5. 分析の枠組み

（1）支払意志額の計測モデル

はじめに，支払意志額計測のためのモデルを示す。二段階二肢選択法により

表 3-3 回答者属性

		蘭越・蘭越東地区	厚沢部地区
性別	男性	83.2%	67.4%
	女性	14.2%	31.3%
	無回答	2.6%	1.3%
年齢	20歳代	3.2%	6.7%
	30歳代	10.4%	12.0%
	40歳代	21.7%	14.7%
	50歳代	23.3%	18.0%
	60歳代	21.7%	26.0%
	70歳代	15.2%	18.0%
	80歳以上	3.9%	3.3%
	無回答	0.6%	1.3%
職業	専業農家	1.6%	1.3%
	第1種兼業農家	1.6%	0.0%
	第2種兼業農家	2.9%	2.0%
	非農家	90.3%	84.0%
	無回答	3.6%	12.7%
世帯の年間所得	300万円未満	23.2%	32.6%
	300〜400万円	14.9%	18.0%
	400〜500万円	12.3%	14.0%
	500〜700万円	18.8%	13.3%
	700〜1000万円	21.4%	6.7%
	1000〜1500万円	3.6%	4.7%
	1500〜2000万円	0.3%	0.7%
	2000万円以上	0.6%	0.0%
	無回答	4.9%	10.0%

表 3-4 分析に用いるサンプル数

	蘭越・蘭越東地区	厚沢部地区
水洗化効果	266戸	113戸
宅内水周り改善効果	248戸	97戸
集落内水環境改善効果	229戸	91戸
公共域水環境改善効果	204戸	77戸

表3-5　便益関数の推定結果

		蘭越・蘭越東地区 係数	(t値)	厚沢部地区 係数	(t値)
水洗化効果	定数項	27.7	(11.724)	23.2	(7.948)
	$\ln T$	－1.9	(－11.553)	－1.5	(－7.851)
	サンプル数	266		113	
	対数尤度	－301.3		－147.7	
宅内水周り改善効果	定数項	20.9	(10.605)	20.4	(6.856)
	$\ln T$	－1.5	(－10.415)	－1.5	(－6.800)
	サンプル数	248		97	
	対数尤度	－293.4		－127.2	
集落内水環境改善効果	定数項	16.0	(12.111)	12.6	(7.052)
	$\ln T$	－1.5	(－11.668)	－1.2	(－6.967)
	サンプル数	229		91	
	対数尤度	－285.2		－129.1	
公共域水環境改善効果	定数項	15.4	(11.169)	13.6	(6.740)
	$\ln T$	－1.5	(－10.927)	－1.3	(－6.598)
	サンプル数	204		77	
	対数尤度	－265.5		－108.2	

　得られたデータを，ランダム効用モデル(対数ロジスティック分布を仮定)に適用する。その上で，最尤推定法によるパラメータ推定結果を(3-1)式に代入してWTPを得る。

$$\Pr\{\text{``yes''}\} = \{1 + \exp(-\beta_0 - \beta_1 \cdot \ln T)\}^{-1} \cdots\cdots(3\text{-}1)$$

　ただし，$\Pr\{\text{``yes''}\}$：提示額にYESと回答する確率，β_i：パラメータ($i = 0.1$)，$\ln T$：提示額の自然対数(円)。

　便益関数の推定結果を表3-5に示す。いずれの推定パラメータも，事前に予想された符号条件を満たし，かつt値も高い。

(2) 支払意志額の推定結果

　便益評価に用いる支払意志額の代表値には，平均値(mean WTP)と中央値(median WTP)がある。平均値は分布関数や裾切り額の影響を受けやすいが，中央値は分布関数の影響を受けにくく頑健な推定値である。したがって，本分析では，統計的信頼性が高い中央値を採用する。なお，浅野・児玉[1]，吉田

表 3-6 支払意志額の推計結果

	蘭越・蘭越東地区	厚沢部地区
水洗化効果	3,196,381 円 [2,847,972 − 3,575,834]	3,390,840 円 [2,788,500 − 4,174,920]
宅内水周り 改善効果	1,008,415 円 [872,024 − 1,161,996]	873,347 円 [709,399 − 1,103,106]
集落内水環境 改善効果	34,982 円/年 [30,261 − 40,667]	32,562 円/年 [24,968 − 43,731]
公共域水環境 改善効果	28,606 円/年 [24,415 − 33,313]	35,125 円/年 [26,956 − 47,541]

注) [ ]内はモンテカルロ法により推定した 90% 信頼区間である。

[49]も中央値を支払意志額の代表値として分析に用いている。支払意志額の推定結果を表 3-6 に示す。蘭越・蘭越東地区における支払意志額は，水洗化効果 319 万 6,381 円，宅内水周り改善効果 100 万 8,415 円，集落内水環境改善効果 3 万 4,982 円/年，公共域水環境改善効果 2 万 8,606 円/年。厚沢部地区における支払意志額は，水洗化効果 339 万 840 円，宅内水周り改善効果 87 万 3,347 円，集落内水環境改善効果 3 万 2,562 円/年，公共域水環境改善効果 3 万 5,125 円/年という結果を得た。

(3) 便益移転可能性に関する分析手法

本分析では，吉田[46]を参考に，便益関数の移転可能性と便益評価額の移転可能性を検証する。はじめに，便益関数のパラメータ推定値の同等性に関する検定によって，便益関数の移転可能性を検証する。次に，便益評価額の移転可能性を検証する。これは，Downing and Ozuna [7] が指摘する通り，便益関数のパラメータがたとえ同一であっても，非線形性がある場合には便益移転を行う際に最も重要である便益評価額自体が異なるケースがあるからである。そのため，便益関数の移転可能性と便益評価額の移転可能性を同時に検証することが必要である。

a) 便益関数の移転可能性に関する分析方法

本分析では，各既存評価地における便益関数が政策対象地において移転が可能か否かについて，データをプールせずに各地区の便益関数と 1 対 1 の比較によって検証する。

まず，便益関数のパラメータ推定値の同等性について尤度比 LR 検定を行う (Ben-Akiva and Lerman [3])。β^A を蘭越・蘭越東地区の係数ベクトル，β^B を厚沢部地区の係数ベクトルとすると，帰無仮説と対立仮説は下記の通りである。

$$H_0 : \beta^A = \beta^B \cdots\cdots (3\text{-}2)$$
$$H_1 : \beta^A \neq \beta^B \cdots\cdots (3\text{-}3)$$

尤度比検定では，蘭越・蘭越東地区におけるモデルと厚沢部地区におけるモデル，さらに蘭越・蘭越東地区，厚沢部地区のデータをプールしたモデルの対数尤度をそれぞれ，LL_A，LL_B，LL_{A+B} とおき，以下と定義する。

$$\lambda = -2[LL_{A+B} - (LL_A + LL_B)] \cdots\cdots (3\text{-}4)$$

λ は帰無仮説のもとでカイ二乗分布に従い，両モデルのパラメータ同等性の検証が可能となる。

b) 便益評価額の移転可能性に関する分析方法

本分析では，以下により便益評価額の移転可能性を検証する。便益移転によって得られた政策対象地の予測値が，政策対象地の実際の便益評価額と統計的に有意差がなければ，収束的妥当性(convergent validity)が実証されたことになる(Boyle and Bergstrom [5])。収束的妥当性の成立は，移転可能性が実証されたことを意味する。Kirchhoff et al. [17] は，支払カード方式によって得られた便益評価額にトービット・モデルを適用して収束的妥当性に関する分析を行った。彼らのモデルでは，統計的推定手法によって，支払意志額の信頼区間が計測されている。一方，二段階二肢選択法を採用している本分析では，信頼区間の計測をモンテカルロ法によって行う必要がある。

したがって，彼らのモデルを二段階二肢選択法に拡張した本分析では，以下の手順により便益評価額の移転可能性を検証する。

政策対象地の便益関数によって得られたオリジナルな便益評価額の点推定値を WTP_A とし，既存評価地のデータによる便益関数から得られた便益評価額を WTP_B とする。帰無仮説は WTP_A と WTP_B が同一であること，対立仮説は WTP_A と WTP_B が同一でないこと，すなわち，

$$H_0: WTP_A = WTP_B \cdots\cdots (3\text{-}5)$$
$$H_1: WTP_A \neq WTP_B \cdots\cdots (3\text{-}6)$$

である。この帰無仮説は，以下により検証される。

$$WTP_A \in CI_B \cdots\cdots (3\text{-}7)$$
$$WTP_B \in CI_A \cdots\cdots (3\text{-}8)$$

CI_A は WTP_A の信頼区間，CI_B は WTP_B の信頼区間を示し，有意差がなければ移転可能性は棄却されず収束的妥当性が検証される。Krinsky and Robb [18] の方法に基づき，モンテカルロ・シミュレーションを 1,000 回試行し上下 50 個ずつを除外することにより WTP の信頼区間を推定する。蘭越・蘭越東地区で計測された WTP が，モンテカルロ法によって推定された厚沢部地区における 90% 信頼区間の範囲内であれば有意差なしと判断され帰無仮説は棄却されない。一方，蘭越・蘭越東地区で計測された WTP が，モンテカルロ法によって推定された厚沢部地区における 90% 信頼区間の範囲外であれば有意差ありと判断され帰無仮説は棄却される。

本分析での関心事は，便益移転が可能か，すなわち，WTP がモンテカルロ法によって推定された 90% 信頼区間の範囲内かということである。有意差がないとは，帰無仮説 (H_0) を棄却せず WTP がモンテカルロ法によって推定された 90% 信頼区間の範囲内にあることを表す。よって，信頼区間については一般的な統計検定で用いられる 99% や 95% ではなく，狭い信頼区間である 90% がより厳しい検証基準となる。

3-6. 分析結果と考察

便益関数および便益評価額の移転可能性の検証結果を表 3-7 に示す。便益関数の移転可能性について，尤度比検定を用いたパラメータの同等性に関する仮説検定結果は以下である。水洗化効果 $LR = 1.7338$，宅内水周り改善効果 $LR = 0.8958$，集落内水環境改善効果 $LR = 3.0462$，公共域水環境改善効果 $LR = 5.3208$ で，便益関数間に 5% 水準で統計的有意差がない。ただし，公共域水環境改善効果については有意水準 10% では移転可能性は棄却される。一

表 3-7 便益移転可能性の検証結果

	便益関数	便益評価額
水洗化効果	$LR=1.7338$	可能
宅内水周り改善効果	$LR=0.8958$	可能
集落内水環境改善効果	$LR=3.0462$	可能
公共域水環境改善効果	$LR=5.3208$	不可能

注）便益関数欄の数値は χ^2 値（自由度2）

方，便益評価額の移転可能性については以下である。表3-6の結果から，水洗化効果，宅内水周り改善効果，集落内水環境改善効果の支払意志額の計測モデルによる推定結果は，蘭越・蘭越東地区，厚沢部両地区ともモンテカルロ法により推定された90%信頼区間の範囲内である。ただし，公共域水環境改善効果については，厚沢部地区の支払意志額の計測モデルによる推定結果は，モンテカルロ法により推定された蘭越・蘭越東地区の90%信頼区間の範囲外である。よって，水洗化効果，宅内水周り改善効果，集落内水環境改善効果の便益評価額は移転可能，公共域水環境改善効果の便益評価額は移転不可能と判断される。

便益の移転可能性について，2地区1事例ながら以下の点が確認された。
① 農業外4効果の便益関数の移転は可能
② 水洗化効果，宅内水周り改善効果，集落内水環境改善効果の便益評価額の移転は可能
③ 公共域水環境改善効果の便益評価額の移転は不可能

①と②の結論は，吉田[46]も指摘している以下の条件を満たしていることからも妥当な結果といえる。すなわち，分析対象財が同等であったこと，分析対象両地区における母集団の特徴が類似していたこと，CVMによる評価額であるWTPとWTAを入れ替えなかったことである。

ただし，公共域水環境改善効果についてはほかの効果よりも移転可能性は低いという結果が得られた。水洗化効果および宅内水周り改善効果は自宅内の環境改善効果であり，集落内水環境改善効果は自宅に近接する農業用排水路の環境改善効果である。これらの効果は，近接する河川や湖沼などの環境改善と比較して身近な生活環境の改善であるため，WTPに差異が生じにくかったので

はないかと推察される。また，地区ごとに河川や湖沼などへの距離や景観の状態も異なると考えられる。これらは，評価対象が量的・質的に同じであればCVMの評価額も同じ値を示し，反面，評価対象が量的・質的に異なればCVMの評価額もそれに応じて異なる値を示すとされる従来のスコープテストの結果からも明らかである。

さらに，吉田[46]のメタ分析結果では農村景観を評価した事例と農村アメニティを評価した事例ではWTPが有意に異なる結果を示していた。寺脇[43]においても，アメニティや景観にかかわる公共域水環境改善効果においては必ずしも便益移転が可能との結果が得られなかったことからも，この結果が支持されると考えられる。

便益移転の主要な視点として，吉田[48]によれば，費用便益分析への適用の際に，推定される範囲内の誤差を含んだ便益評価額を適用しても，費用便益分析による事業評価に直接影響を与えない場合に便益移転が推奨される。すなわち，費用便益分析において便益移転による評価額を用いても，事業採択の可否が左右されることがない場合に，便益移転の適用が望ましい。この点を鑑みれば，便益移転におけるパーセント誤差の許容範囲についての明確な統計的基準はないものの，本分析による分析結果はすべて±30%以下の誤差に収束している[12]。よって，誤差は大きいとはいえず，農業集落排水事業における便益移転の可能性を有することを意味する。

本分析で便益移転の有用性が確認されたことから，便益移転を適用することによって，費用ならびに負担の大幅な削減が可能となり，調査費用の節減ならびに調査者らの負担軽減などを求めている事業評価実務者の期待に応えることができる。

3-7. 結　　論

本節では，農業集落排水事業において，すでに事業が完了した2地区を対象に，CVMによって得られた農業外効果(水洗化効果・宅内水周り改善効果・集落内水環境改善効果・公共域水環境改善効果)の便益移転の可能性検証を目的とした。

便益の移転可能性について，2地区1事例ながら以下の点が確認された。

① 農業外4効果の便益関数の移転は可能
② 水洗化効果,宅内水周り改善効果,集落内水環境改善効果の便益評価額の移転は可能
③ 公共域水環境改善効果の便益評価額の移転は不可能

　農村集落の利便性や快適性の向上など,生活環境改善効果の便益移転の可能性を検証できたことは,今後の農業集落排水事業の推進の上でもその政策的役割は大きい。

　便益移転の適用は,研究面のみならず,多大な調査期間や多額の調査費用を必要とする実務面にとって大いに期待される分野である。特に,厳しい財政状況のもと,本分析により得られた検証結果を,事業評価へ適用することは,各種資源の節減となり,実務上においても事業評価の効率化の観点から有益である。

4. コンジョイント分析による直接支払政策の便益移転

4-1. 課題の設定

　表明選好法を用いた環境評価においては CVM 研究が先行してきたが,最近ではコンジョイント分析を適用した研究事例が急増している(Morrison and Bergland [25])。そのことを背景として,都市公園などの政策評価分野にコンジョイント分析が徐々に取り入れられてきている。CVM と比較すると,コンジョイント分析は費用便益分析において必要とされる各便益項目の便益原単位を作成するという点で勝っている。しかしながら,実際の政策評価における費用便益分析への利用には,さらに研究蓄積を増やしていくことにより信頼性を検証する必要があると考えられる。本節では,中山間地域等直接支払制度の対象となる中山間地域の棚田を対象として,コンジョイント分析による便益移転可能性の検証を行う。

　2000年度に開始された中山間地域等直接支払制度は,条件不利地域直接支払いという性格を有しているが,多面的機能保全をその支払いの根拠の1つとしている点が特徴的である。直接支払いの対象となるのは,2004年度では全

国1,591市町村3万3,969ヶ所の集落協定および個別協定が締結された農地である。その個々の対象地区において環境評価を実施することは予算制約もあり事実上困難である。全国の直接支払対象地域を包括的に評価するという代替的接近方法もある。しかしながら、集落協定などが締結された農地の多くは周辺地域に受益者が限定され、地方公共財として定義可能であり、個々の地域において費用便益分析を行うことが望ましいと考えられる。このような観点から、費用便益分析に便益移転を用いることが必要であり、当制度は恰好の評価対象であると考えられる。

中山間地域等直接支払制度は、合田[10]らも指摘する通り、各国において実施されている環境支払政策と比較すると、環境負荷の削減という視点に欠けている。直接支払政策においては多面的機能、つまり農業の環境便益の保全行為への取り組みを集落協定の中で義務づけているが、「農法の転換まで必要とするような行為(肥料・農薬の削減など)は求めない」というように、環境負荷の削減は政策対象としていない。そのため、EUなどにおいて実施されている環境支払いとは趣旨を異にするものである。2004年度からは滋賀県が環境支払政策の枠組みをもつ環境こだわり農業条例に基づく助成金制度を導入し(吉田[51])、農水省においても2006年度から農地・水・農村環境保全向上活動支援実験事業を実験的に全国約600の地域で実施している。

本研究では、環境便益の側面だけではなく、農薬や肥料の多投による環境負荷の側面も含めて環境評価を行う。正負両面の環境影響を扱うために、コンジョイント分析の中でも選択実験と呼ばれる手法を用いた。便益移転のための環境評価を行う対象としては、千葉県鴨川市および長野県更埴市(現千曲市)、富山県氷見市、愛知県鳳来町(現新城市)という4自治体の棚田を対象に、ほぼ同一のアンケート様式を用いて選択実験を行い、そこで得られたデータに基づいて便益移転可能性を検証する。

近年、農業経済学の分野において、便益移転や選択実験に関する研究は増加しつつあるが(寺脇[43]、國光ら[19]、吉田[46])、コンジョイント分析を用いた便益移転研究は数少ないのが現状である(Morrison et al. [24]、Morrison and Bergland [25]、吉田[50]、吉田ら[47])。しかしながら、コンジョイント分析には、政策効果1単位当たりの便益評価額(原単位)が得られるという利点がある

ため，費用便益分析との接続が容易であり，予算および時間面でも効率的である。選択実験の便益移転手法が確立されれば，費用便益分析の効率性はより高まると考えられる。

4-2. 選択実験型コンジョイント分析による便益移転

環境評価手法は，顕示選好法と表明選好法に分類することができる。顕示選好法は，トラベルコスト法やヘドニック法のように，旅行費用や地価などの既存の市場データに反映した環境価値を明らかにする手法である。他方，表明選好法はCVMに代表されるように，受益者へのアンケート調査などにおいて直接表明された評価額を基に環境価値を明らかにする手法である。

顕示選好法および表明選好法ともに現実の政策の費用便益分析などに使用されており，便益移転の対象となりうる。例えば，トラベルコスト法はレクリエーション地の評価などにしばしば利用される(Smith and Kaoru [34]，田中ら[41])。しかしながら，わが国においてはレクリエーション時における旅行者の行動パターンが多様であることなどから，それほどトラベルコスト法の利用は盛んではない。CVMはアンケート票上に仮想市場を描くことが可能でありさえすれば，ほぼあらゆる対象について評価が可能であるという利点がある。1990年代以降，わが国においても環境評価研究が盛んになってきているが，その中心は汎用性の高いCVMであった。とりわけ，行政改革の一環として政策評価や公共事業の費用対効果分析や費用便益分析への環境評価手法の適用が進む中では，CVMの適用がその中心となっていた。

ところが，CVMは1つの質問につき単一の属性および水準の組み合わせしか評価できないという制約がある。例えば，農業の多面的機能を評価する場面を想定すると，「今後10年間にある地域の多面的機能が30%低下するのを避けるための政策を実施する」といった1種類のシナリオのみ調査可能である。また，1つのアンケート票で数種類のWTPを尋ねる質問を行う場合には，順序効果が生じる危険性がある。そのため，異なる政策代替案を比較するには，数種類のアンケート調査を実施する必要がある。さらに，多面的機能は景観保全機能や国土保全機能などの様々な機能に分類することが可能であるが，CVMでは各機能の個別評価額を算出することは困難である。

本研究で使用するコンジョイント分析は，1つのアンケート票を用いるだけで様々な政策代替案の比較を直接行うことが可能となるばかりか，各機能についての個別評価額を明らかにすることができるというメリットを有する。もちろん，事業内容によっては単一のシナリオを用いてシンプルな質問様式により尋ねた方が信頼性の高い評価結果を得られる場合もある。各属性の水準を厳密に定義できない評価対象財であれば，CVM の方がむしろ望ましいかもしれない。

　環境政策の費用便益分析を行う際には，便益を金銭単位で評価することにより，政策費用との比較が可能となる。便益評価の際に CVM を用いるならば，大量のオリジナルなデータ収集に予算や時間がかかるという問題もあり，簡便な方法として便益移転の適用が検討されてきている。

　全国各地において環境政策が個別に実施される場面を想定すると，その政策効果の発現水準は地域ごとに異なることが予想される。その際には，政策効果1単位当たりの便益評価額(以下，原単位)が推計できた方が費用便益分析との結合が容易となる。CVM については，スコープ無反応性の問題などもあり，原単位を推計することが困難なことも多い。しかしながら，コンジョイント分析では，便益評価額は限界支払意志額として得られるため，それを原単位としてそのまま使用することが可能である。コンジョイント分析にはこのようなメリットがあるため，政策評価が盛んになるとともに急速に適用事例が増加している。

　コンジョイント分析には様々な種類があり，それぞれメリットとデメリットを有している。本研究では，政策を実施するかしないか，いわゆる"with or without"の状況と政策代替案の比較を同時に行うという目的に最も適した手法である，選択実験型コンジョイント分析を適用して評価を行った。

4-3. デ　ー　タ

　便益移転可能性を検証するための評価対象地として，千葉県鴨川市を対象として選択した。環境負荷と環境便益に関する情報の伝達順序が WTP に与える影響を検証するために，環境負荷優先型と環境便益優先型の調査票を用意した。予備調査は 2001 年 6 月に実施し，有効発送数 93 通に対して回収数は 32 通

(34.4%)であった。予備調査においては，選択実験に関する質問のみ異なる5種類のアンケート票を作成し，各4回ずつ選択実験を行った。

予備調査の結果を踏まえて，本調査においては，環境負荷優先型と環境便益優先型の調査票を2種類作成した。環境負荷優先型と環境便益優先型の調査票のそれぞれについて，選択実験に関する質問のみ異なる各4種類の調査票を作成し，各5回ずつの選択実験質問を配置した。本調査は2001年7月に実施した。鴨川市における調査結果を踏まえて，2001年11月に長野県更埴市，富山県氷見市，愛知県鳳来町において，環境負荷優先型のアンケート票のみを配布した。

標本は各自治体の一般世帯を電話帳データベースソフトから単純無作為抽出し，郵送による配布・回収を行った。アンケート票の回収率は，鴨川市が82.0%(164/200通)，更埴市が87.3%(172/197通)，氷見市が82.9%(165/199通)，鳳来町が90.0%(180/200通)であった。マンジョーニ[22]の方法に従い，催促を2回実施したことにより，郵送調査としては非常に高い回収率を達成できた。

4-4. 分析モデル

(1) ランダム効用モデル

環境評価ツールとしてのコンジョイント分析のメリットの1つとして，ランダム効用理論に基づいて定式化可能であるという点が挙げられる。選択実験型コンジョイント分析においては，数種類の政策代替案の中から1つの代替案を選択するという形式であるため，以下の通り定式化することが可能である。

第i番目の回答者がJ個の選択肢の中からjを選択した場合の効用Uは，(3-9)式の通り示される。

$$U_{i,j} = V_{i,j} + \varepsilon_{i,j} \cdots\cdots (3\text{-}9)$$

ここで，Vは効用の観察可能な部分，εは観察不可能な攪乱項である。したがって，回答者iがjを選択した場合には，ほかの選択肢を選ぶよりも効用が高くなることから，(3-10)式の通り定式化される。

$$\begin{aligned}
\mathrm{Prob}(j) &= \mathrm{Prob}(U_{ij} > U_{ik} \; ; \; \forall k \neq j) \\
&= \mathrm{Prob}(V_{ij} + \varepsilon_{ij} > V_{ik} + \varepsilon_{ik} \; ; \; \forall k \neq j) \\
&= \mathrm{Prob}(V_{ij} - V_{ik} > \varepsilon_{ik} - \varepsilon_{ij} \; ; \; \forall k \neq j) \cdots\cdots (3\text{-}10)
\end{aligned}$$

ここで，McFadden[23]によるとJ個の攪乱項が第一種極値分布に従っている限り，選択肢jを選択する確率は，条件つきロジットモデル(conditional logit model；以下，CL)として表される。ここでは，観察可能な効用関数Vを選択肢に特有な属性x_{ij}だけに限定した主効果モデルを考える。

条件つきロジットモデルによる推定に加えて，回答者の異質性を考慮したモデルであるランダムパラメータロジットモデル(Random Parameters Logit model；以下，RPL)による推定を行った。CLおよびRPLともに推定にはNLOGIT Version 3.0 (Econometric Software, Inc.)を使用した。

(2) 便益移転モデル

直接支払制度のように全国各地で多数の評価対象地がある場合には，数ヶ所から数十ヶ所の市町村で実施した便益評価額に基づき，政策実施全市町村における便益評価額を推計することが可能となれば，予算および時間制約の面で効率性は飛躍的に向上する。実際に便益移転が活用される場面では，上記の通り，数少ない評価結果から残りの多数の政策対象地において適用可能な便益評価額の原単位を得るという手順を踏むことが多いと考えられる。しかしながら，便益移転に関する研究においては，あくまで移転可能性を検証することにより，実際の政策評価に使用するに適した移転手法を求め，また便益移転実施時において想定される誤差を推計することが目的となる。

本研究では，便益評価を実施した4自治体におけるオリジナルな評価結果について便益移転可能性を検証する。吉田[45]では，尤度比検定を利用した便益関数移転，そして限界支払意志額の点推定値と信頼区間による便益評価額の移転可能性の両側面から検証した。しかしながら，条件つきロジットモデルによって得られた係数推定値はスケール・ファクターを含んでいるため，両者を直接比較する際には，スケール・ファクター比を考慮に入れて仮説検定を行う必要がある。また，点推定値と信頼区間の比較によるいわゆる重複基準(non-overlapping criteria)による比較は精度が低いとの研究結果がある。そこで，

コンボリューション(convolution)の代替的手法であり,すべての組み合わせを用いた検定方法(complete combinatorial)により(Poe et al. [29], Poe et al. [30]),便益移転可能性の検証を行う。

便益関数移転については,Swait and Louviere [38] の方法に基づき,スケール・ファクターを考慮に入れた尤度比検定を適用した。A地区において得られたデータを X_A,B地区において得られたデータを X_B とおく。また,X_A から得られたパラメータを β_A,X_B から得られたパラメータを β_B おく。μ_A と μ_B をそれぞれのパラメータのベクトルのスケール・ファクターとおくと,仮説検定は下記の通りとなる。

H_1:$\beta_A = \beta_B$ および $\mu_A = \mu_B$

上記の仮説は下記の H_{1A} および H_{1B} によって検証される。

H_{1A}:$\beta_A = \beta_B = \beta$

H_{1A} が棄却された場合,H_1 も棄却される。もし H_{1A} が棄却されない場合には,以下の H_{1B} を検証する。

H_{1B}:$\mu_A = \mu_B = \mu$

現実には,μ_A と μ_B を個別に推定することはできないため,$\mu_A = 1$ とおき,μ_B を両方のスケール・ファクターの比とおいて両方のデータセットを統合して仮説検定を行う。

H_{1A} については,下記の尤度比検定により行う。X_A によって得られた推定結果の対数尤度を L_A,X_B を L_B,両方のデータをプールした推定結果の対数尤度を L_μ とおくと,以下の(3-11)式が得られる。(3-11)式によって H_{1A} を検証する。

$$\lambda_1 = -2[L_\mu - (L_A + L_B)] \cdots\cdots (3\text{-}11)$$

H_{1A} が棄却されなかった場合には,$\mu_A = \mu_B = \mu$ の仮定を課した上でデータを単純にプールしてモデル推定を行い,対数尤度 L_P を得て,下記の検定を行う。

$$\lambda_2 = -2[L_P - L_\mu] \cdots\cdots (3\text{-}12)$$

(3-12)式はパラメータの数をKとするとK+1の自由度,(3-12)は自由度1のカイ二乗分布に漸近的に従う。

上記の尤度比検定により統計的に有意な差が確認された場合，さらに個々の属性別に限界支払意志額について比較を行うことで，どのような要因によって両者に差が生じたのかを明らかにすることができる。

　次に，ある特定の属性についての限界支払意志額を，それぞれ $MWTP_A$，$MWTP_B$ とおくと，帰無仮説は両者の値が同一であること，つまり

$$H_0 : MWTP_A - MWTP_B = 0$$

である。この帰無仮説は，先述した complete combinatorial という検定方法により検証される。

4-5. 選択実験の概要

（1）選択実験デザイン

　選択実験を実施するには，プロファイルのデザインが重要である。つまり，どのような属性と水準を政策代替案として回答者に提示するかという点である。中山間地域等直接支払制度によって維持保全される環境便益については，農村アメニティに関する機能と国土保全に関する機能を属性として選択した。具体的には，「棚田の景観や水生昆虫，トンボ，ホタルなど生き物のすむ環境を守る役割（田園風景や生物環境の保全）」，そして「洪水や土砂崩れなどの災害を防ぐ役割（防災や国土保全）」と説明した。一方，政策のマイナスの影響である環境負荷については水質汚染を取り上げた。具体的には「農薬や肥料などが河川や地下水を汚染し，市民生活に影響を与えたり，生き物のすむ環境を悪化させる作用（河川や地下水の水質汚染）」と説明した。さらに基金への寄付金額を組み合わせることにより各属性と水準を決定した。各属性の水準は表3-8に示した通り，環境便益2属性については $-30\%\sim+60\%$ の4段階，水質汚染については $-50\%\sim$ 現状の4段階，基金への寄付金額については0〜1万円の6

表3-8　選択実験における属性と水準

属　　性	水　　準					
水質汚染	現状	-10%	-30%	-50%		
防災や国土保全	$+60\%$	$+30\%$	現状	-30%		
田園風景や生物環境の保全	$+60\%$	$+30\%$	現状	-30%		
基金への寄付金額	10,000円	5,000円	2,000円	1,000円	500円	0円

段階とした。

　コンジョイント分析において，各属性の水準としてどのような単位を使用すべきかを先験的に判断することはできない。ここでは，農地面積や水質に関する指標(BODなど)を使用することも考えられるが，柘植[44]などを参考にパーセントを単位として使用した。多面的機能が発揮される過程には，耕地面積や圃場整備事業，気象条件などの諸要因が複雑に作用していると考えられるため，政策手段と多面的機能の水準についての直接的な因果関係を事後的に見出すことは困難な場合が多いからである。もちろん，多面的機能の水準を示す適切な指標の開発は，今後の重要な研究課題である。

　選択実験における仮想的状況として，以下の説明を行った。

　『もし仮に，市内の棚田を守るための「棚田保全基金」を作り，市民や他の県民の方々などから寄付金を募り，それを原資として様々な対策を行うとします。

　　例えば，環境面で非常に重要な棚田については基金による買い取りを行ったり，耕作放棄された棚田を元に戻すためのボランティアを広く募るための資金にしたりします。

　　また，ホタルや水生昆虫などを田圃に放流するといった対策も考えられます。

　　それにより，棚田のもつ環境面でのプラスの影響(「田園風景や生物環境の保全」「防災や国土保全」)は維持・増進されます。しかしながら，棚田でのお米の生産を増加させることは，逆に農薬や肥料の使用量も増加させ，結果として環境面でのマイナスの影響(河川や地下水の水質汚染)を悪化させる危険性もあります』

この説明文に続き，表3-9に示したような選択肢を5回提示し，回答者に各

表3-9　プロファイル例

	対策1	対策2	対策3	対策4
水質汚染	30% 悪化	10% 悪化	30% 悪化	現状
防災や国土保全	60% 向上	60% 向上	現状	30% 悪化
田園風景や生物環境の保全	30% 向上	現状	現状	30% 悪化
基金への寄付金額	5,000円	1,000円	500円	0円

対策から1つだけを選択させた。なお，プロファイルについては直交計画法に基づき組み合わせを決定した。その中から，非現実的な組み合わせは除外した。除外された組み合わせは，対策4よりも条件が悪い，つまり全属性が悪化するにもかかわらず，寄付金を要求する組み合わせである。

なお，対策4はすべての選択実験において共通である。選択実験により環境保全政策の評価を行う際には，現状選好バイアス(status quo bias)が働くことが確認されている。これは，現状の環境水準が自分に賦与された権利であると回答者が考えることによるため，賦与効果(endowment effect)とも呼ばれる。

本研究で取り上げた農村環境は毎年耕作を続けない限り，翌年度からは急速に喪失してしまう可能性が高い。しかしながら，一般的な自然環境については，開発による危機等が目前に迫っていない限り，現在の環境水準が急速に損なわれる状況を想定することが困難である。そのため，仮想状況を説明するシナリオの現実性が損なわれ，仮想状況に基づく実験が失敗する場合もある。農村景観のように営農が継続されることによって初めて形成される環境財については，現状維持にも費用がかかることを明示する必要性がある。そこで対策4として，一切寄付金を支払わない場合，今後1～5年の間には3割程度の耕作放棄が起こり，多面的機能が損なわれること，ただし土砂崩れや土壌侵食なども発生するため，必ずしも水質が向上しないと設定した。

現状選好バイアスの存在は，以下の方法で確認できる。まず，パラメータの推定を行う際に，選択肢4を選択したことを示す選択肢固有定数項ASC(Alternative-Specific Constant)を組み込む。その符号がプラスで統計的に有意に0と異なる場合，現状選好バイアスが存在すると判断される。このことは，何の政策努力を傾注しなくとも現状の環境水準が維持されると回答者が誤解する場合や，実際の政策効果に対して疑問を抱くという心理的要因が働く場合に，現状維持以外の選択肢を回答者が選択しないバイアスである。逆に，マイナスで統計的に有意である場合には，対策4を選択することを回避する選好が働くことになる。

4-6. 分析結果

（1） モデル推定結果

　表3-10にはCLによる各パラメータの係数推定結果を示した。鴨川市，更埴市，鳳来町，氷見市の各地区において，1％水準で0と有意に異なる係数推定結果が得られた。

　表3-11にはRPLによる推定結果を示した。水質汚染に関するパラメータについては，4つのモデルすべてにおいて標準偏差パラメータに統計的に有意な結果が得られた。しかしながら，国土保全については鳳来町と氷見市において5％水準で棄却されたが，それ以外のモデルおよびアメニティの全モデルにおいては，統計的に有意な結果は得られなかった。

　選択肢固有定数については，CLおよびRPLのどちらにおいても，すべてのモデルにおいてマイナスの統計的に有意な係数推定結果が得られている。このことから，現状選好バイアスは回避されたことが明らかとなった。

（2） 便益移転結果

　表3-12には，CLによって推定した地区別の各変数についての限界支払意志額を示した。表中の上限値と下限値は，Krinsky and Robb[18]の方法に基づき1万回の試行を行い推定した95％信頼区間の推定値である。表3-13には，尤度比検定に基づく便益関数移転可能性の検証結果，そしてcomplete combinatorialによる評価額の移転可能性の検証結果を示した。

　便益関数移転については，「鴨川—更埴」のみH_{1A}において棄却されたため，H_{1A}におけるχ^2値を示したが，それ以外の組み合わせについてはH_{1A}では棄却されなかったためH_{1B}のχ^2値を示した。便益関数移転では，「鴨川—更埴」「鴨川—鳳来」「鴨川—氷見」という鴨川に関する3つの組み合わせについて棄却されたが，それ以外の組み合わせについては棄却されなかった。

　また，コンボリューションによる評価額の移転可能性については，「鴨川—更埴」において，水質汚染と国土保全の限界支払意志額が5％水準で統計的に有意に0と異なることが明らかとなった。また，「更埴—鳳来」の水質汚染についても5％水準で棄却された。

表3-10 条件つきロジットモデルによる係数推定結果

	鴨川市	更埴市	鳳来町	氷見市
水質汚染	−0.02440**	−0.04515**	−0.03330**	−0.03716**
	(−7.287)	(−12.490)	(−10.057)	(−10.468)
国土保全	0.005746**	0.01206**	0.01028**	0.009880**
	(2.845)	(6.230)	(5.158)	(5.075)
アメニティ	0.01031**	0.01301**	0.1255**	0.009648**
	(5.355)	(7.003)	(6.555)	(5.133)
寄付金額	−0.0001969**	−0.0002209**	−0.0002227**	−0.0002170**
	(−8.042)	(−9.687)	(−9.326)	(−9.181)
選択肢固有定数	−1.078**	−0.9745**	−1.085**	−0.8990**
	(−4.912)	(−4.743)	(−5.033)	(−4.34)
観測数	543	680	614	620
$L(\beta)$	−655.67	−746.42	−693.85	−721.47
$L(0)$	−752.76	−942.68	−851.18	−859.50
修正済 R^2	0.1263	0.2063	0.1826	0.1583

注) ** は有意水準1% で棄却を示す。

表3-11 ランダムパラメータロジットモデルによる係数推定結果

	鴨川市	更埴市	鳳来町	氷見市
水質汚染(平均)	−0.03709**	−0.06581**	−0.05236**	−0.06729**
	(−4.818)	(−7.413)	(−6.529)	(−7.022)
(標準偏差)	0.04098**	0.04709**	0.04734**	0.06103**
	(3.065)	(4.455)	(4.323)	(5.440)
国土保全(平均)	0.007462**	0.01380**	0.01217**	0.01220**
	(2.983)	(6.183)	(5.029)	(5.140)
(標準偏差)	0.008924	0.005972	0.01151*	0.01043*
	(1.242)	(0.724)	(1.939)	(1.900)
アメニティ(平均)	0.01265**	0.01491**	0.01498**	0.01231**
	(4.828)	(7.005)	(6.480)	(5.496)
(標準偏差)	0.01125	0.001587	0.001972	0.0003253
	(1.494)	(0.300)	(0.290)	(0.074)
寄付金額	−0.0002296**	−0.2568**	−0.0002607**	−0.0002667**
	(−6.824)	(−8.191)	(−8.006)	(−8.154)
選択肢固有定数	−1.375**	−1.2831**	−1.412**	−1.381**
	(−4.513)	(−4.709)	(−4.881)	(−4.905)
観測数	543	680	614	620
$L(\beta)$	−651.37	−739.99	−687.09	−707.46
$L(0)$	−752.76	−942.68	−851.18	−859.50
修正済 R^2	0.1304	0.2119	0.1893	0.1733

注) **，* はそれぞれ有意水準1%，5% で棄却を示す。

表3-12 限界支払意志額

		鴨川市	更埴市	鳳来町	氷見市
水質汚染	MWTP	−123.9	−204.4	−149.5	−171.2
	上限値	−85.4	−162.7	−114.8	−135.3
	下限値	−177.4	−261.3	−196.9	−221.8
国土保全	MWTP	29.2	54.6	46.1	45.5
	上限値	49.0	74.6	65.7	65.4
	下限値	10.2	37.5	29.2	28.6
アメニティ	MWTP	52.3	58.9	56.3	44.5
	上限値	76.5	80.8	78.6	66.4
	下限値	32.7	41.1	37.8	25.4

注）金額の単位は円。上限・下限値は Krinsky and Robb [18]の方法に基づき1万回の試行により推定した95%信頼区間。

表3-13 便益移転可能性の検証結果

	便益関数移転[注1] （尤度比検定）	便益評価額移転[注2]		
		水質汚染	国土保全	アメニティ
鴨川−更埴	24.3**	0.7%**	2.8%*	32.8%
鴨川−鳳来	3.88*	20.8%	10.6%	38.0%
鴨川−氷見	7.20	5.6%	10.6%	30.3%
更埴−鳳来	0.00	4.1%*	25.7%	42.2%
更埴−氷見	0.00	16.3%	24.3%	15.3%
鳳来−氷見	0.00	23.6%	46.4%	22.0%

注1)「鴨川−更埴」のみ H_{1A} の χ^2 値(d.f.6)、それ以外は H_{1B} の χ^2 値(d.f.1)。
注2) 数値は有意水準であり、**、* はそれぞれ1%、5%水準で棄却されたことを示す。

4-7. 考察および結論

本研究では、中山間地域等直接支払制度に関連する棚田保全を評価対象として、4自治体において選択実験型コンジョイント分析を実施した。その結果に基づき、便益関数および評価額の移転可能性を検証することにより、4自治体における便益評価結果の便益移転可能性を検証した。

CVMにおける吉田[45]の先行研究においては、便益関数移転が可能な組み合わせについては直接移転も可能であるとの実証的な結果を導いた。しかしながら、今回実施した選択実験による便益移転については、それとは若干異なる

結果が得られた。便益関数移転において棄却された「鴨川―更埴」においては，評価額移転も3属性のうち2属性において棄却された。また，便益関数移転において棄却されなかった「更埴―鳳来」においては，水質汚染に関する限界支払意志額のみ棄却された。

CVMにおいては各属性を包括した支払意志額のみが得られるが，コンジョイント分析においては各属性についての限界支払意志額が得られるという相違点がある。便益関数移転を適用した研究も多数あるが，実際に費用便益分析に使用されるのはあくまで限界支払意志額である。少なくともコンジョイント分析においては，便益関数移転を実施して便益移転可能性を検証するだけでは不十分であり，個々の限界支払意志額についても移転可能性を検証するべきであるとの結論が導かれる。

なお，千葉県鴨川市のみ実際に棚田で稲が生育している時期に調査を行い，ほかの地域については稲刈り後の時期であるという相違点があった。分析結果からは，鴨川市については国土保全とアメニティに対する評価額が有意に異なるものの，他地域については異ならないといったように，調査時期の景観や生物環境の状態を反映した評価になっているといえる。このように，選択実験による評価については，調査時期による価格変動が影響する可能性があるため，便益移転を行う際には調査時期を統一するなどの配慮が必要であると思われる。

5. 便益移転の今後の課題

便益移転については，費用便益分析および規制影響評価への環境評価手法の適用が進むにつれてその重要性の高まることは，米国における過去の経緯を見ても明らかである。日本においても，都市公園や河川整備，集落排水事業，水環境整備事業，自然公園整備などの様々な場面で環境評価手法の適用が進みつつある。それらの場面では，オリジナルな評価が困難な場面も多く，ある特定の地区において得られた便益評価額をそのまま用いるケースや，多少の誤差調整を行った上で用いるケースが多々見られる。便益移転を用いているという実務担当者の意識なしに，専門家の知見に基づく簡便法として，実質的に便益移転が導入されている。

環境評価研究の興隆とともに便益移転研究は盛んになりつつあるが，本研究のように便益移転可能性の検証が主な研究課題となっている。CVMやコンジョイント分析における便益移転可能性の検証手法を改良することにより，より精度の高い研究を行うことも重要な課題である。しかしながら，それと同時に，政策実務上の要請に基づく便益移転について，どのような基準を満たすことにより現実の費用便益分析に利用可能であるかという点についても研究を進めていく必要がある。

注

1) 政策評価制度導入の端緒としては，中央省庁等改革の検討のために設置された行政改革会議の最終報告(1997年12月)における政策評価機能の充実強化の提言などもある。中央省庁等改革における政策評価制度については，田中・岡田[42]に詳しい。なお，事業評価にあたっての観点の中で定量的評価基準の基本が効率性と有効性である。中でも，費用便益分析，費用対効果分析は重要な効率性基準であり公共事業の評価に関して実務へも浸透している。日本の公共事業において費用便益比を基準とする評価を費用対効果分析と称することがある。これは，費用対効果分析が，狭義の費用便益分析の結果に加えて貨幣価値以外で表示された業績指標や定性的要因も総合的に考慮して判断されるためである。総務庁行政監察局[37]においても，分析内容が費用便益比を基準とする評価であっても費用対効果分析と記述されている場合があり，費用対効果分析と費用便益分析は実定法上の明確な定義はなく必ずしも共通認識のないまま事業評価全般に使用されているのが現状であることを指摘している。農業農村整備事業等事業評価では，費用対効果分析が多用されている。なお，行政管理研究センター[11]，田中[40]に従い，費用便益分析等分析手法を以下により整理する。①費用便益分析：政策の実施により発生する社会的効果と社会的費用について，すべてを貨幣価値に置き換えて測定し，比較を行う分析手法。②費用対効果分析：政策の実施により発生する社会的効果と社会的費用について必ずしもすべてを貨幣に置き換えずに測定し，様々な単位(金，人数，件数，期間など)で表示された効果と費用の比較を行う分析手法。
2) 「行政機関が行う政策の評価に関する法律」(平成13年6月29日法律第86号)は，中央省庁改革の一環として施行された法律で，政策評価に関する基本的事項などを定めることで，各省庁が自らの政策を事前・事中・事後に評価しその結果を施策に反映し，公表することによって，効率的な行政の推進を図り国民へのアカウンタビリティを義務づけている。
3) 「農林水産省政策評価基本計画」は，「行政機関が行う政策の評価に関する法律」第6条第1項の規定により，政策評価に関する基本方針に基づき，計画期間や政策の実施に関する方針，政策評価の観点に関する事項などについて定めるものである。
4) 「農林水産省政策評価実施計画」は，「行政機関が行う政策の評価に関する法律」第

7条第1項の規定により，政策評価実施計画に基づき，事後評価の実施に関する計画を定めるものである．
5) 「政策評価に関する基本方針」は，「行政機関が行う政策の評価に関する法律」第5条第1項の規定に基づき，政策評価に関する基本方針を定めるものである．
6) 農業農村整備事業にかかる経済性の側面からの評価に関する経緯については，北海道農業土木協会[12, 13]，農林水産省構造改善局計画部[27] に詳しい．
7) 土地改良事業の公的機能の増大に対応するため，1988 年度から経済効果測定問題検討会の農業基盤整備事業効果検討委員会における農業外効果の定量化手法の検討により，1991 年に経済効果測定の運用が示され農業外効果 8 項目の測定を含めることとなった（北海道農業土木協会[13]）．さらに，2000 年 12 月，農林水産大臣から日本学術会議会長に対して，「地球環境・人間生活にかかわる農業及び森林の多面的な機能の評価について」の諮問がなされた．諮問の趣旨は，農業・森林の生産活動・管理活動が持ついわゆる多面的機能に関して，特に定量的評価手法などについて幅広い見地からの総合的検討についてである（日本学術会議，地球環境・人間生活にかかわる農業及び森林の多面的な機能の評価について(答申)，[online]，2001 年 11 月 1 日，日本学術会議，[2006 年 4 月 1 日検索] インターネット〈URL：http://www.scj.go.jp/ja/info/division/6/pdf/nougyousinrin.pdf〉）．
8) NOAA ガイドラインとは，「NOAA（商務省国家海洋大気管理局）パネル」がまとめた，CVM を用いて信頼性のある評価を実現するために考慮すべき項目を網羅した報告のことである（河川に関わる環境整備の経済評価研究会[16]）．
9) 農村基盤総合整備パイロット事業は，農業基盤総合整備パイロット事業調査地域のうち，パイロット地区としてモデル的な農村を建設することが適当な地区を対象として，従来の農業基盤整備に加え，公共用地の創設，農業近代化施設などの用地整備，農道の一環としての集落内道路の整備，営農飲雑用水施設整備，集落排水施設整備，農村公園緑地整備などの生活環境整備をメニュー方式で実施する事業である．また，1973 年には市町村が事業主体となり，主に生活環境整備を行う農村総合整備モデル事業が創設された．
10) 蘭越町は，北海道南部，後志支庁管内南西部に位置し，後志管内一の広大な面積を有している．周囲を山々に囲まれた盆地のため，気象は，夏暑く冬寒い内陸型となっており，農耕適地の条件を備えている．町の東から西の日本海に向けて流れる一級河川尻別川流域は，やや平坦で肥沃な土地が広がっており，土地条件からも良好な農耕地が形成されている．蘭越町の基幹産業は農業であり，道内屈指の良食味米〝らんこし米〟が生産されている．町の一部は，「ニセコ積丹海岸国定公園」に指定されており，全国的に知名度の高いニセコ山系と泉質・湯量とも豊富で，古い歴史をもつ著名な温泉郷を有していることなどから，四季を通じて多くの人々が観光・レクリエーションに訪れる地域でもある．以上のように，蘭越町は，雄大な山々に抱かれ，清流のほとりに広がる豊穣な沃野と温泉郷に恵まれた，米と温泉と観光のまちとして発展し続けており，「なごみの里蘭越」をテーマに，その基盤づくりが着々と進められている（蘭越町総務課企画室[31]）．なお，町名記載については，調査および分析を終了した順番に記載している．

11) 厚沢部町は，北海道の南端，渡島半島の日本海に面した檜山支庁の南部に位置し，函館から約57kmの距離に位置している。気象条件は，冬は季節風が強く積雪量も多いが春から秋にかけては比較的温暖で適度の雨量もあることから農業に適した条件を備えている。厚沢部町の基幹産業は農業であり，特に，メークインの発祥の地として名高い。町域は扇形の形状を呈しており，三方が山林に囲まれた地勢で，厚沢部川をはじめとする河川流域に水田，丘陵地帯に畑地が拓けている。一方，町総面積の8割以上は林野が占めており，レクの森などでの自然との触れあい，温泉施設でのくつろぎ，農園での体験農業などの自然環境を活かした観光・レクリエーションも振興されている。以上のように，厚沢部町は，豊かな森林に加え，農業のまちとして発展し続けており，「ポテト"夢"タウン・あっさぶ」をテーマに，その基盤づくりが着々と進められている（厚沢部町企画商工課[2]）。なお，町名記載については，調査および分析を終了した順番に記載している。

12) 表3-6に示した蘭越・蘭越東地区と厚沢部地区のWTPをそれぞれ厚沢部地区と蘭越・蘭越東地区に移転して便益評価額として使用しても誤差は最大で公共域水環境改善効果の22.8%である。計算手順は，$(WTP_A-WTP_B)/WTP_A$および$(WTP_A-WTP_B)/WTP_B$である。

引用文献

[1] 浅野耕太・児玉剛史(2000)：「CVMにおける代表値の選択」『農村計画学会誌』vol. 19(2)，別冊，pp. 49-54。

[2] 厚沢部町企画商工課(2001)：『ポテト"夢"タウンあっさぶ 第4次厚沢部町総合計画』北海道厚沢部町。

[3] Ben-Akiva, M. and Lerman, S. R. (1985): *Discrete Choice Analysis: Theory and Application to Travel Demand*, Series in Transportation Studies 9, MIT Press, pp. 194-195.

[4] Bergstrom, J. C. and De Civita, P. (1999): "Status of benefits transfer in the United States and Canada: A review," *Canadian Journal of Agricultural Economics*, vol. 47, pp. 79-87.

[5] Boyle, K. J. and Bergstrom, J. C. (1992): "Benefit transfer studies: Myths, pragmatism, and idealism," *Water Resources Reserch*, vol. 28(3), pp. 657-663.

[6] Desvousges, W. H., Johnson, F. R. and Banzhaf, H. S. (1998): *Environmental Policy Analysis with Limited Information*, Edward Elgar.

[7] Downing, M. and Ozuna, T. Jr. (1996): "Testing the reliability of the benefit function transfer approach," *Journal of Environmental Economics and Management*, vol. 30, pp. 316-322.

[8] French, D. D. and Hitzhusen, F. J. (2001): "Status of benefits transfer in the United States and Canada: Comment," *Canadian Journal of Agricultural Economics*, vol. 49(2), pp. 259-261.

[9] Garrod, G. and Willis, K. G. (1999): *Economic Valuation of the Environment: Models and Case Studies*, Edward Elgar.

[10] 合田素行編著(2001):『中山間地域等への直接支払いと環境保全』家の光協会。

[11] 行政管理研究センター編(2001):『政策評価ガイドブック:政策評価制度の導入と政策評価手法等研究会』ぎょうせい。

[12] 北海道農業土木協会(1993):『農業農村整備事業計画マニュアル』北海道農業土木協会。

[13] 北海道農業土木協会(1994):『農業農村整備事業効果算定ケーススタディ』北海道農業土木協会。

[14] 伊藤寛幸・山本康貴・出村克彦(2002):「農業外効果からみた農業集落排水事業の事後評価分析——北海道山間農業地域 A 町 B 地区を事例として」『2002 年度日本農業経済学会論文集(『農業経済研究』別冊)』pp. 137-142。

[15] 伊藤寛幸(2005):「費用便益分析による農業集落排水事業の事後評価」『北海道大学大学院農学研究科邦文紀要』vol. 27(1), pp. 1-114。

[16] 河川に関わる環境整備の経済評価研究会編(1999):『河川に関わる環境整備の経済評価の手引き(試案)』リバーフロント整備センター。

[17] Kirchhoff, S., Colby, B. G. and LaFrance, J. T. (1997): "Evaluating the performance of benefits transfer: An empirical inquiry," *Journal of Environmental Economics and Management*, vol. 33, pp. 75-93.

[18] Krinsky, I. and Robb, A. L. (1986): "On approximating the statistical properties of elasticities," *Review of Economics and Statistics*, vol. 68, pp. 715-719.

[19] 國光洋二・松尾芳雄・友正達美(2001):「農村公園整備の仮想状況評価額に影響する要因と WTP 関数移転の可能性——個人属性,整備状況,立地状況の影響に関して」『農村計画学会誌』vol. 20(1), pp. 31-40。

[20] Loomis, J. B. (1992): "The evolution of a more rigorous approach to benefit transfer: Benefit function transfer," *Water Resources Reserch*, vol. 28(3), pp. 701-705.

[21] Loomis, J. B. and Walsh, R. G. (1997): *Recreation Economic Decisions: Comparing Benefits and Costs*, Second Edition, Venture Publishing.

[22] マンジョーニ, T. W. (林英夫・村田晴路訳)(1999):『郵送調査法の実際——調査における品質管理のノウハウ』同友館。(Mangione, T. W. (1995): *Mail Surveys: Improving the Quality*, Sage Publications)

[23] McFadden, D. (1973): "Conditional logit analysis of qualitative choice behavior," in Zarembka, P. (ed.): *Frontiera in Econometrics*, Academic Press.

[24] Morrison, M., Bennett, J., Blamey, R. and Louviere, J. (2002): "Choice modeling and tests of benefit transfer," *American Journal of Agricultural Economics*, vol. 84(1), pp. 161-170.

[25] Morrison, M. and Bergland, O. (2006): "Prospects for the use of choice modeling for benefit transfer," *Ecological Economics*, 60, pp. 420-428.

[26] 農林水産省構造改善局監修(2000):『改訂版 農業集落排水事業における費用対効

果分析マニュアル(案)』農林水産省構造改善局。
[27] 農林水産省構造改善局計画部監修(1997):『解説土地改良の経済効果』大成出版社。
[28] 大石卓史(2002):「便益関数移転による便益評価額の推定誤差とその改善に関する検討——地域用水環境整備事業のアメニティ便益を事例として」『農村計画学会誌』vol. 21, 別冊, pp. 49-54。
[29] Poe, G. L., Severance-Lossin, E. K. and Welsh, M. P. (1994): "Measuring the difference $(X-Y)$ of simulated distributions: A convolutions approach," *American Journal of Agricultural Economics*, vol. 76, November, pp. 904-915.
[30] Poe, G. L., Giraud, K. L. and Loomis, J. B. (2005): "Computational methods for measuring the difference of empirical distributions," *American Journal of Agricultural Economics*, vol. 87(2), pp. 353-365.
[31] 蘭越町総務課企画室(2000):『融和と自立と協働のまちづくり 第4次蘭越町総合計画』蘭越町総務課企画室。
[32] Rosenberger, R. S. and Loomis, J. B. (2001): "Benefit transfer of outdoor recreation use values," A Technical Document Supporting the Forest Service Strategic Plan (2000 Revision), U.S. Department of Agriculture Forest Service.
[33] Santos, J. M. L. (1998): *The Economic Valuation of Landscape Change: Theory and Policies for Land Use and Conservation*, Edward Elgar.
[34] Smith, V. K. and Kaoru, Y. (1990): "Signals or noise? Explaining the variation in recreation benefit estimates," *American Journal of Agricultural Economics*, vol. 72, pp. 419-433.
[35] Smith, V. K. and Huang, J. (1995): "Can markets value air quality? A meta-analysis of hedonic property value models," *Journal of Political Economy*, vol. 103(1), pp. 209-227.
[36] Smith, V. K. and Osborne, L. L. (1996): "Do contingent valuation estimates pass a "scope" test? A meta-analysis," *Journal of Environmental Economics Management*, vol. 31, pp. 287-301.
[37] 総務庁行政監察局(2000):『公共事業の評価に関する調査結果報告書』総務庁行政監察局。
[38] Swait, J. and Louviere, J. (2000): "The role of the scale parameter in the estimation and comparison of multinomial logit models," *Journal of Marketing Research*, vol. XXX, 1993, pp. 305-314.
[39] 竹内憲司(1999):『環境評価の政策利用 CVMとトラベルコスト法の有効性』勁草書房。
[40] 田中宏樹(2001):『公的資本形成の政策評価:パブリック・マネジメントの実践に向けて』PHP研究所。
[41] 田中裕人・網藤芳男・児玉剛史(2002):「観光農園を対象としたトラベルコストモデルの便益移転——ブートストラップチョウ検定による接近」『農村計画学会誌』vol. 21(2), pp. 133-142。

[42] 田中一昭・岡田彰編著(2000)：『中央省庁改革：橋本行革が目指した「この国のかたち」』日本評論社.
[43] 寺脇拓(2000)：「農業関連公共事業の便益関数移転」『農業経済研究』vol. 71(4), pp. 179-187.
[44] 柘植隆宏(2001)：「市民の選好に基づく森林の公益的機能の評価とその政策利用の可能性——選択型実験による実証研究」『環境科学会誌』vol. 14(5), pp. 465-476.
[45] 吉田謙太郎(2000)：「政策評価における便益移転手法の適用可能性の検証」『農業総合研究』vol. 54(4), pp. 1-24.
[46] 吉田謙太郎(2000)：「便益移転による環境評価の収束的妥当性に関する実証分析——メタ分析と便益関数移転の適用」『農業経済研究』vol. 72(3), pp. 122-130.
[47] 吉田謙太郎・大谷智一・窪添真史(2002)：「政策評価のための選択実験による便益移転」『2002年度日本農業経済学会論文集(『農業経済研究』別冊)』pp. 179-181.
[48] 吉田謙太郎(2003)：「政策評価における環境評価利用の現状と課題」環境経済・政策学会編『公共事業と環境保全』東洋経済新報社, pp. 68-81.
[49] 吉田謙太郎(2003)：「表明選好法を活用した模擬住民投票による水源環境税の需要分析」『農村計画学会誌』vol. 22(3), pp. 188-195.
[50] 吉田謙太郎(2004)：「地方環境税導入のための環境便益移転可能性の実証分析」『都市計画論文集』No. 39-3, pp. 571-576.
[51] 吉田謙太郎(2004)：「環境政策立案のための環境経済分析の役割——地方環境税と湖沼水質保全」『家計経済研究』No. 63, pp. 22-31.
[52] 吉田謙太郎(2006)：「外来生物法と規制影響分析に関する考察」『環境経済・政策学会和文年報』11.
[53] Walsh, R. G., Johnson, D. M. and McKean, J. R. (1992) "Benefit transfer of outdoor recreation demand studies, 1968-1988," *Water Resources Research*, vol. 28(3), pp. 707-713.

引用・参考資料

農林水産省構造改善局計画部監修(1997)：『解説土地改良の経済効果』大成出版社.
農林水産省構造改善局建設部監修(1993)：『農業農村整備の全容 解説編 平成4年度改訂版』公共事業通信社.
農林水産省農村振興局整備部監修(2006)：『新しい農業農村整備のあらまし——2005年度版』全国農村振興技術連盟.
農村地域計画研究会編集(2005)：『農村地域計画 技術士農業部門 技術解説書』農村地域計画研究会.

第4章　選択実験型コンジョイント分析による北海道酪農の多面的機能評価

佐藤和夫・岩本博幸

1. はじめに

　近年，農業・農村の多面的機能評価手法として，表明選好法の1つである選択実験(Choice Experiment)，あるいは選択実験型コンジョイント分析(Choice Based Conjoint Analysis)が注目されている。代表的な表明選好法であるCVM (Contingent Valuation Method)は，評価対象からもたらされる便益の水準が異なる2つの状況を提示し，その格差を補うために受益者から表明される支払意志額(Willingness-to-Pay)から便益の評価額を推定する手法である。そのため，機能間で複雑な階層構造をなしている農業・農村の多面的機能を一括して評価するのであればCVMは有用だが，複数の機能項目を個別評価することや，複数の便益水準を比較検討することに用いるのは難しい。

　一方で選択実験型コンジョイント分析は，評価対象を「複数の属性の集合体」として捉える。そのため，各属性の水準が異なる選択肢間での選択結果をもとにして，複数の機能項目の個別評価や，属性同士の関係の分析などを行うことが可能である。これらの性質は，農業・農村の多面的機能評価においても有用だと考えられるが，CVMと比べるとコンジョイント分析の研究蓄積は十分だとはいいがたい。

　北海道農業・農村の多面的機能による外部経済効果が北海道内外にわたって発揮され，畑作と並んで酪農の好感度が高いことは既存研究からも確認されている(佐藤ら[13])。現在，北海道はグリーン・ツーリズム推進の一環として農村景観の整備，グリーン・ツーリズムに関連する地域資源の調査・紹介など，政策的な支援を行っている(北海道[11])。特に保健休養機能などのアメニティ

を提供する農家については,「ふれあいファーム」として登録し,情報提供を行っている(北海道[10])。また,北海道における中山間地域等直接支払制度の適用では,草地率が要件として重要視されており,制度の適用にあたっては,国土保全機能,保健休養機能,生態系保護機能など多面的機能を増進する活動が選択的必須事項として求められている。しかし,北海道農業の中心である「酪農」に注目して,多面的機能の性質を実証的に分析した研究は行われていない。そこで本章では,酪農が本質的に持つ多面的機能全体を代表する指標としての「草地面積」について,追加的な活動水準を示す「観光利用可能な牧場数」との関連を明らかにしつつ,定量的な評価を行うこととする。

2. 酪農の多面的機能評価の枠組み

2-1. 選択実験型コンジョイント分析

選択実験型コンジョイント分析(以下,選択実験)は,1960年代に計量心理学の分野で開発され,1970年代に主としてマーケティング・リサーチの分野で確立された。現在,交通・都市計画など,適用の範囲を広げている手法であるが,環境経済学の分野においても選択実験を適用した研究が蓄積されつつある。

Adamowicz et al.[1]はカナダのトナカイ保護プログラムを対象に,トナカイまたはムースの生息数,保護地域面積,レクリエーションの制限,林業関連雇用,州税を評価属性とした分析を行っている。Hanley et al.[7]はイギリスの森林景観を対象として景観の形状,荒地の規模,樹種の混植を評価属性とした分析を行っており,Blamey et al.[6]では将来の水供給オプションを対象として,水の使用量の削減,リサイクル水の利用,河川の水質改善,河川流域の野生動物の保護,都市緑地への水供給を評価対象とした分析を行っている。このように,欧米においては野生動物保護,景観形成,水供給など環境経済学の分野での選択実験の適用研究が進んでいる。わが国において選択実験を環境評価に適用した研究は,油流出事故を想定した沿岸生態系保護についてレクリエーション地,干潟,漁港などを評価対象属性とした竹内ら[14]などがある。

また，農業・農村の多面的機能評価研究では，景観・生物環境，防災・国土保全に加えて，環境負荷を評価対象属性とした吉田[15]，生態系と調和した水田農業計画の環境便益評価のために，水鳥の生息数，野鳥観察水田，ふれあい水田を評価対象属性とした合崎[2]，農業・農村の多面的機能について，ほぼ網羅的に取り上げた8項目の機能を選択実験で評価する手法を技術的に検討した合崎ら[3]などがある。本章における北海道酪農の多面的機能評価は，「酪農草地面積」と「観光利用可能な牧場数」という多面的機能の構成要素を明示的に分離し，両者の関連を考慮して評価を試みる点に特徴がある。

2-2. 仮想状況の設定

酪農の多面的機能を対象に選択実験を行うには，CVMと同様，仮想状況を回答者に提示する必要がある。つまり，酪農の多面的機能の水準が変化する状況を回答者に想定させ，その仮想的な状況下において，便益水準を示す属性と負担額の組み合わせを提示し，「選択」を行ってもらうことになる。

本実験では，「北海道の酪農家の多くが営農をやめ，酪農の風景や，酪農体験などを通じたレクリエーション・自然教育の機会などが失われてしまうかもしれない。そこで，北海道酪農の減少を防いだり，酪農を利用したレクリエーション機会を増大させたりするために，保全計画を実施する」という仮想状況を回答者に提示した。その際，牛乳・乳製品の生産に対する評価を排除するために，「その場合，牛乳・乳製品が不足する心配はなく，北海道産と『同程度の品質・価格』の製品が今後も購入できるものと考えてください」との一文を加えている。

2-3. 評価対象属性の設定

農業・農村の多面的機能を対象とした選択実験の既存研究のうち，例えば合崎ら[3]は，農業・農村の多面的機能の機能別経済評価を行っている。具体的には，農業・農村の多面的機能を洪水緩和，地下水涵養，土壌流亡抑制，保健休養，生物保全，景観管理，水環境保全および有機性廃棄物処理の8項目に分類し，選択実験によって評価している。各機能の重要度評価により，上位に位置した機能と下位に位置した機能に分割して選択実験を実施することで，多面

的機能の網羅的な評価を可能としている．

合崎ら[3]の研究は，多面的機能評価に選択実験を用いることの有効な方向性を示している．しかし本章では，機能による分類を採用せず，酪農の多面的機能全体を数量的に代表する値としての「酪農草地面積」と，追加的な活動水準を数量的に代表する値としての「観光利用可能な牧場数」を評価対象属性とした．この属性設定は，政策的判断への利用を念頭においたものである．酪農による多面的機能の多くの部分は，酪農草地をそのまま保全することによっても供給できるが，代替的な方策として，観光利用可能な牧場を一定数準備することにより，いわば「集中的に」供給することも考えられる．もちろん，酪農の多面的機能は観光利用可能な牧場によって網羅されるわけではないが，その一定部分をカバーできる可能性はあるだろう．そこで，この2つの属性を評価対象とすることによって，酪農による多面的機能の効率的な供給方策について検討を行いたい．

各属性に設定した水準と水準数を表4-1に示す．「酪農草地面積」については，農林水産省統計情報部「耕地及び作付面積統計」より，北海道の草地面積約58万haを政策的に保全する現状保全水準(現在の100%保全)を基点として，保全政策対象面積割合を70%，50%，30%，保全しない(0%)の5水準と

表4-1 属性一覧

属性名	水準
酪農草地面積	①保全は行われない ②現在の30%保全 ③現在の50%保全 ④現在の70%保全 ⑤現在の100%保全
観光利用可能な牧場数	①保全は行われない ②現在の50%保全 ③現状数を維持 ④現在より50%増加
年間負担額	① 1,000円 ② 3,000円 ③ 5,000円 ④ 10,000円

した．

「観光利用可能な牧場数」は，保健休養機能，自然教育機能発現の場として評価対象属性に設定した．北海道は，農場見学，農作業体験など市民の受け入れ態勢を整えた農家からの申告をもとに，「ふれあいファーム」としてデータベース化し，市民向けに公開している．そこで「観光利用可能な牧場数」については，2000年の「ふれあいファーム」のうち，酪農家の登録数である98件を基点(100%維持)として回答者に説明を与え，保全しない(0%)，現在の50%維持，現在より50%増加を加えた4水準を設定した．

「年間負担額」は，保全計画実施の場合に求められる負担額として設定した．支払形態は「税額の上昇などを通じた負担」とした．負担額は，各属性の評価額算出に必要な属性である．提示価格水準の決定には，農業全体を対象とした既存研究を参考とした．ただし，酪農は農業全体のサブセットであることを考慮して，農業全体を評価した事例よりもやや控えめな金額を用いることとし，1,000円，3,000円，5,000円，1万円の4水準とした．

なお，以上の設定については，プレテストで問題がないことを確認した上で，本調査を行った．

2-4. プロファイル・デザイン

本章で評価対象属性とする「酪農草地面積」，「観光利用可能な牧場数」，「年間負担額」をひとまとめにし，北海道酪農の「多面的機能保全計画案」のプロファイルとした．2種類の計画案に「保全は行われない」を加えた3つの選択肢を1つのチョイス・セットとして回答者に提示する(図4-1)．本章ではチョイス・セットを8セット作成し，4セットずつ2グループに分割して回答者に提示した．回答者に提示した2グループの全選択肢集合を表4-2に示す．プロファイルの各属性水準を決めるプロファイル・デザインは，プレ調査データを利用し，Zwerina et al. [16] の設計法に従って行った．

2-5. ランダムパラメータ・ロジットモデル

選択実験の適用における近年の大きな進展の1つは，データの分析に用いられる統計モデルが，多項ロジットモデル(MNLモデル；Multinomial Logit

以下の「ケース1」から「ケース3」のうち，あなたにとって最も望ましいのは，どの状況ですか？
1つ選んでケースの番号に○をつけて下さい。

番号	ケース1	ケース2	ケース3
酪農草地の面積	現在の30%保全 （約17万ha）	現在の70%保全 （約40万ha）	保全は全く 行われない 0%
観光利用可能な牧場	現在より50%増加 （約150牧場）	現状数を維持 （約100牧場）	
年間の負担額	3,000円	5,000円	0円

図4-1 選択型コンジョイント質問例

表4-2 全選択肢集合

調査票	質問番号	代替案	酪農草地面積	観光利用可能な牧場数	年間負担額
1	1	1	保全しない(0%)	50%増加	1,000円
		2	50%保全	現状維持(100%)	1,000円
		3	保全しない(0%)	保全しない(0%)	0円
	2	1	現状維持(100%)	50%保全	3,000円
		2	保全しない(0%)	現状維持(100%)	5,000円
		3	保全しない(0%)	保全しない(0%)	0円
	3	1	現状維持(100%)	50%保全	10,000円
		2	現状維持(100%)	保全しない(0%)	1,000円
		3	保全しない(0%)	保全しない(0%)	0円
	4	1	現状維持(100%)	現状維持(100%)	10,000円
		2	70%保全	50%増加	1,000円
		3	保全しない(0%)	保全しない(0%)	0円
2	1	1	30%保全	50%増加	3,000円
		2	70%保全	現状維持(100%)	5,000円
		3	保全しない(0%)	保全しない(0%)	0円
	2	1	30%保全	現状維持(100%)	5,000円
		2	現状維持(100%)	50%増加	10,000円
		3	保全しない(0%)	保全しない(0%)	0円
	3	1	50%保全	50%増加	10,000円
		2	現状維持(100%)	現状維持(100%)	3,000円
		3	保全しない(0%)	保全しない(0%)	0円
	4	1	保全しない(0%)	50%保全	3,000円
		2	70%保全	保全しない(0%)	5,000円
		3	保全しない(0%)	保全しない(0%)	0円

Model)から，ランダムパラメータ・ロジットモデル(RPL モデル；Random Parameters Logit Model)に移りつつあることである。MNL モデルは計測が容易であるため，選択実験などの多項選択データの分析に長く使われているが，その計測結果が正確であるためには，誤差項の分布が独立で同一であるという IID 仮定から課せられる無関係な選択肢からの独立性(IIA)の制約や，回答者の同質性など，いくつかのやや厳しい前提条件を満たす必要がある。そこで本章では，主たる分析モデルに RPL モデルを採用することとする。RPL モデルによる選択実験データの分析には，パラメータの確率的変動という形で回答者の異質性を許容する，複数回の質問による回答データをパネル・データとして扱える，などの特長があり，IIA 制約も不要となる。以下，Hensher et al. [9] を参照しつつ，RPL モデルについての説明を行う[1]。

一般に，選択実験のデータはランダム効用理論に従うものとして分析される。MNL モデルを用いた分析の場合，回答者 q が選択肢 j を選んだ時に得られる効用 U_{jq} は，

$$U_{jq} = \sum_{k=1}^{K} \beta_k x_{jqk} + \varepsilon_{jq} \cdots\cdots(4\text{-}1)$$

と定式化される。一方，RPL モデルでは，効用 U_{jq} を

$$U_{jq} = \sum_{k=1}^{K} \beta_{qk} x_{jqk} + \varepsilon_{jq} \cdots\cdots(4\text{-}2)$$

と定式化する。ただし x_{jqk} は観測可能な変数，ε_{jq} は分析者には観測できない誤差項である。(4-1)式と(4-2)式で異なるのは，x_{jqk} のパラメータであり，MNL モデルでは β_k が全回答者間で共通だが，RPL モデルでは β_{qk} は回答者ごとに異なるものとして定式化されている。ここで β_{qk} は，

$$\beta_{qk} = \beta_k + \delta'_k z_q + \eta_{qk} \cdots\cdots(4\text{-}3)$$

と表現できる。β_k は β_{qk} の平均値，z_q は回答者 q の観測可能な属性ベクトルであり，パラメータベクトル δ'_k を乗じた $\delta'_k z_q$ は回答者属性による β_{qk} の平均値のシフトを表す。最後の η_{qk} は β_{qk} のうちで確率的に変動する部分を表す。RPL モデルでは，分析者が η_{qk} に特定の分布形を仮定して推定を行うことになる。

表 4-3　アンケート実施概要

協力依頼状の実送付数①	491 通
調査票送付数②	241 通
調査票回収数③	223 通
有効回答数④	147 通
回収率 [③/①]	45.4%
送付数に対する回収率 2 [③/②]	92.5%
有効回答率 3 [④/①]	29.9%

2-6. アンケート調査概要

アンケート調査対象は NTT 電話帳データから無作為抽出した北海道内の 500 世帯とした。対象世帯に調査協力の依頼状を送付し，協力を受託した 241 世帯に調査票を送付した。調査は依頼状の送付から調査票の回収までを 2000 年 2 月上旬から下旬の約 1 ヶ月間で行った。回収率を高めることを目的として，Mangione [12] の郵送調査法の手順を参考に，協力受託者への謝礼（500 円分のテレフォンカード）と督促状を用いた。配布・回収の結果，223 通が回収された。宛先不明を除いた依頼状の実送付数が 491 通であるため，回収率は 45.4% である。ただし，後述のように，回答不備などがあるものは除いて 147 名のデータで分析を行ったため，協力依頼数に対する有効回答率は 29.9% となった（表 4-3）。なお，本章のアンケート調査と同時に，都府県在住者を対象にした調査も行っているが，その分析結果については稿を改めたい。

3. モデル推定と評価額の検討
──観光牧場と酪農草地面積の代替関係──

3-1. 推定モデル

郵送調査で回収されたサンプルのうち，分析に必要な項目に記入漏れがある回答と，CVM の抵抗回答に該当する回答を除外した有効回答数は 147 であり，各回答者に 4 回の質問を行っているため，サンプルサイズは 588 となった。
　RPL モデルの推定では，関数形の設定に加えて，各パラメータについて，

① ランダムパラメータとするか，非ランダムパラメータ(RPL モデルの文脈では「固定パラメータ」と呼ばれる)とするか
② ランダムパラメータとした場合には，パラメータがどのような確率分布に従うと仮定するか
③ 各パラメータの平均シフト要因としてどのような属性を取り入れるか
などを決める必要がある。

本研究では，まず MNL モデルによる計測から，確定効用の関数形を以下のように選択した。

$$V_j = bL \times AREA_j + bL2 \times AREA_j^2 + bF \times FARM_j + bF2 \times FARM_j^2 + bCr \times AREA_j \times FARM_j + bP \times PAYMENT_j$$

ただし，AREA は「酪農草地面積」(以下，「草地面積」)，FARM は「観光利用可能な牧場数」(以下，「観光可能牧場数」)，PAYMENT は「負担額」，添え字 j は j 番目の選択肢の属性であることを意味する。また，bL，bL2，bF，bF2，bCr，bP は推定すべきパラメータである。「草地面積」，「観光可能牧場数」と「負担額」には，非線形性の関係が観察されたため，通常の 1 次の項に加え，2 次の項を含む形式とした(3 次の項は有意とならなかった)。また，両属性は代替的な性質を持つ可能性があるため，クロスの項を含めることとした。

次に，すべてのパラメータをランダムパラメータとして RPL モデルの推定を進めた。その際，標準偏差パラメータの推定値が有意とならなかった bL2，bF2，bCr については固定パラメータ(標準偏差パラメータをゼロとおいたもの)とした。また，平均値のシフト要因として，負担額のパラメータ bP についてのみ，所得と年齢が有意に影響を与えることがわかったため，これを取り入れることとした。

ランダムパラメータの確率分布は正規分布を基本としたが，「負担額」のパラメータ bP のみは三角分布に従うと仮定し，「パラメータ分布の標準偏差は平均の 1/2 である」という制約を置いた。この制約は，パラメータの符号の一意性を保証するために用いられることが多いのだが，平均シフト要因を含めた場合には符号の一意性が保証されるわけではない。ここではフィットのよさからこの制約を用いることとした[2]。

3-2. 推定結果

MNL モデルによる推定結果を表 4-4 に，RPL モデルによる推定結果を表 4-5 に示す。推定は計量経済学用ソフトである，Econometric Software 社の NLOGIT ver. 3.0 を用いた。

まず，モデル全体のフィットを示す自由度修正済みの ρ^2(McFadden の決定係数)を比較すると，MNL モデルの 0.176 に対して，RPL モデルでは 0.379 と大きく改善されている[3]。このことは，モデル推定において回答者の異質性を考慮することの重要性を示すとともに，データをパネルデータとして扱える RPL モデルの優位性が反映されたものと思われる。

t 統計量から判断して，RPL モデルに採用されたすべてのパラメータが 1% 水準で有意となっている。各パラメータについて見ていくと，まず「負担額」の平均パラメータは負となり，平均シフトパラメータの「所得の対数」，「年齢」はともに正となった。このことは，所得・年齢が上がるほどに負担額の個

表4-4 計測結果(MNL)

変数名	内容	パラメータ
bP	負担額	−0.00010 (−5.152)
bL	酪農草地面積	0.03548 (6.780)
bL2	酪農草地面積の 2 乗項	−0.00017 (−3.158)
bF	観光利用可能な牧場数	0.02398 (6.662)
bF2	観光利用可能な牧場数の 2 乗項	−0.00014 (−6.534)
bCr	草地面積×牧場数(交差項)	−0.00009 (−3.067)
	サンプルサイズ	588(回答者 147 名に各 4 回の質問)
	Log likelihood	−527.7
	AIC	1,067.5
	adj−ρ^2	0.176

注1) カッコ内は t 統計量
注2) adj−ρ^2=1−［(最大対数尤度−係数推定値の数)/初期対数尤度］

102　第II部　CVM，トラベルコスト法とコンジョイント法

表 4-5　計測結果（RPL）

名称	内容	平均パラメータ	平均シフトパラメータ 所得の対数	平均シフトパラメータ 年齢	標準偏差パラメータ
bP	負担額	−0.00240 (−7.830)	0.00016 (3.828)	0.00002 (3.291)	0.00120 (7.830)
bL	酪農草地面積	0.12262 (4.964)	−	−	0.05685 (4.209)
bL2	酪農草地面積の 2 乗項	−0.00046 (−3.575)	−	−	（固定パラメータ）
bF	観光利用可能な牧場数	0.09118 (4.438)	−	−	0.03335 (3.701)
bF2	観光利用可能な牧場数の 2 乗項	−0.00039 (−4.831)	−	−	（固定パラメータ）
bCr	草地面積×牧場数（交差項）	−0.00050 (−4.211)	−	−	（固定パラメータ）
	サンプルサイズ	588（回答者 147 名に各 4 回の質問）			
	Log likelihood	−398.0			
	AIC	844.1			
	adj−ρ^2	0.379			

注 1）カッコ内は t 統計量
注 2）adj−ρ^2＝1−［(最大対数尤度−係数推定値の数)/初期対数尤度］

人パラメータが絶対値で小さくなることを意味するため，所得・年齢が上がるにつれて「草地面積」，「観光可能牧場数」への支払意志額が上がると読むことができる。これは多面的機能評価に関する既存研究と整合的な結果である。

「草地面積」と「観光可能牧場数」の，それぞれの 2 乗項の平均パラメータは有意に負となった。これは，両属性への評価が，水準の増加とともに逓減傾向を有することを示している。また，これらの 2 条項の標準偏差パラメータ推定値は有意性が低かったため，固定パラメータとした。

「草地面積」と「観光可能牧場数」の交差項が有意になったことは，両属性の間に代替的な関係があることを意味している（この点については次節で検討する）。交差項についても，標準偏差パラメータの有意性が低かったため，固定パラメータとした。

3-3. 評価額の算出

前項の推定結果から，北海道の酪農草地面積保全による多面的機能の世帯当

第4章 選択実験型コンジョイント分析による北海道酪農の多面的機能評価　103

表 4-6　酪農草地面積の評価額。単位：円/年

保全水準 (%)	「観光利用可能な牧場数」の保全水準		
	現在の 100%	現在の 50%	現在の 0%
0	0	0	0
10	1,495	2,039	2,583
20	2,790	3,878	4,966
30	3,884	5,517	7,149
40	4,778	6,955	9,131
50	5,472	8,193	10,914
60	5,966	9,231	12,495
70	6,259	10,068	13,877
80	6,352	10,705	15,058
90	6,245	11,142	16,039
100	5,937	11,378	16,820

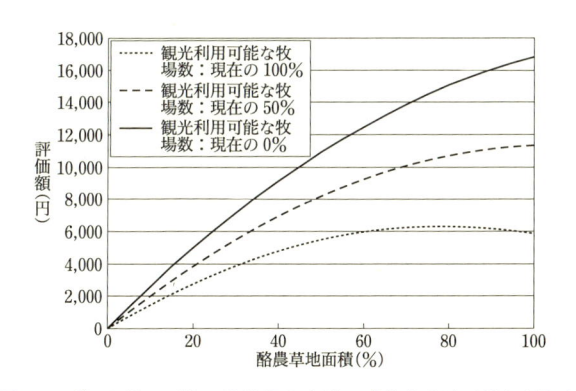

図 4-2　「観光利用可能な牧場数」水準と「酪農草地面積」評価額

たり評価額を算出した結果が表 4-6，それをグラフで示したのが図 4-2 である。なお，これらの値は，負担額の平均シフト要因である世帯所得に 621.4 万円，年齢に 53.7 という回答者平均値を代入して，「平均的な回答者」の評価額を求めたものである。

今回採用したモデルでは，確定効用の関数に「草地面積」と「観光可能牧場数」の交差項が含まれるため，「草地面積」の評価額は「観光可能牧場数」の保全水準に影響を受ける。推定結果で交差項が負の値となったため，「観光可能牧場数」の保全水準が上がるほど，「草地面積」の評価額は下がることにな

る。

表4-6を見ると,「観光可能牧場」が全く保全されないという前提では,「草地面積」の評価額は,保全される面積(割合)が増えるにつれて単調に増加し,「草地面積」を現状レベル(100%)に保全することの評価額は1万6,820円(世帯当たり年間支払意志額,以下同じ)となっている。だが,「観光可能牧場数」が現状の50%維持されれば評価額は1万1,378円,現状レベル(100%)に維持されれば評価額は5,937円と下がっていく。これは,観光可能な牧場がある程度存在すれば,酪農草地が全面的に保全されなくとも,一定の多面的機能を享受可能であるという回答者の認識を反映したものであろう。

また,図4-2では,「観光可能牧場が現状レベルに維持される」という前提のもとの草地面積の評価額(点線)は,60%程度で飽和しているように見える。つまり,現状程度の観光可能牧場があるという前提のもとでは,酪農草地面積が現状の60%程度あれば,それ以上草地面積が増えても,多面的機能による効用には影響がないという判断が表れている。

4. ま と め

本章では,北海道酪農の多面的機能について,酪農草地の保全および観光利用可能な牧場の維持によって発揮される多面的機能に注目して,両属性の関連を明らかにしながら,便益の定量的な評価を行った。

その結果,多面的機能の観点からは,「酪農草地面積」を保全することに対する評価額が,「観光利用可能な牧場数」の維持レベルに大きく影響を受けることが明らかとなった。つまり,一部の酪農家が「観光利用」という形で多面的機能を「集中的に」供給すれば,多面的機能へのニーズのうち,一定の部分は満たされる。したがって,費用対効果をベースとして多面的機能のみについての政策判断を行う場合,酪農草地の一定面積を保全する政策と,観光利用可能な牧場を維持する政策を組み合わせることで,便益レベルを維持しながら,政策費用を抑制できる可能性がある。

ただし,本章での分析はあくまでも多面的機能という側面に絞った分析である。酪農という産業にとって多面的機能は副次的なものであり,酪農全体の保

全政策を考える際には，生産面や安定供給などの要因を十分に考慮する必要があることはいうまでもない。

第1章でも指摘されているように，初期の多面的機能評価は，その大きさを定量的に示すという点に重きが置かれていた。これは「農業・農村の多面的機能」が一般市民に認識されていなかった状況では，まずはその存在をアピールすることが重要であったという事実を反映しており，一定の有効性をもつ「戦略」だったと考えられる。しかし，多面的機能に対する認知が進んだ現在においては，評価分析を政策判断に活かす道筋を考える必要がある。そうした観点から考えると，選択実験型コンジョイント分析による分析は操作性が高く，適切に調査設計を行えば，前提状況に応じて柔軟に評価額を求めることができる。調査の実施に難しさはあるものの，政策評価ツールとしての有用性は高いと考えられ，さらなる研究蓄積の進展が望まれる。

注

1) 以下の説明は，Hensher et al. [9] の pp. 606-607 をベースに，t 番目の選択機会を示す添え字 t を省略するなどして簡略化したものである。
2) 回答者にとって好ましい属性のパラメータは，推定に問題がない限り，確定効用関数において正の符号をとる(線形の場合)。この時，負担額のパラメータが正の値をとると属性評価額がマイナスになってしまうため，負担額のパラメータは負となることが理論的に適切である。しかし負担額のパラメータを，正規分布のような裾の長い確率分布のランダムパラメータとした場合，一部の回答者の個人パラメータが正と推定されてしまうことは避けがたい。これはモデル推定上の技術的な問題ではあるが，経済理論からは受け入れにくい。この問題への対策としては，負担額のパラメータを固定パラメータとする，こうした問題の起きない確率分布を仮定する，などの方法がある。平均シフト要因を含めない場合であれば，負担額のパラメータに三角分布を仮定し，さらに「パラメータ分布の標準偏差は平均の1/2である」という制約を置くことで，符号の一意性を保証することができる(Hensher et al. [9])。本章のように平均シフト要因を含む形式の場合には，必ずしもこの方法で符号の一意性が保証されるわけではないが，今回の推定結果では，サンプルに含まれるすべての回答者について，「負担額」の個人パラメータの平均値は負となることが確認された。
3) Hensher and Johnson [8] では，Discrete model の場合，ρ^2 が 0.2 から 0.4 であれば良好なフィットであるとされている。

選択実験型コンジョイント分析による評価額算出

本文に「選択実験型コンジョイント分析によって得られる分析は操作性が高い」と書いたが，これは逆に見れば，評価額の算出が一意的でないということでもある。

代表的な「評価額」の1つは，属性ごとの限界支払意志額(Marginal Willingness To Pay; MWTP)であり，評価対象属性と貨幣の限界代替率として算出される。MWTPを評価額として利用する際には「ほかの条件を一定にした(ceteris paribus)」もとでの限界的な評価である点に十分留意する必要がある。

もう1つの代表的な方法は，CVMと同様に厚生測度を用いて，特定の「変化」に対応した評価額を算出することである。例えば，あるプロジェクトの「評価額」は，プロジェクト実施前の効用を基準とすると，

$$V(M, 0) = V(M-CS, 1)$$

を満たすCS(Compensating Surplus；補償余剰)として求められる。ただし，Vは効用関数，Mは所得，効用関数内の「0」は現状の環境，「1」は改善後の環境をそれぞれ表す(Bennett and Adamowicz [5])。複数の属性が一度に変化する「政策」や「プロジェクト」を評価し，費用便益分析を行う際には，厚生余剰を評価額として用いることの方が適切である。

なお，評価額算出については，Bennett and Adamowicz [5], 合崎[4]が詳しいので参照してほしい。　　　　　　　　　　　　〈佐藤和夫・岩本博幸〉

引用文献

[1] Adamowicz, W., Boxall, P., Williams, M. and Louviere, J. (1998): "Stated preference approaches for measuring passive use values: Choice experiments and contingent valuation," *American Journal of Agricultural Economics*, vol. 80, pp. 64-75.

[2] 合崎英男(2003)：「生態系との調和に配慮した水田農業の環境便益の評価」『2003年度日本農業経済学会論文集』pp. 347-349。

[3] 合崎英男・佐藤和夫・長利洋(2004)：「選択実験による農業・農村の持つ多面的機能の経済評価に関する工夫――質問紙調査における提示属性数の削減」『農業土木学会論文集』vol. 72(4), pp. 433-441。

[4] 合崎英男(2005)：『農業・農村の計画評価――表明選好法による接近』農林統計協会。

[5] Bennett, J. and Adamowicz, W. (2001): "Some fundamentals of environmental choice modelling," in Bennett, J. and R. Blamey, R. (ed.): *The Choice Modelling Approach to*

Environmental Valuation, Edward Elgar, pp. 37-69.
[6] Blamey, R., Gordon, J. and Chapman, R. (1999): "Choice modelling: Assessing the environmental values of water supply options," *Australian Journal of Agricultural and Resource Economics*, vol. 43, pp. 337-357.
[7] Hanley, N., Wright, R. E. and Adamowicz, W. (1998): "Using choice experiments to value the environment," *Environmental and Resource Economics*, vol. 11, pp. 413-428.
[8] Hensher, D. A. and Johnson, L. W. (1981) *Applied Discrete Choice Modeling*, John Wiley and Sons, New York.
[9] Hensher, D. A., Rose J. M. and Greene, W. H. (2005): *Applied Choice Analysis*, Cambridge University Press, Cambridge.
[10] 北海道(1999):『北海道農業の動向　平成10年度』北海道農政部。
[11] 北海道(2000):『ふれあいファームガイド』北海道農政部。
[12] Mangione, T. W. (1995): *Mail Surveys: Improving the Quality*, Sage Publications. (林英夫・村田晴路訳(1999):『郵送調査法の実際――調査における品質管理のノウハウ』同友館)
[13] 佐藤和夫・出村克彦・岩本博幸(1999):「北海道の農業・農村のもつ多面的機能評価――CVMを用いた道内・道外住民による外部経済効果の評価」『地域農林経済学会大会報告論文集第7号』pp. 71-74。
[14] 竹内憲司・栗山浩一・鷲田豊明(1999):「油流出事故の沿岸生態系への影響――コンジョイント分析による評価」鷲田豊明・栗山浩一・竹内憲司編著『環境評価ワークショップ』築地書館, pp. 91-104。
[15] 吉田謙太郎(2003):「選択実験型コンジョイント分析による環境リスク情報のもたらす順序効果の検討」『農村計画学会誌』vol. 21(4), pp. 303-312。
[16] Zwerina, K., Huber, J. and Kuhfeld, W. F. (1996): "*A general method for constructing efficient choice designs*," SAS Technical Support Documents, TS-650D, pp. 48-67.

第5章　トラベルコスト法とその展開

中谷朋昭・佐藤和夫

1. はじめに

　トラベルコスト法(Travel Cost Method)は，名前が示す通り，旅行に費やされた費用を用いて，河川や湖沼，森林公園などのレクリエーション地や，農業農村が生み出す保健休養機能，レクリエーション機能といった「利用価値(Use Value)」を評価しようとする方法である。TCM のアイデアは，第2節で説明するように非常に単純明快で，直感的にも理解しやすいが，データ解析の方法によっては評価額にかなりの偏りの生じることが知られており，実際の適用に際しては細心の注意が要求される。本章では，第3節で経済理論に基づいて TCM に説明を与え，続く第4節では近年発展の著しい個人トラベルコスト法について，特にデータ収集の方法によって生じる問題と，その計量分析上の対応を中心に詳述する。第5節では TCM を日本在来馬保存・活用施設に適用した事例を紹介し，第6節をまとめとする。

2. トラベルコスト法の基礎となる考え方

　TCM のアイデアは，1947年にハロルド・ホテリングが米国・国立公園局に宛てた手紙に由来する[1]。ホテリングは，評価対象とするレク地を中心として，レクリエーション地(レク地)への訪問費用が等しくなるよう同心円状に地域を区分し，それぞれの地域からの訪問者数(地域の人口に占める訪問者の割合)と旅行費用との関係を調べれば，それらが反比例するような曲線を描くことができるだろう，と推論した。さらに，旅行行動に影響を及ぼすと思われる地域の

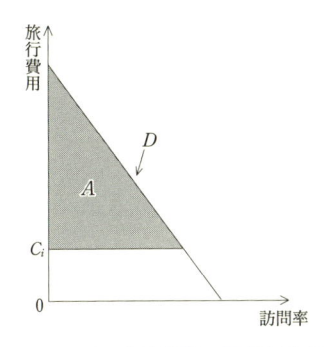

図5-1 訪問頻度関数と消費者余剰

社会経済的特性などを適切に組み込めば，人々はあたかも旅行費用で表される「価格」を支払ってレク地におけるレクリエーション体験という財を「購入する」という関係を表した「レクリエーション需要関数(訪問頻度関数)」を導出することができる，と考えたのである。

このようにして導出されたレクリエーション需要関数 D を図示したものが図5-1である。図5-1において，地域 i からの旅行費用を c_i とした時，この地域からの旅行者は，需要関数 D と旅行費用 c_i および縦軸で囲まれた領域 A で表される消費者余剰を享受するのである。

ホテリングのアイデアが発表されてから，TCM は Clawson and Knetsch [4] などを皮切りに，米国を中心として多くの実証分析に用いられるようになった[2]。Clawson and Knetsch [4] の方法は，ホテリングのアイデアに基づいて地域ごとに集計されたデータを利用することから，地域トラベルコスト法(Zonal TCM)と呼ばれ，個人の非集計データを利用した個人トラベルコスト法(Individual TCM)とは区別される。なお，ZTCM と ITCM については，第4節で触れることとする。

3. 経済理論によるトラベルコスト法の定式化

3-1. 家計の生産アプローチ

さて，TCM はどのような理論的背景に基づいて構成されているのだろうか。

その枠組みをを説明するには，Becker [1]による「家計の生産」アプローチを援用することが有益である[3]。Becker [1]は，家計は時間と市場財とを組み合わせてより基本的な便益 x を生産し，この x が効用関数 U の中に入ると仮定する。TCM の場合，あるレク地への旅行を便益と考えることによって効用最大化問題に帰着させ，そこから導かれる通常の(マーシャル流)需要関数を用いて消費者余剰を推計する。

今，レク地への旅行回数を x とし，そのほかの市場財を z とした時，家計の生産アプローチに基づく効用最大化問題は，予算と時間を制約条件として次のように書くことができる。

$$\max_{x, z} U(x, z) \cdots\cdots\cdots (5\text{-}1)$$

$$\text{subject to } I = cx + pz \text{ and } T = h + x(t_1 + t_2)$$

ただし，c：1回の旅行について支出した費用，T：利用可能な総時間数，h：労働時間，t_1：1回の旅行にかかる時間，t_2：1回の旅行ごとに目的地で過ごした時間，p：そのほかの市場財の価格，である。家計の所得 I は賃金率 w と労働以外から得られる所得 I^0 によって，

$$I = I^0 + wh \cdots\cdots\cdots (5\text{-}2)$$

と表されるとする。(5-2)式を用いることで，(5-1)式における予算と時間の制約条件は(5-3)式のように1つにまとめることができる。

$$I' = c'x + pz \cdots\cdots\cdots (5\text{-}3)$$

ただし，$I' = I^0 + wT$，$c' = c + w(t_1 + t_2)$。したがって，この(5-3)式を制約条件として最大化問題を考えればよい。

推計に必要なデータはある時点のクロスセクションデータなので，そのほかの市場財の価格 p は一定と見なすことができる。よって最大化の一階条件を用いることで，旅行回数 x に関する通常の需要関数(マーシャル流需要関数)は，

$$x = x(c', I') = x(c + w(t_1 + t_2), I^0 + wT) \cdots\cdots\cdots (5\text{-}4)$$

と求められ，Becker[1]の表現を使えば，旅行回数は完全価格(full price)(c'と完全所得(full income)I'の関数として表されることになる。このような理論的根拠に基づいて，収集したデータを適切な関数型に当てはめれば，評価対象地に対するレクリエーション需要関数，すなわち，訪問頻度関数(trip generating function)が推計でき，これを旅行費用について積分すれば消費者余剰を求めることができる。

3-2. TCMの評価測度

このようにして推計される消費者余剰は，レク地が生み出す経済的価値として見なされるのであるが，貨幣的な測度として消費者余剰を用いる経済理論上の根拠は乏しい。消費者(ここでは旅行者)の厚生変化の貨幣的測度を与えるのは，ヒックスの補償需要関数に基づいて算出される補償変分や等価変分である。問題は，厳密な測度を得るために必要な補償需要関数を実証的に求めることはほとんど不可能に近いという点である。しかし，幸いなことに，補償変分あるいは等価変分の近似値として消費者余剰が利用できることをWillig[32]は明らかにしている。特に財に対する所得効果が小さいほど消費者余剰と補償変分，等価変分との誤差は小さくなり，所得効果がゼロの場合には，3つの測度は理論上一致することが知られている。

4. データ収集方法と各種の分析モデル

4-1. 地域トラベルコスト法と個人トラベルコスト法

TCMは，特定のレク地がもたらす利用価値を評価する手法であるため，評価対象地に関する様々なデータはアンケート調査によって収集される。

訪問頻度関数の推計には，従属変数として旅行回数，独立変数として旅行費用や所得，居住地や子供の有無といった訪問者の社会経済的特性が必要とされる。McConnell[14]に従えば，これらのデータを収集するために実施されるアンケートの形式は，特定レクリエーション地に関する調査(site-specific survey)と居住者の集計されたレクリエーション行動一般に関する調査(population-specific survey)とに分類される。しかし，後者の手法は特定地の評価には適していない(McConnell[14], p.688)とされることから，わが国における既存研究では前者の調査方法が一般的に採用されている。

　第2節で示したホテリングのコンセプトに基づけば，TCMにおける最も単純な訪問頻度関数は，評価対象地を中心とする各地域iからの訪問者数V_iを，地域iの人口P_iで割った訪問率$X_i=V_i/P_i$を従属変数とし，地域iからの平均的な訪問費用TC_iと地域の特性Y_iを独立変数とする線形関数

$$X_i=\beta_0+\beta_1 TC_i+\beta_2 Y_i \cdots\cdots\cdots(5\text{-}5)$$

と表現される。これは地域ごとに集計されたデータによって各地域からの訪問率を説明しようとする方法で，現在では地域トラベルコスト法(ZTCM)と呼ばれている。Clawson and Knetsch[4]以降，約20年間に実施されたTCMの研究は，主としてZTCMによるものであった。

　一方，地域ごとにデータを集計しないで，(5-5)式における変数を個人jの訪問回数V_jと，その個人が支払う旅行費用TC_jおよび個人特性Y_jによって訪問頻度関数を推計する個人トラベルコスト法(ITCM)がある。Brown and Nawas[2]は，地帯ごとに集計されたデータよりも，非集計データのまま訪問頻度関数を推計した方がパラメータ推定値の効率性が改善されることを示した。これ以降，いくつかの研究を経て，Smith and Desvousges[23]やSmith et al. [22]，Grogger and Carson[8]などに代表されるように，米国では80年代以後ITCMが盛んに利用されるようになった。後述のように，近年は国内でもITCMを用いた研究が増えてきている。

4-2. 個人トラベルコスト法の問題点とその対応

　ITCMは個人属性を分析の対象にできることに加え，データの収集が比較的安価に済むという利点がある。特に遠来からも訪問客が訪れるような観光地の場合，ITCMであればオンサイト調査によってデータ収集が可能だが，ZTCMのための信頼できるデータを得るには，かなり大規模な調査が必要となってしまう。

　しかしShaw[21]によれば，オンサイトで収集されたデータを用いたTCM

にはいくつかの計測上の問題がある。それは，
① 訪問頻度データが非負の整数値(non-negative integer)であること
② すべてのサンプルが最低1回は当該観光地を訪問している回答者のものであるため，訪問回数0の水準で切断された(truncated-at-zero，以下，切断)データであること
③ 訪問頻度の高い人ほどサンプルに含まれる確率が高くなるという，サンプリングの偏りが生じること(endogenous stratification，内生的層化)
の3点である[4]。Shaw [21] はオンサイトのデータによる ITCM の計測では，これらの問題に対応したカウントデータモデルを用いることが望ましいとし，切断と内生的層化に対応するよう修正したポワソン回帰モデルを推奨した[5]。

ただし，ポワソン回帰モデルには条件つき期待値と条件つき分散が等しいという制約がある。そのため，過剰分散(overdispersion)がある場合には，この制約を緩和した負の2項分布モデル(negative binomial model)などを用いることが望ましい。Creel and Loomis [5] は，訪問回数0での切断を考慮した負の2項分布モデルを用いた分析を行っている。また，Englin and Shonkwiler [6] は，Shaw [21] のモデルを負の2項分布モデルに拡張している。さらに Nakatani and Sato [17] は，主な離散確率分布(一般化ポアソン，幾何，ボレル分布)における切断と内生的層化を検討している。

Hellerstein [10] によれば，TCM において，データに切断や内生的層化がある場合に，これらを考慮しないモデルを用いると推定値にバイアスを生じる。また，過剰分散がある場合には，切断に対応したポワソン回帰モデルによる推定値は一致性を持たない[6]。切断に対応したモデルを用いた Creel and Loomis [5] や，切断と内生的層化に対応したモデルを用いた Englin and Shonkwiler [6] では，どちらもデータに過剰分散が生じており，ポワソン回帰モデルは負の2項分布モデルよりも訪問当たりの消費者余剰を過大に推計している。

過剰分散の有無はデータの収集方法で決まるわけではないため，データ自体，あるいは計測結果から判断して対応することになる。Cameron and Trivedi [3] によれば，クロスセクションデータの場合，回帰は変動の半分以下しか説明できないのが一般的であるため，収集したデータにおける訪問頻度の平均-分散比が2を超えていれば，計測結果に過剰分散の影響が残ると考えるべきである。

調査方法とデータの性質

　TCMにおける統計解析は，ごく単純にいえば，何らかの方法で収集されたデータから訪問頻度の条件つき平均値を推計する作業である．統計解析では，切断や内生的層化といった調査方法に応じてサンプリングの偏りを修正しなければならない．これらの概念は込み入っているので，例を挙げて説明しよう．

　A氏，B氏，C氏の3人からなる社会の，あるレク地への訪問頻度を考える．各人の訪問頻度は，A氏が1年に2回，B氏が1年に1回，C氏は全く訪問しないものとする．この時，この社会全体の訪問頻度の平均値（期待値）は$(2+1+0)\div 3=1$回であり，これが社会全体を母集団とした時に，訪問頻度が従う確率分布の正しい平均値ということになる．

　しかし，オンサイト調査では，このレク地を訪問することのないC氏がデータに含まれることはない．そのため，オンサイト調査のデータを単純に扱えば，訪問頻度の平均値の推計は不正確になってしまう．これが「切断」という現象である．

　では，切断があるために，オンサイト調査による訪問頻度の平均値は，A氏とB氏の単純平均，$(1+2)\div 2=1.5$回になるのかというと，事態はさらに複雑である．なぜなら，レク地でランダムに抽出を行えば，訪問頻度が高い人ほど抽出される可能性が高くなるからであり，これが「内生的層化」という現象である．このケースでは，訪問頻度の高いA氏がB氏の2倍の確率で抽出されるため，オンサイト調査データの平均訪問頻度は$2\times 2/3+1\times 1/3\fallingdotseq 1.67$回となる．

　これらの現象は必ずしもオンサイト調査に限った問題ではない．郵送調査であっても，重複のある訪問者名簿からサンプリングした場合には，訪問の回数に応じて抽出される可能性が高くなるため，切断に加えて内生的層化が生じる．ただし，同じ個人が2度以上登場しないように整理した「顧客名簿」からのサンプリングでは，切断は生じても内生的層化は生じない．以上をまとめたのが表1である．

〈佐藤和夫・中谷朋昭〉

表5-1　調査方法と切断，内生的層化

調査方法	母集団からの無作為抽出と見なせる場合	重複を含まない利用者リストからの抽出	重複を含む利用者リストからの抽出
例	住民台帳，選挙人名簿からの抽出	個人別に整理された訪問者名簿からの抽出	現地でのアンケート調査，記帳リストからの抽出
訪問回数ゼロでの切断	生じない	生じる	生じる
内生的層化	生じない	生じない	生じる

前述のように，過剰分散がある場合には，ポワソン回帰モデルよりも負の2項分布モデルが相対的に望ましいモデルとなる。

4-3. 国内における個人トラベルコスト法の適用事例

国内における ITCM の適用事例は限られたものだが，既存の研究事例には中谷[16]，佐藤・増田[20]，竹内[28]，田中[29]，川瀬ら[13]，鈴木・浅野[27]，渡邉[30, 31]，佐藤[18]，佐藤・粕渕[19]，Nakatani and Sato [17] がある。このうち，田中[29]はブートストラップ P 検定によって，片対数を用いた OLS よりもポワソン回帰が適切であるとしている。中谷[16] は OLS，通常のポワソン回帰，切断ポワソン回帰を適用し，対数尤度の比較から切断ポワソン回帰を採用している。既存研究においては，負の2項分布や内生的層化に対応したモデルは最近まで検討されていなかった。負の2項分布モデルを適用した例としては，オフサイト調査データに対し，負の2項分布モデルを適用した鈴木・浅野[27] や，川瀬ら[13] などがある。また，渡邉[30] では，オフサイト調査データに対して切断を考慮した負の2項分布が適用され，非訪問者を分析に含めることの是非が検討された。佐藤[18] では内生的層化に対応するように拡張された負の2項分布モデルの有効性が検討されている。Nakatani and Sato [17] は，5つの確率分布を仮定した回帰モデルにおいて，切断と内生的層化を取り入れた場合とそうでない場合に生じる差異について検討している。

5. 適 用 事 例——日本在来馬の便益評価——

本節では，TCM の適用事例として，日本在来馬の保存・活用施設による便益を計測した佐藤・粕渕[19]を紹介する。

5-1. 計測の対象——野間馬と「野間馬ハイランド」——

日本在来馬は地域固有の馬として地域住民の生活を支え，地域の特性を現在まで伝承してきた貴重な存在である。現在，わが国では在来馬として8馬種が公認されており，それぞれが郷土文化の遺産としてや，家畜遺伝学や系統研究のための資料として保存・増殖していくようにその地域ごとに様々な団体が活

動を行っている。愛媛県固有の在来馬である「野間馬」はその中で最も遅く公認された種類であり、日本に残存する8種類の在来馬の中で最も小さな馬である。

野間馬は一時期は絶滅の危機に瀕することとなったが、昭和53年に発足した「野間馬保存会」が中心となり、野間馬のふるさとである今治市で保存・増殖・育成を目的に活動を行ってきた。現在ではレクリエーション施設でもある「野間馬ハイランド」において、約80頭の野間馬が飼養されている。

野間馬ハイランドは、愛媛県今治市野間甲の国道196号線沿いに位置しており、松山市からは自動車で1時間ほどの距離である。総面積5.56 haの丘陵地の地形を生かしながら、野間馬の保存育成を基本に、児童の体験学習や家族の憩いの場となるように設計されたもので(井出[11])、「動物とのふれあい」をコンセプトとしており、野間馬を見るだけでなく、子供が実際に野間馬に乗れる「乗馬広場」などの施設が用意されている。

在来馬保全のための活動は有意義であるとしても、これまでにそこに投じられている費用と便益についての検証が行われたことはなかった。そこで本節ではTCMの適用により、野間馬ハイランドにおける野間馬の保全・活用が生み出している便益を計測し、在来馬の保全・活用による経済的効果の大きさや性質について分析する。

5-2. 調査設計

(1) 調査概要

計測に用いたデータは現地アンケートで収集した。2003年10月に事前調査を行い、その結果を踏まえた上で、説明を含めてA4紙5枚のアンケート票を作成した。本調査は野間馬ハイランドの訪問者を対象として、2003年11月に合計4日間にわたり実施した。アンケート調査では409名から回答を得られたが、回答不備、野間馬ハイランドの訪問が主要な目的でない回答者、などを分析から除外し、計測は194名分のデータで行った。収集サンプルに対する利用サンプルの割合は47.4%である。

(2) 旅行費用

旅行費用はアンケート内で尋ねた実費に、移動時間の機会費用を加えたもの

を用いた。機会費用の正確な算出には回答者の所得データが必要だが，今回の調査ではプライバシーへの配慮から所得を尋ねることが難しかった。そこで機会費用の「最小限の見積り」として，パートタイム労働者の男女平均時給957.5円(H12賃金構造基本統計調査)を用いることとする。移動時間に957.5を乗じ，さらに既存の論文で多く用いられている賃金率1/3を乗じたものを機会費用とした。

(3) 周遊型観光客の取り扱いと代替地について

周遊型の観光客の旅行費用には周遊するすべての訪問地の価値が反映されるため，すべての旅行費用を対象のレクリエーション地の旅行費用と考えることはできない。本章では，「今回のお出かけ(旅行)における野間馬ハイランドを訪れることの重要性」を尋ねるアンケート項目を設定し，野間馬ハイランドの訪問が「主要な目的ではない」という回答者は分析から除外した。ただし，この処置は総便益の算出に影響を与える点には注意が必要である。

TCMの適用において，問題の1つとされるのが代替地問題である。渡邉[31]は訪問頻度関数の計測において代替地価格が欠如している場合に，非一致性が生じる可能性を指摘している。渡邉[31]はMultiple Indicatorの導入によってこれを回避することを提案しているが，同時にこの方法は代替地の設定が正確でなければ有効とならないと述べている。本章の対象施設である野間馬ハイランドについては，聞き取り調査の結果から近隣に代替地が確認できなかったため，TCMの適用事例の多くと同様に，代替地はないという暗黙の仮定のもとで調査を進めた。

5-3. 結果と考察

(1) 分析モデル

本節で用いるデータは現地調査(オンサイト)によって収集されたデータであり，データ分析にあたっては，第4節で検討した対応が必要である。本分析でもこれらの議論に従い，負の2項分布モデルを基本として計測を進めた[7]。被説明変数zを訪問頻度とする時，負の2項分布モデル(NB)の確率関数は，

$$f(Z=z) = [\Gamma(z+1/\alpha)/\{\Gamma(z+1)\Gamma(1/\alpha)\}] \times (\alpha\lambda)^z (1+\alpha\lambda)^{-(z+1/\alpha)} \cdots\cdots (5\text{-}6)$$

となる。ただし，Γはガンマ関数である。αは平均と分散の乖離の度合いを示すパラメータであり，$\alpha \to 0$の時，負の2項分布はポワソン分布に退化する。また，切断された負の2項分布モデル(TrNB)の確率関数は，

$$f(Z=z|Z>0) = [\Gamma(z+1/\alpha)(\alpha\lambda)^z(1+\alpha\lambda)^{-(z+1/\alpha)}]/\{\Gamma(z+1)\Gamma(1/\alpha)\}$$
$$\times [1/\{1-(1+\alpha\lambda)^{(-1/\alpha)}\}] \cdots\cdots (5\text{-}7)$$

となる(Creel and Loomis[5])。

なお，モデルの推計にはTSP International社のTSP version 4.4を用い，最尤法によってパラメータを求めた。

（2）訪問頻度関数の計測結果

訪問頻度関数について，負の2項分布モデル(NB)と切断を考慮した負の2項分布モデル(TrNB)による計測を行った結果を表5-2に示した。採用された説明変数の中には，t値から判断して有意性が十分でないものもあるが，AIC基準によるモデル全体の説明力を優先し，符号が適切である限りモデルに取り込むこととした。また，モデルにおいて切断を考慮することの効果を確認するために2種のモデルによる計測を行ったが，AICからTrNBの方が適切と判

表5-2 訪問頻度関数の計測結果

変数名	変数の意味	NB	TrNB
C	定数項	2.101 (8.284)	1.183 (2.351)
KIKAI	機会費用を含めた旅行費用(1人当たり)	$-2.398E-04$ (-3.777)	$-2.686E-04$ (-3.440)
WITHCHD	ダミー：子供といっしょに来ている=1	0.361 (1.615)	0.498 (1.442)
DMALE	性別ダミー：男性=1	-0.315 (-1.758)	-0.441 (-1.573)
AGE4050	ダミー：年齢が40～50歳代=1	0.586 (2.639)	0.767 (2.158)
Q0103	ダミー：ふれあい広場での小動物とのふれあいが野間馬ハイランドの魅力=1	0.398 (2.104)	0.512 (1.754)
Alpha	（過剰分散の程度を示す）	1.256 (10.191)	5.336 (2.204)
	対数尤度	-678.6	-634.0
	AIC	1371.3	1282.1

注）カッコ内はt統計量

断できるため，以下ではこの TrNB の計測結果を用いることとする[8]。

まず，*KIKAI*（機会費用を含めた旅行費用）のパラメータはマイナスの値となっている。旅行費用の増大は訪問頻度にマイナスの影響を与えており，理論通りの結果である。係数の有意性も高く，精度の高い推計ができていると判断できる。*WITHCHD*（子供といっしょに来ているかどうか）のパラメータは，有意性はやや低いがプラスとなった。子供連れの訪問者の方が，訪問頻度が高いという結果であり，野間馬ハイランドがレクリエーション機能のほかに，教育機能を有していることを示唆する結果である。*DMALE*（性別ダミー）のパラメータは，有意性はやや低いが負となった。*DMALE* は男性を 1 とするダミー変数なので，この係数がマイナスであるということは，ほかの条件が同一であれば男性よりも女性の方が訪問頻度は高いことを意味する。*AGE4050*（年齢が 40～50 歳代）のパラメータは有意にプラスとなった。年齢データについては，連続変数としてのほか，様々なダミー形式を試したが，このダミーが最も有意性が高くなった。ほかの条件を一定とすると，野間馬ハイランドの訪問者の中では，40 歳代から 50 歳代の訪問頻度が一番高いという結果である。

（3）現状での消費者余剰の算出

ある個人が観光地の訪問から得られる消費者余剰を求めるには，訪問頻度関数を旅行費用について，旅行費用からチョークプライス（訪問が 0 になるような金額）まで積分すればよい。

本章のように，$E[Z] = \lambda = \exp(X\beta)$ という一般的な定式化を用いた場合（ただし X は説明変数のベクトル，β はパラメータのベクトル）訪問 1 回当たりの消費者余剰は，旅行費用を表す変数 *KIKAI* のパラメータの逆数に「－1」を乗じることで求められる。切断を考慮した負の 2 項分布モデルの結果を用いた，現状の訪問 1 回当たり消費者余剰は 3,723 円となる。

年間の総便益はこの値に訪問者数を乗じることで求められる。野間馬ハイランドの平均年間訪問者数（過去 10 年間）は 13 万 5,628 人だが，①分析において「野間馬ハイランド」に来ることが主目的ではない訪問者を分析からはずしていること，②この訪問者数には子供も含まれているが，今回の分析は大人のみを対象としていること，の 2 点について，考慮が必要である。①については，過大評価を避けるために，「野間馬ハイランドを訪れることが主目的ではない」

という訪問者の便益をゼロと仮定し,「野間馬ハイランドに来ることが主目的」と答えた訪問者の割合は71.9%であるので,総便益の算出にはこの値を用いることとする。また,②について,子供に与える便益は,子供を連れている大人の便益に含まれるものと仮定し,子供の人数は総便益を計算するための「総人数」から除外する。野間馬ハイランド提供のデータによれば,訪問者における大人の割合の平均は65.8%であるので,この値を利用することとする。したがって,年間総便益は,3,723×13万5,628×0.719×0.658≒2億4,000万(円/年)となる。ただし,野間馬ハイランドは営利的な活動をしていないため,今治市から年間約6,000万円の委託料が投入されており,これを運営費としている。そのため,「野間馬ハイランド」の年間純便益は2億4,000万円から6,000万円を引いた1億8,000万円と考えることができる。

以下,この数値をもとに,野間馬ハイランドの簡便な費用便益分析を試みる。やや便宜的ではあるが,年間純便益を上記の1億8,000万円とし,適当な耐用年数,割引率の設定で,その現在価値を計算して,初期投資である建設費との比較を行う。現在価値の計算結果を表5-3に示した。野間馬ハイランドの建設費用は約20億円なので,表5-3のすべての設定で便益が建設費用を上回る。今回のTCMによる計測は,前提条件から過小評価になっており,また存在価値などの非利用価値を含んでいない。こうした条件を考慮すると,現状における野間馬ハイランドの活動による社会的な便益は投じられている費用を上回ると判断される。

表5-3 総便益(単位:億円)

利子率	耐用年数		
	20年	25年	30年
3.0%	26.8	31.3	35.3
3.5%	25.6	29.7	33.1
4.0%	24.5	28.1	31.1
4.5%	23.4	26.7	29.3
5.0%	22.4	25.4	27.7

6. ま と め

 トラベルコスト法は実際の人々の行動データをベースにした「顕示選好法」の1つであり，この点が CVM や選択実験などの「表明選好法」とは異なる。現実に訪問者が訪れている観光地・観光資源による便益を，比較的高い信頼性で評価できることがトラベルコスト法の最大の利点である。

 本章の適用事例として取り上げた「野間馬ハイランド」のように，入場料がない，あるいは非常に安価であるという観光的施設は多く存在する。もし，近年の"民営化"の風潮に従って，こうした施設の経営状況を評価するならば，投入費用に対応した「目に見える収入」がないことから，単なる赤字の施設と判断されかねない。しかし，このような議論はすべての便益について「市場」が完備されていることを，暗黙のうちに前提としている。財政状況との兼ね合いは別な問題だが，TCM で計測されるような観光面での便益を無視した判断が，社会全体の厚生をむしろ低下させてしまう可能性には十分な注意が払われなくてはならない。

 TCM は CVM などと比べると適用範囲が限られていることから，環境評価手法の中では研究蓄積が比較的少ない。しかし，訪問者の「足」によって表現された価値を貨幣タームで計測できるトラベルコスト法は，これまで以上に積極的な活用が期待される手法であると考えられる。

注

1) この手紙の内容に関しては，萩原[9]および嘉田ら[12]などを参考にまとめたものである。
2) 米国における TCM のサーベイは Smith [24]，Fletcher et al. [7] などにまとめられている。Smith and Kaoru [25] は，1970年から1986年までの200事例から77事例を取り上げ，TCM に関するメタ分析を行っている。
3) 詳細は例えば Smith [26] などを参照のこと。
4) 切断や内生的層化はデータ収集の方法にかかわる問題であるため，オンサイトで収集したデータを用いた場合には，ZTCM でも同様の問題が起こりうる。
5) 近年の ITCM のデータ分析においては，ほとんどがカウントデータモデルを採用している。ただし，90年代前半までは Willis and Garrod [33] や佐藤・増田[20]のように，

連続変数モデルによる分析を行うことが多かった。なお，竹内[28]はカウントデータモデルではないが，切断を考慮した回帰モデルを用いた分析を行っている。

6) 切断や内生的層化がない場合，過剰分散があってもポワソン回帰モデルによるパラメータ推定値は一致性を持つ。ただし，標準誤差は過小に推計される。Cameron and Trivedi [3] などを参照。

7) 計測上の問題についての詳しい議論は佐藤[18]を参照。

8) ポワソン回帰モデルによる計測も行ったが，AICなどから判断して負の2項分布よりもあてはまりが大幅に悪かったため，負の2項分布モデルが適切と判断した。また，Shaw [21] や Englin and Shonkwiler [6]，佐藤[18]では，内生的層化についても考慮したモデルを用いている。ここでもそうしたモデルでの計測を試みたが，尤度関数を最大化する際に数値解析上の問題が生じた。この原因としては，サンプルに訪問頻度の大きなデータが含まれていることが考えられる。Englin and Shonkwiler [6] も同様の問題を報告しており，カウントデータモデルにおいて，大きな整数値を扱うことの困難性などから，訪問頻度が12回を超える訪問者のデータをサンプルから除外して計測を行っている。しかし，同様の処置をとることは，著しいサンプルの縮小につながり，不適切と考えられる。佐藤[18]では，内生的層化への考慮は，推計結果に大きな影響を与えなかったとされていることから，ここでは内生的層化については考慮しないモデルを用いることとした。

付　記

本章の作成にあたり，共同研究の成果の利用を快諾してくれた粕渕真樹君に感謝する。

引用・参考文献

[1] Becker, G. S. (1965): "A theory of the allocation of time," *Economic Journal*, vol. 75, pp. 493-515.（宮沢健一・清水啓典訳(1976):『経済理論――人間行動へのシカゴアプローチ』東洋経済新報社，補章に所収）

[2] Brown, W. G. and Nawas, F. (1973): "Impact of aggregation on the estimation of outdoor recreation demand functions," *American Journal of Agricultural Economics*, vol. 55, pp. 246-249.

[3] Cameron, A. C. and Trivedi, P. K. (1998): *Regression Analysis of Count Data*, Cambridge University Press.

[4] Clawson, M. and Knetsch, L. K. (1966): *Economics of Outdoor Recreation*, Johns Hopkins University Press, Baltimore.

[5] Creel, M. D. and Loomis, J. B. (1990): "Theoretical and empirical advantages of truncated count data estimates for analysis of deer hunting in California," *American Journal of Agricultural Economics*, vol. 72, pp. 434-443.

[6] Englin, J. and Shonkwiler, J. S. (1995): "Estimating social welfare using count data

models: An application to long-run recreation demand under conditions of endogenous stratification and truncation," *The Review of Economics and Statistics*, vol. 77, pp. 104-112.

[7] Fletcher, J. J., Adamowicz, W. L. and Graham-Tomasi, T. (1990): "The travel cost model of recreation demand: Theoretical and empirical issues," *Leisure Sciences*, vol. 12, pp. 119-147.

[8] Grogger, J. T. and Carson, R. T. (1991): "Models for truncated counts," *Journal of Applied Econometrics*, vol. 6, pp. 225-238.

[9] 萩原清子(1990):『水資源と環境』勁草書房。

[10] Hellerstein, D. (1992): "The treatment of nonparticipants in travel cost analysis and other demand models," *Water Resources Research*, vol. 28(8), pp. 1999-2004.

[11] 井出克彦(1997):「在来馬の保存と人とのふれあい――今治市野間馬ハイランドの取組み」『ホースメイト』日本馬事協会, vol. 21, pp. 43-46。

[12] 嘉田良平・浅野耕太・新保輝幸(1995):『農林業の外部経済効果と環境農業政策』多賀出版。

[13] 川瀬智太郎・澤田学・耕野拓一(2002):「トラベルコスト法による帯広市八千代公共育成牧場のレクリエーション便益評価」『帯広畜産大学学術研究報告 自然科学』vol. 23(1), pp. 1-6。

[14] McConnell, K. E. (1985): "The economics of outdoor recreation," in Kneese, A. V. and Sweeney, J. L. (ed.): *Handbook of Natural Resource and Energy Economics*, vol. 2, North-Holland, Amsterdam.

[15] 中谷朋昭(1999):「トラベルコスト法」出村克彦・吉田謙太郎編『農村アメニティの創造に向けて――農業・農村の公益的機能評価』大明堂, pp. 21-35。

[16] 中谷朋昭(1999):「森林公園の持つ観光・レクリエーション価値の評価――北海道北見市」出村克彦・吉田謙太郎編『農村アメニティの創造に向けて――農業・農村の公益的機能評価』大明堂, pp. 129-139。

[17] Nakatani, T. and Sato, K. (2005): "Truncation and endogeneous stratification in various count data models for recreation demand analysis," *SSE/EFI Working Paper Series in Economics and Finance No. 615*, Stockholm School of Economics.

[18] 佐藤和夫(2005):「軽種馬生産地の持つ多面的機能評価――カウントデータモデルを用いた個人トラベルコスト法の適用」『農業経済研究』vol. 77(1), pp. 12-22。

[19] 佐藤和夫・粕渕真樹(2005):「日本在来馬の保存・活用による便益の計測――仮説的トラベルコスト法による分析」『2005年度日本農業経済学会大会論文集』pp. 391-396。

[20] 佐藤洋平・増田健(1994):「インフォーマルなレクリエーション活動がおこなわれる空間としての農村の環境便益評価――横浜市「寺家ふるさと村」を事例として」『農村計画学会誌』vol. 13(2), pp. 22-32。

[21] Shaw, D. (1988): "On-site samples' regression: Problems of non-negative integers, truncation, and endogenous stratification," *Journal of Econometrics*, vol. 37, pp. 211-223.

[22] Smith, V. K., Desvousges, W. H. and McGivney, M. P. (1983): "The opportunity cost of travel time in recreational demand models," *Land Economics*, vol. 59(3), pp. 259-278.

[23] Smith, V. K. and Desvousges, W. H. (1985): "The generalized travel cost model and water quality benefits: A reconsideration," *Southern Economic Journal*, vol. 52(2), pp. 371-381.

[24] Smith, V. K. (1989): "Taking stock of progress with travel cost recreation demand methods: Theory and implementation," *Marine Resource Economics*, vol. 6, pp. 279-310.

[25] Smith, V. K. and Kaoru, Y. (1990): "Signals or noise? Explaining the variation in recreation benefit estimates," *American Journal of Agricultural Economics*, vol. 72, pp. 419-433.

[26] Smith, V. K. (1991): "Household production functions and environmental benefit estimation," in Braden, J. B. and Kolstad, C. D. (ed.): *Measuring the Demand for Environmental Quality*, North-Holland, Amsterdam.

[27] 鈴木太助・浅野耕太(2002):「オフサイト・データを用いたレクリエーション地の便益評価」『農村計画論文集』第4集, pp. 55-60。

[28] 竹内憲司(1999):『環境評価の政策利用　CVMとトラベルコスト法の有効性』勁草書房。

[29] 田中裕人(2000):「トラベルコスト法による農村のレクリエーション機能の評価——京都府見山町を事例として」『農業経済研究』vol. 71(4), pp. 211-218。

[30] 渡邉正英(2003):「トラベルコスト法における非訪問者の取り扱いに関する研究」『2003年度日本農業経済学会論文集』pp. 335-337。

[31] 渡邉正英(2004):「トラベルコスト法における代替地価核問題の Multiple Indicator による解決——静岡県大井川上流部を事例として」『農業経済研究』vol. 75(4), pp. 177-184。

[32] Willig, R. D. (1976): "Consumer's surplus without apology," *American Economic Review*, vol. 66, pp. 589-597.

[33] Willis, K. G. and Garrod, G. D. (1991): "An individual travel-cost method of evaluating forest recreation," *Journal of Agricultural Economics*, vol. 42(1), pp. 33-42.

第6章　途上国における水環境汚染改善の評価
　　　——インドネシアの生活排水による水環境汚染の
　　　　　　　改善に対する住民評価——

岩本博幸・斉藤　貢・眞柄泰基

1. はじめに

　中低所得国の自然・経済・社会条件は多くの高所得国とは異なり，また，極度の資金的制約のため，今までに開発され使用されてきた汚水処理技術の適用は不適切な場合が多い。そのため，こういった国の実状に即した費用対効果の高い処理システムを選択することが不可欠となっている。しかしながら，インフラ整備の立ち後れた国々において汚水処理の優先度は低く，住民の意識も道路・電気と並んで上水道の普及に向けられている。

　このように，水供給のみが進められて排水量が増大し，未処理の汚水が周辺の環境を汚染し，場合によっては水源の汚染をも引き起こすに至った場合，安全な飲み水の供給自体も脅かされることになりかねない。汚水処理が水供給に後れを取る原因はそれ以外にもいくつも挙げられる。まず，水供給が公的な機関による整備事業であるため，費用は長期間にわたって償還されるのに対して，汚水処理の基本であるトイレの設置は極めて私的な事項であり，しかも初期投資はそのまま家計の負担となることが多い。また，汚水処理技術は水供給技術に比べてシステムが複雑であり，そのために費用も高くなる傾向にある。さらに，汚水処理のもたらす便益を住民に理解してもらうことは，水供給の利点に比較して必ずしも容易ではない。その上で，なお汚水の適正処理を進めていくためには，住民が汚水処理に見出している環境便益の水準を知ることが不可欠である。

　そこで，本章では，まず，インドネシアにおいて汚水処理施設からもたらされる環境便益を仮想評価法(Contingent Valuation Method; CVM)の支払意志

額(Willingness-to-Pay; WTP)推計額から求める．次に，汚水処理施設にかかるイニシャルコストとランニングコストを算定し，事業の実現可能性および経済的措置ならびに適正技術の開発普及の必要性について費用便益分析の視点から考察する[1]．

2. 汚水処理システム導入の便益および費用の評価方法

2-1. インドネシアおよび調査地区の概要

(1) インドネシアにおける汚水処理の状況

　インドネシアでは国家開発5ヶ年計画というマスタープランを作成し，下水道・汚水処理施設整備事業を進めている．しかし，実際に下水道が整備されているのは限られた大都市の一部の地区のみであり(山村ら[21])，1997年時点で国民の過半数はトイレ以外で用便を行っていると報告されている(植田[17])．そのトイレについても，腐敗槽─浸透井といった簡易な処理施設を持っているものが半数程度で，それ以外は表流水面にそのまま放流されている．この腐敗槽─浸透井方式は，汚水を一時貯留し粒子状物質を沈殿分離した後，上澄水を地下浸透させるもので，インドネシアのように用便後の肛門洗浄に水を使う習慣の地域には低コストで有効な方式である．しかしながら，沈積した汚泥の引き抜きを怠って汚泥が腐敗槽から流出したり，浸透井の近くに給水用井戸がある場合は汚水の流入が懸念され，この方式といえども万全ではない．

　一方，トイレの方式については，公衆トイレ・共用トイレ・家庭内トイレなどがある．ポア・フラッシュと呼ばれる手桶で水を流し込む方式が基本であるが，富裕層においてはロータンク式の洋式トイレも普及している．この方式は洗浄水量がポア・フラッシュ式に比べてかなり多く，家庭全体の汚水排水量を増加させる原因になっている．

(2) 調査地区における汚水処理の状況

　インドネシア西ジャワ州バンドン市にて調査を行った．バンドン市は西ジャワ州の州都であり，面積167.5 km^2，2000年の人口は214万人で，ジャカルタ・スラバヤに次いでインドネシア第3の都市である．

バンドン市のメトロ地区を調査地区として選定した。メトロ地区は，バンドン市駅の南東約 8 km に位置し，1980 年代に開発され，マスタープランをもとに整然とした区画割りがなされたバンドン市初のニュータウンである。約 1.5 km^2 の地区内に 2,300 世帯約 1 万 1,000 人が生活している。住民の大部分はアッパーミドル(upper middle)とでも呼ぶべき中流階層で，バンドン市内の他の住宅地区と比較して住民の階層が均質的である。

上水施設に関しては，インドネシア水道公社(PDAM)が供給する上水が引かれているが，水量・水圧に関する不満が多く，コミュニティーによっては独自に井戸を掘って住民に供給しているところもある。下水については，トイレからの汚水についてのみ腐敗槽を経由し，それ以外は直接住宅周囲の側溝へと放流され，そこで雨水と合流して，最終的には近くの川へ流下している。

メトロ地区はバンドン市内では標高の低い地域に位置しているため，造成当初は強雨時の溢水が頻発したとのことであるが，排水側溝を増設することにより現在，溢水は発生していない。

2-2. 環境便益評価方法の検討

水環境分野における国際協力・援助は，多くの場合，汚水処理施設を建設し，その後，運転を移管していくという形態になっている。その中には，現地に不釣り合いなほど高度な処理技術を採用したため，移管後の維持管理が行えていないという事例も発生している。中でも，運転技術の未熟さもさることながら，必要なランニングコスト(電力・汚泥処分・検査などの諸費用)を負担できていないことが特に深刻である。受益者が，基本的に自らの負担により汚水処理施設を運営することができなくては，システムの持続性が維持できない。そのためにも地域住民の負担能力を知ることは非常に重要である。そこで，本章では，汚水処理施設建設の受益者となる住民が環境便益の改善に対して，どの程度の支払意志額(WTP)があるのかを明らかにする評価手法として，CVM が適していると判断した。

費用便益分析において便益を推計する手法として，代替法が一般的である。しかし，既往の代替法は，時として単なる工法比較となってしまう可能性がある。つまり，同一目的に対する 2 つの手法について，一方を便益，他方を費用

とすると，安価な方法を採用する限りにおいて費用便益比(B/C 比)は必ず1を超えてしまい，プロジェクト自体は正当化される。それに対し，CVM は受益者側から便益を計測しており，プロジェクトの実行可能性を検討する目的においてはより適切であると考えられる。

CVM を中低所得国の水環境問題へ適用する試みは，1990 年代から活発化している。それらは，農村地域の水供給に関するもの(インドを対象とした Singh et al. [14]，パキスタンを対象とした Altaf et al. [1]，Memon [12]，ナイジェリアを対象とした Whittington et al. [18] など)，屎尿処理システムの改善に関するもの(ガーナを対象とした Whittington et al. [19]，ブルキナ・ファソを対象とした Altaf and Hughes [2] など)，下水道に関するもの(フィリピンを対象とした Whittington et al. [20] など)，表流水の水質に関するもの(フィリピンを対象とした Choe et al. [4] など)である。しかし，これらの研究はいずれもスコープや属性による WTP の差異を報告するものであり，中低所得国での CVM 適用の可能性を検討した研究成果にとどまる。本章は，WTP から推計される便益額を直接，費用便益分析に用い，汚水処理事業の実現可能性および経済的措置ならびに適正技術の開発普及の必要性について考察する点に特徴がある。

2-3. CVM の調査設計

住宅地内の川や水路，あるいは道路脇の側溝に汚水やごみが流れている光景をインドネシアではよく見かける。しかし，こういった光景は決して好ましいものではない。こういった表流水への汚物汚水の流入を防ぐことができると，以下のような便益が得られる。すなわち，①地下水・水道原水への汚水の浸入を防止できる，②伝染病の伝播防止に効果的である，③汚水からの悪臭がなくなる，④そして何より周辺地域の環境保全につながる。これらの便益を技術的に達成する方法は，大きく分けて2通りのアイデアが考えられる。1つは各家庭に浄化槽を設置して，そこで汚水を浄化後に水系に放流する方法と，もう1つは現在側溝(開渠)に排出していた汚水を汚水管で集めてコミュニティープラントなどで集中処理する方法(側溝は雨水のみを排水する)である。そういった方法の得失は各住区の特徴により一様ではないので，アンケートでは方法はあ

えて明示せずに便益のみを列挙して，それを改善後の姿とした。上述の通り，必要とされる対策は公共セクターの投資による部分と個人負担となる部分があるので，既往の責任分担では双方の調整がうまくいかないことが多い。そこで，これを一貫して管理する方策として汚水処理サービスの管理組織の設立を想定した。この組織は最適な技術の選定と実際の工事，その後の維持管理をすべて引き受けるとの想定をした。

汚水処理による便益を説明した後，この計画への負担額を提示し，それに対する諾否を尋ねた。回答が YES の場合にはさらに高い金額を提示し，NO の場合はより低い金額を提示してその諾否を問う二段階二肢選択法を採用した。提示額の一覧を表 6-1 に示す。

支払方法は，税方式と基金方式を検討した。バンドン市では，廃棄物処理・地区セキュリティー・常夜灯の点灯・道路清掃などの公共サービスの費用を 300～500 世帯で組織される Rukun Warga(RW) というコミュニティー単位で住民から徴収している。そこで，本章では，RW に汚水処理サービスの管理組織を維持するための基金を設定し，月当たりの拠出金を求める方法を採用した[2]。

CVM は，直接人々に WTP を尋ねるため，調査上生じるバイアスが問題となる。一般的に指摘されている CVM のバイアスは，①歪んだ回答を行う誘因によるもの，②評価の手がかりになる情報を質問用紙自体が与えてしまうこと

表 6-1 提示額一覧。単位：ルピア

第1提示額	第2提示額	
	1回目が YES	1回目が No
1,000	1,500	500
1,500	2,000	1,000
2,000	3,000	1,500
3,000	5,000	2,000
5,000	7,000	3,000
7,000	10,000	5,000
10,000	15,000	7,000
15,000	20,000	10,000
20,000	25,000	15,000
25,000	30,000	20,000

によるもの、③シナリオ伝達ミスによるもの、④不適切なサンプル設定と実施によるもの、などである。①は、回答者が自分に有利になったり、質問者が喜びそうな回答を行うもので、調査の実施方法、質問の条件設定などが原因で生じる。②および③は、質問用紙に記載された内容に回答者が独自の判断を加え、質問者の意図しなかった方向へ回答するもので、大部分は質問用紙の設計に起因する。④は、調査自体が統計的に不適切なサンプリング手法で行われた場合に生じ、これは CVM に限らずどのような調査であっても生じる問題である。

このように、CVM が特徴的に抱えるバイアス問題の大部分は、質問用紙の内容・設計に起因するので、それらを最小化すべく慎重に質問紙設計を行うことが肝要である(Mitchell and Carson [13])。本章では、①については、歪んだ回答を防ぐために、バンドン工科大学を調査主体とし、日本からの援助があると誤解されないようにした。②については、評価の手がかりを質問用紙が与えないようにするため、二段階二肢選択法を採用し、想定している金額幅を回答者に読み取られないようにした。③については、シナリオ伝達のミスを防ぐために、税金による支払いではなく基金方式とし、支払額が便益と直接的に結びつくシナリオとした。④については、サンプリング時のバイアスが生じないよう、全数調査に匹敵するアンケート調査票を配布、抵抗回答を除外できるような質問項目を設定した。

2-4. CVM の計測モデル

本章の CVM は、計測モデルとして Hanemann et al. [7] を、Cameron and Quiggin [3] の方法に従って修正したモデルを用いた。修正点は、第 1 提示額 YES、第 2 提示額で NO だった場合、もしくは、第 1 提示額 NO、第 2 提示額で YES だった場合を、R_2 の項に統合した点である。$G(\cdot)$ を任意の累積密度関数とした時、対数尤度関数は、以下となる。

$$\log L = \sum (R_1 \cdot \log(G(T_L; \beta X_i)) \\ + R_2 \cdot \log(G(T_U; \beta X_i) - G(T_L; \beta X_i)) \\ + R_3 \cdot \log(1 - G(T_U; \beta X_i))) \cdots\cdots (6\text{-}1)$$

この時、R_1 は第 1 提示額、第 2 提示額ともに NO だった場合の指示変数で

ある。R_2 は第 1 提示額 YES, 第 2 提示額で NO だった場合, もしくは, 第 1 提示額 NO, 第 2 提示額で YES だった場合の指示変数である。R_3 は第 1 提示額, 第 2 提示額ともに YES だった場合の指示変数である。T_U は回答者の上限金額, T_L は回答者の下限金額である。本分析では, $G(\cdot)$ にロジスティック分布を仮定して計測する。$G(\cdot)$ について 0 から最高提示額までを積分して, 平均 WTP を求める。また, 受諾確率 $P=0.5$ となる値で中位 WTP が求まる。なお, 推計には統計解析用のパッケージソフト「SHAZAM」を使用した。

2-5. 汚水処理システムの設定

インドネシアにおける汚水処理の事業費の算定は, 国際協力事業団国際協力総合研修所が 1994 年に詳細に行っているが(国際協力事業団国際協力総合研修所[11]), その後 1997 年の経済危機により経済事情が一変し, 物価変動も大きいためその結果は利用できない。そのため, 今回は, メトロ地区と同レベルの宅地開発をバンドン市内で行うことを想定してコスト算出を行うケーススタディとした。

CVM のシナリオで設定した便益を技術的に達成する方法は, 大きく分けて 2 通りのアイデアが考えられる。1 つは各家庭に浄化槽を設置して, そこで汚水を浄化後に水系に放流する方法(個別式)と, もう 1 つは現在側溝(開渠)に排出していた汚水を汚水管で集めてコミュニティープラントなどで集中処理する方法(集中式)である。個別式と集中式の双方を比較し, よりふさわしい方式を選択するのが本来である。しかし, 処理施設の規模の設定により総費用が大きく異なるため, 今回は合併処理浄化槽(腐敗槽ではない)による個別式で対応することとした。浄化方式は接触曝気方式とし, 各家庭に 1 基ずつ設置し, 処理水は住戸前面の雨水側溝に放流されると考えた[3]。発生汚泥はバキュームカーで引抜き搬出を行うとして, ランニングコストに算入した。処理システムのフローを図 6-1 に示す。

2-6. 汚水処理システムの費用算出の条件

イニシャルコストとしては, 浄化槽の設置費および施設の耐用年数に応じた更新費を, ランニングコストとしては, 運転のための電気代および発生汚泥の

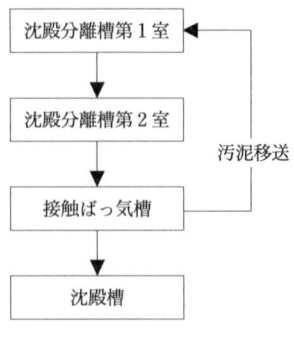

```
┌─────────────────┐
│ 沈殿分離槽第1室 │◄─────┐
└────────┬────────┘      │
         ▼               │
┌─────────────────┐      │
│ 沈殿分離槽第2室 │   汚泥移送
└────────┬────────┘      │
         ▼               │
┌─────────────────┐      │
│  接触ばっ気槽   │──────┘
└────────┬────────┘
         ▼
┌─────────────────┐
│    沈殿槽       │
└─────────────────┘
```

図6-1 浄化槽システムフロー

引き抜き搬出費を考慮した。耐用年数については、日本では法定の年数があるが、現実にはそれを超えて使用されているという実績がある(環境省大臣官房廃棄物・リサイクル対策部廃棄物対策課浄化槽対策室[10])。その実態を踏まえ施設の耐用年数を、躯体30年、機器設備類15年として組み込んだ。

費用の算出にあたっては、本来機会費用を用いるべきであるが(肥田野[8])、現実にはそれを算出するのは容易ではない。今回は、現在の市場価格を用いて積算見積もりを行った工事価格をコストと考えた[4]。割引率は、インドネシア中央銀行の貸出しレートとインフレ率を考慮して年8%とした。

3. 地域住民による便益評価額と汚水処理システム導入費用

3-1. 計測モデルの推定と環境便益評価額の推計結果

アンケートは調査員が各戸を訪問して配布し、後日に回収する留め置き式を採用した[5]。事前の抽出作業を行っていないため正確にはランダムサンプリングになっていないが、アンケートの配布数が約2,000通と地区内戸数に匹敵するため、全数調査に近い状態になっていると考えられる。2002年7月16日にアンケート用紙の配布を開始し、8月2日まで回収作業を行った。アンケート調査の回収結果を表6-2に示す。白紙回答および所定のアンケート用紙以外の用紙による回答を無効とした。回収率は89.5%と非常に高い結果となった。

表6-2 回収結果

配布数	1,923 通
回収数	1,895 通
白紙・所定用紙以外	174 通
有効回収数	1,721 通
回収率	89.5 %
CVM 有効回答数	660 通
有効回答率	38.3 %

表6-3 モデル計測結果

変数名	変数の意味	係数	t 値
$LOGT$	提示額の対数値	$-1.841E+00**$	(-19.369)
$LOGINC$	所得額の対数値	$3.995E-01**$	(2.800)
AGE	年齢(歳)	$-1.094E-02$	(-1.581)
$EDUCATION$	学歴(ダミー：大学卒業以上の学歴=1)	$6.642E-01**$	(3.811)
$CONST$	定数項	$1.42E+01**$	(11.078)
サンプル数	660		
AIC	1,243.473		
裾切り平均WTP	12,398 rp.		
中位WTP	9,880 rp.		

注1) ** は1%水準で有意を示す。
注2)「学歴」はダミー(大学卒業以上の学歴=1)

　これは，調査員が直接回収にまわる方式による効果と考えられる。無効回答および抵抗回答を除外した結果，分析に利用できたのは660通(有効回答率38.3%)となった。

　計測モデルは，提示額の対数値 $LOGT$ をはじめ，家計収入の対数値，年齢，学歴の一次結合を指数項とするロジスティック分布を仮定して推定を行った。モデル計測の結果を表6-3に示す。提示額の対数値は有意にマイナスの値となっている。これは，提示額が上昇するほど，支払いを拒否する回答者が増える傾向にあることを示している。回答者が提示額を十分に考慮した回答を行っているといえよう。家計収入の対数値は，有意にプラスの値となっている。これは所得が高い回答者ほど，支払いに同意する傾向にあることを示している。回答者が所得の制約を考慮した上で，支払意志の回答を行っていることを示し

ているといえよう。年齢については，t 値から判断して有意性は高くない。これは，回答者の収入が年齢とともに上昇するものの，定年後は逆に収入が減少するため，予算制約的な要素が加わった可能性がある。学歴については，有意にプラスの値となった。これは，環境に関する教育を受ける機会が増えるという直接的な効果と，一般的な教育を受けることにより，環境問題に対する理解力が高まっているという間接的な効果の双方によるものと考えられる。

　計測モデルの推定結果を用いて，WTP を推計した。最高提示額の 3 万ルピアでの裾切り平均 WTP は 1 万 2,398 ルピア，年間 WTP は約 14 万 8,780 ルピアとなった。受諾確率が 0.5 となる中位 WTP は 9,880 ルピア，年間 WTP は約 11 万 8,560 ルピアとなった。2002 年における 1 米ドルは約 8,000 ルピアであるので，裾切り平均 WTP で約 1.55 米ドル(年間 18.6 米ドル)，中位 WTP は約 1.24 米ドル(年間 14.8 米ドル)である。裾切り平均 WTP にメトロ地区の世帯数を乗じて求めた年間総便益評価額は，約 3,547 万ルピア(4,434 米ドル)となった。

3-2. AHP による便益項目間の評価ウエイト

　CVM のシナリオでは，汚水処理事業の実施からもたらされる便益を①地下水・水道原水への汚水浸入の防止(水資源保全効果)，②伝染病の伝播防止(公衆衛生改善効果)，③汚水からの悪臭防止(悪臭防止効果)，④周辺地域の自然環境保全(自然環境保全効果)に特定している。受益者における各便益項目間の相対的な重要度を明らかにするため，各便益項目を一対比較する質問をアンケート調査に設け(2 つの便益ごとに計 6 回)，AHP(Analytic Hierarchy Process)による評価ウエイトを求めた。比較にあたっては，対象となる 2 つの便益に対し 6 段階(前者が非常に重要，重要，やや重要，後者がやや重要，重要，非常に重要)での評価を求め，それぞれに 7，5，3，1/3，1/5，1/7 の点数をつけた。その後，比較行列の固有値を計算し，固有値の総和が 1 になるように基準化したものを評価ウエイトとした(刀根[16])。

　評価結果を表 6-4 に示す。回答者が最も重要な便益と認識したのが，公衆衛生改善効果であり，次いで自然環境保全効果，水資源保全効果，悪臭防止効果となった。伝染病の伝播防止という生活上の安全面に直結する公衆衛生改善効

表 6-4　AHP による便益項目の評価ウエイト

公衆衛生改善効果	0.395
水資源保全効果	0.201
悪臭防止効果	0.150
自然環境保全効果	0.253

果が高い評価となったのに対し，2次的ともいえる悪臭防止効果は相対的に低い評価となった。水資源保全効果が相対的に低い評価となったのは，メトロ地区は基本的に上水道が敷設されている地区であり，井戸水の利用は限定的であるためと考えられる。このように，受益者における各便益項目間の相対的な重要度を明らかにすることにより，適用可能な設備・施設あるいは工法が多様である場合に，技術選択の優先度を求める有用な指標を得ることができる。

　評価対象を構成する属性ごとに分けて相対的な評価ウエイトを求める手法としては，近年，コンジョイント分析が幅広い分野で用いられている。コンジョイント分析では，属性として設定された便益項目ごとの評価額推計が可能であるというメリットがある。しかし，コンジョイント分析の適用が技術的に困難な分析対象については，CVM による一括した評価額を同一の回答者による AHP の評価ウエイトで按分する方法も有効であろう。

3-3．プロジェクト費用の算出

（1）イニシャルコスト

　本章では，躯体は30年，機器設備は15年に耐用年数を設定しているので，それぞれを別に算出して合計した。躯体はコンクリート製とし，掘削，型枠，鉄筋などの工事費を見積もった。機器設備にはブロワー，接触材，および配管類を見込んだ。その結果，工事費は躯体968万ルピア，機器設備類378万ルピアと計算された。各家庭ではすでに腐敗槽を設置しているのでその設置費用200万ルピアを躯体工事費から差し引いた。以上合計して，浄化槽1基当たりのイニシャルコストは1,146万ルピアと見積もられた。

（2）ランニングコスト

　浄化槽のランニングコストは，主にブロワーの電力費と汚泥処分費である。日本の屎尿浄化槽構造基準によると，5人以下の合併浄化槽の曝気強度は2

m³/h と定められている。これに基づいてブロワーの消費電力を試算したところ約 30W となった。24 時間連続運転を行うので，年間の消費電力量は 262.8 kWh となる。調査当時，家庭用電力単価は 1 kWh 当たり 425 ルピアであったので，年間電力費は 11 万 1,690 ルピアと計算される。

5 人家族の家庭からの発生汚泥量は，1 人当たり BOD 発生量 40 g/d，汚泥転換率を 0.5 として 100 gSS/d＝36.5 kgSS/y と計算される。汚泥の固形物濃度は約 2% として汚泥の発生体積は年間 1.825 m³ となる。屎尿浄化槽構造基準によると，沈殿分離室の容量は 2.5 m³ で 2 室に分割することになっているので，第 1 沈殿分離室の容量を 1.4 m³ と仮定し，剥離汚泥の移送を行うとして，汚泥は第 1 沈殿分離室の 1/2 の容量の 0.7 m³ までは貯留可能と考えた。したがって，汚泥の引き抜き頻度は 4.6 ヶ月ごとと計算された。バンドン市のバキュームカーによる汚泥の引き抜き処分費は 1 回当たり 10 万ルピアである。バキュームタンク容量が 4 m³ だとすると，1 回で 3 ヶ所の浄化槽から汚泥の引き抜きができるので，年間の汚泥処分費は 8 万 6,670 ルピアとなる。

以上合計して，インドネシアの家庭に浄化槽を設置した場合，年間 19 万 8,360 ルピアのランニングコストが必要となる。

4. プロジェクトの適正性の検討と国際援助のあり方

4-1. 費用便益比(B/C 比)の計算

長期間にわたる金額の比較を行う場合，総額を現在価値に換算する方法 (Net Present Value; NPV) と，平均年額に換算する方法がある。プロジェクト分析では NPV が多く用いられているが，今回は年額法で評価した。イニシャルコストは，割引率 8% で 30 年および 15 年ごとの更新を考えると，年額として 109 万 1,960 ルピアと計算される。それにランニングコストの年間 19 万 8,360 ルピアを加えた 129 万 320 ルピアが年間負担額(C)である。一方，便益 (B) は裾切り平均 WTP を年額に直した 14 万 8,780 ルピアであり，費用便益比 (B/C 比) は 0.115 となり，プロジェクトとしては全く成立しない。

シカゴ地域の親水レクリエーションの価値を CVM によって調査した研究事

例では(池田[9]),住民の評価と改善費との間に1オーダーの違いがあり,大都市周辺での河川の親水環境サービスの供給の困難さが報告されている。また,水供給事業のように個人の費用と個人の便益が直接的に対応する場合であれば,負担の意志のある人から順次加入していく「普及率改善」的な考えが可能である。しかし,水環境の場合,便益は汚濁の排出量に応じてすべての人に平均的に渡ってしまうので,自由意志に任せておいてはたとえ便益を高く評価している人であっても浄化槽を自ら設置するとは考えられない。一方,道路建設のように受益者に直接的な負担を求めず,もっぱら税金による富の再配分の考え方に基づき公共事業的に行う場合は,公共サービスのただ乗りが懸念される。したがって,総WTP＝便益という考えは尊重しつつ,個々人についてはいくらかの負担を強いるという考え方で,普及に向けたシナリオを検討することが求められる。

4-2. 対GDP比からの検討

2000年時点のバンドン市の1人当たりGRDP(域内総生産)は702万ルピアと計算され(Statistics Central Agency of Bandung City [15]),平均5人家族であるので1家庭当たりのGRDPは3,510万ルピアとなる。したがって,WTPの対GRDP比は0.42%である。ただし,この金額に加えて各家庭はすでに腐敗槽の設置費用を負担しており,それを加えると0.92%となる。一方,日本の1人当たりGDPは421万円(2000年)で,小型家庭用浄化槽の設置費用は約88.8万円,年間維持管理費は約6.5万円ある(環境省大臣官房廃棄物・リサイクル対策部廃棄物対策課浄化槽対策室[10])。インドネシアの場合と同様の割引率と耐用年数で年額を試算すると14.2万円であり,4人家族と考えても対GDP比は0.84%である。つまり,インドネシアの経済水準を考慮すると,計算されたWTPは必ずしも低すぎるとはいえない。

今までに行われてきた多くのプロジェクトの経済評価には,支払可能額(Affordability to Pay; ATP)というベンチマークが用いられてきた。これは,WTPの調査に比べて容易に得られる家計収入を元に,住民のコスト負担の妥当性を評価するものである。一般には,ATPはWTPより高く,ある特定のサービスに対して家計収入の一定比率が設定されている。PAHO(Pan Pacific

Health Organization)は，水関連支出を家計収入の5%以内(上水3.5%，下水1.5%)にするように求めている(Gómez-Lobo et al. [6])．そのほかの機関による調査を総合して，汚水処理に関する支出は家計収入の1〜1.5%程度が上限と見積もられている．仮に，収入がGRDPの半分程度だとすると，上述の上限値に匹敵する値になる．以上より，汚染者責任があるとはいえ，今回計算されたWTPを著しく超える費用の負担を住民に強いることは適切とはいえないであろう．

4-3. B/C比改善のための対策

以下は，種々の仮定に基づきB/C比の変化について考察したものである．結果は表6-5にまとめて示す．

(1) 社会的便益の検討

浄化槽躯体の耐用年数である30年を一区切りとして，その間のWTP成長を所得成長と同程度の年間3.6%と考えると，期間平均WTPは26万270ルピアと計算される．住民はすでに腐敗槽を所有しており，その費用＝便益と仮定して双方に加えると総費用は146万5,610ルピア，総便益は43万4,560ルピアとなり，この条件でのB/C比は0.297(表6-5，No.1)と計算される．これを以下の検討の基準とする．日本では，個人設置の浄化槽の設置費の40%は社会的便益に相当すると考えられており，財政力に応じて助成している(環境省大臣官房廃棄物・リサイクル対策部廃棄物対策課浄化槽対策室[10])このことは，ほかの地域の汚水処理施設費用の40%を自らも負担することを了解して

表6-5 B/C比計算結果

No.	割引率(%)	社会的便益(%)	期間(年)	費用(ルピア) イニシャルコスト	費用(ルピア) ランニングコスト	総費用	便益(ルピア) WTP	便益(ルピア) 腐敗槽	総便益	B/C比	備考
1	8	—	30	1,267,250	198,360	1,465,610	260,270	174,290	434,560	0.297	
2	8	40	30	1,267,250	198,360	1,465,610	433,780	174,290	608,070	0.415	社会的便益
3	4	—	30	878,520	198,360	1,076,880	260,270	113,290	373,560	0.347	低割引率
4	4	40	30	878,520	198,360	1,076,880	433,780	113,290	547,070	0.508	社会的便益
5	8	—	30	633,630	99,180	732,810	260,270	174,290	434,560	0.593	ローコスト技術
6	8	—	30	368,040	198,360	566,400	260,270	174,290	434,560	0.767	開発ローン
7	8	—	60	199,060	198,360	397,420	506,130	174,290	680,420	1.712	無償資金
8	4	—	60	301,290	198,360	499,650	506,130	113,290	619,420	1.240	無償資金

もらうことを意味する。このように，環境の社会的価値を理解させるには環境教育が重要である。インドネシアの社会が，現状で環境保全の便益レベルがそこまであるとは考えにくいが，仮に40%分の便益を認めた場合，総便益は60万 8,070 ルピアとなり，B/C 比は 0.415 (No. 2) となり改善は見られるがやはり 1 には遠く及ばない。

(2) 割引率の検討

今までの計算は割引率を 8% で行ってきた。割引率の社会的経済的意味についてはいくつかのアプローチが提案されているが (Dixon et al. [5])，機会費用アプローチでは当該プロジェクトの最低年間収益率に対応する。環境プロジェクトに一般投資と同じレベルの収益率を求めるのは実際には無理があろう。そこで，現実としての資金調達の可能性は別として，予測される GDP 成長率と同じレベルの割引率 4% についても検討した。その場合，イニシャルコストは 87 万 8,520 ルピアとなり，ランニングコストを加えた上で B/C 比を計算すると 0.347 (No. 3) と求められる。上述の 40% 社会的便益を仮定に加えても B/C 比は 0.508 (No. 4) であり，いずれの場合にも B/C 比は 1 に満たない。したがって，汚水処理による水環境改善をインドネシアの自助に求めるということは，現状では残念ながら難しいといわざるを得ない。

次に，この問題を打開するために考えられる方策として，技術開発による場合，国際協力による場合について検討する。

(3) 求められる技術開発

今回は浄化槽方式のみを検討したが，汚水処理方式は個別式・集中式を含め様々なシステムが考えられる。その中で総費用が最低となる方法を見つけ出す努力をしなければならない。現状で 0.297 の B/C 比を 1 以上にするためには，当然総費用は 0.297 倍以下である必要がある。仮にイニシャルコスト，ランニングコストをともに半分にできたとすると，その総費用は 73 万 2,810 ルピアで B/C 比は 0.593 (No. 5) である。

その土地の風土・条件に適した簡便な技術は適正技術と呼ばれている。排水処理分野でも小口径下水道，安定化池をはじめ多くの適正技術が開発されている。しかし，総費用を 3 割までに減少させるには，イニシャルコスト，ランニングコストの両方面において，さらなる研究開発が必要となろう。インドネシ

アの場合は，気温が1年中安定して高いこと，年間降水量が比較的豊富であることなどのいくつかの利点を持っている。その特質を生かした新しいローコスト技術の研究開発が強く求められる。

(4) 国際協力・援助の効果

以下は，費用便益の本来の意味での費用ではなく，住民の負担額をベースにした計算である。国際協力の枠組みの中で実質金利ゼロの長期ローンを融資する場合を検討する。国際開発銀行(JBIC)の2001年4月1日時点における「円借款標準条件表」に基づいて費用算出を行う。JBICではインドネシアは貧困国に分類されており，この分類の公害対策案件への融資条件は，金利0.75％，償還期間40年(うち据置10年)である。また，融資対象は総事業費の85％までである。この条件でインフレを考えると実質金利はマイナスになるが，ここでは金利ゼロとして計算する。イニシャルコストのうち15％は発生年度に計上し，残り85％は11～40年後に同額ずつ計上する。それを，プロジェクト期間平均として割り戻すと，イニシャルコストの年額は36万8,040ルピアと計算される。これをもとにB/C比を計算すると0.767(No.6)となり，この融資条件では1に満たない。しかし，先に計算されたB/C比に比べて大幅な改善が見られることから，適切な融資条件のもとでは経済的に成立する可能性がある。

最後に，初期投資の金額相当分を無償資金協力で援助する場合を検討する。これには，それ以降の更新は自らの費用で行えるようになっていることが保証されないと，持続性が確保されない。そこで，1回全体更新を含む60年間での総費用と総便益の比較を行う。向こう60年の平均WTPは，成長率をやはり年間3.6％と考えると50万6,130ルピアになる。それに腐敗槽費用を加えて68万420ルピアが総便益である。総費用のうち1回目のイニシャルコストはかからないので，15年後から機器設備の3回の更新費と，30年後の躯体の更新費を年額に変換するとB/C比は1.712(No.7)となる(割引率8％の場合)。経済成長に伴ってWTPが増加すること，および先行投資による利子負担から解放されることがB/C比に大きく影響している。このことから，無償資金協力は，水環境汚染の改善のための有効な手段であるといえる。一方，割引率4％の場合は総費用49万9,650ルピア総便益61万9,420でB/C比は1.240(No.8)となり，割引率の大きい方が先行して見込まれる便益の貯蓄効果が大

きく表れている。

5. おわりに

本章の課題は，インドネシアにおいて汚水処理施設整備からもたらされる環境便益を仮想評価法(Contingent Valuation Method; CVM)の支払意志額(Willingness-to-Pay; WTP)推計額から求め，汚水処理施設にかかるイニシャルコストとランニングコストの算定結果から，事業の実現可能性および経済的措置ならびに適正技術の開発普及の必要性について費用便益分析の視点から考察することであった。インドネシアのバンドン市メトロ地区において，CVMを用いた水環境汚染の改善に対するWTPの調査を行い，以下の点が明らかになった。

第1に，メトロ地区における汚水処理施設整備による環境便益の住民評価額は，裾切り平均WTPは世帯当たり月1万2,398ルピア，中位WTPは9,880ルピアであり，年間総便益評価額は約3,547万ルピアであった。第2に，汚水処理施設整備によるイニシャルコストおよびランニングコストを算定し，WTPと比較した結果，B/C比は0.115となりプロジェクトとして成立するのは極めて困難であった。第3に，時間的なWTPの上昇，社会的な便益，割引率(収益率)の見直しを行ってもB/C比は1に満たず，現状でインドネシアの自助による改善は期待することも困難であることが示された。これらに対し，第4点目として，無償資金協力は，プロジェクト当初の貯蓄効果によりB/C比は大きくなる。また，割引率が大きい方が，先行して入る便益による効果が大きいことが示された。

ヨハネスブルクの環境開発サミットにおいては，「貧困こそが最大の環境問題」であると多くの中低所得国が訴えてきた。今回の調査で明らかになった便益と費用の乖離はまさにそれを体現したものといえる。技術面においてより一層のローコスト技術を開発し，B/C間の差異を縮める努力が必要であることはもちろんだが，単独の対策で期待されるB/C比改善効果には限界がある。経済成長政策によるATPの増加や無償資金協力などの総合的な対策をすることが求められる。本章の分析結果より，汚水処理施設整備において，国際協力・

援助は有効な手段であることが示された。また，近年の国際協力・援助では，その効果を評価する必要性が強調されており，プロジェクトが精査されていくことが予想される。CVM は，受入国・供与国双方の政策決定者に対し，プロジェクトの優先順位決定において，便益の定量的評価という有益な指標を与えうると考えられる。

注

1) 費用便益分析では，特定のプロジェクトに対し事前事後に便益を算定するのが一般的であるが，本章では，想定される受益者の評価から求められた環境便益を達成するために取りうる手段を探索するために用いることとする。
2) インドネシアでは納税者の割合が低く，また国家予算には税金以外にも国営石油会社の売り上げが大量に入っている。そのため，支払った税の額と受け取る公共サービスの額が一致していない。また，税金の不正流用問題などから税金に対する不信感が強く，税金方法を採用した場合，抵抗回答の増加が懸念されたことから基金方式を採用した。
3) 1人1日当たりの汚水量は 160 L とした(国際協力事業団国際協力総合研修所[11])。BOD 負荷は，インドネシアの実状を示すデータがないため，日本と同じ 40 g，放流水質は 30 mg/L とした。
4) コスト計算にあたって考慮しなかった項目は，土地取得費および運営の人件費である。土地については，浄化槽は地中式なので，その上部空間も利用可能と考え算入をしなかった。人件費は，その組織形態により様々で，算定が困難なため計算から除外した。
5) 留め置き式を採用した理由は，第1に，調査期間が短期間に限定されており，面接式を実施するだけの調査員確保とトレーニングが困難であったこと，第2に，郵送調査で必要とされる郵送先の母集団リスト確保が困難であったこと，第3に，インドネシアでは，高所得者でなくても家事労働者を雇用する習慣が一般的であるため訪問時の在宅率が高いことなどがある。

引 用 文 献

[1] Altaf, M. A., Whittington, D., Jamal, H. and Smith, V. K. (1993): "Rethinking rural water supply policy in the Punjab, Pakistan," *Water Resource Research*, vol. 29(7), pp. 1943-1954.
[2] Altaf, M. A. and Hughes, J. A. (1994): "Measuring the demand for improved urban sanitation services: Results of a contingent valuation study in Ouagadougou, Burkina Faso," *Urban Studies*, vol. 31(10), pp. 1763-1776.
[3] Cameron, T. A. and Quiggin, J. (1994): "Estimation using contingent valuation data from a dichotomous choice with follow-up questionnaire," *Journal of Environmental*

Economics and Management, vol. 27, pp. 218-234.
[4] Choe, K., Whittington, D. and Laurina, D. T. (1996): "The economic benefits of surface water quality improvement in developing countries: A case study of Davao, Philippines," *Land Economics*, vol. 72(4), pp. 519-537.
[5] Dixon, J. A., Carpenter, R. A., Fallon, L. A., Sherman, P. B. and Manopimoke, S. (1988): *Economic Analysis of the Environmental Impacts of Development Projects*. The Asian Development Bank. (長谷川弘訳(1991):『環境はいくらか——環境の経済評価入門』築地書店)
[6] Gómez-Lobo, A., Foster, V. and Halpern, J. (2000): "*Information and modeling issues in designing water and sanitation subsidy schemes*," World Bank working paper No. 2345.
[7] Hanneman, M., Loomis, J. and Kanninen, B. (1991): "Statistical efficiency of double-bounded dichotomous choice contingent valuation," *American Journal of Agricultural Economics*, vol. 73, pp. 1255-1263.
[8] 肥田野登(2000):「費用便益分析の基本と課題」『水環境学会誌』vol. 23(8), pp. 452-456。
[9] 池田三郎(1989):「リゾート開発と水質汚濁」『水質汚濁研究』vol. 12(8), pp. 470-474。
[10] 環境省大臣官房廃棄物・リサイクル対策部廃棄物対策課浄化槽対策室(2002):『生活排水処理施設整備計画策定マニュアル』。
[11] 国際協力事業団国際協力総合研修所(1995):『開発途上国の都市におけるし尿・雑排水処理の段階的改善計画手法の開発に関する研究——インドネシアにおける事例研究——報告書, 総研JR95-16』。
[12] Memon, M. A. (2001): "Household characteristics, health benefits, and willingness to pay for rural water supply in Pakistan," *Journal of International Development Studies*, vol. 10(1), pp. 121-137.
[13] Mitchell, R. C. and Carson, R. T. (1989): *Using surveys to value public goods: the contingent valuation method*, Resources for the Future.
[14] Singh, B., Ramasubban, R., Bhatia, R., Briscoe, J., Griffin, C. C. and Kim, C. (1993): "Rural water supply in Kerala, India: How to emerge from a low-level equilibrium trap," *Water Resource Research*, vol. 29(7), pp. 1931-1942.
[15] Statistics Central Agency of Bandung City (2001): *Bandung City in Figures 2000*, Badan Pusat Statistik Kota Bandung.
[16] 刀根薫(1986):『ゲーム感覚意思決定法,AHP入門』日科技連。
[17] 植田達博(2000):「インドネシアにおける下水道の現状と課題」『下水道協会誌』vol. 37(453), pp. 19-25。
[18] Whittington, D., Okorafor, A., Okore, A. and McPhail, A. (1990): "Strategy for cost recovery in the rural water sector: A case study of Nsukka district, Anambra State, Nigeria," *Water Resource Research*, vol. 26(9), pp. 1899-1913.

[19] Whittington, D., Lauria, D. T., Wright, A. M., Choe, K., Hughes, J. A. and Swarna, V. (1993): "Household demand for improved sanitation services in Kumasi, Ghana: A contingent valuation study," *Water Resource Research*, vol. 29(6), pp. 1539-1560.

[20] Whittington, D., Choe, K. and Lauria, D. (1997): "The effect of giving respondents "time to think" on tests of scope: An experiment in Calamba, Philippines," in Kepp, R., Pommerehne, S., Schwaltz, W. W. and Kluwer, N. (ed.): *Determining the Value of Non-Marketed Goods*, pp. 219-234.

[21] 山村尊房・鏑木儀郎・四阿秀雄・石井明男(1993):「インドネシアの水道・環境衛生分野の現状と日本による国際協力[Ⅲ]」『資源環境対策』vol. 29(7), pp. 665-673.

海外における CVM 調査

海外での CVM 調査では，回答者の選好に直接あるいは間接的に影響を与えている言語，宗教，契約，法律など人間活動の共通基盤としての「制度」を考慮した調査設計が，重要となる．以下では，本章の CVM 調査における支払形態の設定で考慮する必要があった点をまとめて紹介したい．

地域共同体による公共サービスの維持

評価対象財が地域公共財に近い性質を持つ場合，調査対象地域での公共サービス管理方法についても事前に確認することが必要である．インドネシアでは，Rukun Warga という小規模の行政区が，住民からの費用負担により，廃棄物処理などの地域公共サービスを供給していた．

租税収入以外の財源

インドネシアでは，石油・ガス国営企業からの国家歳入が予算全体の約 15% を占めているともいわれている．したがって，支払形態に税負担方式を採用しても，オイルマネーの存在を見越してフリーライダーとなるバイアスが懸念されることから，税負担方式は困難と判断した．このように，支払形態の検討においては，その国の公共サービスが，どのような財源で賄われているかについて，徴税方法やそのほかの財源などを考慮する必要がある．

イスラム教に基づく喜捨の習慣

インドネシア国民の 87% がイスラム教徒といわれており，イスラム教は，インドネシア国民の倫理観に大きな影響を与えている．そこで，イスラム教には，喜捨(サダカ)の習慣があることから，倫理的満足によるバイアスの原因となる可能性があるため，支払形態に寄付を採用するのは困難と判断した．このような喜捨を習慣とする宗教は，仏教などにもあり，調査対象地域の状況を確認する必要がある．

以上のような，公共サービス供給の供給方法，費用調達方法，宗教的価値観などを考慮した結果，「Rukun Warga に汚水処理サービスの管理組織を維持するための基金を設定し，月当たりの拠出金を求める」というシナリオを設定した。

〈岩本博幸〉

第III部

Life Cycle Assessment

石川県珠洲市の圃場にて。リアルタイム土中光センターによる精密農業の実証。

第7章 LCAの理論的枠組みとわが国の農業分野への適用

増田清敬

1. LCAの特徴と問題点

　LCA(Life Cycle Assessment；ライフサイクルアセスメント)とは，製品の原材料採取から生産，消費，廃棄に至るまでのライフサイクル(ゆりかごから墓場まで)を通じた環境影響を評価する手法である[1]。ライフサイクルを通じた評価というLCAの考え方を用いた最初の研究は，1969年に飲料メーカーの委託で米国のミッドウェスト研究所が行ったリターナブルガラスびんを対象とした研究とされる[2]。その後，1970年代前半のオイルショックによる省エネルギーや，1980年代以降の環境保護運動に関連したリサイクルに対する関心の高まりなどから，エネルギー収支分析を中心としたLCA研究が欧米で進展してきた。

　LCA最大の特徴は，ライフサイクルを通じた評価を行うことにある。この特徴を説明するためによく引用される例として，自動車のLCAがある(小林[36])。自動車のライフサイクルは，素材製造，車体製造，走行，修理・維持管理，廃棄・リサイクル，各ステージ間の輸送で構成される。平均的な自動車が消費するエネルギーと排出するCO_2を分析すると，両者とも走行ステージにおける寄与が8割以上であることが示されている。このことは，走行ステージの燃料消費によるエネルギーと排気ガスによるCO_2排出を抑制することが自動車の環境対策にとって最も重要であることを示唆している。

　このように製品のライフサイクルを通じた評価は，どのステージでどれだけの環境負荷が排出されているのかを明らかにすることができる。このような環境情報の提供は，以下のような点で有用である。第1に，環境負荷排出が大き

いステージに対し，重点的な環境対策を施すための科学的根拠を得ることができる。このことは，生産者がより環境に配慮した製品生産を行う上で改善点を把握できることを意味する。第2に，同じような機能を持つ製品間の比較において環境面の優位性を主張することができる。近年，消費者が製品を選択する基準の1つとして，製品性能のみならず環境に配慮した製品であることも重要になってきた。つまり，LCAは，環境に配慮した製品を求める消費者ニーズに対応した環境情報を提供することができる。第3に，LCAで得られた結果を環境政策に応用することができる。例えば，環境負荷削減に資する製品にエコラベルをつけて推奨するエコラベリング制度があるが，この認定の根拠としてLCAの結果を用いることができる。

ただし，LCAには多くの問題点も指摘されている[3]。主な問題点として，データ精度に関する事項がある。厳密なLCA実施のためには，評価する製品の全ライフサイクルにわたり，透明性を確保しつつ，詳細かつ信頼性のあるデータを収集する必要がある。しかし，そのようなデータを収集することは，労力やコスト負担の点も含めて現実的であるとはいいがたく，LCAの評価手法自体も確立していない状況にある。LCAの国際規格であるISO14040は，LCAがまだ開発の初期段階にあることを指摘している（石谷・赤井[15]）。それゆえ，現状におけるLCAは，データベース整備や事例蓄積が必要な段階にあるといえよう。

2. 環境経済学におけるLCAの位置づけ

植田ら[74]によると，環境経済学とは，現実の環境問題に対して経済学または政治経済学の方法を用いてアプローチする学問領域である[4]。植田ら[74]は，環境経済学のアプローチとして，物質代謝論アプローチ，環境資源論アプローチ，外部不経済論アプローチ，社会的費用論アプローチ，経済体制論アプローチの5つを挙げている。

第1に，物質代謝論アプローチは，エコロジー経済学やエントロピー経済学が含まれるアプローチである。現代の環境問題を人間と自然との間の物質代謝過程のあり方として分析するものである。第2に，環境資源論アプローチは，

現代の環境問題について環境資源(例えば,森林資源,水資源,水産資源など)をめぐる経済問題として捉えようとするアプローチである。ストックとしての環境資源の持続可能な合理的利用とそこから生み出されるフローとしての環境サービスの最大化の関係を分析するものである。第3に,外部不経済論アプローチは,今日において環境問題に取り組む場合の主流的なアプローチである。ピグーによる外部不経済としての社会的費用の理論的認識に基づくものであり,発生する外部不経済を何らかの公共的政策手段を用いて市場経済に内部化するという考え方である。第4に,社会的費用論アプローチは,社会的費用という経済学上の概念を用いて環境問題発生原因とそれに対する環境政策のあり方を分析するアプローチである。社会的費用の発生は私企業体制の下では不可避であるという政治経済学的志向を持つカップのアプローチを意識したものである。第5に,経済体制論アプローチは,経済体制のあり方が持つ重要性を強調する政治経済学的な方法論に基づくアプローチである。環境問題を具体的に解決していく場合,経済体制上の諸要因を分析していく必要がある。

以上の環境経済学における5つのアプローチのうち,LCAは物質代謝論アプローチに属していると考えられる。その理由は以下の通りである。LCAは,製品のライフサイクルを通じての環境影響を定量的に評価する手法であり(石谷・赤井[15]),具体的には,製品生産,消費,廃棄における物質収支分析から環境負荷を計測する手法である。物質代謝論アプローチには,経済システムを自然環境との連関を含めた物質循環の一環として位置づけようとする共通した観点があることから,経済システムにおける製品生産,消費,廃棄の物質収支分析を行うLCAは,物質代謝論アプローチに属していると考えられる。

LCAを物質代謝論アプローチにおける物質収支モデルから説明すると,図7-1のように示すことができる。生産者と消費者の2部門からなる経済システムは自然環境に内包されており,生産者は自然環境から原材料を調達し,製品生産を行う。消費者は生産された製品の供給を受け,消費する。生産,消費活動の各過程では環境負荷や廃棄物が排出され,廃棄物の一部はリサイクルに回される。そして,排出された環境負荷や廃棄物は最終的に自然環境に影響を与え,自然環境の質を劣化させる。LCAは,図7-1に示された製品にかかわるすべての活動,すなわちライフサイクルにおいて排出される環境負荷を定量的

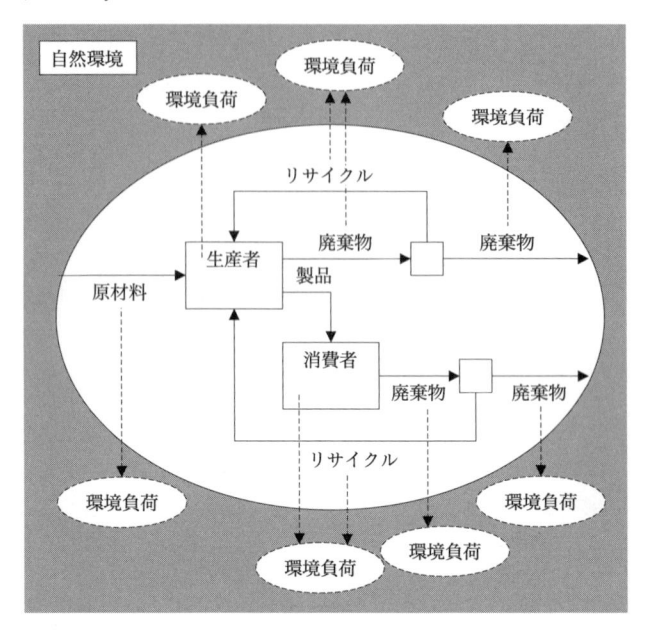

図7-1　自然環境と経済システムにおける物質収支モデル。出典：Field [2]の p. 26 を改変

に評価する手法として位置づけられる。

　ここで，自然環境の質が劣化することを抑制するためには，自然環境に排出される環境負荷や廃棄物の量を削減する必要がある。それゆえ，それらの削減手段を講じるための知見を得ることにおいて，環境負荷を定量化し，環境問題として識別することができる LCA は有効な分析手法である。

3. 国際規格に基づいた LCA の実施手法

3-1. LCA の実施手順

　LCA の手法は，ISO (International Organization for Standardization；国際標準化機構) によって国際規格化が行われている (石谷・赤井[15, 16]，ISO [17, 18])。図 7-2 は，国際規格に基づいた LCA の実施手順を示したものである。

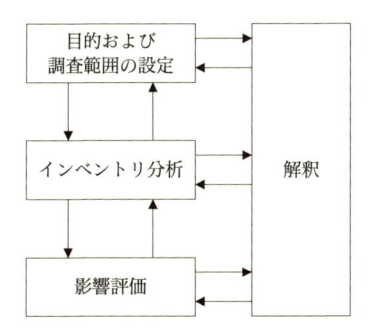

第7章　LCAの理論的枠組みとわが国の農業分野への適用　153

図7-2　国際規格に基づいたLCAの実施手順。出典：石谷・赤井[15]より作成

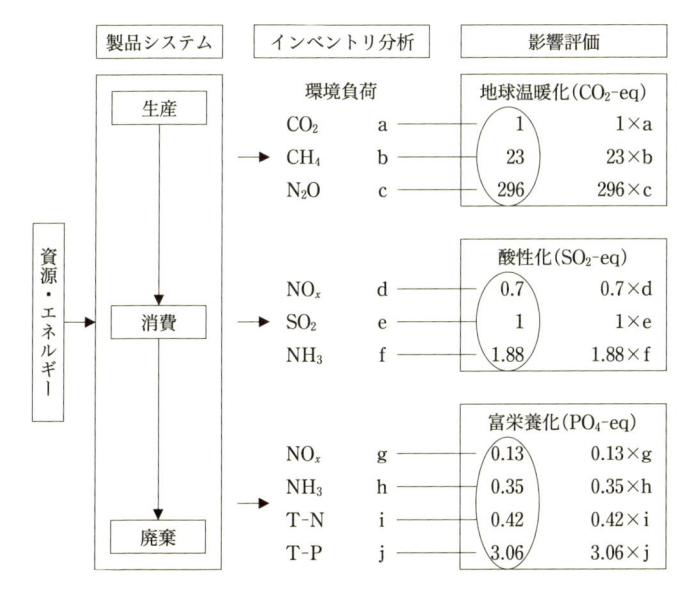

図7-3　LCAにおける計算手順の流れ。出典：荻野[52]のp.33を改変
注）影響評価の各環境影響カテゴリー中の円内の数値は特性分析係数でありCML[1]による。

　国際規格に基づいたLCAは，目的および調査範囲の設定，インベントリ分析（ライフサイクルインベントリ分析），影響評価（ライフサイクル影響評価），解釈（ライフサイクル解釈）の4つの段階で構成される。また，図7-3は，LCAにおける計算手順の流れを示したものである。LCAにおいて，環境負荷を計測する段階はインベントリ分析，環境負荷を環境問題として識別する段階は影

響評価である。以下では，これらの図を参考にしながら，国際規格に基づいたLCAの実施手順を概説したい[5]。

（1）目的および調査範囲の設定

目的および調査範囲の設定は，LCAの目的とその対象となる製品システム，機能単位，配分基準などを設定する段階である。

図7-3を例に取ると，製品システムは，生産，消費，廃棄の3つのステージで構成される。これらの各ステージにおける活動のために資源やエネルギーが投入され，環境負荷や廃棄物が排出される。なお，製品システム境界の内部が調査範囲となる。ただし，実際にLCAを実施する際は，生産，消費，廃棄という製品のライフサイクル全体を調査範囲とせずに，各ステージまたはその一部のみを調査範囲に限定することもある。調査範囲を限定したLCAは，SLCA(Streamlined LCA；簡略LCA)と呼ばれ，すでに市民権を得ている(未踏科学技術協会・エコマテリアル研究会[49])。

機能単位とは，製品システムにおける生産物1単位のことを指し，そのフローは生産から消費，消費から廃棄という各ステージ間をつないだ矢印で示される。なお，1つの製品システムが複数の機能を有する場合，設定された機能単位の違いによって評価結果が異なる可能性も指摘されている[6]。

また，もし製品システムが複数の生産物を生産するならば，どの生産物に資源やエネルギーおよび環境負荷や廃棄物のフローをどれだけ帰属させるかという配分の問題が生じる。その際の配分基準には，一般的に各生産物の重量比が用いられる。しかし，生産物が著しく軽いなど，重量比を用いることが適当ではない場合，容積比や経済的価値が配分基準として用いられる。

（2）インベントリ分析

インベントリ分析は，製品システムに投入される資源やエネルギーおよび製品システムから排出される環境負荷や廃棄物を定量化するためのデータ収集と計算を行う段階である。インベントリ分析の計算方法には積み上げ法と産業連関法[7]があるが，LCAの国際規格は，製品のライフサイクルにおける投入と産出を詳細に計算して集計する方法である積み上げ法をベースに作成されている。具体的には，製品システムについて，各ステージにおける資源やエネルギーの投入と環境負荷や廃棄物の排出に関するフローを示した図(ライフサイ

クルフロー図)を作成し,モデル化する.次に,モデル化された製品システムにおける投入と産出のデータについて,その妥当性や整合性を検証しつつ収集し,集計する.ここで,もし製品システムが複数の生産物を生産する場合,これらのフローは,目的および調査範囲の設定において決定された配分基準によって各生産物に配分される.

(3) 影響評価

影響評価は,環境負荷を各環境影響カテゴリーに割り振ること(分類化),各環境影響カテゴリー内で環境負荷を環境問題として定量化すること(特性化),可能な場合は特性化の結果を統合すること(重みづけ)を行う段階である.特に,分類化と特性化は,LCAの国際規格における必須要素とされている.以上のような手法は,問題比較型(ミッドポイント)影響評価と呼ばれ,多くのLCA研究で行われている.

図7-3における分類化と特性化を例に取ると,まず,インベントリ分析で計測された8種類の環境負荷,CO_2,CH_4,N_2O,NO_x,SO_2,NH_3,T-N,T-Pを地球温暖化(CO_2,CH_4,N_2O),酸性化(NO_x,SO_2,NH_3),富栄養化(NO_x,NH_3,T-N,T-P)の各環境影響カテゴリーに分類する.次に,分類された環境負荷に自然科学的に決定された特性分析係数を乗じて各環境問題として定量化する.例えば,CO_2,CH_4,N_2Oの温室効果ガスを地球温暖化という環境問題として定量化するならば,これらの環境負荷に特性分析係数としてCO_2:1,CH_4:23,N_2O:296(CML [1])を乗じ,CO_2等量に換算する.

影響評価手法には,以上で解説した問題比較型影響評価のほかに被害算定型(エンドポイント)影響評価もある[8].被害算定型影響評価は,分類化の後に被害評価を行う手法である.被害評価とは,科学的な知見から環境負荷が疾病増加や各種生産などに与える影響を定量化するものである.定量化された被害評価は,最終的に重みづけされ,1つの指標に統合される.

(4) 解　釈

解釈は,設定された目的および調査範囲とインベントリ分析,影響評価から得られた知見が整合するかどうかについて,感度分析の結果などを用いて再吟味し,修正を行う段階である.例えば,感度分析では,LCAの実施において設定した仮定やデータを変化(±25%など)させることによって,インベント

リ分析や影響評価の結果がどの程度変化するのか，その感度を算出する。解釈では，このような結果を用いて設定した仮定やデータが最終的な結果に与える影響度を調査する。なお，解釈の段階を通じてインベントリ分析，影響評価から得られた知見は，最終的に設定された目的および調査範囲と整合性を持って，製品の環境に与える影響や改善点としてまとめられる。

3-2. LCA の計算例

　ここでは，計算例のために仮定された製品システム A というごく簡単なモデル(図 7-4，表 7-1)を用いて，LCA における実際の計算手順(インベントリ分析，影響評価)を概説したい。製品システム A では，資源 40 kg の投入によって主産物 30 kg と副産物 10 kg が生産される。なお，資源投入による環境負荷排出としては，温室効果ガスである CO_2，CH_4，N_2O を想定する。

　製品システム A の LCA における機能単位は，主産物 1 kg に設定した。つまり，この計算例では，製品システム A の主産物 1 kg を生産する際に排出される環境負荷を評価することになる。ただし，製品システム A は，主産物のほかに副産物も同時に生産するという結合生産が行われることから，排出された環境負荷を主産物または副産物にどれだけ帰属させるかという配分の問題が生じることに留意する必要がある。ここで，重量比による配分基準を採用すると，製品システム A は資源 40 kg の投入によって主産物 30 kg，副産物 10 kg を生産することから，主産物と副産物の重量比は，$30/(30+10)=0.75$ となる。

　次に，インベントリ分析を行う。環境負荷排出量は，資源投入量に環境負荷排出係数を乗じることで求められる。製品システム A に投入される資源量は 40 kg であり，投入される資源 1 kg 当たり環境負荷排出係数は，CO_2：1 kg，CH_4：0.5 kg，N_2O：0.1 kg と仮定されている。ここで，先に定めた配分基準

図 7-4　製品システム A のモデル

表 7-1　LCA の計算例(製品システム A)

目的および調査範囲
　　機能単位　主産物 1 kg
　　調査範囲　製品システム A(図 7-4)
　　配分基準(重量比)　30/(30+10)=0.75

インベントリ分析
　　投入量　資源 40 kg
　　産出量　主産物 30 kg，副産物 10 kg
　　環境負荷排出係数(資源 1 kg 当たり)　CO_2：1 kg, CH_4：0.5 kg, N_2O：0.1 kg
　　機能単位当たり資源投入量(配分基準の適用)
　　　　投入量　資源(kg/主産物 1 kg)=40×0.75/30=1
　　機能単位当たり環境負荷排出量の計測
　　　　CO_2(kg/主産物 1 kg)=1×1=1
　　　　CH_4(kg/主産物 1 kg)=1×0.5=0.5
　　　　N_2O(kg/主産物 1 kg)=1×0.1=0.1

影響評価
　　環境影響カテゴリー　地球温暖化
　　地球温暖化の特性分析係数　CO_2：1, CH_4：23, N_2O：296
　　機能単位当たり地球温暖化ポテンシャルの計測
　　　　GWP(kg-CO_2-eq/主産物 1 kg)=1×1+0.5×23+0.1×296=42.1

注)　環境負荷排出係数は便宜的に仮定したものである。なお，地球温暖化の特性分析係数は，CML [1]による。

を適用して機能単位当たり資源投入量を求めると，資源(kg/主産物 1 kg)=40×0.75/30=1 となる。ゆえに，機能単位当たり環境負荷排出量は，CO_2(kg/主産物 1 kg)=1×1=1, CH_4(kg/主産物 1 kg)=1×0.5=0.5, N_2O(kg/主産物 1 kg)=1×0.1=0.1 として求められる。

最後に，影響評価を行う。インベントリ分析で求められた CO_2, CH_4, N_2O は温室効果ガスであるので，選択される環境影響カテゴリーは地球温暖化である。これら 3 つの環境負荷を地球温暖化ポテンシャルとして評価するためには，地球温暖化の特性分析係数を各環境負荷排出量に乗じ，CO_2 等量に換算すればよい。地球温暖化の特性分析係数は CO_2：1, CH_4：23, N_2O：296(CML [1])であるので，機能単位当たり地球温暖化ポテンシャルは，GWP(kg-CO_2-eq/主産物 1 kg)=1×1+0.5×23+0.1×296=42.1 となる。

4. わが国の農業分野における LCA 研究

4-1. わが国における取り組み

わが国では，1980年代に入ってから新素材導入や発電プラントなどといった工業分野において LCA 研究が開始された．農業分野への LCA 適用は，1990年代後半以降のことである．

わが国の農業分野に LCA を適用した初期の研究には，1996～1997年度にかけて，農林水産省から農林水産技術情報協会に委託されて行われた「農林水産業に係る LCA 適応方策の検討調査」がある[9]．この調査では，稲作と肉牛生産を事例とした LCA 研究が行われた．1998～2000年度には，上記を受けて「農林水産業に係る LCA 応用施策の検討調査」として，国内外における LCA 研究の情報収集などが試みられた．また，1998年度から農業環境技術研究所などによる「環境影響評価のためのライフサイクルアセスメント手法の開発」が実施され，産業連関法や積み上げ法による LCA 手法の開発や農業生産に LCA を適用するためのマニュアル化が行われている．

なお，松野[46]によると，わが国の学術雑誌に掲載された農業分野の LCA 研究としては，1998年の小林[26]による窒素投入に関する LCA 研究が最初とされる．表 7-2 は，小林[26]以降に発表されたわが国の農業分野に LCA を適用した主な事例研究を整理したものである．現在のところ，家畜糞尿問題の原因である畜産関連（畜産経営，飼料作，家畜糞尿処理）の事例研究が中心となっている[10]．

4-2. 今後の展望

従来工業分野で発展してきた手法である LCA を農業分野に適用する場合，欧米のケーススタディから様々な問題点が指摘されている（福原[3]）．第1に，バイオマス生産を行う農業分野では，太陽エネルギーを一次エネルギーとして，化石資源，土壌，大気などの多岐な要素が組み込まれている点である．第2に，生態系に対する環境負荷の影響評価が確立されていない点である．

これらの問題点は，農業が自然を相手にした産業分野であることに起因する．

表 7-2 わが国の農業分野に LCA を適用した主な事例研究

文献	評価対象	評価項目
稲作		
稲生[13]	水稲栽培における農薬利用	農薬
井上・髙橋[14]	水稲栽培における栽培技術	T-N, P_2O_5
小倉[54]	水稲栽培における投入資材と機械利用	エネルギー, CO_2
小野ら[62]	水稲栽培における規模拡大	CO_2
鶴田・尾崎[73]	水田	地球温暖化, T-N, T-P, COD
工藤[40]	水稲栽培における施肥管理技術	地球温暖化, 費用
畑作		
古賀[37]	畑作 (秋まき小麦, てんさい, 小豆, ばれいしょ, キャベツ)	地球温暖化, 酸性化, 硝酸性窒素, 農薬, 廃棄物
畜産		
増田ら[42]	酪農	地球温暖化, 酸性化, 富栄養化
増田ら[43]	低投入型酪農	エネルギー, 地球温暖化, 酸性化, 富栄養化, 地下水水質, 表面水水質
林[9]	肉牛	エネルギー, CO_2, CH_4, T-N
Ogino et al. [53]	和牛肥育における飼養期間	エネルギー, 地球温暖化, 酸性化, 富栄養化
小林・柚山[34]	肉用牛・耕種複合経営	エネルギー, 地球温暖化
飼料作		
小野ら[63]	飼料イネ利用による耕畜連携	CO_2
築城・佐々木[71]	飼料	CO_2
佐々木ら[67]	飼料	地球温暖化, 酸性化, 富栄養化
賀来ら[22]	休耕地を用いた濃厚飼料供給	エネルギー, 地球温暖化, 酸性化, 富栄養化
小野[64]	飼料イネ利用による耕畜連携	CO_2
園芸作		
北畠ら[25]	トマト	CO_2, T-N, T-P, 固形廃棄物, 農薬原体
Tsunemi et al. [72]	トマト	CO_2, 価格
Hayashi and Kawashima [8]	トマト	地球温暖化, 酸性化, 富栄養化, 光化学オキシダント, 生態毒性
林[6]	トマト	人間健康, 生態系の質
生駒ら[12]	キャベツ	CO_2, NO_x, SO_x, N_2O, T-N, P_2O_5, K_2O
松尾・荒木[47]	茶	地球温暖化
果樹作		
Kashimura et al. [24]	日本ナシ	CO_2, N_2O
複数作目		
尾関[66]	エネルギー作物	エネルギー
小林ら[35]	稲作, 麦作, 大豆作	温暖化エネルギー収支, 温暖化土壌面収支, 栄養塩類, 廃棄物, 農薬

表7-2（つづき） わが国の農業分野にLCAを適用した主な事例研究

文献	評価対象	評価項目
農業廃棄物処理		
Kobayashi and Yamada [30]	稲わらリサイクル	エネルギー，CO_2
和木ら[75]	豚舎汚水処理	地球温暖化，酸性化，富栄養化，オゾン層破壊
羽賀・和木[4]	肥育牛糞尿の堆肥化	地球温暖化，酸性化，富栄養化，スモッグ
泉澤ら[21]	堆肥センターにおける堆肥製造	エネルギー，CO_2，NO_x，SO_x，T-N，堆肥製造評価，費用
磐田ら[20]	畜産廃棄物処理の最適化	エネルギー，費用
田中ら[69]	養豚農家における糞尿処理施設導入	エネルギー枯渇，地球温暖化，酸性雨，大気汚染，水質汚染
三津橋・稲葉[50]	化学肥料製造と乳牛糞尿CH_4発酵処理	CO_2，CH_4
日向[10]	集中処理型バイオガスプラント	地球温暖化
北海道立根釧農業試験場研究部経営科[11]	集中処理型バイオガスプラント	地球温暖化
大村ら[60]	個別農家用バイオガスプラントからのバイオガス輸送・貯蔵・利用方式	地球温暖化，経済収支
増田ら[45]	集中処理型バイオガスプラント	エネルギー，地球温暖化，酸性化，富栄養化，地下水水質，地表水水質
地域における農業生産活動		
小林[27]	農業地域における農業生産活動	エネルギー，T-C
大村ら[55]	農業地域における農業生産活動と農業関連産業	地球温暖化，富栄養化
Ohmura [57]	島嶼地域と中山間地域における農業生産活動	地球温暖化，酸性化，富栄養化，富栄養化（水），人間毒性，費用
小林[32]	農業地域における農業生産活動	T-C
大村[59]	離島地域における農業生産活動	地球温暖化，酸性化，富栄養化
化学肥料の製造・投入		
小林[26]	窒素投入	エネルギー，CO_2
小林・佐合[28]	化学肥料の製造・流通	エネルギー，CO_2
小林[29]	化学肥料の施用	エネルギー，CO_2，T-N
久保・河島[39]	緑化工法における化学肥料施用	エネルギー，CO_2
農地管理		
小林・陳[33]	水田，畑地における農地管理	T-C
農業施設		
小泉[38]	ロックフィルダム	CO_2，環境配慮
見手倉ら[48]	農業集落排水施設の汚泥処理方法	エネルギー，地球温暖化
奥山ら[61]	水車除塵機製造	エネルギー，CO_2
小林・阿部[31]	圃場整備事業	エネルギー，CO_2
丹治ら[70]	農業用水	CO_2
東理ら[23]	農業集落排水施設の汚泥処理方法	CO_2，NO_x，SO_x，CH_4，N_2O

注）1998年以降に発表されたわが国の農業分野を対象とし，LCAであることを明記した事例研究に限定して，筆者の把握しうる範囲で整理した。

特に農業分野の自然条件による制約は，LCA 適用においてはインベントリデータの利用可能性の制約につながっている．例えば，福原[3] が指摘するように，作物ごとに地域条件，圃場面積などに応じて，作業機械や投入資材のエネルギーは変動する．それゆえ，環境負荷排出量の変動を把握するためには膨大な調査数値の収集が必要となる．LCA の実施において，このようなインベントリデータの整備，データベース化は急務の課題といえよう．しかし，現在のところ，わが国の農業分野におけるインベントリデータの整備は，まだ不十分な状況にあり，研究事例の蓄積を行っている段階にある．

同様に，環境負荷排出係数整備も重要な課題である．しかし，これも農業が自然条件に制約される産業分野であることに強く影響を受ける．例えば，家畜糞尿からは，温室効果ガスや酸性化ガスなどの複数の環境負荷が空中に揮散する．このような環境負荷排出は従来から環境問題の原因として認識されており，自然科学分野において実験に基づいた数多くの研究が行われてきた．しかし，自然条件に制約される農業分野では，気候条件のような地理的条件などに大きな影響を受ける．例えば，長田[65] は，家畜糞尿からの環境負荷排出について，推定値に多くの誤差が含まれていることを指摘している．よって，自然科学分野における研究成果を元に作成した環境負荷排出係数も，当然それらの誤差を含むこととなる．

このようなデータ整備状況が，農業分野における LCA 適用を制約している．表 7-2 をみると，小林[26] 以降に発表されたわが国の農業分野における LCA 研究の約 6 割は，環境負荷のみの評価（インベントリ分析）にとどまっている．その主因として，第 1 に，評価対象におけるインベントリデータの整備が不十分であるため，複数の環境負荷を調査範囲に含めることができず，影響評価の実施まで至らなかったこと，第 2 に，LCA 研究の実施にあたり，インベントリデータの整備を目的としたものが少なからずあることなどが考えられる．

以上から，わが国の農業分野における LCA 研究について，データ整備も含めた精緻化が必要であるのはいうまでもないが，同時に，農業分野における LCA 研究の事例蓄積も必要である．まだ評価されていない対象への LCA 適用や，すでに LCA が適用された評価対象における評価項目の拡張が求められる．特に評価項目の拡張については，ある環境問題への対応がほかの環境問題

を誘発してしまうというプロブレム・シフティング(Problem Shifting)を把握するという点からも重要である(大村ら[58])。環境問題の総合的評価のための手法であるLCAの特徴を活かすためにも，複数の評価項目からの多面的な検討が必要であろう。今後，わが国の農業分野におけるLCAの精緻化が進めば，環境負荷排出源の特定化による農業環境対策の実施や有機農産物をはじめとしたエコ農産物の認定，バイオマス資源循環型農業・農村システム構築などのための評価ツールとしての活用が期待される。

注

1) 本節の執筆にあたり，林[9]，石谷・赤井[15]，未踏科学技術協会・エコマテリアル研究会[49]を参照。
2) 詳しくは，石谷・赤井[15]，未踏科学技術協会・エコマテリアル研究会[49]を参照。
3) 詳しくは，LCAにおける手法上および応用上の問題点を整理した石谷・赤井[15]を参照。
4) 本節の執筆にあたり，植田ら[74]，Field[2]，髙橋[68]を参照。特に，環境経済学における各アプローチについては，植田ら[74]を参照。
5) LCAの実施手順については，LCAの国際規格(石谷・赤井[15, 16]，ISO[17, 18])のほかに多くのマニュアルが発行されている。なお，執筆にあたり，林・伊坪[5]，LCA実務入門編集委員会[41]，未踏科学技術協会・エコマテリアル研究会[49]，農業環境技術研究所[51]，大村[56]を参照。
6) 複数の機能単位の例としては，農業分野における農産物，耕地面積，農場などがある。機能単位の複数性に関する議論は，林[7]によってまとめられている。
7) 産業連関法は，産業連関表を用いて各部門間における金額の動きからエネルギーや環境負荷をマクロ的に計算する方法である(鷲田[76])。
8) 被害算定型影響評価については，林・伊坪[5]に詳しい。なお，わが国で開発された被害算定型影響評価手法には，伊坪ら[19]がある。
9) わが国の農業分野におけるLCA適用の取り組みについては，福原[3]を参照。
10) フードシステムのように農業分野のみならず食料分野も含めて分析したLCA研究も少なくないが(増田[44])，表7-2は，筆者の把握しうる範囲で農業分野のみを評価したLCA研究に限定して取りまとめたものである。

引用文献

[1] CML (2002): "Characterisation factors from LCA handbook," http://www.leidenuniv.nl/cml/ssp/projects/lca2/lca2.html, CML.
[2] Field, B. C. (1997): *Environmental Economics: An Introduction Second Edition*, The

バイオマス・ニッポン総合戦略

　これまでの大量生産，大量消費，大量廃棄による社会システムは，地球温暖化をはじめとした多くの環境問題を引き起こしてきた。そこで，循環型社会構築のためのキーワードとして，再生可能な生物由来の有機性資源であるバイオマスに注目が集まっている。

　「バイオマス・ニッポン総合戦略」は，エネルギーや製品としてバイオマスを総合的に最大限活用し，持続的に発展可能な社会「バイオマス・ニッポン」を実現することを意図したものである。わが国は，2002年12月に本総合戦略が閣議決定された後，それに従って各種施策の推進を図ってきた。しかし，2005年2月の京都議定書発効による実効性のある地球温暖化対策実施が緊急の課題となるなどの国際的な情勢変化に対応すべく，2006年3月に新たな「バイオマス・ニッポン総合戦略」が閣議決定された。

　新たな「バイオマス・ニッポン総合戦略」では，その目指すところとして，主に7つの項目を掲げている。すなわち，①「バイオマス・ニッポン」(バイオマスを総合的に最大限活用した姿)のイメージの提示，②バイオマスの利活用についての国民の理解の増進，③バイオマス由来輸送用燃料の導入，④「バイオマスタウン」構築の本格化，⑤バイオマス利活用技術の開発，⑥バイオマス製品・エネルギーの利用の増進，⑦アジア諸国など海外との連携である。　参考文献：農林水産省[1]　　　　　　　　　　　　　　　　　　　　　　　〈増田清敬〉

McGraw-Hill Companies.(秋田次郎・猪瀬秀博・藤井秀昭訳(2002)：『環境経済学入門』日本評論社)

[3]　福原道一(1999)：「農林水産業におけるLCAの適用」『農林水産技術研究ジャーナル』vol. 22(10)，pp. 5-8。

[4]　羽賀清典・和木美代子(2000)：「肥育牛のふん尿堆肥化におけるエミッションのLCA」農林水産省農業環境技術研究所編『農業におけるライフサイクルアセスメント』養賢堂，pp. 116-125。

[5]　林健太郎・伊坪徳宏(2005)：「LCA手法による農業生態系の環境負荷および環境影響の評価」波多野隆介・犬伏和之編『続・環境負荷を予測する――モニタリングとモデリングの発展』博友社，pp. 307-322。

[6]　林清忠(2006)：「農業生産活動の環境影響評価手法――統合化における機能単位とシステム境界が評価結果に与える影響」『2005年度日本農業経済学会論文集』pp. 311-317。

[7]　林清忠(2006)：「農業生産システムの環境影響評価――ORとLCA」『オペレーションズ・リサーチ』vol. 51(5)，pp. 268-273。

[8] Hayashi, K. and Kawashima, H. (2004): "Environmental impacts of fertilizer and pesticide application in greenhouse tomato production: evaluation of alternative practices," *Proceedings of The Sixth International Conference on EcoBalance*, CD-ROM.
[9] 林孝(2000):「肉牛生産のLCAと環境影響評価」農林水産省農業環境技術研究所編『農業におけるライフサイクルアセスメント』養賢堂, pp. 100-115。
[10] 日向貴久(2004):「酪農経営のふん尿処理を対象としたLCA——バイオガスシステムの温暖化ガスインベントリ分析と比較」『2004年度日本農業経済学会論文集』pp. 337-341。
[11] 北海道立根釧農業試験場研究部経営科(2005):「環境会計手法を用いた家畜ふん尿用バイオガスシステムの評価」『平成16年度北海道農業試験会議(成績会議)資料』pp. 1-23。
[12] 生駒泰基・村上健二・岡田邦彦・藤原隆広・佐藤文生・吉岡宏(2003):「LCA手法を用いたキャベツ機械化一貫体系の環境負荷評価」http://www.naro.affrc.go.jp/top/seika/2002/vegetea/ve045.html, 農業・生物系特定産業技術研究機構。
[13] 稲生圭哉(2000):「水稲栽培における農薬利用に伴う環境影響評価」農林水産省農業環境技術研究所編『農業におけるライフサイクルアセスメント』養賢堂, pp. 84-99。
[14] 井上恒久・高橋義明(2000):「水稲栽培における肥料, 土壌改良資材の利用に伴う環境負荷物質の収支のライフサイクル・インベントリー分析」『第4回エコバランス国際会議講演集』pp. 419-422。
[15] 石谷久・赤井誠監修(1999):『ISO 14040/JIS Q 14040 ライフサイクルアセスメント——原則及び枠組み』産業環境管理協会。
[16] 石谷久・赤井誠監修(2001):『ISO 14041/JIS Q 14041& ISO TR 14049/JIS Q TR 14049 ライフサイクルアセスメント——インベントリ分析&適用事例』産業環境管理協会。
[17] ISO (2000): *ISO 14042 Environmental Management——Life Cycle Assessment——Life Cycle Impact Assessment*, ISO.
[18] ISO (2000): *ISO 14043 Environmental Management——Life Cycle Assessment——Life Cycle Interpretation*, ISO.
[19] 伊坪徳宏・坂上雅治・栗山浩一・鷲田豊明・國部克彦・稲葉敦(2003):「コンジョイント分析の応用によるLCIAの統合化係数の開発」『環境科学会誌』vol. 16(5), pp. 357-368。
[20] 磐田朋子・嶋田荘平・玄地裕(2004):「需給バランスを考慮した畜産系廃棄物処理システムの検討」『第15回廃棄物学会研究発表会講演論文集』pp. 323-325。
[21] 泉澤啓・佐藤好克・斎藤善則・高橋正弘(2002):「畜産系堆肥化施設のLCAによる評価について」『宮城県保健環境センター年報』No. 20, pp. 98-102。
[22] 賀来康一・荻野暁史・島田和宏(2005):「LCA手法による休耕地を活用した濃厚飼料供給システムの環境評価」http://www.naro.affrc.go.jp/top/seika/2004/nilgs/ch04042.html, 農業・生物系特定産業技術研究機構。
[23] 束理裕・凌祥之・田原聖隆(2004):「農業集落排水処理および汚泥の炭化処理にお

ける環境負荷の算定」『第 15 回廃棄物学会研究発表会講演論文集』pp. 656-658。
[24] Kashimura, Y., Ito, A. and Hayama, H. (2002): "Life cycle assessment of Japanese pear cultivation," *Proceedings of The Fifth International Conference on EcoBalance*, pp. 189-190.
[25] 北畠晶子・半田貴・要司 (2001)：「環境保全型農業における LCA 手法の適用」『関東東海農業経営研究』vol. 92, pp. 65-69。
[26] 小林久 (1998)：「窒素投入に関するエネルギー消費・CO_2 排出のライフサイクル分析——リサイクル型農業の環境負荷に関する考察」『農業土木学会論文集』vol. 66(2), pp. 247-253。
[27] 小林久 (2000)：「農村地域のエネルギー消費と炭素収支に関するライフサイクル分析の試み」『農村計画論文集』vol. 2, pp. 247-252。
[28] 小林久・佐合隆一 (2001)：「窒素およびリン肥料の製造・流通段階のライフサイクルにわたるエネルギー消費量と CO_2 排出量の試算」『農作業研究』vol. 36(3), pp. 141-151。
[29] 小林久 (2002)：「施肥に関連する流出負荷低減策のライフサイクル分析——環境保全型農業に対するライフサイクルアセスメント (LCA) 適用の試み」『環境情報科学』vol. 31(1), pp. 77-85。
[30] Kobayashi, H. and Yamada, Y. (2002): "Evaluation of energy balance and CO_2 emission in processes of the energy production from agro-byproducts: a case study on assessment of the rice straw recycling system plan employing the concept of LCA," *Transactions of the Japanese Society of Irrigation, Drainage and Reclamation Engineering*, vol. 70(3), pp. 321-327.
[31] 小林久・阿部幸浩 (2003)：「農業を対象とした LCA の特殊性と推計手法に関する考察」『農業土木学会誌』vol. 71(2), pp. 1077-1081。
[32] 小林久 (2004)：「地域資源・地域環境評価のための物的勘定の試み——地域物質代謝構造の分析手法開発へのアプローチ」『環境情報科学』vol. 33(2), pp. 67-77。
[33] 小林久・陳杰 (2004)：「農地管理の違いが土壌の炭素貯蔵量に及ぼす影響とその評価に関する考察——農業を対象とする LCA 的分析における土地資源評価の意義」『農業土木学会論文集』vol. 72(2), pp. 217-223。
[34] 小林久・柚山義人 (2006)：「LCA 手法を適用したバイオマス資源循環の評価——肉用牛・耕種複合経営の物質フローとリサイクルプロセスの事例的分析」『農業土木学会論文集』vol. 74(1), pp. 13-23。
[35] 小林恭・金谷豊・佐々木豊・関正裕 (2005)：「農作業による環境影響評価のための LCA ソフト」http://www.naro.affrc.go.jp/top/seika/2004/kanto/kan04002.html, 農業・生物系特定産業技術研究機構。
[36] 小林紀 (1998)：「自動車の LCA」『自動車工業』vol. 377, pp. 2-7。
[37] 古賀伸久 (2004)：「十勝地方の大規模畑作に対する LCA の適用」『北農』vol. 71(1), pp. 8-17。
[38] 小泉泰通 (2000)：「農業土木施設の環境負荷評価」『農業土木学会誌』vol. 68(12),

pp. 1257-1261。

[39] 久保繁夫・河島章二郎(2003)：「微生物を利用した化学肥料削減緑化工法」『日本緑化工学会誌』vol. 28(4), pp. 497-500。

[40] 工藤卓雄(2005)：「水稲直播栽培と局所施肥管理技術の導入における普及および環境影響に関する可能性評価」北海道大学大学院農学研究科博士論文。

[41] LCA実務入門編集委員会編(1998)：『LCA実務入門』産業環境管理協会。

[42] 増田清敬・宿野部猛・出村克彦・山本康貴(2003)：「LCAを用いた酪農環境問題の定量分析——北海道・オコッペフィードサービスを事例として」『2003年度日本農業経済学会論文集』pp. 341-346。

[43] 増田清敬・髙橋義文・山本康貴・出村克彦(2005)：「LCAを用いた低投入型酪農の環境影響評価——北海道根釧地域のマイペース酪農を事例として」『システム農学』vol. 21(2), pp. 99-112。

[44] 増田清敬(2006)：「わが国の農業分野におけるLCA研究の動向」『農経論叢』vol. 62, pp. 99-115。

[45] 増田清敬・和田臨・山本康貴・出村克彦(2006)：「LCAを用いた地域資源循環システムの環境影響評価」『2005年度日本農業経済学会論文集』pp. 397-404。

[46] 松野泰也(2005)：「日本の学術雑誌に掲載されたLCA研究の論文」『日本LCA学会誌』vol. 1(1), pp. 51-62。

[47] 松尾喜義・荒木琢也(2003)：「チャ栽培体系の温室効果ガス発生量の評価」http://www.naro.affrc.go.jp/top/seika/2002/vegetea/ve047.html、農業・生物系特定産業技術研究機構。

[48] 見手倉幸雄・古崎康哲・石川宗孝(2002)：「ゼロエミッション型農業集落排水施設への更新とLCA手法」『農業土木学会誌』vol. 70(12), pp. 1085-1088。

[49] 未踏科学技術協会・エコマテリアル研究会編(1995)：『LCAのすべて——環境への負荷を評価する』工業調査会。

[50] 三津橋浩行・稲葉敦(2000)：「化学肥料のインベントリ分析および乳牛ふん尿処理物との比較検討」『第4回エコバランス国際会議講演集』pp. 631-634。

[51] 農業環境技術研究所編(2003)：『LCA手法を用いた農作物栽培の環境影響評価実施マニュアル』農業環境技術研究所。

[52] 荻野暁史(2004)：「畜産における環境影響評価手法に関する研究の現状——ライフサイクルアセスメント(LCA)を中心として」『研究調査室論集』vol. 5, pp. 32-40。

[53] Ogino, A., Kaku, K., Osada, T. and Shimada, K. (2004): "Environmental impacts of the Japanese beef-fattening system with different feeding length as evaluated by a life-cycle assessment method," *Journal of Animal Science*, vol. 82(7), pp. 2115-2122.

[54] 小倉昭男(2000)：「稲作における投入資材およびエネルギー」農林水産省農業環境技術研究所編『農業におけるライフサイクルアセスメント』養賢堂, pp. 57-71。

[55] 大村道明・両角和夫・合田素行・西澤栄一郎・田上貴彦(2000)：「北海道士幌町における農業と関連産業のLCA」『2000年度日本農業経済学会論文集』pp. 183-185。

[56] 大村道明(2002)：「農業地域LCAの手法——評価の前提と枠組み」『農業経済研究

第7章　LCAの理論的枠組みとわが国の農業分野への適用　167

報告』vol. 34, pp. 35-50。
[57]　Ohmura, M. (2002): "Problem shifting and system boundary in the LCA for rural agricultural activities," *Proceedings of The Fifth International Conference on EcoBalance*, pp. 167-168.
[58]　大村道明・両角和夫・田上貴彦・西澤栄一郎・合田素行(2002)：「農業分野へのLCA適用の動向と展望」『2002年度日本農業経済学会論文集』pp. 170-172。
[59]　大村道明(2004)：「農業のためのライフサイクルアセスメント手法の検討——鹿児島県沖永良部島の農業生産活動の環境影響評価を事例に」『東北農業経済研究』vol. 22(1), pp. 56-70。
[60]　大村道明・竹内良曜・松井克則・菊池貞雄(2005)：「個別農家用バイオガスプラントからの余剰ガスの輸送・貯蔵に関する予備的考察」『農業施設』vol. 35(4), pp. 211-220。
[61]　奥山武彦・小綿寿志・後藤眞宏(2002)：「LCAによる水車除塵機の環境負荷分析」『農業工学研究所技報』No. 200, pp. 107-115。
[62]　小野洋・尾関秀樹・早見均・吉岡完治(2000)：「農業生産活動と二酸化炭素排出に関するLCA評価」『第4回エコバランス国際会議講演集』pp. 433-436。
[63]　小野洋・尾関秀樹・堀江達哉(2003)：「飼料イネ導入の条件と耕畜連係システムの環境評価」『2003年度日本農業経済学会論文集』pp. 216-219。
[64]　小野洋(2005)：「飼料イネ耕畜連携システムの環境負荷量の計測」『農業経営通信』No. 224, pp. 50-53。
[65]　長田隆(2001)：「家畜排泄物からの環境負荷ガスの発生について」『日本畜産学会報』vol. 72(8), pp. 167-176。
[66]　尾関秀樹(2003)：「バイオマス利用システムの成立条件をめぐる論点」『農業および園芸』vol. 78(3), pp. 335-341。
[67]　佐々木義之・広岡博之・築城幹典(2004)：「畜産業のシステム分析」『システム農学』vol. 20(2), pp. 125-137。
[68]　髙橋義文(2004)：「持続性概念からみたエコロジカル経済学」『農経論叢』vol. 60, pp. 175-188。
[69]　田中康男・島田和宏・萩原一仁(2005)：「畜産環境対策施設のコスト・環境影響評価プログラム」http://www.naro.affrc.go.jp/top/seika/2004/nilgs/ch04057.html, 農業・生物系特定産業技術研究機構。
[70]　丹治肇・吉田貢士・蘭嘉修・宗村広昭(2003)：「農業用水におけるライフ・サイクル・アセスメントの検討」『農業土木学会誌』vol. 71(12), pp. 1087-1090。
[71]　築城幹典・佐々木綾美(2003)：「畜産におけるライフサイクルアセスメント(LCA)」『畜産の研究』vol. 57(1), pp. 130-134。
[72]　Tsunemi, K., Kusube, T. and Morioka, T. (2002): "Regional food chain management system to cycle organic by-products into 'Safe and Reliable' agricultural products," *Proceedings of The Fifth International Conference on EcoBalance*, pp. 707-708.
[73]　鶴田治雄・尾崎保夫(2000)：「水田における温室効果ガスおよび水質に関するライ

フサイクルアセスメント」農林水産省農業環境技術研究所編『農業におけるライフサイクルアセスメント』養賢堂，pp. 72-83。
[74]　植田和弘・落合仁司・北畠佳房・寺西俊一(1991)：『環境経済学』有斐閣。
[75]　和木美代子・田中康男・長田隆(1998)：「畜産廃棄物処理技術の LCA 評価方法の検討」『第 3 回エコバランス国際会議講演集』pp. 601-604。
[76]　鷲田豊明(1999)：『環境評価入門』勁草書房。

参 考 文 献

[1]　農林水産省(2006)：「バイオマス・ニッポン」http://www.maff.go.jp/biomass/index.html，農林水産省。

第8章　LCAを用いた精密農業の環境影響評価
——稲作施肥技術を対象として——

工藤卓雄

1. はじめに

　稲作における温室効果ガスの発生源として，①農業用の機械施設を稼働させるために使用する化石燃料の燃焼による二酸化炭素の発生，②水管理の方法と関連があるメタンガスの発生，③窒素肥料の施用などに由来する亜酸化窒素の発生がある。これらのうち，①と②については，既存の確立された栽培および作業技術体系によりある程度決まってしまうのに対し，③については，近年，様々な作物を対象に環境に配慮した施肥技術の開発が進んでいることから，温室効果ガスの排出を制御する手段として期待でき，とりわけ国内の農地利用に占める比率の高い稲作を対象にすることの意義は大きい[1]。よって，稲作に関する環境に配慮した新たな施肥技術の評価は重要といえる。本章では，こうした施肥技術から，精密農業の研究の中で発展してきた圃場地点ごとの地力に応じた窒素成分の局所施肥管理技術を分析対象に環境影響評価を行う。

　さらにここでは，局所施肥管理技術の導入が環境負荷に及ぼす影響と同時に，経営収支に及ぼす影響についても評価する。それは，技術の導入主体である農業生産者が新技術を採用するか否かを決定する際に，経営収支に及ぼす影響が決定的に重要となるからである。

精密農業

　澁澤の研究(澁澤[18, 21])を参考にその特徴を整理すると，精密農業とは，①圃場のばらつきを理解し，②それに対する処方箋を作成し，③それを実現するための具体的な作業対応を行う体系的な技術である。そして，それを実現するため

の技術要素として，① Variable Description（正確な位置の計測，地力や収量などの情報の記録，マッピング），② Variable-Rate Technology（可変作業の実行），③ Decision Support/Making System（最適な作業を実行するための判断部分）を挙げている。

　国内における精密農業の既存研究として，まず，GPSによる位置情報と連動した地力データをセンシングし記録するための機械であるリアルタイム土中光センサーの開発およびその地力データをマッピングするための技術研究がある（Imade et al.[7]，澁澤ら[19, 20]）。同様に位置情報と連動した収量データについても，水稲のための収量メーターつきコンバインの開発および収量マップに関する研究がある（帖佐ら[1, 3, 4]，李ら[13, 14]，庄司・川村[22]，庄司ら[23]）。また，地力と収量の因果関係を把握し，そこから最適施肥量を求める研究（工藤ら[11]）と，最適施肥量を示す施肥マップの作成およびそのデータを活用し圃場地点ごとの地力に応じた量を施肥するための可変施肥機の開発に関する研究がある（帖佐ら[2]）。これらの既存研究を，先程の技術要素の分類に沿って整理するならば，位置情報と連動した地力および収量データの収集およびマッピングの技術が① Variable Description，収集したデータの因果関係を把握し最適施肥量を求める過程が③ Decision Support/Making System，最適施肥量から施肥マップを作成する技術が① Variable Description，可変施肥の作業が② Variable-Rate Technology，となる。

　精密農業は，以上に示した一連の技術を活用し，生産性や収益性の向上と環境負荷の軽減を同時に達成することを目的としている。これは，精密農業の登場以前からあった持続的農業（あるいは代替農業）が，「生産性低下の場合も多く，必ずしも広範な農業者の支持が得られなかった（澁澤[18]より引用）」ことに対応したものである。こうした目的を追求するため，精密農業は圃場を小さなセルに区切って細かく管理するところから始められたので，この技術は当初，Site Specific Crop Managementと呼ばれていた。局所施肥管理技術とは，まさにこのことを意味するのである。

　先に，精密農業は圃場の「ばらつき」を理解するところから始まることを述べたが，澁澤[21]は，それを，①圃場内のばらつき，②圃場間の地域的なばらつき，③農家間のばらつきの3つに区分し，これらをまとめて「階層的ばらつき」と呼んでいる。既存の国内研究は圃場内のばらつきを対象としたものであることから，今後は，地域や生産者におけるばらつき制御に関する研究の進展に期待したい。また，その中で農業経済学および農業経営学の果たすべき役割は大きいと思われる。　　　　　　　　　　　　　　　　　　　　　　　　　〈工藤卓雄〉

2. LCAによる分析の手順

ここでは，局所施肥管理技術の導入が温室効果ガスの排出に及ぼす影響を評価するが，それを単に，施肥に伴い直接土壌から生じる亜酸化窒素の発生量の変化として捉えるだけでは不十分である。そこで本章では，この技術の導入インパクトを施肥行為に関連して圃場に投入される様々なエネルギーや物質の生産および輸送まで含めて評価するため，より広い範囲でのエネルギー消費や環境負荷物質についても把握することとし，その方法としてLCA(Life Cycle Assessment；ライフサイクルアセスメント)を用いる。

以下では，まず，本章におけるLCA計測の枠組みについて述べる。そこでは，局所施肥管理技術を導入した場合の作業技術体系と既存の施肥技術である一律施肥におけるそれとを比較し，作業の流れに沿って，これら2つの技術の間でエネルギー・物質の出入りがどのように異なるのかを，その製造や輸送の段階に遡って整理する。そして，重要な部分が欠落しないようLCAで扱う範囲を設定し(システム境界の決定)，各温室効果ガスの発生量と，それを二酸化炭素等量に換算する手順を示す。次に，技術の導入が影響を及ぼす経営収支の項目を整理する。そして，LCAの枠組みを導入したシミュレーションモデルによる分析から，局所施肥管理を実行するための体系的な技術導入が，経営収支と温室効果ガスの排出に及ぼす影響を明らかにする。

3. LCAによる局所施肥管理技術評価の枠組み

3-1. 想定する作業技術体系

ここでは石川県内の生産者が耕作する圃場において，2000～2002年の3年間にわたって行った局所施肥管理技術の現地実証試験での作業内容をもとに，作業技術体系を図8-1のように想定した。まず，GPSと連動したリアルタイム土中光センサーと収量メーターつきコンバインにより，位置情報つきの10mメッシュの地力(ここでは土壌由来の窒素量)データと収量データを得，それぞれのマップを作成する。なお，ここでは腐植含量によって土壌由来の窒素

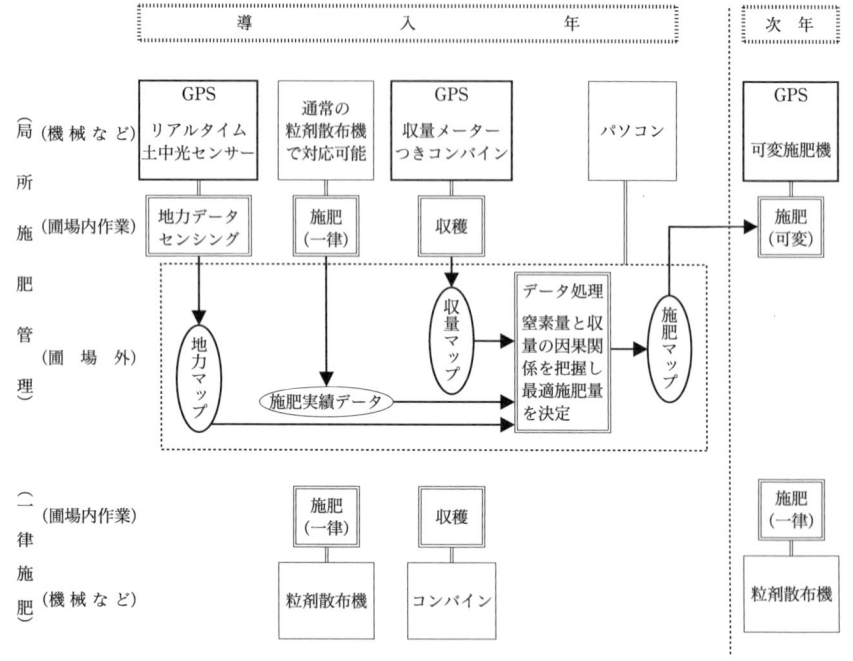

図 8-1 局所施肥管理と一律施肥の作業技術比較

量を代表させている[2]。次に，それらのマップと窒素成分に関する施肥実績のデータをもとに，窒素量と収量の因果関係を把握し，そこから10mメッシュの最適施肥量が示されたマップ(以下，施肥マップ)を作成する。そして施肥マップをもとに可変施肥機により作業が行われる。これを既存技術の一律施肥と比較すると，GPS，リアルタイム土中光センサー，収量メーターつきコンバイン，可変施肥機の各機器が局所施肥管理を行う場合に新たに必要となる。

3-2. システム境界の決定

ここでは，局所施肥管理技術の導入により温室効果ガスの排出を含むエネルギー・物質の出入りおよびその量が変化する箇所を，図8-2により製造や輸送の段階に遡って整理する。

まず，圃場地点ごとの地力に応じた可変施肥により窒素施肥量が変化するた

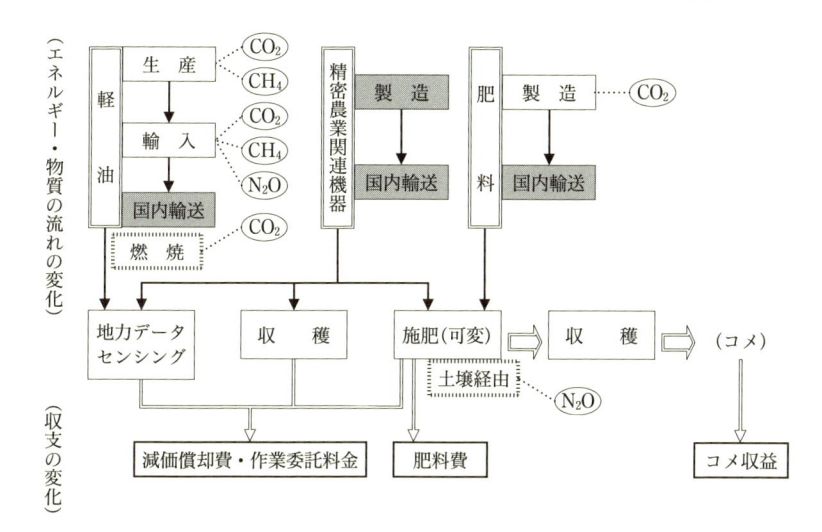

図8-2 局所施肥管理技術の導入によるエネルギー・物質の流れと収支の変化

め，土壌から排出される亜酸化窒素量(N_2O)が変化する。これは，施肥技術を対象としていることから，本分析における重要な排出源である。なお，亜酸化窒素の発生は，①投入した肥料から直接発生する部分，②投入した肥料からアンモニアや窒素酸化物として揮発した窒素から排出される部分(大気沈降)，③溶脱および流出した肥料の窒素成分から排出される部分からなる。

次に，施肥量の変化に伴い，肥料の製造段階におけるエネルギーの投入量も変化する。これについては，越野[10]が窒素肥料の製造工程において，アンモニア合成の段階で化石燃料などのエネルギー源を多く必要とするため，エネルギー消費に伴う二酸化炭素(CO_2)の排出量が多いことを明らかにしており重要な発生源である[3]。

このほか，この技術を導入した場合，地力データのセンシングという新たな作業が加わる。これは，収穫や施肥のように従来からある作業に精密農業関連の技術を導入する場合と根本的に異なり，全く新たな作業が発生することを意味する。そのため，機械により作業を行う際の燃料が別途必要となる。センシングはトラクターの後ろにセンサーを取り付けて行われるため，ここでは，そ

の燃料である軽油について以下の点を考慮する。軽油の燃焼時に排出される二酸化炭素，燃料の生産時に漏出する二酸化炭素とメタン(CH_4)，輸入時における船舶燃料が燃焼することにより排出される二酸化炭素，船舶の航行に伴い排出されるメタン，亜酸化窒素である[4]。

なお，そのほかの範囲については，以下の理由により本分析では考慮しなかった。まず肥料については，実証試験で用いた化学肥料である被覆窒素肥料の生産量に対する輸入量が少ないことから[5]，ここでは国内生産を前提とし輸入段階については考慮しないこととした。また，想定した作業技術体系に必要となる精密農業関連機器の生産も，国内の研究機関やメーカーによって開発されていることから，輸入段階については考慮していない。また，国内における輸送については立地条件によって異なることからここでは考慮しない。なお，越野[10]は，Boswell et al.[6]の研究成果を引用し，アメリカにおける肥料の輸送，包装，施肥の各段階において必要なエネルギー量を示しているが，窒素肥料におけるその合計は製造時に必要なエネルギー量に比べ少ない[7]。このほか，精密農業関連機器の製造段階のエネルギー消費については，これに関する妥当な資料が入手できないため考慮しないこととした。

3-3. LCAに用いるデータおよび二酸化炭素等量への換算

LCAに用いるデータについては，木村[8]にならい，計算過程における仮定を減らし公的資料を重視することで資料および推計方法を明確にすることに努めた。資料については，温室効果ガス排出量算定方法検討会の各種報告書などを用いた[8]。

システム境界内から排出される各温室効果ガスを二酸化炭素等量に換算する手順は以下の通りである。温室効果ガス排出量算定方法検討会[16]によると，温室効果ガス総排出量の算定については，地球温暖化係数を乗じた各温室効果ガス排出量の総和をとることとされている。ここでは，地球温暖化係数について，IPCCの第2次評価報告書に記されている，二酸化炭素1，メタン21，亜酸化窒素310を用いて各温室効果ガスの排出量を二酸化炭素等量として集計する。

4. 局所施肥管理技術により影響される経営収支情報

　ここでは，局所施肥管理技術の導入に伴い変化する収支項目を整理する。

　図8-2より，まず，施肥量および収量が変わることから，それに伴い肥料費とコメ収益が変化する。次に，精密農業関連機器についてのコストであるが，収穫と施肥の作業は従来より生産者が行っていることから，収量メーターつきコンバインと可変施肥機およびGPSについては生産者が所有することとし，減価償却費として計上した。なお，収量メーターつきコンバインについては，生産者が通常使用しているコンバインからの改造費部分のみを対象とした。一方，リアルタイム土中光センサーについては，地力データのセンシングが既存の作業体系にはないことと，この機械が高価であることから，個々の生産者が所有するのではなく外部組織に対して作業委託するものとし，作業委託料金として計上することとした。

5. 温室効果ガスの排出に及ぼす影響評価

5-1. モデルの概要

　ここでは，LCAの枠組みを用いた数理計画モデルを作成し，体系的な局所施肥管理技術の導入が経営収支と温室効果ガスの排出に及ぼす影響をシミュレーションする。図8-3に示したように，モデルではまず，施肥量および収益評価サブシステムにおいて，施肥量制約の選択，そして一律施肥と局所施肥管理技術のどちらを選択するのかという技術選択，という2つの選択事項からなる分析シナリオごとに，最適施肥量とその時の肥料費，単収，コメ収益を算出するとともに，選択した技術にかかる減価償却費と作業委託料金の計上を決定する。なお，最適施肥量の計算は，水稲直播栽培の実験圃場データをもとに，コメ収量と窒素成分（施肥由来＋土壌由来）との関係を定量化した反応関数による[9]。次に，分析シナリオにおいて選択した技術と，施肥量および収益評価サブシステムの計測結果である施肥量の情報が，LCAサブシステムに入力されることにより，土壌由来，肥料製造時，センシング燃料の生産・輸入・燃焼時

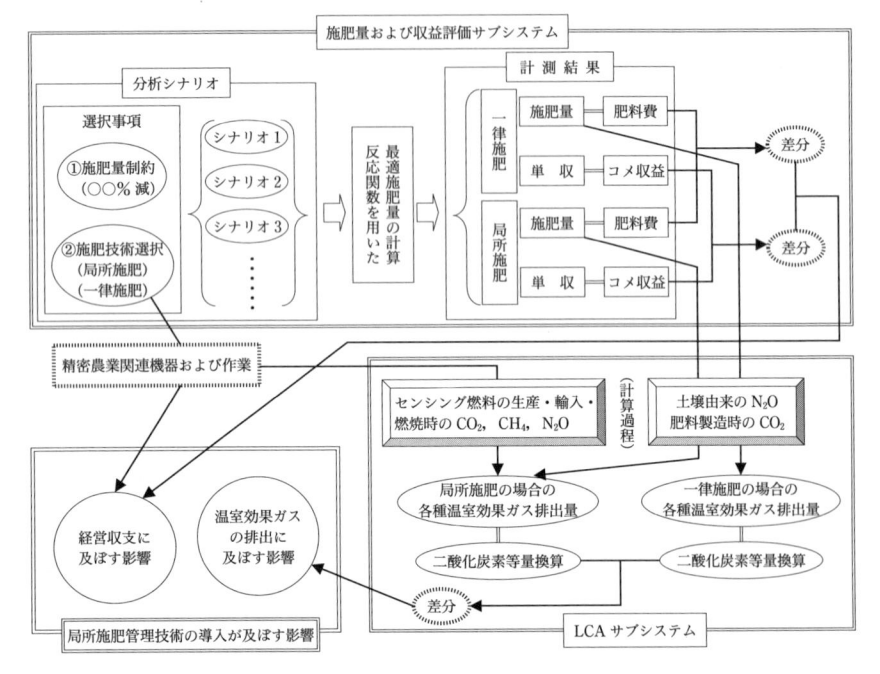

図 8-3 モデルの構成

における，各種温室効果ガスの排出量とその二酸化炭素等量に換算した排出量が計算される。そして，一律施肥における計測結果と局所施肥管理技術におけるそれとの差分が，技術の導入が経営収支および温室効果ガスの排出に及ぼす影響となる。

また，局所施肥管理技術が圃場地点(本分析では 10 m メッシュ)ごとに異なる地力に応じた施肥を行う技術であることから，圃場内における地力ムラの程度が導入効果の大きさにも影響すると考えられる。そこで，実験圃場を地力ムラの程度が異なる 3 つの区に分割し，区別の地力データをシミュレーションに用いることとする[10]。

次に，施肥量および収益評価サブシステムにおいて，どのような分析シナリオを設定したのかについて説明する。先に述べた通り，分析シナリオは施肥量の制約と施肥技術のタイプという 2 つの選択事項の組み合わせにより決定され

る．そのうち，技術のタイプについては，既存の施肥技術である一律施肥と新技術である局所施肥管理技術の2つである．次に，施肥量の制約については以下のシナリオ区分を設定した．まず，一律施肥については施肥量の制約がない場合のみとした．次に，局所施肥管理技術については，施肥量の制約がない場合に加え，一律施肥の計測結果における最適施肥量を基準に，その量に対して100%，75%，50%の施肥量の制約を設定した．

次に，分析シナリオ別の数理計画問題を定式化する．

まず，一律施肥において施肥量の制約がない場合の，収益から肥料費を差し引いた金額（CR_m）の最大化問題を以下のように定式化する．

$$\text{maximize} \quad \sum_{i=1}^{n}(P\tilde{Y}_i - w\bar{N}) = CR_m \cdots\cdots (8\text{-}1)$$

$$\text{subject to} \quad \bar{N} \geq 0 \cdots\cdots (8\text{-}2)$$

ここで，Pは米価（円/kg），wは窒素成分量当たりの肥料価格（円/kg）で，いずれも定数である．$\tilde{Y}_i$は3つに分けた区のうちの第m区の第iメッシュにおける反応関数から計算される予測収量である．$\bar{N}$は各メッシュで一律の窒素施肥量である．

次に，局所施肥管理技術について施肥量の制約がない場合の，収益から肥料費を差し引いた金額（$UR1_m$）の最大化問題を以下のように定式化する．

$$\text{maximize} \quad \sum_{i=1}^{n}(P\tilde{Y}_i - wN_i) = UR1_m \cdots\cdots (8\text{-}3)$$

$$\text{subject to} \quad N_i \geq 0 \cdots\cdots (8\text{-}4)$$

ここで，N_iは各メッシュごとに異なる窒素施肥量である．

次に，局所施肥管理技術について施肥量の制約がある場合の，収益から肥料費を差し引いた金額（$UR2_m$）の最大化問題を以下のように定式化する．

$$\text{maximize} \quad \sum_{i=1}^{n}(P\tilde{Y}_i - wN_i) = UR2_m \cdots\cdots (8\text{-}5)$$

$$\text{subject to} \quad N_i \geq 0 \cdots\cdots (8\text{-}6)$$

$$\frac{\sum N_i}{n} \leq \alpha \bar{N} \cdots\cdots\cdots (8\text{-}7)$$
$$(\alpha = 0.5, \ 0.75, \ 1.0)$$

(8-7)式は，左辺が各メッシュの窒素施肥量の和をメッシュ数で割り返した値であり，局所施肥管理技術における平均的な窒素施肥量が施肥量制約を上回らないための条件である。α は $\bar{N}$ に対する比率であり，施肥量の制約程度を表す。

5-2. 分析結果・考察

（1）一律施肥における温室効果ガスの排出量

まず，既存の施肥技術である一律施肥における温室効果ガスの排出量について検討する。表8-1より，二酸化炭素等量に換算した単位面積当たりの温室効果ガス排出量は 70 kgCO_2-eq/10 a 前後である。その内訳をみると，投入した肥料に由来し土壌から排出される量と，投入した肥料の製造に伴い排出される量が，ほぼ半々の割合となっていることから，農業経営の事業エリアより遡った製造段階を考慮した LCA による技術評価の重要性が指摘できる。

次に，この分析結果を稲作における主要な温室効果ガスの排出源である機械施設の燃料消費に伴い排出される量と比較する。宮下[15]と大黒[5]の研究成果より，稚苗移植栽培の中型機械体系における温室効果ガス排出量は 72.7 kgCO_2/10 a，北陸地域の代表的な水稲直播栽培技術である湛水土中直播栽培における温室効果ガス排出量は 53.5 kgCO_2/10 a となっている。これらの値を先程の計測結果と比較すると，移植栽培と同等量，直播栽培よりも多い排出量と

表8-1　一律施肥における温室効果ガスの排出量。出典：*宮下[15]，**大黒[5]
単位：kgCO_2-eq/10 a

		土壌由来	肥料製造由来	計
LCA 分析結果	地力ムラ小区	33.1	32.5	65.6
	地力ムラ中区	37.2	36.6	73.8
	地力ムラ大区	31.9	31.3	63.2
機械施設の燃料消費に伴う 二酸化炭素の排出量	稚苗移植栽培			72.7*
	湛水土中直播栽培			53.5**

なっていることから，施肥技術が環境負荷に及ぼす影響を評価することの意義は大きいといえる。

(2) 局所施肥管理技術の導入インパクト

表8-2より，まず施肥量の制約がない場合の導入インパクトをみると，地力ムラの程度にかかわらず，経営収支はマイナスとなっている。これは，局所施肥管理技術の導入による収益の向上(コメ収益の変化と肥料費の変化の差額)を，精密農業関連機器の所有に伴う減価償却費と関連作業の委託に伴う作業委託料金の増加が上回ってしまうためである。施肥量に制約がない場合の収益が最も大きくなることから，単なる収益向上をねらいとしたこの技術の導入は，ここでの分析視点だけからは成立しがたいと考えられる。

次に，局所施肥管理技術の導入目的として，どの程度の収益の犠牲によって環境負荷の軽減が可能になるのかという視点から分析を行う。この点について，表8-2の計測結果をもとに考察する。まず，施肥量の制約がない場合には，施肥量が増加することにより温室効果ガスの排出量は増加する。このことは，単に収益向上を目的とした局所施肥管理技術の導入では，環境負荷を増大させる可能性があることを示唆する。また，施肥量の制約を一律施肥並み(100%)とした場合においても，センシング時に使用する燃料に関する温室効果ガスの排出により排出量は増加する。次に，施肥量を75%あるいは50%に削減した場合の計測結果を見ると，温室効果ガスの排出量は削減され，その割合は，施肥量を75%まで削減した時には18〜19%，50%に削減の時には43〜44%となる。しかしながら，これらのケースにおける収支への影響は，75%の時には−5,508〜−4,525円/10a，50%の時には−7,385〜−6,500円/10aとなり，少なからぬ影響を及ぼすことになる。

6. おわりに

本章では，施肥技術が経営収支と温室効果ガスの排出に及ぼす影響を数理計画モデルによりシミュレーションした。その結果，既存の一律施肥における温室効果ガスの排出量は，稲作の中型機械体系における機械施設の燃料消費に伴う排出量に匹敵することが明らかとなり，施肥技術を分析対象とすることの重

表 8-2 局所施肥管理技術の導入インパクト。単位：円/10 a, kgCO2-eq/10 a

区	施肥制約	経営収支への影響 ① コメ収益	② 肥料費	③ 減価償却費	④ 作業委託料金	①−②−③−④ 経営収支	温室効果ガス排出への影響 ① 土壌由来	② 肥料製造由来	③ センシング燃料由来	①+②+③ 計
地力ムラ小区	なし	1,843	569			−3,011	6.3	6.2		17.2
	100%	277	0			−4,008	0.0	0.0		4.7
	75%	−1,966	−743			−5,508	−8.3	−8.1		−11.8
	50%	−4,487	−1,486			−7,286	−16.5	−16.3		−28.2
地力ムラ中区	なし	2,857	731	2,782	1,503	−2,159	8.1	8.0	4.7	20.8
	100%	821	0			−3,464	0.0	0.0		4.7
	75%	−1,781	−836			−5,230	−9.3	−9.2		−13.8
	50%	−4,771	−1,671			−7,385	−18.6	−18.3		−32.3
地力ムラ大区	なし	4,704	1,149			−730	12.8	12.6		30.0
	100%	1,407	0			−2,878	0.0	0.0		4.7
	75%	−955	−715			−4,525	−8.0	−7.8		−11.1
	50%	−3,646	−1,431			−6,500	−15.9	−15.7		−26.9

注) 減価償却費および作業委託料金の算出方法の詳細については，工藤 [12] の pp. 194-196 を参照

要性が確認された。また，農業経営エリア内における土壌から排出される亜酸化窒素の二酸化炭素等量と，農業経営エリア外にあたる肥料製造に伴い排出される二酸化炭素量はほぼ同じであることから，LCAによる技術評価の重要性が明らかとなった。

次に，局所施肥管理技術の導入インパクトについてのシミュレーション分析からは，何を目的とした導入であるのかにより結果が大きく異なる可能性があることを明らかにした。まず，単に収益向上を目的とした導入は収益面から成立が困難なだけでなく，環境負荷の増大につながる可能性が示唆された。また，施肥量に制約を加えたシミュレーションでは温室効果ガスの排出量削減に大きなインパクトがある一方，収支にも少なからぬ影響を及ぼすことが明らかとなった。これらの結果は，技術の環境影響評価においては，単にどのような技術を評価するのかということだけではなく，それをどのような目的において導入するのかという，経営的な視点との関連で分析する必要があることを意味する。また，施肥窒素量の制御とそれに伴うコメ収益の変化に限定した評価だけからは，普及の観点からこの技術を導入する余地は乏しいという結論になるが，この点については，①地力マップや収量マップなどにより圃場に関する基礎的な情報が与えられることの価値，②リアルタイム土中光センサーにより窒素以外の情報が与えられることの価値，③この技術を導入することによって生産される農産物の付加価値への影響を考慮し再検討する必要がある[11]。

注

1) 亜酸化窒素の発生源には自然起源のものと人為起源のものがある。鶴田[24]は，IPCC(気候変動に関する政府間パネル)の報告から，農耕地由来の亜酸化窒素が自然起源のものを含む全体に占める割合は20%，人為起源に占める割合は46%であると述べている。また鶴田[24]は，日本の農耕地から発生する亜酸化窒素量を作物別に整理し，稲由来のものが発生量全体に占める割合は23%と茶の36%に次いで多いことを明らかにしている。
2) 北田ら[9]が作成したコシヒカリ直播の施肥基準では，最適な窒素施肥量を腐植含量との関係で求めていることから，腐植含量により土壌由来の窒素量を代表させることは妥当である。
3) 越野[10]は，Pimentel et al. [17]の成果を用いて，肥料種類別の製造に必要な成分当たりエネルギー量を試算している。それによると，窒素肥料が73.6 MJ/kgN，リンが

13.3 MJ/kgP, カリウムが 9.2 MJ/kgK となっている。さらに越野[10]は, 国内における化学肥料消費に伴う必要エネルギー量の推計を行っている。それによると, 窒素肥料の製造エネルギーが圧倒的に多く全体の 85% を占め, 作物別では水稲が最も多く全体の 30% となっている。

4) 木村[8]は, コメ生産における化石エネルギーの消費量の推計において, 輸入依存度が高い原材料については輸送に伴うエネルギー消費を考慮している。本章の分析ではこの点を考慮した。

5) 『ポケット肥料要覧—2002/2003—』によると, 2001 年における被覆窒素肥料の生産量は 4 万 3,147 t であるのに対して輸入量は 229 t であった。

6) 越野[10]p. 43 より引用。

7) 窒素肥料における, 輸送, 包装, 施肥各段階の合計エネルギー消費量は 8.6 MJ/kgN である。

8) 推計方法の詳細については, 工藤[12]pp. 189-193 を参照。

9) 反応関数は現地実証圃場(1.2 ha)から得られた, 10 m メッシュごとの土壌腐植含量(地力を表す), 施肥窒素量, 収量データをもとに計測した。実験圃場における作付品種は'コシヒカリ', 直播栽培の播種様式は点播, 使用した肥料および施肥体系は肥効調節型の緩効性肥料を用いた全量基肥技術である。データは 2000~2002 年の 3 年間にわたり収集したもので, データ数は 214 である。

また, コメ収量と窒素成分(施肥由来+土壌由来)との関係を定量化する反応関数として, 収量の増加領域で収穫逓減の法則が成り立つことに加え, 過剰施肥による害作用(具体的には倒伏現象)といった総収量の減少局面を考慮できる形状が適している。特に倒伏しやすい直播栽培では, 総収量の減少局面を考慮できる点が重要である。ここではそのような関数形として, Halter et al. [6]が提唱した Transcendental 関数を用いる。なお, 反応関数の計測の詳細については, 工藤ら[11]を参照。

10) 地力データは 2000 年に収集した 105 の腐植含量データを用いた。そして実験圃場を地力ムラの程度が異なるよう圃場に面した道路から見て縦方向に 3 分割した。分割した区別のデータ数は以下の通りである。ムラの小さな区(腐植含量データの標準偏差が 0.33)のデータ数は 28, ムラが中程度の区(同 0.51)のデータ数は 45, ムラの大きな区(同 0.76)のデータ数は 32 である。

11) この点の詳細については, 工藤[12]pp. 201-202 を参照。

引用文献

[1]　帖佐直・小林恭・大黒正道・柴田洋一・大嶺政朗(2002):「自脱コンバイン用収量計測システムに関する研究(第 1 報)」『農業機械学会誌』vol. 64(6), pp. 145-153。

[2]　帖佐直・柴田洋一・大嶺政朗・小林恭・鳥山和伸・佐々木良治(2003):「粒状物散布機のマップベース可変制御システム」『農業機械学会誌』vol. 65(3), pp. 128-135。

[3]　帖佐直・柴田洋一・小林恭・大嶺政朗・大黒正道(2003):「自脱コンバイン用収量計測システムに関する研究(第 2 報)」『農業機械学会誌』vol. 65(6), pp. 192-199。

[4]　帖佐直・柴田洋一・大嶺政朗・鳥山和伸・荒木幹(2004):「自脱コンバイン用収量計測システムに関する研究(第3報)」『農業機械学会誌』vol.66(2), pp.137-144。

[5]　大黒正道(1993):「水稲直播栽培作業体系」『平成4年度環境保全機能向上農業生産方式の確立に関する調査委託事業報告書』農業技術協会, pp.22-34。

[6]　Halter, A. N., Carter, H. O. and Hocking, J. G. (1957): "A note on the transcendental production function," *Journal of Farm Economics*, vol. 39(4), pp. 966-974.

[7]　Imade, A. S. W., Shibusawa, S., Sasao, A. and Hirako, S. (2001): "Soil parameters maps in paddy field using the real time soil spectrometer," *Journal of JSAM*, vol. 63(3), pp. 51-58.

[8]　木村康二(1993):「コメ生産における化石エネルギー消費分析」『農業経済研究』vol.65(1), pp.46-54。

[9]　北田敬宇・畑中博英・越村英世(2001):「コシヒカリ条播直播栽培の基肥全量施肥基準」『北陸農業研究成果情報』No.17, pp.29-30。

[10]　越野正義(2001):「第2章　持続的食料生産と肥料」安田環・越野正義編『環境保全と新しい施肥技術』養賢堂, pp.22-57。

[11]　工藤卓雄・国立卓生・桟敷孝浩(2004):「反応関数による地力ムラに応じた施肥効果の計測」『農林業問題研究』No.40(1), pp.238-241。

[12]　工藤卓雄(2006):「水稲直播栽培と局所施肥管理技術の導入における普及および環境影響に関する可能性評価」『石川県農業総合研究センター特別研究報告』No.7, pp.155-214。

[13]　李忠根・飯田訓久・梅田幹雄・下保敏和(1999):「水田におけるモミとワラの収量マップ」『農業機械学会誌』vol.61(4), pp.133-140。

[14]　李忠根・飯田訓久・下保敏和・梅田幹雄(2000):「自脱コンバインのためのインパクト式収量センサの開発」『農業機械学会誌』vol.62(4), pp.81-88。

[15]　宮下高夫(1993):「水稲移植栽培技術体系」『平成4年度環境保全機能向上農業生産方式の確立に関する調査委託事業報告書』農業技術協会, pp.6-22。

[16]　温室効果ガス排出量算定方法検討会(2000):『温室効果ガス排出量算定に関する検討結果』。

[17]　Pimentel, D., Hurd, L. E., Bellotti, A. C., Forster, M. J., Oka, I. N., Sholes, O. D. and Whitman, R. J. (1973): "Food production and the energy crisis," *Science*, vol. 182, pp. 443-449.

[18]　澁澤栄(1999):「プレシジョンファーミングを探る」『研究ジャーナル』vol.22(5), pp.42-46。

[19]　澁澤栄・平子進一・大友篤・李民賛(1999):「リアルタイム土中光センサーの開発」『農業機械学会誌』vol.61(3), pp.131-133。

[20]　澁澤栄・平子進一・大友篤・酒井憲司・笹尾彰・山崎喜造(2000):「リアルタイム土中光スペクトロメータの開発」『農業機械学会誌』vol.62(5), pp.79-86。

[21]　澁澤栄(2003):「精密農業の研究構造と展望」『農業情報研究』vol.12(4), pp.259-273。

[22]　庄司浩一・川村恒夫(1998)：「水稲の収量マップの作成」『農業機械学会誌』vol. 60(4)，pp. 73-74。

[23]　庄司浩一・川村恒夫・堀尾尚志(2000)：「移植田と散播田における水稲の収量マップの作成」『農業機械学会誌』vol. 62(2)，pp. 167-174。

[24]　鶴田治雄(2001)：「第6章　窒素揮散と施肥管理」安田環・越野正義編『環境保全と新しい施肥技術』養賢堂，pp. 316-333。

第9章　LCA を用いた低投入型酪農の環境影響評価
——北海道根釧地域の「マイペース酪農」を事例として——

増田清敬・山本康貴

1. はじめに

　本章の課題は，LCA(Life Cycle Assessment；ライフサイクルアセスメント)を用いて酪農経営の低投入型酪農転換による環境負荷削減効果を総合的に定量評価することにある。

　わが国の酪農経営は，輸入飼料に大きく依存し，乳牛頭数規模拡大と個体乳量増大を実現してきた。しかし，このような集約型酪農は，購入飼料依存による飼料自給率低下，農業支出増大による収益性低下，家畜糞尿などによる環境問題発生，乳房炎などの疾病増加といった諸問題を同時に生じさせた。そこで，近年，乳牛頭数規模拡大，高泌乳の集約型酪農に対して，乳牛頭数規模縮小，低泌乳の低投入型酪農も注目されるようになった。

　低投入型酪農は，飼料自給率上昇や経営収支改善だけではなく，環境負荷削減を通じた「環境に優しい酪農」という面でも期待されており，その１つの事例として「マイペース酪農」が知られている。「マイペース酪農」は，1991年に始まった「マイペース酪農交流会」という運動によって北海道根釧地域に広まっており(吉野[36])，具体的には，粗飼料中心の生乳生産を行い，生産よりも暮らしを重視する酪農である(三友[18])。「マイペース酪農」が「環境に優しい酪農」であるかという点について，従来の研究では，「マイペース酪農」への経営転換がエネルギー消費量と CO_2 排出量の削減に寄与したとして示されている(河上ら[14])。しかし，「マイペース酪農」が「環境に優しい酪農」であるかという点を明らかにするのであれば，エネルギー消費量と CO_2 排出量の分析だけでは不十分であり，これら以外の環境問題(例えば，地球温暖化，

酸性化，富栄養化)を含めた総合的評価が必要である。

　酪農経営における環境問題の総合的評価では，LCAを用いた研究が多く見られる[1]。LCAは，製品のライフサイクル(ゆりかごから墓場まで)を通じての環境影響を評価する手法であり(石谷・赤井[11])，複数の環境問題について環境負荷削減効果を定量的に把握できる利点を持つ。本章においても，LCAを「マイペース酪農」に適用し，分析を試みたい。本章では，北海道根釧地域において「マイペース酪農」を実践している酪農経営のうち，「マイペース酪農」転換前からのデータが入手可能で，1993年からその取り組みを始めた代表的な酪農経営1戸(以下，事例農家)を分析対象とした。なお，分析対象期間は，集約酪農期(1991～92年)，経営転換期(1993～94年)，低投入酪農期(1995～99年)とした[2]。

2. 事例農家の「マイペース酪農」転換による経営変化

　「マイペース酪農」転換の特徴としては，乳牛頭数規模縮小，低泌乳化，購入飼料などの外部資源投入量減少，放牧活用，農業支出減少による農業所得増加[3]，高い農業所得率達成，労働時間減少による余暇増大などが指摘されている(三友[18]，吉野[36])。以下では，これらの「マイペース酪農」転換の特徴に着目しながら，本章で分析対象とした事例農家における「マイペース酪農」転換による経営変化を整理する。

　まず，表9-1に事例農家の「マイペース酪農」転換による経営概要の変化を示した。事例農家における経営概要の集約酪農期から低投入酪農期にかけての変化率(以下，変化率)は，乳牛飼養頭数−14.8%(経産牛−7.4%，育成牛−22.9%)，乳牛飼養密度−12.4%，生乳生産量−23.3%，経産牛1頭当たり乳量−17.1%であった。ただし，耕地面積は，分析対象期間を通じて54.0 ha(採草地20.0 ha，兼用地14.0 ha，放牧地20.0 ha)であり，一定であった。以上から，乳牛頭数規模縮小，低泌乳化(経産牛1頭当たり乳量減少)という「マイペース酪農」転換の特徴が確認された。

　次に，表9-2に事例農家の「マイペース酪農」転換による経営収支の変化を示した。事例農家における経営収支の変化率は，農業所得−22.0%，農業収

表9-1 事例農家の「マイペース酪農」転換による経営概要の変化。出典：事例農家資料および聞き取り調査(2003年8月)より作成

	集約酪農期 (1991～92年) ①	経営転換期 (1993～94年) ②	低投入酪農期 (1995～99年) ③	変化率 ((③−①)/①)
乳牛飼養頭数(頭/年)	88.0	80.5	75.0	−14.8%
うち経産牛(頭/年)	46.0	45.5	42.6	−7.4%
うち育成牛(頭/年)	42.0	35.0	32.4	−22.9%
耕地面積(ha/年)	54.0	54.0	54.0	0.0%
うち採草地(ha/年)	20.0	20.0	20.0	0.0%
うち兼用地(ha/年)	14.0	14.0	14.0	0.0%
うち放牧地(ha/年)	20.0	20.0	20.0	0.0%
乳牛飼養密度(頭/ha/年)	1.26	1.18	1.10	−12.4%
生乳生産量(t-原物/年)	406.5	365.9	312.0	−23.3%
経産牛1頭当たり乳量 (kg-原物/頭/年)	8,839.0	8,041.5	7,328.7	−17.1%

注）経営概要における乳牛飼養頭数は各年1月1日現在の数字である。また，乳牛飼養密度は，乳牛2歳以上を1頭，乳牛2歳未満を0.5頭として計算した成牛換算頭数を耕地面積で除して求めた。

表9-2 事例農家の「マイペース酪農」転換による経営収支の変化。出典：事例農家資料および聞き取り調査(2003年8月)より作成

	集約酪農期 (1991～92年) ①	経営転換期 (1993～94年) ②	低投入酪農期 (1995～99年) ③	変化率 ((③−①)/①)
農業所得	100.0	82.5	78.0	−22.0%
農業収入	100.0	82.5	69.6	−30.4%
うち生乳販売収入	100.0	87.5	69.9	−30.1%
うち牛個体販売収入	100.0	62.1	65.6	−34.4%
農業支出	100.0	82.4	62.8	−37.2%
うち購入飼料費	100.0	67.7	44.9	−55.1%
うち購入肥料費	100.0	70.7	34.6	−65.4%
農業所得率	44.8%	45.0%	50.2%	—

注）経営収支の金額は，事例農家の組合員勘定から集計し，総務省『消費者物価指数年報』の「全国消費者物価指数の総合指数」を用いて実質化した上で(1995年=100)，集約酪農期を100として指数化した。また，農業所得率は農業収入に占める農業所得の比率として求めた。

入−30.4%(生乳販売収入−30.1%, 牛個体販売収入−34.4%), 農業支出−37.2%(購入飼料費−55.1%, 購入肥料費−65.4%)であった。なお, 農業所得率は集約酪農期の44.8%から低投入酪農期の50.2%へと5.4%増加しており, 分析対象期間を通じて高い水準にあった。以上から, 外部資源(購入飼料, 購入肥料)投入量減少, 高い農業所得率達成という「マイペース酪農」転換の特徴が確認された。しかし, 農業支出減少による農業所得増加という特徴は, 確認されなかった[4]。

最後に, 表9-3から事例農家の「マイペース酪農」転換による経営管理の変化を整理する。「マイペース酪農」転換において変化した事例農家の経営管理の多くは1994年に変化しており, 外部資源(購入飼料, 購入肥料)投入量減少, 放牧活用, 労働時間減少による余暇増大という「マイペース酪農」転換の特徴が確認された。経営管理で変化したものを列挙すると以下の通りである。

飼養管理では, 「マイペース酪農」転換前に多給していた濃厚飼料給与量を1993年から段階的に減少させた。また, これまで実施していた乳用牛群検定成績を飼養管理の簡単化のために1994年に中止した。糞尿処理では, 良質の自給肥料生産のために1993年から堆肥の切り返しを行うようになった。また, 糞尿処理施設は, 当初堆肥場(300 m^2)と尿溜(40 m^3)を保有していたが, 1997年に堆肥盤(513 m^2)と尿溜(200 m^3)を新たに建設し, 堆肥場での堆肥保管時の地下浸透や冬期の尿溜の容量不足に対応した。放牧管理では, 「マイペース酪農」転換前は9 h/日であった搾乳牛放牧時間を1994年から24 h/日とし, 昼夜放牧に切り替えた。施肥管理では, 「マイペース酪農」転換前の化学肥料投入量を採草地, 兼用地70 kg/10 a/年(BB122：40 kg, BB456：30 kg), 放牧地50 kg/10 a/年(BB122：30 kg, BB456：20 kg)としていたが, 1994年から採草地, 兼用地50 kg/10a/年(BB122：30 kg, BB456：20 kg), 放牧地20 kg/10 a/年(BB122：20 kg), 搾乳牛用放牧地15 haにヨウリン2 t/年を投入するようになった[5]。育成管理では, 離乳時期を「マイペース酪農」転換前の3ヶ月齢から1994年に2ヶ月齢へと早めた。労働投入では, 労働力の主体である経営主夫妻の労働時間は, 「マイペース酪農」転換によって1人1日当たり約1時間減少したことが聞き取り調査から確認された。

以上における事例農家の「マイペース酪農」転換による経営変化をまとめる

表9-3 事例農家の「マイペース酪農」転換による経営管理の変化。出典：聞き取り調査 (2003年8月) より作成

	「マイペース酪農」転換前	→「マイペース酪農」転換後	変化年
飼養管理			
成牛舎	スタンチョンストール		変化なし
育成舎	フリーストール		変化なし
搾乳方式	パイプラインミルカー		変化なし
濃厚飼料給与量	多給	→ 段階的に削減	1993
乳用牛群検定成績	実施	→ 中止	1994
糞尿処理			
成牛舎	バーンクリーナによる固液分離処理		変化なし
育成舎	堆肥化処理		変化なし
堆肥の切り返し	実施せず	→ 実施	1993
堆肥盤整備	堆肥場 (300 m^2)	→ 堆肥盤 (513 m^2)	1997
尿溜整備	尿溜 (40 m^3)	→ 尿溜 (200 m^3)	1997
放牧管理			
搾乳牛	9 h/日	→ 24 h/日	1994
乾乳牛	24 h/日		変化なし
未経産牛	舎飼		変化なし
育成牛 13～24ヶ月齢	24 h/日		変化なし
育成牛 7～12ヶ月齢	24 h/日 (パドック)		変化なし
育成牛 6ヶ月齢以内	舎飼		変化なし
施肥管理			
自給肥料 (堆肥, 尿)	採草地と兼用地に全量施用		変化なし
化学肥料			
採草地, 兼用地	70 kg/10 a/年	→ 50 kg/10 a/年	1994
放牧地	50 kg/10 a/年	→ 20 kg/10 a/年, ヨウリン 2 t/年	1994
育成管理			
離乳時期	3ヶ月齢	→ 2ヶ月齢	1994
労働投入	「マイペース酪農」転換後, 約1時間/日/人減少		―

と, 乳牛頭数規模縮小, 低泌乳化, 外部資源投入量減少, 放牧活用, 高い農業所得率達成, 労働時間減少による余暇増大という「マイペース酪農」転換の特徴が確認された。農業支出減少による農業所得増加は確認されなかったものの, それ以外は前述の「マイペース酪農」転換の特徴(三友[18], 吉野[36])が確認された。事例農家は, 低投入型酪農としての「マイペース酪農」転換の特徴を概ねよく表しており, 本章の分析対象として妥当と考えられる。

3.「マイペース酪農」転換における LCA の適用

3-1. 機能単位と配分基準の設定

酪農経営システムの主産物は生乳であることから，LCA の機能単位は，FCM(Fat Corrected Milk；4% 脂肪補正乳)量 1 t とした。ただし，FCM 量は農林水産省農林水産技術会議事務局[22]による(9-1)式から求めた。

$$FCM = (15 \times FAT \div 100 + 0.4) \times MILK \cdots\cdots (9\text{-}1)$$

ただし，FCM：4% 脂肪補正乳量(kg-FCM/頭/日)，FAT：乳脂率(%)，$MILK$：生乳生産量(kg-原物/頭/日)。

また，事例農家では，系外へ出て行く産出物として，生乳と牛個体(廃用牛，育成牛，初生牛)があり，排出された環境負荷を生乳と牛個体間で配分する必要がある。そこで，経済的価値による配分基準を採用し，分析対象期間における生乳販売金額と牛個体販売金額の平均値比率から，全体の環境負荷量の 87.8% が生乳に由来すると仮定した。

3-2. 酪農経営システムの設定

図 9-1 は，事例農家における酪農経営システムのライフサイクルフローである。事例農家における酪農経営システムは，飼養管理ステージ(畜舎)，糞尿処理ステージ(糞尿処理施設)，飼料生産ステージ(農地)の 3 ステージからなると仮定した。飼養管理ステージでは，自給飼料と購入飼料が投入され[6]，生乳と牛個体が生産され，家畜糞尿が排出される。糞尿処理ステージでは，排出された家畜糞尿が投入され，自給肥料が生産される。飼料生産ステージでは，自給肥料と購入肥料が投入され，自給飼料が生産される。なお，放牧時には自給飼料の一部が消費され，家畜糞尿の一部が排出される。また，これらの生産活動のために，電力，軽油，灯油が各ステージに投入される。本章では，図 9-1 に従って分析に必要なデータを収集した。

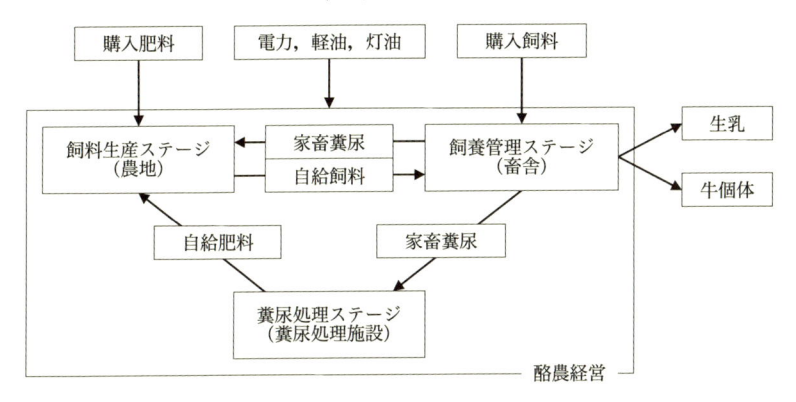

図9-1 事例農家における酪農経営システムのライフサイクルフロー

3-3. データの収集

(1) 投入・産出データ

表9-4は，事例農家における投入・産出データを示したものである。これらのデータは，事例農家資料，聞き取り調査，飼料・肥料メーカー資料から収集された。

酪農経営システム外からの投入データは，電力費，軽油，灯油，購入飼料(費用，原物量，窒素量，リン量)，購入肥料(費用，窒素量，リン量)を計上した。各変化率は，電力費−9.2%，軽油−24.3%，灯油6.5%，購入飼料(費用−55.1%，原物量−42.8%，窒素量−46.2%，リン量−43.0%)，購入肥料(費用−65.4%，窒素量−39.9%，リン量−22.7%)であった。

酪農経営システム外への産出データは，(9-1)式から求めたFCM量と牛個体頭数(廃用牛，育成牛，初生牛)を計上した。各変化率は，FCM量−22.8%，牛個体頭数−8.0%(廃用牛−25.0%，育成牛−22.9%，初生牛3.3%)であった。

(2) 家畜糞尿データ

a) 家畜糞尿排出量の推定

家畜糞尿排出量は，搾乳牛，乾乳・未経産牛，育成牛について，家畜糞尿排出係数(搾乳牛：推定値，乾乳・未経産牛，育成牛：中央畜産会[4])に各飼養頭数を乗じて求めた。推定された家畜糞尿の種類は，環境負荷排出量の計測に

表9-4 事例農家における投入・産出データ。出典：事例農家資料および聞き取り調査（2003年8月），飼料・肥料メーカー資料より作成

	集約酪農期 (1991〜92年) ①	経営転換期 (1993〜94年) ②	低投入酪農期 (1995〜99年) ③	変化率 ((③−①)/①)
投入データ				
電力費	100.0	109.3	90.8	−9.2%
軽油(L/年)	7,162.9	6,133.9	5,424.0	−24.3%
灯油(L/年)	4,970.0	5,020.5	5,294.9	6.5%
購入飼料費	100.0	67.7	44.9	−55.1%
── 原物量(t-原物/年)	164.8	132.6	94.2	−42.8%
── 窒素量(kgN/年)	4,684.3	3,650.0	2,520.3	−46.2%
── リン量(kgP/年)	837.2	681.5	477.1	−43.0%
購入肥料費	100.0	70.7	34.6	−65.4%
── 窒素量(kgN/年)	3,948.0	3,160.0	2,372.0	−39.9%
── リン量(kgP/年)	2,020.4	1,791.3	1,562.2	−22.7%
産出データ				
FCM量(t-FCM/年)	401.2	362.7	309.8	−22.8%
牛個体頭数(頭/年)	46.5	42.5	42.8	−8.0%
うち廃用牛(頭/年)	12.0	11.5	9.0	−25.0%
うち育成牛(頭/年)	7.0	10.5	5.4	−22.9%
うち初生牛(頭/年)	27.5	20.5	28.4	3.3%

注）電力費，購入飼料費，購入肥料費は，事例農家の組合員勘定から集計し，総務省『消費者物価指数年報』の「全国消費者物価指数の総合指数」を用いて実質化した上で(1995年＝100)，集約酪農期を100として指数化した。

必要な原物，窒素，有機物の3種類である．ただし，家畜糞尿有機物排出量は，糞尿処理ステージに投入された家畜糞尿原物排出量に畜産技術協会[3]による有機物含有率(固体16%，液体0.5%)を乗じて求めた．

搾乳牛糞尿排出係数は，事例農家における搾乳牛の低泌乳化による変動を考慮し，推定した．推定に用いたデータは，生乳生産量，乳脂率，乳蛋白質率(事例農家資料)である．具体的には，まず，搾乳牛糞尿窒素量を(9-2)式のように仮定した[7]．

$$N_{MANURE} = N_{FEED} - N_{MILK} \cdots\cdots (9\text{-}2)$$

ただし，N_{MANURE}：搾乳牛糞尿窒素量(kgN/頭/日)，N_{FEED}：搾乳牛摂取飼料窒素量(kgN/頭/日)，N_{MILK}：生乳窒素量(kgN/頭/日)．

ここで，搾乳牛の摂食状況は不明であることから，搾乳牛摂取飼料窒素量を維持に要する窒素要求量と産乳に要する窒素要求量の合計値と仮定し，これらの窒素要求量を求めるために，農林水産省農林水産技術会議事務局[22]による(9-3, 9-4)式から各粗蛋白質要求量を求めた。ただし，(9-3)式における搾乳牛体重は650 kg(並河ら[19])と仮定した。

$$CP_M = 2.71 \times W^{0.75} \div 0.60 \cdots\cdots (9\text{-}3)$$

$$CP_{MP} = (26.6 + 5.3 \times FAT) \times MILK \div 0.65 \cdots\cdots (9\text{-}4)$$

ただし，CP_M：搾乳牛の維持に要する粗蛋白質要求量(g/頭/日)，W：搾乳牛体重(kg/頭)，CP_{MP}：搾乳牛の産乳に要する粗蛋白質要求量(g/頭/日)，FAT：乳脂率(%)，$MILK$：生乳生産量(kg-原物/頭/日)。

　(9-3, 9-4)式によって求められた粗蛋白質要求量の合計値に，農林水産省農林水産技術会議事務局[22]による(9-5)式から求められる分離給与を想定した補正係数を乗じた。

$$CFA = 1 + (MILK \div 15) \times 0.04 \cdots\cdots (9\text{-}5)$$

ただし，CFA：補正係数，$MILK$：生乳生産量(kg-原物/頭/日)。

　粗蛋白質窒素含有率を16%と仮定し(田先[32])，これを補正後の粗蛋白質要求量の合計値に乗じることで，(9-2)式の搾乳牛摂取飼料窒素量を求めた。また，(9-2)式の生乳窒素量は，(9-1)式から求めたFCM量にFCM量窒素含有率を乗じて求めた。ただし，FCM量窒素含有率は0.5%と仮定した(田先[32]，事例農家資料)。以上の方法で推定された搾乳牛摂取飼料窒素量と生乳窒素量を(9-2)式に代入し，搾乳牛糞尿窒素量を求めた。

　それから，推定された搾乳牛糞尿窒素量を糞50%，尿50%の比率(中央畜産会[4])で按分し，搾乳牛糞尿窒素排出係数を求めた。次に，搾乳牛糞尿原物当たり窒素含有率を糞0.34%，尿1.14%(中央畜産会[4])と仮定し，これらの値で搾乳牛糞尿窒素排出係数を除して搾乳牛糞尿原物排出係数を求めた。最後に，搾乳牛糞尿原物当たりリン含有率を糞0.09%，尿0.01%(中央畜産会[4])と仮定し，これらの値を搾乳牛糞尿原物排出係数に乗じて搾乳牛糞尿リン排出係数を求めた。

以上の方法で推定された搾乳牛糞尿排出係数を原物について示すと，糞39.4〜47.8 kg-原物/頭/日，尿11.6〜14.1 kg-原物/頭/日である。これらの排出係数は，搾乳牛の低泌乳化が進むにつれて小さくなり，搾乳牛1頭当たり乳量が最小となった1999年に最小値を示した。

b）糞尿処理方法の設定

飼養管理ステージと糞尿処理ステージにおける糞尿処理方法は，以下のように仮定した。バーンクリーナによる固液分離処理を想定した成牛舎(搾乳牛，乾乳・未経産牛)では，固口流量割合78.85%(中央畜産会[4])で処理されると仮定し，育成舎(育成牛)では，全量堆肥化処理を仮定した。これらの仮定に従って，糞尿処理ステージへの家畜糞尿投入量を堆肥化処理および液肥化処理仕向け分として按分した。なお，飼養管理ステージと糞尿処理ステージにおける窒素揮散による損失を除き，排出された家畜糞尿全量が自給肥料として飼料生産ステージに投入されると仮定した。

また，放牧地とパドックでの家畜糞尿排出量は，(9-6)式から求めた。放牧日数は，聞き取り調査から年間150日と仮定した。

$$MANURE_G = \sum_i MANURE_i \times (h_i/24) \times H_i \times D \cdots\cdots (9-6)$$

ただし，$MANURE_G$：放牧地とパドックでの家畜糞尿排出量(kg/年)，$MANURE_i$：搾乳牛，乾乳牛，未経産牛，育成牛の家畜糞尿排出係数(kg/頭/日)，h_i：搾乳牛，乾乳牛，未経産牛，育成牛の放牧時間(h/日)，H_i：搾乳牛，乾乳牛，未経産牛，育成牛の1日当たり放牧頭数(頭/日)，D：放牧日数(日)。

3-4．環境負荷排出量の計測

本章で計測した環境負荷は，CO_2，NO_x，SO_x，CH_4，N_2O，NH_3，T-N，T-Pの8種類である。表9-5に本章で用いた環境負荷排出係数を示した。以下では，搾乳牛反芻からのCH_4排出係数の推定方法とFarm Gate BalanceによるT-N，T-Pの計測方法に限定して概説したい。

（1）搾乳牛反芻からのCH_4排出係数の推定方法

搾乳牛反芻CH_4排出係数は，搾乳牛糞尿と同様に事例農家における搾乳牛の低泌乳化による変動を考慮し，推定した。推定に用いたデータは，搾乳牛糞

表 9-5 低投入型酪農の LCA で用いた環境負荷排出係数

環境負荷と排出源	排出係数	資料
CO_2		
電力	6.12　t-C/100 万円	南齋ら[20]
軽油	0.72　t-C/KL	南齋ら[20]
灯油	0.68　t-C/KL	南齋ら[20]
購入飼料	0.53　t-C/100 万円	南齋ら[20]
購入肥料	1.43　t-C/100 万円	南齋ら[20]
NO_x		
電力	17.15　kg-NO_x/100 万円	南齋ら[20]
軽油	37.71　kg-NO_x/KL	南齋ら[20]
灯油	2.56　kg-NO_x/KL	南齋ら[20]
購入飼料	7.48　kg-NO_x/100 万円	南齋ら[20]
購入肥料	9.12　kg-NO_x/100 万円	南齋ら[20]
SO_x		
電力	13.71　kg-SO_x/100 万円	南齋ら[20]
軽油	2.04　kg-SO_x/KL	南齋ら[20]
灯油	0.14　kg-SO_x/KL	南齋ら[20]
購入飼料	3.64　kg-SO_x/100 万円	南齋ら[20]
購入肥料	4.74　kg-SO_x/100 万円	南齋ら[20]
CH_4		
搾乳牛反芻	476.9〜503.4　L-CH_4/頭/日	本文を参照
乾乳・未経産牛反芻	255.4　L-CH_4/頭/日	環境省[13]
育成牛反芻	267.3　L-CH_4/頭/日	環境省[13]
糞尿処理ステージ(堆肥)	0.33　CH_4%/有機物	環境省[13]
糞尿処理ステージ(液肥)	0.92　CH_4%/有機物	環境省[13]
N_2O		
飼養管理ステージ(成牛舎, 育成舎)	0.005　N_2O-N%/T-N	寺田ら[33]
糞尿処理ステージ(堆肥)	4.65　N_2O-N%/T-N	環境省[13]
糞尿処理ステージ(液肥)	0.75　N_2O-N%/T-N	環境省[13]
飼料生産ステージ 　(堆肥, 液肥, 放牧牛糞尿, 購入肥料)	0.6　N_2O-N%/T-N	環境省[13]
NH_3		
飼養管理ステージ(成牛舎)	10.3　NH_3-N%/T-N	寶示戸ら[8]
飼養管理ステージ(育成舎)	4.5　NH_3-N%/T-N	寶示戸ら[8]
糞尿処理ステージ(堆肥)	4.26　NH_3-N%/T-N	前田ら[16]
糞尿処理ステージ(液肥)	12.0　NH_3-N%/T-N	Sommer et al.[29]
飼料生産ステージ(液肥)	13.3　NH_3-N%/T-N	寶示戸ら[8]
飼料生産ステージ(放牧牛糞)	5.6　NH_3-N%/T-N	Sugimoto et al.[30]
飼料生産ステージ(放牧牛尿)	7.0　NH_3-N%/T-N	杉本ら[31], 気象庁[15]
飼料生産ステージ(購入肥料)	7.7　NH_3-N%/T-N	Ogino et al.[24]
T-N, T-P	Farm Gate Balance	本文を参照

注 1) 南齋ら[20]から引用した排出係数のうち, 電力, 購入飼料, 購入肥料は, 産業連関表, 購入者価格ベース(電力は各部門の「家計消費支出」部門への産出額), $(I-A)^{-1}$ 型モデルによる.

注 2) 飼料生産ステージにおける放牧牛尿からの NH_3 排出係数は, 平均気温を変数とする NH_3-N 揮散率推定関数(杉本ら[31])に事例農家における放牧期間 5〜10 月の分析対象期間内平均気温 13.1℃ (気象庁[15])を代入して求めた.

尿排出係数と同じもの(生乳生産量，乳脂率，乳蛋白質率)である。具体的には，まず，搾乳牛乾物摂取量を農林水産省農林水産技術会議事務局[22]による(9-7)式から求めた。ただし，(9-7)式における搾乳牛体重は 650 kg(並河ら[19])と仮定し，FCM 量は(9-1)式から求めたものを用いた。

$$DMI = 2.98120 + 0.00905 \times W + 0.41055 \times FCM \cdots\cdots (9\text{-}7)$$

ただし，DMI：搾乳牛乾物摂取量(kg-DM/頭/日)，W：搾乳牛体重(kg/頭)，FCM：4%脂肪補正乳量(kg-FCM/頭/日)。

次に，推定された搾乳牛乾物摂取量を Shibata et al.[28]による(9-8)式の CH_4 排出量推定関数に代入し，搾乳牛反芻 CH_4 排出係数を求めた。

$$CH_4 = -17.766 + 42.793 \times DMI - 0.849 \times DMI^2 \cdots\cdots (9\text{-}8)$$

ただし，CH_4：搾乳牛反芻 CH_4 排出量(L-CH_4/頭/日)，DMI：搾乳牛乾物摂取量(kg-DM/頭/日)。

以上の方法で推定された搾乳牛反芻 CH_4 排出係数は，476.9～503.4 L-CH_4/頭/日である。この排出係数は，搾乳牛の低泌乳化が進むにつれて小さくなり，搾乳牛1頭当たり乳量が最小となった 1999 年に最小値を示した[8]。

(2) T-N，T-P の計測方法

T-N と T-P は，Farm Gate Balance を用いて推定した。Farm Gate Balance とは，農場に投入される養分量から農場から産出される養分量を差し引いて求められるもの，すなわち，農場において余剰となる養分量である(OECD[23])。本章では，以下の計測方法に従った。

酪農経営システムへの投入では，購入飼料，購入肥料，降水，窒素固定を計上した。購入飼料窒素，リン量は，購入飼料投入量に購入飼料窒素，リン含有率(農業技術研究機構[21]，飼料メーカー資料)を乗じて求めた。購入肥料窒素，リン量は，購入肥料投入量に購入肥料窒素，リン含有率(肥料メーカー資料)を乗じて求めた。降水窒素，リン量は，降水窒素，リン成分値と事例農家が位置する北海道根釧地域の年間降水量(気象庁[15])，事例農家の耕地面積を乗じて求めた。ただし，降水窒素，リン成分値は，降雨窒素成分 1.01 mgN/L，降雪窒素成分 1.09 mgN/L，降雨リン成分 0.013 mgP/L，降雪リン成分 0.067 mgP/L

と仮定し(大村[25]),降雨期間は4～11月,降雪期間は1～3,12月と仮定した。窒素固定量は,事例農家の草地作付けがチモシーと白クローバの混播であることから(聞き取り調査),事例農家の耕地面積に窒素固定係数80 kgN/ha/年(Yatazawa [35])を乗じて求めた。

酪農経営システムからの産出では,生乳,牛個体,窒素揮散を計上した。生乳窒素,リン量は,(9-1)式から求めたFCM量にFCM量窒素,リン含有率を乗じて求めた。ただし,FCM量窒素,リン含有率は,各々0.5%,0.1%と仮定した(田先[32],科学技術庁資源調査会[12],事例農家資料)。牛個体窒素,リン量は,牛個体体重に牛個体窒素,リン含有率を乗じて求めた。ただし,牛個体体重は,廃用牛650 kg,育成牛540 kg,初生牛40 kgと仮定し(並河ら[19]),牛個体窒素,リン含有率は,各々3.04%,1.0%と仮定した(田先[32])。窒素揮散量は,推定されたN_2O-N量とNH_3-N量の合計値を計上した。

3-5. 環境影響カテゴリーの選択

本章で選択された環境影響カテゴリーは,地球温暖化,酸性化,富栄養化の3つである。地球温暖化では,CO_2を1倍,CH_4を23倍,N_2Oを296倍(CML [5])してCO_2等量換算で計上した。酸性化では,NO_xを0.7倍,SO_x(SO_2として)を1.0倍,NH_3を1.88倍(CML [5])してSO_2等量換算で計上した。富栄養化では,NO_xを0.13倍,NH_3を0.35倍,T-Nを0.42倍,T-Pを3.06倍(CML [5])してPO_4等量換算で計上した[9]。

4.「マイペース酪農」転換による環境負荷削減効果

4-1. 地球温暖化の計測結果

表9-6は,事例農家における地球温暖化の計測結果である。事例農家における地球温暖化ポテンシャルは,集約酪農期0.894 t-CO_2-eq/t-FCM/年,経営転換期0.868 t-CO_2-eq/t-FCM/年,低投入酪農期0.880 t-CO_2-eq/t-FCM/年であった。集約酪農期から低投入酪農期にかけての変化率(以下,環境負荷削減効果)は−1.5%であり,地球温暖化ポテンシャル減少が確認された。地球温暖

表9-6 事例農家における地球温暖化の計測結果

	集約酪農期 (1991〜92年) ①		経営転換期 (1993〜94年) ②		低投入酪農期 (1995〜99年) ③		変化量 ③−①	変化率 (③−①)/①
資源投入								
CO_2(t-CO_2-eq/t-FCM/年)	0.166	18.6%	0.158	18.2%	0.150	17.0%	−0.017	−9.9%
飼養管理ステージ								
CH_4(t-CO_2-eq/t-FCM/年)	0.428	47.9%	0.438	50.5%	0.473	53.7%	0.045	10.4%
N_2O(t-CO_2-eq/t-FCM/年)	0.000	0.0%	0.000	0.0%	0.000	0.0%	0.000	−17.6%
糞尿処理ステージ								
CH_4(t-CO_2-eq/t-FCM/年)	0.028	3.1%	0.025	2.9%	0.023	2.6%	−0.005	−18.9%
N_2O(t-CO_2-eq/t-FCM/年)	0.209	23.4%	0.187	21.5%	0.175	19.9%	−0.034	−16.1%
飼料生産ステージ								
N_2O(t-CO_2-eq/t-FCM/年)	0.062	6.9%	0.059	6.8%	0.059	6.7%	−0.003	−4.3%
合計(t-CO_2-eq/t-FCM/年)	0.894	100.0%	0.868	100.0%	0.880	100.0%	−0.014	−1.5%

注) 各期の比率は, 各期の地球温暖化ポテンシャル合計値に対する比率を示したものである.

化ポテンシャルに対する各環境負荷の寄与率は, 各期を通じて大きな変化はなく, CH_4 が 51.1〜56.3%, N_2O が 26.7〜30.3%, CO_2 が 17.0〜18.6% であった.

FCM量1t当たりで見た時に減少が確認された項目のうち, 特に減少量が大きかったのは, 糞尿処理ステージからの N_2O 排出量と資源投入からの CO_2 排出量である. 糞尿処理ステージからの N_2O 排出量減少の主因は, 事例農家の乳牛頭数規模縮小, 低泌乳化による搾乳牛糞尿排出係数低下に伴う家畜糞尿排出量減少に加え, 搾乳牛の昼夜放牧開始によって畜舎に排出され, 糞尿処理施設で処理される家畜糞尿の量が減少したことによるものである. 資源投入からの CO_2 排出量減少の主因は, 事例農家の低投入化に伴う購入肥料, 購入飼料投入量減少によるものである. ただし, このような地球温暖化ポテンシャル減少は, 飼養管理ステージからの CH_4 排出量が増加したことから[10], その一部が相殺された.

4-2. 酸性化の計測結果

表9-7 は, 事例農家における酸性化の計測結果である. 事例農家における酸性化ポテンシャルは, 集約酪農期 0.00700 t-SO_2-eq/t-FCM/年, 経営転換期

表 9-7 事例農家における酸性化の計測結果

	集約酪農期 (1991〜92年) ①		経営転換期 (1993〜94年) ②		低投入酪農期 (1995〜99年) ③		変化量 ③−①	変化率 (③−①)/①
資源投入								
NO_x (t-SO_2-eq/t-FCM/年)	0.00059	8.4%	0.00054	8.4%	0.00053	8.7%	−0.00006	−10.0%
SO_x (t-SO_2-eq/t-FCM/年)	0.00015	2.1%	0.00013	2.0%	0.00011	1.8%	−0.00004	−27.2%
飼養管理ステージ								
NH_3 (t-SO_2-eq/t-FCM/年)	0.00242	34.6%	0.00213	33.2%	0.00190	31.4%	−0.00052	−21.3%
糞尿処理ステージ								
NH_3 (t-SO_2-eq/t-FCM/年)	0.00137	19.6%	0.00122	19.0%	0.00111	18.4%	−0.00026	−19.0%
飼料生産ステージ								
NH_3 (t-SO_2-eq/t-FCM/年)	0.00247	35.3%	0.00240	37.4%	0.00241	39.7%	−0.00006	−2.6%
合計 (t-SO_2-eq/t-FCM/年)	0.00700	100.0%	0.00641	100.0%	0.00606	100.0%	−0.00094	−13.4%

注) 各期の比率は，各期の酸性化ポテンシャル合計値に対する比率を示したものである。

0.00641 t-SO_2-eq/t-FCM/年，低投入酪農期 0.00606 t-SO_2-eq/t-FCM/年であった。環境負荷削減効果は−13.4％であり，酸性化ポテンシャル減少が確認された。酸性化ポテンシャルに対する各環境負荷の寄与率は，各期を通じて大きな変化はなく，NH_3 が 89.5〜89.6％，NO_x が 8.4〜8.7％，SO_x が 1.8〜2.1％であった。

FCM 量 1 t 当たりで見た時に減少が確認された項目のうち，特に減少量が大きかったのは，飼養管理ステージと糞尿処理ステージからの NH_3 排出量である。これらの減少の主因は，乳牛頭数規模縮小，低泌乳化による搾乳牛糞尿排出係数低下に伴う家畜糞尿排出量減少に加え，搾乳牛の昼夜放牧開始によって畜舎に排出され，糞尿処理施設で処理される家畜糞尿の量が減少したことによるものである。

4-3. 富栄養化の計測結果

表 9-8 は，事例農家における富栄養化の計測結果である。事例農家における富栄養化ポテンシャルは，集約酪農期 0.0258 t-PO_4-eq/t-FCM/年，経営転換期 0.0242 t-PO_4-eq/t-FCM/年，低投入酪農期 0.0237 t-PO_4-eq/t-FCM/年であった。環境負荷削減効果は−8.2％であり，富栄養化ポテンシャル減少が確認された。富栄養化ポテンシャルに対する各環境負荷の寄与率は，各期を通じ

表 9-8 事例農家における富栄養化の計測結果

	集約酪農期 (1991～92年) ①		経営転換期 (1993～94年) ②		低投入酪農期 (1995～99年) ③		変化量 ③-①	変化率 (③-①)/①
資源投入								
NO_x(t-PO_4-eq/t-FCM/年)	0.0001	0.4%	0.0001	0.4%	0.0001	0.4%	0.0000	−10.0%
酪農経営システム								
NH_3(t-PO_4-eq/t-FCM/年)	0.0012	4.5%	0.0011	4.4%	0.0010	4.3%	−0.0002	−13.4%
T-N(t-PO_4-eq/t-FCM/年)	0.0089	34.3%	0.0084	34.6%	0.0083	35.2%	−0.0005	−6.0%
T-P(t-PO_4-eq/t-FCM/年)	0.0157	60.7%	0.0146	60.5%	0.0143	60.2%	−0.0014	−9.1%
合計(t-PO_4-eq/t-FCM/年)	0.0258	100.0%	0.0242	100.0%	0.0237	100.0%	−0.0021	−8.2%

注）各期の比率は，各期の富栄養化ポテンシャル合計値に対する比率を示したものである。

表 9-9 事例農家における T-N の計測結果

	集約酪農期 (1991～92年) ①		経営転換期 (1993～94年) ②		低投入酪農期 (1995～99年) ③		変化量 ③-①	変化率 (③-①)/①
投入窒素量(tN/t-FCM/年)	0.0297	100.0%	0.0284	100.0%	0.0280	100.0%	−0.0017	−5.8%
うち購入飼料(tN/t-FCM/年)	0.0103	34.6%	0.0088	31.0%	0.0071	25.5%	−0.0031	−30.3%
うち購入肥料(tN/t-FCM/年)	0.0086	29.1%	0.0076	26.7%	0.0067	24.1%	−0.0019	−22.1%
うち降水(tN/t-FCM/年)	0.0013	4.5%	0.0015	5.4%	0.0018	6.5%	0.0005	38.0%
うち窒素固定(tN/t-FCM/年)	0.0095	31.9%	0.0105	36.8%	0.0123	43.9%	0.0028	29.7%
産出窒素量(tN/t-FCM/年)	0.0086	100.0%	0.0085	100.0%	0.0081	100.0%	−0.0004	−5.1%
うち生乳(tN/t-FCM/年)	0.0044	51.3%	0.0044	51.9%	0.0044	54.0%	0.0000	0.0%
うち牛個体(tN/t-FCM/年)	0.0008	9.8%	0.0010	12.2%	0.0009	10.5%	0.0000	1.5%
うち窒素揮散(tN/t-FCM/年)	0.0033	38.9%	0.0030	36.0%	0.0029	35.4%	−0.0004	−13.4%
T-N(tN/t-FCM/年)	0.0211	—	0.0199	—	0.0198	—	−0.0013	−6.0%

注1）T-N（余剰窒素量）は，投入窒素量から産出窒素量を差し引いたものである。
注2）窒素揮散には，LCA で計測された N_2O-N，NH_3-N の合計値を計上した。
注3）各期の比率は各期の投入窒素量または産出窒素量に占める各項目の比率を示したものである。

て大きな変化はなく，T-P が 60.2～60.7%，T-N が 34.3～35.2%，NH_3 が 4.3～4.5%，NO_x が 0.4% であった[11]。以下では，寄与率が高い T-N と T-P について，Farm Gate Balance の計測結果を示したい。

（1）T-N の計測結果

表 9-9 は，事例農家における T-N の計測結果である。事例農家における T-N は，集約酪農期 0.0211 tN/t-FCM/年，経営転換期 0.0199 tN/t-FCM/年，低投入酪農期 0.0198 tN/t-FCM/年であった。環境負荷削減効果は −6.0% であり，

表 9-10 事例農家における T-P の計測結果

	集約酪農期 (1991～92年) ①		経営転換期 (1993～94年) ②		低投入酪農期 (1995～99年) ③		変化量 ③-①	変化率 (③-①)/①
投入リン量(tP/t-FCM/年)	0.00628	100.0%	0.00600	100.0%	0.00582	100.0%	−0.00046	−7.3%
うち購入飼料(tP/t-FCM/年)	0.00183	29.2%	0.00165	27.4%	0.00135	23.2%	−0.00048	−26.4%
うち購入肥料(tP/t-FCM/年)	0.00442	70.4%	0.00432	72.0%	0.00443	76.2%	0.00001	0.3%
うち降水(tP/t-FCM/年)	0.00003	0.4%	0.00003	0.5%	0.00004	0.6%	0.00001	40.5%
産出リン量(tP/t-FCM/年)	0.00115	100.0%	0.00122	100.0%	0.00116	100.0%	0.00000	0.4%
うち生乳(tP/t-FCM/年)	0.00088	76.0%	0.00088	72.2%	0.00088	75.8%	0.00000	0.0%
うち牛個体(tP/t-FCM/年)	0.00028	24.0%	0.00034	27.8%	0.00028	24.2%	0.00000	1.5%
T-P (tP/t-FCM/年)	0.00513	—	0.00479	—	0.00466	—	−0.00046	−9.1%

注1) T-P (余剰リン量)は，投入リン量から産出リン量を差し引いたものである。
注2) 各期の比率は，各期の投入リン量または産出リン量に占める各項目の比率を示したものである。

T-N 減少が確認された。変化率を見ると，投入窒素量は−5.8％，産出窒素量は−5.1％であり，投入窒素量減少率は産出窒素量減少率を上回っていた。T-N 減少の主因は，投入窒素量減少によるものであり，FCM 量1t当たりで見た時に減少が確認された項目は，購入飼料と購入肥料であった。

(2) T-P の計測結果

表 9-10 は，事例農家における T-P の計測結果である。事例農家における T-P は，集約酪農期 0.00513 tP/t-FCM/年，経営転換期 0.00479 tP/t-FCM/年，低投入酪農期 0.00466 tP/t-FCM/年であった。環境負荷削減効果は−9.1％であり，T-P 減少が確認された。変化率を見ると，投入リン量は−7.3％，産出リン量は 0.4％であり，投入リン量は減少した一方で産出リン量はわずかながら増加していた。T-P 減少の主因は，投入リン量減少によるものであり，FCM 量1t当たりで見た時に減少が確認された項目は，購入飼料のみであった。

5. まとめ

本章の課題は，LCA を用いて酪農経営の低投入型酪農転換による環境負荷削減効果を総合的に定量評価することにあった。

本章における LCA では，機能単位を FCM 量1tに設定し，地球温暖化，酸性化，富栄養化の3つの環境影響カテゴリーを選択した。LCA の分析結果から，事例農家の「マイペース酪農」転換において，地球温暖化で−1.5%，酸性化で−13.4%，富栄養化で−8.2% の環境負荷削減効果を有することが明らかになった。この分析結果は，低投入な生乳生産を行う「マイペース酪農」が「環境に優しい酪農」であることを示唆している。

なお，事例農家における「マイペース酪農」転換による経営経済面のメリットについても考察したい。吉野[36] は，「マイペース酪農」に転換した酪農経営とそれらが所属する農協管内の全酪農経営を比較評価した。その結果，1990～1993年にかけての農業所得の推移では，期間内に「マイペース酪農」に転換した酪農経営の平均農業所得増加率(20% 増加)は，それらが所属する農協管内の全酪農経営の平均農業所得増加率(32% 増加)と比較すれば小さいものの，農業所得は着実に増加していた。それゆえ，一般的には「マイペース酪農」転換によって農業所得は増加することが示されている。本章で分析した事例農家は，「マイペース酪農」転換によって農業所得率増加が確認されたものの，農業所得は減少に転じた。しかし，事例農家の農業所得は，吉野[36] が示した「マイペース酪農」に転換した酪農経営の平均農業所得 1,173万円(1993年)よりも依然として高い水準を維持していた[12]。それゆえ，事例農家は，労働時間減少による余暇増大などの経営成果もあわせて鑑みれば，「マイペース酪農」転換による経営経済面のメリットを十分担保していると考えられる。

現在のところ，「マイペース酪農」転換は，個別の酪農経営における自主的な取り組みとして行われており，何らかの政策的支援があるわけではない。本章では，LCA を適用することで「マイペース酪農」が環境保全面でメリットがある酪農経営であるという知見を得たが，これは EU(European Union；欧州連合)で行われているような環境保全型農業への直接支払制度[13] の根拠となりうる知見である。「マイペース酪農」は，従来の酪農経営の展開方向である乳牛頭数規模拡大，高泌乳化とは全く逆の乳牛頭数規模縮小，低泌乳化という取り組みである。それゆえ，仮に酪農経営が「マイペース酪農」転換に取り組もうとする意思を持っていたとしても，経営変化に伴う農業所得減少などを懸念し，「マイペース酪農」転換に至らないことも大いに考えられる。そこで，

もし環境保全型農業への直接支払制度などの政策的支援が導入されるならば，酪農経営が持つ農業所得減少などの懸念が軽減されると考えられるので，「マイペース酪農」転換が促進され，環境負荷削減に対してより一層資するものと推察される。

注

1) 酪農経営に LCA を適用した研究には，Cederberg and Mattsson [1]，Cederberg and Stadig [2]，Haas et al. [7]，Hospido and Sonesson [9]，Thomassen and de Boer [34]，増田ら[17]がある。また，レビュー論文として，De Boer [6] がある。
2) 本章では，事例農家の「マイペース酪農」転換における変化を評価したいことから，集約酪農期と低投入酪農期の比較を中心に分析を進めたい。
3) 生乳生産量が減少しながらも農業所得が増加するという「マイペース酪農」転換の特徴は，モデル分析による研究でも明らかにされている(折登[26, 27])。
4) 変化率では，農業支出減少率の方が農業収入減少率を上回っていたが，金額では，農業支出以上に農業収入が減少した。事例農家において農業所得減少が確認されたのは，事例農家が「マイペース酪農」転換前からすでに高い農業所得と農業所得率を達成していたこと(吉野[36])に起因すると推察される。
5) 各肥料成分含有率は，BB122(窒素10％，リン酸20％，加里20％)，BB456(窒素14％，リン酸5％，加里26％)，ヨウリン(リン酸20％)であった(肥料メーカー資料)。
6) 事例農家における敷料投入は，自給飼料の余剰分や食べ残しによるため，投入量の把握が困難であることから省略した。
7) 牛体蓄積窒素量は，搾乳牛はすでに成長期を過ぎていることと，(9-3)式で体重固定を仮定することから省略した。
8) 事例農家の搾乳牛においては，購入飼料給与量の減少に対して粗飼料摂取量が増加した可能性がある(De Boer [6])。すなわち，実際の事例農家における搾乳牛が摂取した乾物量は，本章で推定された乾物摂取量ほどには減少していない可能性が考えられる。それゆえ，本章で推定された乾物摂取量を用いて求めた搾乳牛反芻 CH_4 排出係数は，実際の搾乳牛反芻 CH_4 排出係数と比べて過少推計となっている可能性があることを指摘しておく。
9) 富栄養化の T-N と T-P には，Farm Gate Balance から求めた余剰窒素，リン量を計上した。
10) 飼養管理ステージから排出される CH_4 は乳牛反芻によるものである。総量として見た場合，乳牛頭数規模縮小，低泌乳化による搾乳牛反芻 CH_4 排出係数低下を主因として，飼養管理ステージからの CH_4 排出量は，集約酪農期と低投入酪農期間で－14.8％減少した。しかし，FCM 量も同時に減少しており，その減少率は－22.8％と飼養管理ステージからの CH_4 排出量減少率を上回っていた。それゆえ，FCM 量 1 t 当たりで見

ると，飼養管理ステージからの CH_4 排出量は増加した。
11) Farm Gate Balance から求められた T-N と T-P は，酪農経営システムから流出しうるポテンシャル量として実際の流出量よりも過大評価されている。それゆえ，寄与率が非常に高くなっている。
12) 吉野[36]，本章の事例農家ともに組合員勘定から集計した農業所得である。なお，比較にあたり，総務省『消費者物価指数年報』の「全国消費者物価指数の総合指数」を用いて実質化した(1995年＝100)。
13) EU で行われている環境保全型農業への直接支払制度とは，農薬・肥料の低投入，家畜頭数削減などの粗放的な農業生産による所得と慣行の農業生産による所得の差(損失分)を補助するものである(市田[10])。

> ### 「マイペース酪農」の経営分析
>
> 「マイペース酪農」を先駆的に実践してきた三友盛行氏は，その著書の中で，酪農経営の経営分析のために乳代所得率という指標を提案している。北海道では，組合員勘定と呼ばれる農協口座があり，その口座における収支から経営分析を行うことが多い。例えば，農業所得率は，組合員勘定に記されている項目を用いて次の式から計算できる。
>
> $$組合員勘定による農業所得率(\%) = \frac{農業収入 - 農業支出}{農業収入} \times 100$$
>
> ただし，「マイペース酪農」の学習会では，経営分析のために乳代所得率という次の計算式も用いている。
>
> $$乳代所得率(\%) = \frac{乳代 - (経費 - 支払利息)}{乳代} \times 100$$
>
> この式は，負債償還における利息を除外し，仮に酪農経営が借金ゼロである場合の経営収支を表したものである。酪農経営における個体販売収入を除外していることも大きな特徴である。この乳代所得率が，概ね 35% 以上であれば合格とされている。もし 35% に達していない場合は，負債が問題なのではなく，酪農経営の基本である生乳生産の構造に無理・無駄があり，経営を悪化させていることを意味している。　参考文献：三友[1] 〈増田清敬〉

引用文献

[1] Cederberg, C. and Mattsson, B. (2000): "Life cycle assessment of milk production ——a comparison of conventional and organic farming," *Journal of Cleaner Production*, vol. 8(1), pp. 49–60.

[2] Cederberg, C. and Stadig, M. (2003): "System expansion and allocation in life cycle assessment of milk and beef production," *The International Journal of Life Cycle Assessment*, vol. 8(6), pp. 350-356.
[3] 畜産技術協会(2002):『畜産における温室効果ガスの発生制御(総集編)』畜産技術協会.
[4] 中央畜産会(2001):『堆肥化施設設計マニュアル二版』中央畜産会.
[5] CML (2002): "Characterisation factors from LCA handbook," http://www.leidenuniv.nl/cml/ssp/projects/lca2/lca2.html, CML.
[6] De Boer, I. J. M. (2003): "Environmental impact assessment of conventional and organic milk production," *Livestock Production Science*, vol. 80(1-2), pp. 69-77.
[7] Haas, G., Wetterich, F. and Köpke, U. (2001): "Comparing intensive, extensified and organic grassland farming in southern Germany by process life cycle assessment," *Agriculture, Ecosystems and Environment*, vol. 83(1-2), pp. 43-53.
[8] 寶示戸雅之・池口厚男・神山和則・島田和宏・荻野暁史・三島慎一郎・賀来康一(2003):「わが国農耕地における窒素負荷の都道府県別評価と改善シナリオ」『日本土壌肥料学雑誌』vol. 74(4), pp. 467-474.
[9] Hospido, A. and Sonesson, U. (2005): "The environmental impact of mastitis: a case study of dairy herds," *Science of the Total Environment*, vol. 343(1-3), pp. 71-82.
[10] 市田知子(2004):『EU条件不利地域における農政展開――ドイツを中心に』農山漁村文化協会.
[11] 石谷久・赤井誠監修(1999):『ISO 14040/JIS Q 14040 ライフサイクルアセスメント――原則及び枠組み』産業環境管理協会.
[12] 科学技術庁資源調査会編(2000):「食品成分データベース(五訂日本食品標準成分表)」http://food.tokyo.jst.go.jp/, 科学技術振興機構.
[13] 環境省(2002):『平成14年度温室効果ガス排出量算定方法検討会農業分科会報告書』環境省.
[14] 河上博美・干場信司・吉野宣彦・石沢元勝・森田茂・小阪進一・池口厚男(1997):「経営的収益性および投入化石エネルギー量による酪農場の複合的評価」『酪農学園大学紀要自然科学編』vol. 22(1), pp. 159-163.
[15] 気象庁(2005):「昨日までのデータ(統計値)」http://www.data.kishou.go.jp/etrn/, 気象庁.
[16] 前田武己・松田従三・近江谷和彦(2001):「家畜糞の堆肥化におけるアンモニア揮散(第2報)――畜糞の違いが揮散に及ぼす影響」『農業機械学会誌』vol. 63(1), pp. 41-47.
[17] 増田清敬・宿野部猛・出村克彦・山本康貴(2003):「LCAを用いた酪農環境問題の定量分析――北海道・オコッペフィードサービスを事例として」『2003年度日本農業経済学会論文集』pp. 341-346.
[18] 三友盛行(2000):『マイペース酪農――風土に生かされた適正規模の実現』農山漁村文化協会.

[19] 並河澄・大森昭一朗・米倉久雄・吉本正・内海恭三・新井肇(2000):『農学基礎セミナー 家畜飼育の基礎』農山漁村文化協会。
[20] 南齋規介・森口祐一・東野達(2002):『産業連関表による環境負荷原単位データブック(3EID)——LCAのインベントリデータとして』国立環境研究所地球環境研究センター。
[21] 農業技術研究機構編(2003):『日本標準飼料成分表(2001年版)二版』中央畜産会。
[22] 農林水産省農林水産技術会議事務局編(1999):『日本飼養標準 乳牛(1999年版)』中央畜産会。
[23] OECD (1999): *Environmental Indicators for Agriculture: Volume 1 Concepts and Framework*, OECD Publications.
[24] Ogino, A., Kaku, K., Osada, T. and Shimada, K. (2004): "Environmental impacts of the Japanese beef-fattening system with different feeding length as evaluated by a life-cycle assessment method," *Journal of Animal Science*, vol. 82(7), pp. 2115-2122.
[25] 大村邦男(1995):「北海道の畑作・酪農地帯における物質循環と水質保全」『北海道立農業試験場報告』No. 86, pp. 1-63。
[26] 折登一隆(2001):「草地型酪農地帯における低投入酪農モデル」『2001年度日本農業経済学会論文集』pp. 32-34。
[27] 折登一隆(2002):「人にも家畜にも「ゆとり」ある畜産経営(6)——V. 低投入酪農経営の技術と「ゆとり」」『畜産の研究』vol. 56(12), pp. 1277-1282。
[28] Shibata, M., Terada, F., Kurihara, M., Nishida, T. and Iwasaki, K. (1993): "Estimation of methane production in ruminants," *Animal Science and Technology (Japan)*, vol. 64(8), pp. 790-796.
[29] Sommer, S. G., Christensen, B. T., Nielsen, N. E. and Schjorring, J. K. (1993): "Ammonia volatilization during storage of cattle and pig slurry: effect of surface cover," *Journal of Agricultural Science*, vol. 121(1), pp. 63-71.
[30] Sugimoto, Y., Ball, P. R. and Theobald, P. W. (1992): "Dynamics of nitrogen in cattle dung on pasture, under different seasonal conditions. 1. Breakdown of dung and volatilization of ammonia," *Journal of Japanese Society of Grassland Science*, vol. 38(2), pp. 160-166.
[31] 杉本安寛・井上和嘉・永松勝彦・上野昌彦(1993):「牧草地における尿窒素の動態に関する研究1. 牛尿パッチからのアンモニア揮発による窒素の損失」『日本草地学会誌』vol. 39(2), pp. 162-168。
[32] 田先威和夫監修(1996):『新編畜産大事典』養賢堂。
[33] 寺田文典・栗原光規・西田武弘・永西修(1998):「反芻家畜におけるメタン及び亜酸化窒素放出とその変動要因の解明に関する研究」『地球環境総合推進費平成9年度終了研究課題成果報告集』pp. 33-42。
[34] Thomassen, M. A. and de Boer, I. J. M. (2005): "Evaluation of indicators to assess the environmental impact of dairy production system," *Agriculture, Ecosystems and Environment*, vol. 111(1-4), pp. 185-199.

[35] Yatazawa, M. (1978): "Agro-ecosystems in Japan," in Frissel, M. J. (ed.): *Cycling of Mineral Nutrients in Agricultural Ecosystems*, Elsevier Scientific Publishing Company, pp. 167-179.
[36] 吉野宣彦(1997):「北海道酪農専業地帯における低投入型酪農の収益性と展開条件」『酪農学園大学紀要人文・社会科学編』vol. 22(1), pp. 55-64。

参考文献

[1] 三友盛行(2000):『マイペース酪農——風土に生かされた適正規模の実現』農山漁村文化協会。

第10章　LCAを用いた農業地域における有機性資源循環システムの環境影響評価
——バイオガスプラント導入を事例として——

増田清敬・山本康貴

1. はじめに

　本章の課題は，LCA（Life Cycle Assessment；ライフサイクルアセスメント）を用いて農業地域における有機性資源循環システム導入の環境負荷削減効果を総合的に定量評価することにある。

　農業生産活動では，主産物である農産物のほかに農業副産物も生産される。農業副産物には，作物残渣や家畜糞尿などがあり，これらの有機性資源を不適切に処理した場合，環境問題が引き起こされる可能性がある。例えば，家畜糞尿は，悪臭や水質汚染をはじめとした農業地域における環境問題の大きな原因である。近年の多頭化などによる家畜糞尿の大量発生は，畜産経営単独での家畜糞尿の適切な処理と利用を困難にしており，農業地域全体での循環が求められている。そこで，このような有機性資源を適切に処理し，積極的に利用するための有機性資源循環システムを構築するならば，農業副産物に由来する環境問題の緩和につながるのではないかと推察される。

　有機性資源循環システムの環境影響評価に関する分析事例には，バイオガスプラントを評価した日向[11]，北海道立根釧農業試験場研究部経営科[15]，大村ら[30]，Omura[32]，梅津ら[42]，耕畜連携を評価した小林[19]，猫本ら[26]，小野ら[33]，竹中・秦[40]，堆肥センターを評価した林ら[9]，稲わら類リサイクルを評価した林ら[8]，Hayashi et al.[10]，Kobayashi and Yamada[20]，農山漁村型クラスターを評価したHiraguchi[12]などがある。本章では，これらの分析事例のうち，特に農業地域における家畜糞尿処理に大きく寄与すると考えられているバイオガスプラントに注目し，その導入について総合的な環境影

響評価を行いたい。

　本章では，以上の課題を解明するために分析手法としてLCAを採用したい。LCAは，環境負荷を定量化し，複数の環境問題（例えば，地球温暖化，酸性化，富栄養化など）として識別できる利点を持つ手法であり（石谷・赤井[16]），本章の分析手法として妥当と考えられる。本章の分析対象地域は，畜産が盛んで家畜糞尿の有効利用が環境問題緩和のために重要と推察される農業地域であり，実際にバイオガスプラント建設が計画されている北海道十勝管内の鹿追町とし，分析対象年は2001年度とした。

2. 鹿追町農業におけるLCAの適用

2-1. 鹿追町におけるバイオガスプラント導入計画

　本章の分析対象地域である鹿追町は北海道十勝管内にあり，畑酪混合地域として知られている。特に酪農が盛んな地域であり，町内の全家畜飼養頭数の5割以上を乳牛が占め，耕地面積の約6割が牧草やデントコーンといった粗飼料生産のために利用されている（農林水産省『北海道農林水産統計年報（農業統計市町村別編）』）。鹿追町においては大量の家畜糞尿が発生していると推察され，その適切な処理と利用が求められているといえよう。

　鹿追町は，家畜糞尿のバイオガス化によるエネルギー資源化に注目し，バイオガスプラントの事業化を計画している[1]。具体的には，乳牛1,800頭規模（鹿追町における乳牛飼養頭数の11.0%）の集中処理型バイオガスプラントの建設を計画している[2]。その建設計画によると，バイオガスプラントで生産されたバイオガスは，町内の公共施設において，ボイラ用A重油の代替エネルギーとすることや新たな設備投資を行ってガス冷暖房，発電に利用することとしている。

　本章では，エネルギー代替という点に着目し，ボイラ用A重油をバイオガスで代替した場合の環境負荷削減効果に限定して分析したい[3]。なぜならば，ガス冷暖房は新たに設備投資をするものであり，エネルギー代替という点で環境負荷削減効果を得られる計画ではなく，発電はガス冷暖房の計画におけるオ

プションであるからである(鹿追町資料)。本章では，エネルギー代替による環境負荷削減効果を分析したいことと，分析の簡単化のために，以上の2点について省略した。

2-2. LCAの分析方法

(1) 機能単位と配分基準の設定

　本章では，機能単位を耕地面積1 haに設定し，生産物間での環境負荷の配分は行わないとした。なぜならば，機能単位には一般的に生産物が用いられるが，本章で評価対象とする鹿追町農業では複数の生産物(畑作物，畜産物)が存在するので，生産物を1つに決定し，環境負荷の配分を行うことが困難であるからである。また，耕地面積を機能単位とした場合，鹿追町農業から排出される環境負荷全体を評価することが可能になるからである。

(2) 鹿追町農業のライフサイクルフロー

　図10-1は，鹿追町農業におけるバイオガスプラント導入前後でのライフサイクルフローの変化を示したものである。バイオガスプラント導入前の鹿追町農業では，家畜糞尿は個別の畜産経営で処理されていることから，その適切な処理と利用が困難となっている恐れがある[4]。

a) バイオガスプラント導入前

　鹿追町農業は，畜産物生産が行われる畜産ステージと畑作物，自給飼料生産が行われる農地ステージの2つからなると仮定した。畜産ステージでは，農地で生産された自給飼料と購入飼料，エネルギーが投入され，畜産物と厩肥が生産される。農地ステージでは，種子，農薬，購入肥料，エネルギーと畜産ステージで生産された厩肥，そして畑作，飼料作の副産物である作物残渣が投入され，畑作物と自給飼料が生産される。

　以上において，畜産ステージから排出される敷料が混合された畜種別厩肥の有機物含量推定がデータ制約から困難であったので，厩肥生産時の環境負荷排出について敷料混合部分を省略した。また，それに伴って北海道十勝管内でよく見られる麦稈と厩肥の交換についても省略した。ただし，麦稈は作物残渣として農地に鋤き込まれると仮定したので，麦稈の最終的な農地ステージへの還元については再現されている。また，本章のLCAは，地域全体の環境負荷排

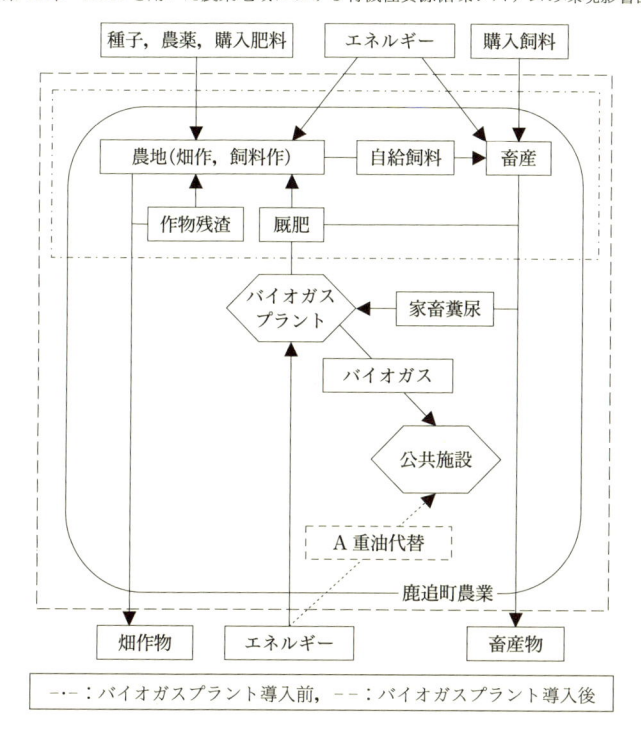

第 10 章　LCA を用いた農業地域における有機性資源循環システムの環境影響評価　211

図 10-1　鹿追町農業のライフサイクルフロー

出の把握を目的とするため,個別の畜産経営が行う放牧を省略した。
b) バイオガスプラント導入後
　バイオガスプラントステージでは,畜産ステージから排出される家畜糞尿の一部[5]とプラント操業に必要なエネルギーを用いてバイオガス生産が行われ,さらに結合生産物として厩肥(消化液・堆肥)も生産される。生産されたバイオガスは,町内の公共施設において,ボイラ用 A 重油の代替エネルギーとして用いられる。

(3) データの収集
a) 鹿追町農業のデータ
　図 10-1 に従って環境負荷排出量の計測に用いるデータを収集した(表 10-1)。具体的には,以下の通りである。

表 10-1　鹿追町農業の LCA で用いたデータ

データ項目	資料
耕地面積，収量 　小麦，ばれいしょ，大豆，小豆，いんげん，てんさい，青刈りとうもろこし，牧草，にんじん，キャベツ，スイートコーン	農林水産省『北海道農林水産統計年報（農業統計市町村別編）』
飼養頭数 　乳牛（成牛，育成牛），肉牛（肉用種，乳用種），豚（肥育豚，繁殖豚）	農林水産省『北海道農林水産統計年報（農業統計市町村別編）』
資源投入 　電力，軽油，灯油 　種子，農薬，購入飼料，購入肥料	鹿追町資料 鹿追農協資料
バイオガスプラント 　電力，重油，軽油 　重油（バイオガス代替による減少） 　軽油（バイオガスプラント導入による減少）	鹿追町資料，北海道立根釧農業試験場研究部経営科[15] 鹿追町資料 鹿追町資料，農林水産技術情報協会[27]

　畜産ステージの飼養頭数（乳牛 1 万 6,300 頭，肉牛 8,200 頭，豚 5,070 頭）や農地ステージの耕地面積（1 万 2,200 ha），畑作物や自給飼料の生産量（合計 40 万 8,142 t-原物）などといった基本的なデータは，農林水産省『北海道農林水産統計年報（農業統計市町村別編）』から収集した。

　環境負荷排出量の計測に直接用いたデータは，以下のように収集された。エネルギー（電力，軽油，灯油）は鹿追町資料から，種子，農薬，購入飼料，購入肥料は鹿追農協資料からデータを収集した。厩肥（原物，窒素，リン）は畜種別飼養頭数に畜種別家畜糞尿排出係数（中央畜産会[4]）を乗じて求めた。畜種は，乳牛（成牛，育成牛），肉牛（肉用種，乳用種），豚（肥育豚，繁殖豚）である[6]。ただし，家畜糞尿の固液分離処理については，乳牛（成牛）と豚が固液分離処理（中央畜産会[4]，長田[35]），乳牛（育成牛）と肉牛が全量堆肥化処理を仮定し[7]，さらに，固液分離後の原物量に有機物含有率（畜産技術協会[3]）を乗じることで有機物量を推定した。作物残渣は各作物の副産物が作物残渣としてすべて鋤き込まれると仮定した上で，各作物の原物収量に各作物乾物率（尾和[36]）を乗じて乾物収量を求め，それに各作物の副産物換算係数（松本ら[22]）と各作物の副産物乾物中窒素，リン含有率（尾和[36]）を乗じて推定した。

b）バイオガスプラントのデータ

　バイオガスプラントで処理される家畜糞尿は乳牛 1,800 頭分と仮定した（鹿追町資料）。バイオガスプラントにおける家畜糞尿のフロー（家畜糞尿輸送，固液分離機，発酵槽，露天式消化液貯留槽，堆肥化プラント，消化液・堆肥輸送，農地での消化液・堆肥散布）やエネルギー投入量などは，北海道立根釧農業試験場研究部経営科[15]，鹿追町資料から設定した。バイオガスプラント導入によるエネルギー投入量の減少としては，公共施設におけるボイラ用 A 重油使用量（鹿追町資料）とバイオガスプラント参加農家での糞尿処理と農地での消化液・堆肥散布にかかる軽油使用量（農林水産技術情報協会[27]）を仮定した。

（4）環境負荷排出量の計測

　本章では，計測する環境負荷を CO_2, NO_x, SO_x, CH_4, N_2O, NH_3, T-N, T-P とした。表 10-2 に本章で用いた環境負荷排出係数を示した。以下では，Soil Surface Balance による T-N，T-P の計測方法に限定して概説したい。

　T-N と T-P は Soil Surface Balance を用いて推定した。Soil Surface Balance とは，農地に投入される養分量から農地から産出される養分量を差し引いて求められるもの，すなわち，農地において余剰となる養分量である（OECD [28]）。本章では，Mishima [23] による Soil Surface Balance の仮定を元に以下のように計測方法を設定した[8]。

　農地への投入では，厩肥，購入肥料，降水，窒素固定を計上した。厩肥窒素，リン量は，排出された家畜糞尿窒素，リン量のすべてが投入されるものとした。ただし，畜産ステージおよびバイオガスプラントステージでの窒素揮散分は除外した。購入肥料窒素，リン量は，鹿追町資料からデータを収集した。降水窒素，リン量は，降水窒素，リン成分値と鹿追町の年間降水量（気象庁[18]），鹿追町の耕地面積を乗じて求めた。ただし，降水窒素，リン成分値は，降雨窒素成分 1.01 mgN/L，降雪窒素成分 1.09 mgN/L，降雨リン成分 0.013 mgP/L，降雪リン成分 0.067 mgP/L と仮定し（大村[29]），降雨期間は 4～11 月，降雪期間は 1～3，12 月と仮定した。窒素固定量は，マメ科の作付けによるものを計上した。具体的には，窒素固定係数を大豆 100 kgN/ha/年，小豆 45 kgN/ha/年，いんげん 20 kgN/ha/年，牧草（イネ科・マメ科混播）45 kgN/ha/年とし，各耕地面積に乗じて求めた。

表 10-2 鹿追町農業の LCA で用いた環境負荷排出係数

環境負荷と排出源	排出係数	資料
CO_2		
電力	0.48 kg-CO_2/kWh	北海道電力[13]
重油	0.76 t-C/KL	南齋ら[25]
軽油	0.72 t-C/KL	南齋ら[25]
灯油	0.68 t-C/KL	南齋ら[25]
種子	0.43 t-C/100万円	南齋ら[25]
農薬	0.85 t-C/100万円	南齋ら[25]
購入飼料	0.53 t-C/100万円	南齋ら[25]
購入肥料	1.43 t-C/100万円	南齋ら[25]
NO_x		
電力	0.57 g-NO_x/kWh	北海道電力[13]
重油	4.16 kg-NO_x/KL	南齋ら[25]
軽油	37.71 kg-NO_x/KL	南齋ら[25]
灯油	2.56 kg-NO_x/KL	南齋ら[25]
種子	4.83 kg-NO_x/100万円	南齋ら[25]
農薬	5.89 kg-NO_x/100万円	南齋ら[25]
購入飼料	7.48 kg-NO_x/100万円	南齋ら[25]
購入肥料	9.12 kg-NO_x/100万円	南齋ら[25]
SO_x		
電力	0.78 g-SO_x/kWh	北海道電力[13]
重油	8.00 kg-SO_x/KL	南齋ら[25]
軽油	2.04 kg-SO_x/KL	南齋ら[25]
灯油	0.14 kg-SO_x/KL	南齋ら[25]
種子	2.60 kg-SO_x/100万円	南齋ら[25]
農薬	5.05 kg-SO_x/100万円	南齋ら[25]
購入飼料	3.64 kg-SO_x/100万円	南齋ら[25]
購入肥料	4.74 kg-SO_x/100万円	南齋ら[25]
CH_4		
畜産ステージ		
乳牛反芻(成牛)	446.5 L-CH_4/頭/日	環境省[17]
乳牛反芻(育成牛)	267.3 L-CH_4/頭/日	環境省[17]
肉牛反芻(肉用種)	249.4 L-CH_4/頭/日	環境省[17]
肉牛反芻(乳用種)	312.2 L-CH_4/頭/日	環境省[17]
豚反芻(肥育豚,繁殖豚)	4.2 L-CH_4/頭/日	環境省[17]
堆肥化処理(乳牛,肉牛)	0.33 CH_4%/有機物	環境省[17]
液肥化処理(乳牛,肉牛)	0.92 CH_4%/有機物	環境省[17]
堆肥化処理(豚)	1.3 CH_4%/有機物	環境省[17]
液肥化処理(豚)	0.92 CH_4%/有機物	環境省[17]

表10-2（つづき） 鹿追町農業のLCAで用いた環境負荷排出係数

環境負荷と排出源	排出係数		資料
バイオガスプラントステージ			
露天式消化液貯留槽	0.004	CH_4%/原物	北海道立根釧農業試験場研究部経営科[15]
堆肥化プラント	0.33	CH_4%/有機物	環境省[17]
N_2O			
畜産ステージ			
畜舎(乳牛，肉牛)	0.005	N_2O-N%/T-N	寺田ら[41]
畜舎(豚)	0.25	N_2O-N%/T-N	長田[35]
堆肥化処理(乳牛，肉牛，豚)	4.65	N_2O-N%/T-N	環境省[17]
液肥化処理(乳牛，肉牛，豚)	0.75	N_2O-N%/T-N	環境省[17]
農地ステージ			
施肥(厩肥，購入肥料)	1.56	N_2O%/T-N	環境省[17]
作物残渣還元	1.25	N_2O-N%/T-N	環境省[17]
バイオガスプラントステージ			
堆肥化プラント	4.65	N_2O-N%/T-N	環境省[17]
NH_3			
畜産ステージ			
畜舎(乳牛，肉牛)	6.0	NH_3-N%/T-N	Bussink and Oenema [2]
畜舎(豚)	6.5	NH_3-N%/T-N	長田[35]
堆肥化処理(乳牛，肉牛)	4.0	NH_3-N%/T-N	Petersen et al. [37]
液肥化処理(乳牛，肉牛)	12.0	NH_3-N%/T-N	Sommer et al. [39]
堆肥化処理(豚)	23.0	NH_3-N%/T-N	Petersen et al. [37]
液肥化処理(豚)	8.0	NH_3-N%/T-N	Sommer et al. [39]
農地ステージ			
施肥(液肥：乳牛，肉牛)	25.0	NH_3-N%/T-N	北海道立根釧農業試験場研究部土壌肥料科[14]
施肥(液肥：豚)	27.4	NH_3-N%/T-N	Lockyer et al. [21]
施肥(購入肥料)	4.6	NH_3-N%/T-N	Misselbrook et al. [24]，農林水産省『ポケット肥料要覧』
バイオガスプラントステージ			
露天式消化液貯留槽	10.0	NH_3-N%/T-N	De Bode [6]
堆肥化プラント	4.0	NH_3-N%/T-N	Petersen et al. [37]
T-N，T-P	Soil Surface Balance		本文を参照

注）南齋ら[25]から引用した排出係数のうち，種子，農薬，購入飼料，購入肥料は，産業連関表，購入者価格ベース，$(I-A)^{-1}$型モデルによる。

農地からの産出では，農作物と窒素揮散を計上した。農作物窒素，リン量は，各作物の原物収量に各作物乾物率(尾和[36])を乗じて乾物収量を求め，さらに各作物の乾物中窒素，リン含有率(尾和[36])を乗じて求めた。窒素揮散には，農地における脱窒分の窒素(脱窒係数 30 kgN/ha/年)と NH_3-N 揮散分を合算したものを計上した。

(5) 環境影響カテゴリーの選択

本章で選択された環境影響カテゴリーは，地球温暖化，酸性化，富栄養化の3つである。地球温暖化では，CO_2 を1倍，CH_4 を23倍，N_2O を296倍(CML [5])して CO_2 等量換算で計上した。酸性化では，NO_x を0.7倍，SO_x (SO_2 として)を1.0倍，NH_3 を1.88倍(CML [5])して SO_2 等量換算で計上した。富栄養化では，NO_x を0.13倍，NH_3 を0.35倍，T-N を0.42倍，T-P を3.06倍(CML [5])して PO_4 等量換算で計上した[9]。

3. バイオガスプラント導入による環境負荷削減効果

3-1. 地球温暖化の計測結果

表10-3 は，鹿追町農業における地球温暖化の計測結果をバイオガスプラント導入前後について示したものである。鹿追町農業における地球温暖化ポテンシャルは，バイオガスプラント導入前 11.359 t-CO_2-eq/ha，バイオガスプラント導入後 11.173 t-CO_2-eq/ha であった。バイオガスプラント導入前後の変化率(以下，環境負荷削減効果)は－1.6% であり[10]，地球温暖化ポテンシャル減少が確認された。地球温暖化ポテンシャルに対する各環境負荷の寄与率は，バイオガスプラント導入前後で大きな変化はなく，CH_4 が 41.6～42.2%，N_2O が 41.0～41.7%，CO_2 が 16.6～16.8% であった。

バイオガスプラント導入による地球温暖化ポテンシャル削減の主因としては，第1に，バイオガスプラント導入による家畜糞尿に由来する N_2O 排出量減少[11]，第2に，バイオガスプラントステージにおける家畜糞尿からの CH_4 回収による CH_4 排出量減少，第3に，公共施設で使用されていたボイラ用A重油がバイオガスで代替されたことによる CO_2 排出量減少[12] が挙げられる。

表 10-3 鹿追町農業における地球温暖化の計測結果

	BGP 導入前 ①		BGP 導入後 ②		変化量 ②−①	変化率 (②−①)/①
資源投入						
CO_2(t-CO_2-eq/ha)	1.890	16.6%	1.882	16.8%	−0.009	−0.4%
畜産ステージ						
CH_4(t-CO_2-eq/ha)	4.728	41.6%	4.702	42.1%	−0.026	−0.6%
N_2O(t-CO_2-eq/ha)	2.971	26.2%	2.730	24.4%	−0.241	−8.1%
農地ステージ						
N_2O(t-CO_2-eq/ha)	1.769	15.6%	1.769	15.8%	0.000	0.0%
BGP ステージ						
CH_4(t-CO_2-eq/ha)	0.000	0.0%	0.010	0.1%	0.010	―
N_2O(t-CO_2-eq/ha)	0.000	0.0%	0.079	0.7%	0.079	―
合計(t-CO_2-eq/ha)	11.359	100.0%	11.173	100.0%	−0.186	−1.6%

注 1) 導入前後の比率は,各地球温暖化ポテンシャル合計値における内訳の比率を示したものである。
注 2) BGP とはバイオガスプラントを意味する。

3-2. 酸性化の計測結果

表 10-4 は,鹿追町農業における酸性化の計測結果をバイオガスプラント導入前後について示したものである。鹿追町農業における酸性化ポテンシャルは,バイオガスプラント導入前 0.082 t-SO_2-eq/ha,バイオガスプラント導入後 0.086 t-SO_2-eq/ha であった。環境負荷削減効果は 5.6% であり,バイオガスプラント導入によって酸性化ポテンシャルはむしろ増加した。酸性化ポテンシャルに対する各環境負荷の寄与率は,バイオガスプラント導入前後で大きな変化はなく,NH_3 が 88.4〜89.1%,NO_x が 8.5〜9.0%,SO_x が 2.4〜2.6% であった。

バイオガスプラント導入による酸性化ポテンシャル増加の主因としては,バイオガスプラントステージにおける家畜糞尿の液肥利用量が増加したことにより,露天式貯留槽での消化液貯留時や農地での消化液施用時の NH_3 排出量が増加したことによるものである。これらの NH_3 排出を抑制するためには,第 1 に,露天式消化液貯留槽からの NH_3 揮散防止のために蓋をつけること(横濱・中川[44]),第 2 に,消化液施用時に土中施肥技術を用いること(渡部[43])

表10-4 鹿追町農業における酸性化の計測結果

	BGP導入前 ①		BGP導入後 ②		変化量 ②−①	変化率 (②−①)/①
資源投入						
NO_x(t-SO_2-eq/ha)	0.007	9.0%	0.007	8.5%	0.000	0.4%
SO_x(t-SO_2-eq/ha)	0.002	2.6%	0.002	2.4%	0.000	−2.5%
畜産ステージ						
NH_3(t-SO_2-eq/ha)	0.042	51.4%	0.040	46.8%	−0.002	−3.8%
農地ステージ						
NH_3(t-SO_2-eq/ha)	0.030	37.0%	0.034	39.4%	0.004	12.3%
BGPステージ						
NH_3(t-SO_2-eq/ha)	0.000	0.0%	0.002	2.9%	0.002	—
合計(t-SO_2-eq/ha)	0.082	100.0%	0.086	100.0%	0.005	5.6%

注1) 導入前後の比率は，各酸性化ポテンシャル合計値における内訳の比率を示したものである．
注2) BGPとはバイオガスプラントを意味する．

表10-5 鹿追町農業における富栄養化の計測結果

	BGP導入前 ①		BGP導入後 ②		変化量 ②−①	変化率 (②−①)/①
資源投入						
NO_x(t-PO_4-eq/ha)	0.001	0.3%	0.001	0.3%	0.0000	0.4%
畜産ステージ						
NH_3(t-PO_4-eq/ha)	0.008	1.5%	0.008	1.4%	−0.0003	−3.8%
農地ステージ						
NH_3(t-PO_4-eq/ha)	0.006	1.1%	0.006	1.2%	0.0007	12.3%
T-N(t-PO_4-eq/ha)	0.083	15.7%	0.083	15.5%	−0.0007	−0.8%
T-P(t-PO_4-eq/ha)	0.434	81.6%	0.434	81.5%	0.0000	0.0%
BGPステージ						
NH_3(t-PO_4-eq/ha)	0.000	0.0%	0.000	0.1%	0.0005	—
合計(t-PO_4-eq/ha)	0.5320	100.0%	0.5322	100.0%	0.0002	0.03%

注1) 導入前後の比率は，各富栄養化ポテンシャル合計値における内訳の比率を示したものである．
注2) BGPとはバイオガスプラントを意味する．

などが考えられる[13]．

3-3. 富栄養化の計測結果

表10-5は，鹿追町農業における富栄養化の計測結果をバイオガスプラント

導入前後について示したものである。鹿追町農業における富栄養化ポテンシャルは，バイオガスプラント導入前 0.5320 t-PO₄-eq/ha，バイオガスプラント導入後 0.5322 t-PO₄-eq/ha であった。環境負荷削減効果は 0.03% であり，バイオガスプラント導入によって富栄養化ポテンシャルはわずかながら増加した。富栄養化ポテンシャルに対する各環境負荷の寄与率は，バイオガスプラント導入前後で大きな変化はなく，T-P が 81.5～81.6%，T-N が 15.5～15.7%，NH₃ が 2.5～2.7%，NOₓ が 0.3% であった。

富栄養化ポテンシャル増加の主因は，前述した酸性化ポテンシャル増加と同じく，バイオガスプラントステージにおける家畜糞尿の液肥利用量が増加したことにより，露天式貯留槽での消化液貯留時や農地での消化液施用時の NH₃ 排出量が増加したことによるものである。この NH₃ 排出量増加は T-N 減少量を上回っており，全体として富栄養化ポテンシャルの増加につながった。なお，T-P については，バイオガスプラント導入前後で変化しなかった。以下では，寄与率が高い T-N と T-P について，Soil Surface Balance の計測結果を示したい。

(1) T-N の計測結果

表 10-6 は，鹿追町農業における T-N の計測結果をバイオガスプラント導入前後について示したものである。鹿追町農業における T-N は，バイオガスプ

表 10-6 鹿追町農業における T-N の計測結果

	BGP 導入前 ①		BGP 導入後 ②		変化量 ②−①	変化率 (②−①)/①
投入窒素量(tN/ha)	0.340	100.0%	0.340	100.0%	0.000	0.0%
うち厩肥(tN/ha)	0.140	41.1%	0.140	41.1%	0.000	0.0%
うち購入肥料(tN/ha)	0.184	54.1%	0.184	54.1%	0.000	0.0%
うち降水(tN/ha)	0.011	3.2%	0.011	3.2%	0.000	0.0%
うち窒素固定(tN/ha)	0.005	1.6%	0.005	1.6%	0.000	0.0%
産出窒素量(tN/ha)	0.142	100.0%	0.144	100.0%	0.002	1.1%
うち農作物(tN/ha)	0.099	69.6%	0.099	68.8%	0.000	0.0%
うち窒素揮散(tN/ha)	0.043	30.4%	0.045	31.2%	0.002	3.8%
T-N(tN/ha)	0.198	—	0.197	—	−0.002	−0.8%

注1) T-N(余剰窒素量)は，投入窒素量から産出窒素量を差し引いたものである。
注2) 導入前後の比率は，投入窒素量または産出窒素量における内訳の比率を示したものである。
注3) BGP とはバイオガスプラントを意味する。

表 10-7 鹿追町農業における T-P の計測結果

	BGP 導入前 ①		BGP 導入後 ②		変化量 ②−①	変化率 (②−①)/①
投入リン量(tP/ha)	0.159	100.0%	0.159	100.0%	0.000	0.0%
うち厩肥(tP/ha)	0.022	13.8%	0.022	13.8%	0.000	0.0%
うち購入肥料(tP/ha)	0.137	86.1%	0.137	86.1%	0.000	0.0%
うち降水(tP/ha)	0.000	0.2%	0.000	0.2%	0.000	0.0%
産出リン量(tP/ha)	0.017	100.0%	0.017	100.0%	0.000	0.0%
うち農作物(tP/ha)	0.017	100.0%	0.017	100.0%	0.000	0.0%
T-P(tP/ha)	0.142	—	0.142	—	0.000	0.0%

注 1) T-P は(余剰リン量)は,投入リン量から産出リン量を差し引いたものである。
注 2) 導入前後の比率は,投入リン量または産出リン量における内訳の比率を示したものである。
注 3) BGP とはバイオガスプラントを意味する。

ラント導入前 0.198 tN/ha,バイオガスプラント導入後 0.197 tN/ha であった。環境負荷削減効果は−0.8% であり,T-N 減少が確認された。変化率を見ると,投入窒素量は変化しなかったが,産出窒素量が 1.1% 増加した。産出窒素量の増加は,バイオガスプラント導入によって NH_3 排出量が増加したことに起因していた。

(2) T-P の計測結果

表 10-7 は,鹿追町農業における T-P の計測結果をバイオガスプラント導入前後について示したものである。鹿追町農業における T-P は,バイオガスプラント導入前 0.142 tP/ha,バイオガスプラント導入後 0.142 tP/ha であり,バイオガスプラント導入前後で変化しなかった。その理由として,リンが窒素のように揮散しないこと,また,厩肥貯留時の損失はなく,全量が農地に投入されると仮定したことが挙げられる。

4. ま と め

本章の課題は,LCA を用いて農業地域における有機性資源循環システム導入の環境負荷削減効果を総合的に定量評価することにあった。

本章における LCA では,機能単位を耕地面積 1 ha に設定し,地球温暖化,

酸性化，富栄養化の3つの環境影響カテゴリーを選択した。そして，農業地域における有機性資源循環システムの事例としてバイオガスプラント導入の評価を試みた。LCAの分析結果から，鹿追町農業にバイオガスプラントを導入した場合，地球温暖化で-1.6%の環境負荷削減効果を有するものの，酸性化で5.6%，富栄養化で0.03%の環境負荷増加の可能性が明らかになった[14]。すなわち，バイオガスプラント導入は，地球温暖化における環境負荷削減効果を見込むことができるものの，消化液の貯留・施用に伴って排出されるNH_3を抑制しない場合，酸性化と富栄養化ではむしろ悪化する恐れがあることが示唆された。

このように，ある環境問題(本章では地球温暖化)への対応が，ほかの環境問題(本章では酸性化と富栄養化)を誘発してしまうことをプロブレム・シフティング(Problem Shifting)という(大村ら[31])。本章では，LCAを用いてエネルギー収支や地球温暖化にとどまらない複数の環境影響カテゴリーの総合的評価を試みたことから，農業地域でのバイオガスプラント導入におけるプロブレム・シフティングの存在が明らかになった。以上のことは，有機性資源循環システムの総合的な環境影響評価におけるLCA適用の有効性を示している。

なお，わが国におけるバイオガスプラントは，資源循環施設というよりもバイオマス資源のカスケード利用によるエネルギー施設として位置づけられている。例えば，京都府八木町の事例では消化液を汚水処理した後に河川放流しており，消化液の循環利用は行われていない(秋元[1])。しかし，北海道では都府県よりも家畜糞尿を還元すべき農地を多く賦存していることから，消化液を循環利用しやすい環境にある。それゆえ，北海道におけるバイオガスプラントは，エネルギー施設としてのみならず，資源循環施設としての活用も期待される。

農業地域における有機性資源循環システムとしてバイオガスプラントを導入する場合，本章で示されたプロブレム・シフティングの解消が重要となろう。そのためには，バイオガスプラント導入の際に，NH_3排出抑制対策が適切に講じられる必要がある。そうすることによって，バイオガスプラントは，家畜糞尿の有効利用のためのエネルギー施設兼資源循環施設として，農業地域における有機性資源循環により一層資することができると考えられる。

付　記

本研究を遂行するにあたり，関係各機関から貴重なデータをご提供いただいた。また，データ収集・整理においては，和田臨氏(現在は株式会社帝人，研究実施当時は北海道大学大学院生)のご協力をいただいた。記して謝意を表する。

注

1) 鹿追町は「第5期鹿追町総合計画(2001～2010年度)」を策定しており，その施策大綱の1つに「持続性ある発展とチャレンジする農業の創造」がある(鹿追町資料)。この中で，農業地域における環境負荷削減に資する取り組みとして，家畜糞尿などの有機性資源を有効活用するためのバイオガスプラントの調査検討や家畜糞尿処理施設の整備促進，クリーン農業による環境と調和した農業の推進，農薬および肥料の適正使用などによる自然循環機能の維持増進などが挙げられている。
2) 鹿追町からの聞き取り調査による(2004年8月)。なお，筆者らの聞き取り調査以前にもエネルギーベースでのバイオガスプラント導入に関する事前評価が行われている(2002年4月)。その時点では乳牛2,000頭規模の集中処理型バイオガスプラントが想定されていた(鹿追町資料)。
3) 小野・鵜川[34]が指摘したバイオガスプラントで生産される消化液や堆肥の利用による化学肥料節減効果も重要な論点と考えるが，本章では，前述したようにエネルギー代替による環境負荷削減効果の分析に限定していることから，省略した。
4) 例えば，畜産経営周辺における悪臭発生や農地における家畜糞尿の過剰投入による水質汚染悪化が考えられる。ただし，悪臭については，データ制約から本章では評価しない。
5) そのほかに生ごみも投入されることが計画されているが(鹿追町資料)，家畜糞尿の搬入量に対して極めて微量と考えられることから省略した。
6) ただし，データ制約から乳牛(成牛)は搾乳牛を，肉牛(肉用種)は肥育牛1歳以上を仮定した。推定された家畜糞尿は，畜舎段階で原物量36万8,591 t-原物，窒素量2,011 tN，リン量266 tPである。なお，厩肥貯留時の損失はないものとし，畜産ステージおよびバイオガスプラントステージでの窒素揮散による損失分以外の全量が農地に還元されると仮定した。
7) 乳牛(成牛)の固液分離処理は，バーンクリーナによる自然流下を仮定した。
8) 以下に示す数値は，特に断りがない限り，Mishima[23]と同じ数値を用いている。なお，本章では，揮散損失以外の厩肥全量が農地に還元されると仮定したので，Mishima[23]のSoil Surface Balanceで計上されている未利用有機物は計上しない。投入では，種子は窒素，リンを含むが，厩肥や購入肥料などの投入量と比べて極めて微量と考えられることから省略した。産出では，副産物の持ち出しについて，副産物はすべて作物残渣として農地に還元されると仮定したので計上しない。
9) T-N，T-Pには，Soil Surface Balanceから求めた余剰窒素，リン量を計上した。

10) 本章の環境負荷削減効果は，バイオガスプラント参加農家以外の農家も含めた鹿追町全体での効果であり，バイオガスプラント参加農家のみで効果を見た場合よりも低い値となっている．
11) この N_2O 排出量減少は，バイオガスプラントステージにおける家畜糞尿の液肥利用量増加のため，液肥化処理よりも N_2O-N 排出係数が高い堆肥化処理に仕向けられる家畜糞尿が減少したことによるものである．ただし，本章の LCA では，バイオガスプラントステージにおける露天式消化液貯留槽からの N_2O 排出をデータ制約から計上していないため，この N_2O 排出量減少分は過大に推計されている可能性があることを指摘しておく．
12) ボイラ用 A 重油と代替されるバイオガス量は，エネルギーベースで全バイオガス生産量の 4 割弱と推定される（羽賀[7]，南齋ら[25]，鹿追町資料）．それゆえ，余剰分のバイオガスすべてをエネルギー代替の目的で利用した場合，地球温暖化における環境負荷削減効果はより大きくなると推察される．
13) 土中施肥技術におけるそのほかの効果には CH_4 排出抑制がある．しかしその一方で，微量ではあるが N_2O 排出量を増加させてしまうことも報告されている（渋谷ら[38]）．
14) 本章は，酸性化や富栄養化の悪化という分析結果をもって，バイオガスプラントの建設を不要と結論づけるものではない．すなわち，有機性資源循環システム構築においては，地域全体での物質循環を考慮し，かつ，複数にわたる評価項目を検討する必要性を分析結果から示唆した上で，バイオガスプラント導入における問題発生に際してどのような解決策が考えられるのかを提示したものである．

バイオガス生産のメカニズム

バイオガスは，家畜糞尿などの原料がメタン発酵することによって生成される．メタン発酵は，大きく分けて酸発酵（液化過程）とガス発酵（ガス化過程）の 2 段階の過程からなる．酸発酵は，原料中の複雑な有機物が多種類の嫌気性微生物によって分解され，酸などの簡単な構造の物質に変化する段階である．ガス発酵は，酸発酵で作られた簡単な構造の物質がメタン細菌によってバイオガスになる段階である．生成されたバイオガスの成分は，メタンが約 6 割，二酸化炭素が約 4 割を占めており，微量成分として硫化水素，水素，窒素などを含んでいる．

バイオガスの大量生産において重要となるのは，メタン発酵槽内における環境条件のコントロールである．すなわち，①メタン細菌の活発化のための嫌気的状態を確保すること，②メタン細菌の種類に応じた発酵温度を維持すること，③適正な有機物量をメタン発酵槽に投入すること，④投入される有機物の固形物濃度を流動性のある状態に保つこと，⑤投入される有機物がメタン発酵槽に十分滞留することである．　参考文献：北海道バイオガス研究会[1]　　〈増田清敬〉

引用文献

[1] 秋元智子(2004):「バイオガスによる地域エネルギー循環を成功させた町——京都府八木町」『月刊廃棄物』No. 347, pp. 118-120。

[2] Bussink, D. W. and Oenema, O. (1998): "Ammonia volatilization from dairy farming systems in temperate areas: a review," *Nutrient Cycling in Agroecosystems*, vol. 51(1), pp. 19-33.

[3] 畜産技術協会(2002):『畜産における温室効果ガスの発生制御(総集編)』畜産技術協会。

[4] 中央畜産会(2001):『堆肥化施設設計マニュアル二版』中央畜産会。

[5] CML (2002): "Characterisation factors from LCA handbook," http://www.leidenuniv.nl/cml/ssp/projects/lca2/lca2.html, CML.

[6] De Bode, M. J. C. (1991): "Odour and ammonia emissions from manure storage," in Nielsen, V. C., Voorburg, J. H. and L'hermite, P. (ed.): *Odour and Ammonia Emissions from Livestock Farming*, Elsevier Applied Science, pp. 59-66.

[7] 羽賀清典(2002):「バイオガスシステムの基本原理」北海道バイオガス研究会監修『バイオガスシステムによる家畜ふん尿の有効活用』酪農学園大学エクステンションセンター, pp. 16-26。

[8] 林岳・山本充・増田清敬(2003):「廃棄物勘定による農業の有機性資源循環システムの把握」『2003年度日本農業経済学会論文集』pp. 338-340。

[9] 林岳・久保香代子・合田素行(2004):「地域における有機性資源リサイクルシステムの定量的評価——宮崎県国富町を事例として」『2004年度日本農業経済学会論文集』pp. 277-281。

[10] Hayashi, T., Yamamoto, M. and Masuda, K. (2004): "Evaluation of the recycling of biomass resources by using the waste account," *Studies in Regional Science*, vol. 34(3), pp. 289-295.

[11] 日向貴久(2004):「酪農経営のふん尿処理を対象としたLCA——バイオガスシステムの温暖化ガスインベントリ分析と比較」『2004年度日本農業経済学会論文集』pp. 337-341。

[12] Hiraguchi, Y. (2004): "The application of LCA methodology as a support tool of planning the revitalization of rural areas in Japan," *Proceedings of The Sixth International Conference on EcoBalance*, pp. 27-28.

[13] 北海道電力(2004):『ほくでん環境行動レポート2004』北海道電力。

[14] 北海道立根釧農業試験場研究部土壌肥料科(1999):「酪農経営における窒素フロー——根釧農試における事例」『平成10年度北海道農業試験会議(成績会議)資料』pp. 1-41。

[15] 北海道立根釧農業試験場研究部経営科(2005):「環境会計手法を用いた家畜ふん尿用バイオガスシステムの評価」『平成16年度北海道農業試験会議(成績会議)資料』pp. 1-23。

[16] 石谷久・赤井誠監修(1999):『ISO 14040/JIS Q 14040 ライフサイクルアセスメン

ト──原則及び枠組み』産業環境管理協会.
[17] 環境省(2002):『平成14年度温室効果ガス排出量算定方法検討会農業分科会報告書』環境省.
[18] 気象庁(2005):「昨日までのデータ(統計値)」http://www.data.kishou.go.jp/etrn/, 気象庁.
[19] 小林久(1998):「窒素投入に関するエネルギー消費・CO_2排出のライフサイクル分析──リサイクル型農業の環境負荷に関する考察」『農業土木学会論文集』vol. 66(2), pp. 247-253.
[20] Kobayashi, H. and Yamada, Y. (2002): "Evaluation of energy balance and CO_2 emission in processes of the energy production from agro-byproducts: a case study on assessment of the rice straw recycling system plan employing the concept of LCA," *Transactions of the Japanese Society of Irrigation, Drainage and Reclamation Engineering*, vol. 70(3), pp. 321-327.
[21] Lockyer, D. R., Pain, B. F. and Klarenbeek, J. V. (1989): "Ammonia emissions from cattle, pig and poultry wastes applied to pasture," *Environmental Pollution*, vol. 56(1), pp. 19-30.
[22] 松本成夫・三輪睿太郎・袴田共之(1990):「農村地域における有機物フローシステムの現存量とフロー量の推定法」『システム農学』vol. 6(2), pp. 11-23.
[23] Mishima, S. (2001): "Recent trend of nitrogen flow associated with agricultural production in Japan," *Soil Science and Plant Nutrition*, vol. 47(1), pp. 157-166.
[24] Misselbrook, T. H., Van Der Weerden, T. J., Pain, B. F., Jarvis, S. C., Chambers, B. J., Smith, K. A., Phillips, V. R. and Demmers, T. G. M. (2000): "Ammonia emission factors for UK agriculture," *Atmospheric Environment*, vol. 34(6), pp. 871-880.
[25] 南齋規介・森口祐一・東野達(2002):『産業連関表による環境負荷原単位データブック(3EID)──LCAのインベントリデータとして』国立環境研究所地球環境研究センター.
[26] 猫本健司・干場信司・田村悠子・河上博美・松本光司・森田茂(2003):「畑酪混同地域における地域内循環による酪農場の窒素負荷低減」『農業施設』vol. 34(3), pp. 193-198.
[27] 農林水産技術情報協会(1997):『平成8年度新経営体育成エネルギー利用体系化調査:主要作目の作業体系におけるエネルギー消費原単位』農林水産技術情報協会.
[28] OECD (2001): *Environmental Indicators for Agriculture: Volume 3 Methods and Results*, OECD Publications.
[29] 大村邦男(1995):「北海道の畑作・酪農地帯における物質循環と水質保全」『北海道立農業試験場報告』No. 86, pp. 1-63.
[30] 大村道明・両角和夫・合田素行・西澤栄一郎・田上貴彦(2000):「北海道士幌町における農業と関連産業のLCA」『2000年度日本農業経済学会論文集』pp. 183-185.
[31] 大村道明・両角和夫・田上貴彦・西澤栄一郎・合田素行(2002):「農業分野へのLCA適用の動向と展望」『2002年度日本農業経済学会論文集』pp. 170-172.

[32] Omura, M. (2004): "Study on LCA methodology for rural agricultural planning: a case of Tokachi region, Japan," *Proceedings of The Sixth International Conference on EcoBalance*, pp. 29-32.

[33] 小野洋・尾関秀樹・堀江達哉(2003):「飼料イネ導入の条件と耕畜連携システムの環境評価」『2003年度日本農業経済学会論文集』pp. 216-219。

[34] 小野学・鵜川洋樹(2004):「集中型バイオガスシステムの経済性と成立条件──北海道酪農における別海資源循環施設の実用運転に向けて」『農業経営研究』vol. 42(1), pp. 79-84。

[35] 長田隆(2002):「豚のふん尿処理に伴う環境負荷ガスの発生」『畜産草地研究所研究報告』No. 2, pp. 15-62。

[36] 尾和尚人(1996):「わが国の農作物の養分収支」『環境保全型農業研究連絡会ニュース』No. 33, pp. 428-445。

[37] Petersen, S. O., Lind, A. -M. and Sommer, S. G. (1998): "Nitrogen and organic matter losses during storage of cattle and pig manure," *Journal of Agricultural Science*, vol. 130(1), pp. 69-79.

[38] 渋谷岳・木村武・山本克巳・野中邦彦(1995):「草地における温室効果微量ガス放出量の解明に関する研究」『地球環境総合推進費平成6年度終了研究課題成果報告集』pp. 99-113。

[39] Sommer, S. G., Christensen, B. T., Nielsen, N. E. and Schjorring, J. K. (1993): "Ammonia volatilization during storage of cattle and pig slurry: effect of surface cover," *Journal of Agricultural Science*, vol. 121(1), pp. 63-71.

[40] 竹中洋一・秦隆夫(2002):「有畜複合農業における物質循環システム開発のための窒素フローの解析──十勝地方の畜産・畑作を事例として」『北海道農業研究センター研究報告』No. 177, pp. 133-149。

[41] 寺田文典・栗原光規・西田武弘・永西修(1998):「反芻家畜におけるメタン及び亜酸化窒素放出とその変動要因の解明に関する研究」『地球環境総合推進費平成9年度終了研究課題成果報告集』pp. 33-42。

[42] 梅津一孝・長谷川晋・菊池貞雄・竹内良曜(2005):「バイオガスシステムの経済的・工学的評価分析──費用・エネルギー・環境負荷の評価」『農業経営研究』vol. 43 (1), pp. 188-193。

[43] 渡部敢(2002):「消化液の利用技術」北海道バイオガス研究会監修『バイオガスシステムによる家畜ふん尿の有効活用』酪農学園大学エクステンションセンター, pp. 48-53。

[44] 横濱充宏・中川靖起(2004):「バイオガスプラントにおける発酵・殺菌・貯留処理が消化液の性状におよぼす影響」『北海道開発土木研究所月報』No. 609, pp. 36-48。

参 考 文 献

[1] 北海道バイオガス研究会監修(2002):『バイオガスシステムによる家畜ふん尿の有効活用』酪農学園大学エクステンションセンター。

第IV部

環境会計

北海道別海町の肥培灌漑施設。糞尿から牧草地に散布する堆肥を作る。

第11章　マクロ環境会計の理論

山本　充・林　岳

1. はじめに

　地球環境問題の深刻化に伴い，経済[1]が生態系[2]（以下，環境[3]）に及ぼす悪影響を抑制する必要性が高まってきた。経済は環境から資源を採取し，製品に転換，あるいはサービスを産出した後に不要物を環境へ排出している。この経済の資源スループット[4]から発生する汚染物質や廃棄物が，時には資源採取の行動そのものが，環境の劣化や破壊を引き起こしている。経済は環境に包含されているものであり，環境が経済の制約条件となる[5]。環境を破壊・劣化させることにより，経済は自らの制約条件を強めている。このような経済による環境破壊を抑制するには，全体システムである環境とそれに包含される経済システムとの間の物質交換に関係する物量情報と貨幣情報を経済データとして適切に把握しなければならない。環境会計とは会計単位の経済活動が環境に与える影響を定量的な会計情報として計測・評価し，会計単位とそのステイクホルダーの経済活動と環境との相互関係を整理することにより，環境問題を発生させない経済活動のあり方を分析する方法である。

　本章では，最初に広義の環境会計に関する定義づけを行い，環境会計の分類を行う。次にマクロ環境会計の理論についてSEEA(System for integrated Environmental and Economic Accounting；環境経済統合会計)，およびNAMEA(National Accounting Matrix including Environmental Accounts；環境勘定を含む国民会計行列)についてわが国の試算例を参照して解説し，最後にマクロ環境会計の農林業への適用意義について述べる。

2. 環境会計の定義と目的

本節では,広義の環境会計について定義づけを行い,その目的を明確にする。なお,第Ⅳ部では,"Accounting"を体系的な計算プロセスにより問題探究を行う意味合いから「会計」と呼び,"Accounts"を「会計」に包含される構成要素としての計算書や計算プロセスの意味合いから「勘定」として呼称を統一する。

2-1. 環境会計の定義

Paton [32] は,広義には会計は,経済データの計測・整理とこのプロセスの結果をステイクホルダー(stakeholder;利害関係者[6])に伝達するという2つの段階により,経済活動を管理するという基本的機能を持つとしている(Paton [32] p. 1)。宮崎[24] は,会計情報について「定量的情報としての貨幣的(数量)情報及び非貨幣的(数量)情報,そして定性的情報としての叙述・説明情報という3つの異なる性格の情報から構成されると考えることができる」[7]としている。上述の経済と環境間の物質交換に関する物量情報は,非貨幣的情報であるので会計情報となりうる。したがって,経済と環境間の会計情報を取り扱う会計を環境会計と呼ぶことができよう。本章では経済と環境の相互作用を表す定量的・定性的会計情報を環境情報と表すことにする。

河野[12] は「環境会計は経済システムによる環境への働きかけによって生じる経済的生態的影響を定量的に測定し,伝達するプロセスである」(河野[12] p. 8)と定義し,環境会計で取り扱う会計情報を,環境情報のうち定量的会計情報に限定している。これは,定性的会計情報すなわち記述的な環境情報を環境会計の対象から除外することにより環境報告と環境会計を明確に区分していると見られ,宮崎[24] も同様な区別が必要としている[8,9]。本章でも定性的会計情報を環境報告と考え除外することとする。

そこで,本章では広義の環境会計を次のように定義する。環境会計は,経済と環境の相互作用を物量情報および/または貨幣情報として定量的に計測・整理して,ステイクホルダーに伝達するプロセスである。上記の河野の定義との相違点は,第1に環境が経済に与える影響も含め相互作用と表現している。第

2に河野は，上記の定義を企業や自治体などのミクロ経済レベルにおける環境会計を対象として，物量情報は財務情報を補完する情報としている。つまり，本章では自然資源勘定など物量情報のみの環境会計をも包含して考えているため，物量情報および/または貨幣情報を会計情報とすることとした。

2-2. 環境会計の目的

　前記の定義に従えば，環境会計の目的は環境情報をステイクホルダーに伝達することとなる。そこで環境情報の利用面から見てみよう。環境情報の発信者は自らの環境保全活動が適切であったかを評価し，さらなる改善策を追求するための情報として環境会計を管理面で活用する。この場合，環境会計は会計単位の環境保全活動を促進させる目的で環境マネジメントツールとしての役割を有している。

　環境情報の受け手であるステイクホルダーは，会計単位が適切な環境保全活動を行っているかを評価するであろう。逆に発信者の立場からは，ステイクホルダーが適切な環境保全活動を採る意思決定を行うことを期待している。したがって環境会計は，その会計期間における環境と経済の状態，および会計単位の環境保全活動に関する環境情報をステイクホルダーに伝達しなければならない[10]。例えば，消費者は，製品・サービスの環境負荷に関する情報とその価格から費用対効果の高い製品・サービスの購入選択を行うので環境情報を必要としている。また企業においては投資家や金融機関でも効率的な企業運営が行われていることを示す情報が必要であり，SRI(Socially Responsible Investment；社会的責任投資[11])の観点からも環境保全活動に関する情報が重視されている。したがって，企業の環境情報が企業努力の1つの指標となり，消費者の選択行動やSRIの意思決定情報の1つとなる。さらにマクロ経済を対象とした環境会計では，そのステイクホルダーは集計範囲に属する経済主体のみならず他国にまで及び，広範なステイクホルダーに対して集計範囲の経済と環境の状態とその相互作用に関する環境情報を提供し，マクロ経済システムの環境保全情報に関するアカウンタビリティがある。以上より環境会計は，会計単位がステイクホルダーに対する環境保全行動の説明責任を果たす目的で，ステイクホルダーとの環境コミュニケーションツールとしての役割を有している。

以上のことより、環境情報の利用形態は大きく2つに大別できる。1つは、情報の受け手であるステイクホルダー側での利用、もう1つは情報の発信源である会計単位における利用である。いずれの利用形態も個々の経済主体の環境保全活動を促進させるために利用されていることに相違はない。ここに環境会計の目的がある。すなわち、広義に環境会計の目的は、経済と環境の相互作用に関連する環境情報を提供することにより、その会計単位とステイクホルダーの環境保全活動を活性化させ、経済システム全体の環境保全機能を高めることと考えられる。

3. 環境会計の種類

環境会計は、明確な線引きは困難なものの、そのフレームワークや会計単位によりいくつかに分類できるが、ここでは会計単位および対象とする問題領域の特徴からの分類を試みる。

3-1. 会計単位から見た環境会計の種類

一般に経済学におけるマクロとは、個別の経済活動を集計し、一国の経済全体の動向を明らかにする視点である。一方、ミクロとは経済主体の最小単位である個々の企業や消費者の行動とその相互作用を分析する視点である。

環境会計における会計単位を考えると、国家、地域、企業や家計などが挙げられる。国家や地域という会計単位は、マクロ的視点に立つものであり、企業や家計はミクロ的視点に立つものである。しかし、都道府県などの地域を国家の部分地域として定義するならば、国家と地域は密接に連関するものの、産業構造や気候特性などによる生態系の違いなどから環境保全の取り組みにも必然的に差が生じる。したがって地方自治体の環境政策は、地域の産業構造や環境特性により異なる場合があり、その目的や目標も異なるので国全体の政策とは重要度に置き方に差があるべきで、環境会計のもつ意味や価値が異なる。そこで、本章では国家の部分地域を集計範囲とした環境会計を、マクロとミクロの中間規模のメゾとして以下のように環境会計を区分する。

(1) マクロ環境会計

マクロ環境会計は，国家全体を会計単位として，環境情報を集計し，国家全体の経済と環境の相互作用を明らかにしようとする環境会計と定義する。なお，EU(European Union；欧州連合)など複数国家を対象とした場合もマクロ環境会計に含めるものとする。マクロ環境会計の代表的なものとしては，国連のSEEA，オランダのNAMEA，EUのSERIEE(Système Européen pour le Rassemblement des l'Informations Économiques sur l'Environement；環境にかかわる経済データの収集に関する欧州体系)などがある。

(2) メゾ環境会計

メゾ環境会計は，国土の部分地域を会計単位として環境情報を集計し，地域の経済と環境の相互作用を明らかにしようとする環境会計と定義する。ここで部分地域の定義は，州や都道府県など行政境界による形式的地域区分や，都市圏や大都市圏などの経済活動に即した実質的地域区分など種々の地域区分の定義により集計範囲は異なる。メゾ環境会計の例としては，93SEEA[12]のフレームワークを使用した富山県(青木ら[2])，北海道(林ら[5]，山本ら[41])，東京都(東京都職員研修所調査研究室[35])における試算がある。

(3) ミクロ環境会計

ミクロ環境会計は，企業や地方自治体，家計などの個別的な経済主体を会計単位とし，その活動に関係する環境情報を集計し，個々の経済主体が環境に及ぼす影響を明らかにしようとする環境会計として定義する。なお，地方自治体が作成する環境会計でも，庁舎管理型の環境会計はミクロ環境会計として明確に分類できるが，地域管理型はミクロとメゾの両方の場合がある。例えば，前述の東京都の環境会計は，93SEEAのフレームワークに基づき都内の経済活動と環境の相互作用を集計的に扱ったものでありメゾ環境会計に分類できる。一方，東京都水道局[36]は，公営企業の環境保全対策のコストと効果を中心に集計されたミクロ環境会計である。

3-2. 対象領域の特徴による分類

環境会計には，会計単位の環境情報を包括的に捉える統合型の環境会計と，廃棄物問題や森林資源，水資源など特定の環境テーマや資源に特化したものや，

特定の産業に特化したものもある。特化型には，包括的な統合型環境会計に密接にリンクした勘定も多い。

例えば，マクロ環境会計においては，わが国でも試算された廃棄物勘定(Waste Account)は，統合型であるSEEAの中の廃棄物関連の計数を分割し，明示する付表的なサブ勘定として位置づけられ(経済企画庁[15] p.5)，廃棄物問題に焦点をあてている。一方，EPEA(Environmental Protection Expenditure Accounts；環境保護支出勘定)は，EUのSERIEEでは中心的なモジュールとして位置づけられており，わが国でもSEEAと関連づけられてはいるものの，SEEAとは独立的な勘定として位置づけられ，環境保護のための国民支出に焦点があてられている。また，国立環境研究所ではMFA(Material Flow Accounting；マテリアルフロー会計)の研究が行われており，MFAは物量情報により経済による物質の流れと自然資源や環境負荷との関係をフローとストックの両面から把握する環境会計で，物質の流れに焦点があてられたものである。

ミクロ環境会計は，一般に会計単位の内部管理を目的とした内部機能と，外部のステイクホルダーへの環境情報提供を目的とした外部機能を持つ。内部機能に対応するものは内部環境会計あるいは環境管理会計と呼ばれ，外部機能に対応するものは外部環境会計と呼ばれる。両者の関係は，内部環境会計の情報をステイクホルダーのニーズにあわせて平易な表現や理解容易な指標などを使用して編纂したものが外部環境会計である。このため，ミクロ環境会計の中心部は内部環境会計であり，内部環境会計は組織の環境会計情報を網羅的かつ包括的に記述する。したがって，一般的なミクロ環境会計(内部環境会計)は，会計単位となる経済主体が関係する環境問題について網羅的に作成するという点でマクロ・メゾ環境会計の統合型と同類と考えられる。

ミクロ環境会計の特化型としては，MFCA(Material Flow Cost Accounting；マテリアルフローコスト会計[13])とFCA(Full Cost Accounting；フルコストアカウンティング[14])を挙げることができる。MFCAは，製品の生産に投入される原材料のうち，製品を構成しないマテリアルロスの物量と費用情報をもとに，マテリアルロスを削減し，環境負荷と費用削減を達成しようとする目的で作成される環境会計である。すなわち，企業の経済活動のうち，製品生産のプロセ

スにおける環境負荷と費用削減という問題領域に焦点をあてた環境会計であり，ミクロ環境会計の特化型環境会計である。また，FCAは製品のLCA(Life Cycle Assessment；ライフサイクルアセスメント)に経済的視点を加えたライフサイクルコストと，製品のライフサイクルで発生する環境影響を経済的に評価した外部不経済を統合する手法であり，これも企業の経済活動のうち，製品生産のライフサイクルにおける環境負荷と費用削減という問題領域に焦点をあてた環境会計であり，ミクロ環境会計の特化型環境会計である。

このようにモジュールとしての環境勘定を持つ環境会計は，会計単位の環境情報を網羅的に集計した統合型と，特定の問題領域に焦点をあてた課題特化型に大別できる。小口[19]は，マクロ環境会計を統合型システムと課題特化型システムに分類しているが(小口[19] pp. 32-34)，本章では会計単位とは区別して分類する。以上の会計単位による分類と問題領域による分類の2軸から環境会計を分類すると表11-1のようになる。なお，メゾ環境会計は部分地域を会計単位として，マクロ環境会計やミクロ環境会計の理論枠組みを適用したものであり一般的な呼称がないため，第13章で紹介するものなどを中心に例示した。

表11-1 環境会計の種類と例

会計単位	統合型	特化型
ミクロ	統合型ミクロ環境会計	特化型ミクロ環境会計
	内部・外部環境会計 庁舎管理型環境会計	MFCA，FCA
メゾ	統合型メゾ環境会計	特化型メゾ環境会計
	北海道SEEA，富山県SEEA，東京都SEEA，北海道NAMEA，岩手県環境会計	北海道農業NAMEA，北海道廃棄物勘定，宮崎県国富町バイオマス勘定
マクロ	統合型マクロ環境会計	特化型マクロ環境会計
	SEEA，NAMEA，SERIEEなど	SEEA多面的機能勘定，MFA，廃棄物勘定，森林資源勘定，水資源勘定，エネルギー勘定など

4. マクロ環境会計の理論的枠組み

本節では，マクロ環境会計の理論的枠組みについて国連の SEEA およびオランダの NAMEA を取り上げ概説する。

4-1. SEEA

（1）SNA のサテライト勘定

SNA は一国の経済活動による経済循環を計測する会計システムで，1953 年に国際連合により公刊されマクロ会計の国際基準となった。その後，1968 年の改定を経て，現行の SNA は 1993 年に改定されたもの（以下，93SNA）である[15]。93SNA は，中枢体系とサテライト勘定（satellite accounts）から構成されている。中枢体系は，生産，消費，所得，蓄積などの経済活動の諸現象を記述する体系であり，国際比較を可能とするため概念，定義および分類は同一なものとなるよう整合性（勘定規則）が維持されている。

例えば，93SNA の中枢体系で採用されている「生産境界」[16]は，市場で取引される財とサービス（市場生産）はすべて境界内に含む[17]が，家計で行われている家事や育児などのサービスは，境界外に置かれ生産とは見なされていない。家計のサービスで生産境界内とされているのは住宅サービスであり，帰属家賃[18]として境界内に置かれている。また，「資産境界」[19]は，家計，法人企業，政府や NPO により所有され，所有者がそれを保有あるいは使用することにより経済的利益を獲得することができるもの[20]が境界内の資産とされている。したがって，自然資産でも所有権を設定できるものは資産として扱われる。しかしながら，経済と環境の相互作用を考えた場合，SNA が資産として取り扱っていない大気や公海における各種資源などへの影響も考慮しなければならず，SNA の中枢体系の資産境界では環境問題へ適切な対応ができない。そこで，こうしたことに対応するため[21] 93SNA では第 XXI 章に「サテライト分析とサテライト勘定」が設定された。サテライト勘定は機能指向型と拡張型に大別される。なお，勘定表が構築されない場合をサテライト分析と呼ぶ。

a）機能指向型サテライト勘定

機能指向型は，SNA 中枢体系の諸概念の大幅な変更をせずに，中枢体系を

基礎として特定の問題領域に焦点をあてた分析を可能とするものである。対象とする問題領域としては，教育，社会的保護，保健・医療，研究開発，環境保護などが挙げられる。機能指向型では，SNA 中枢体系とのリンクを保ちながらこうした問題領域にかかわる経済活動の状況を多面的に把握することを主眼としている。対象とする問題領域によっては，中枢体系の概念を代替する補完的要素を導入する場合もある。機能指向型サテライト勘定としては EPEA，および 93SEEA の I 版と II 版がある。例えば，企業内部における公害防止活動は，SNA 統計では内部費用化されていて明示されない付随的活動であるが，EPEA や SEEA ではこれを外部化して表示することで企業の環境保護に対する費用負担の状況を明確にしている。このように機能指向型のサテライト勘定は，SNA 中枢体系の内在的数値を明示的なものにすることで問題領域の分析を可能としている。

b）拡張型サテライト勘定

拡張型は，SNA 中枢体系の概念を拡張することで，あるいは代替的な概念を導入することで特定の問題領域に焦点をあてた分析を可能とするものである。つまり，拡張型は SNA 中枢体系の概念や枠組みを抜本的に見直し，対象とする問題領域にかかわる経済活動の状況を多面的に把握することを主眼としている。拡張型の例としては，無償労働の貨幣評価と SEEA がある。例えば，無償労働とは対価のない家事や育児，家族の介護などの労働であり，このような無償労働は SNA の生産境界の外に置かれている。しかし，技術発展や経済社会の変化により無償労働と市場サービスとの代替関係や，社会保障制度や社会負担との関係を分析するには，SNA の生産境界を拡張して無償労働を計測・評価する必要が生じる。また，環境と経済の相互関係を分析する SEEA では，空気や水などの自然資源を自然資産として扱い，その資産の減耗や復元を経済的価値で計測・評価する必要が生じる。このためには SNA の資産境界を拡張して自然資源を資産として扱うことで環境と経済の相互関係を包括的に分析することが可能となる。なお，93SEEA では III 版以降が拡張型に分類される。このように拡張型のサテライト勘定は，SNA 中枢体系の概念や枠組みを拡張することにより問題領域の分析を可能としている。

(2) 93SEEAのフレームワーク

93SEEAは，この拡張サテライト勘定に相当するものとして93SNAに記述されている。ただし，93SEEAにはいくつかの版(version)があり(図11-1参照)，I版とII版は機能指向型で，III版以降が概念の拡張と変更をもつ拡張型サテライト勘定となっている。以下では，United Nations [37] (以下，『93SEEAハンドブック』)に基づき93SEEAのフレームワークを概説する。

93SEEAは，次の(A)から(D)の4つの部分から構成されており，図11-1に示した各版は，その組み合わせと評価方法，生産境界の拡張方法が異なっているが，1つの共通した会計体系の拡張ないし変更として取り扱われている。

(A) SNAから環境関連の項目を抽出して表示する部分：SNAフロー計数から環境保護支出，環境関連消費，自然資源の利用など[22]を抽出し，ストック計数から地下資源，水，大気，野生生物など非生産自然資産を区別して計上する。このような環境関連計数とそれ以外の経済活動を区別して表現しているのが93SEEA II版である。このII版から，環境保護活動と環境保護資産について再整理・精緻化したものがEPEAであり，このような計数だけで構成されるものが機能指向型サテライト勘定である。

(B) 環境と経済の相互作用を物量単位で記述する部分：経済による資源・エネルギーのスループットである物質・エネルギー収支のフローと，生物資産，地下資源，水，大気や土地などのストック変化を自然資源勘定として記述する物的勘定の部分である。

(C) 環境の経済的利用を追加的に貨幣評価する部分：大気汚染や水質汚濁などの経済活動による環境負荷(外部不経済)を帰属計算により貨幣評価し，帰属環境費用として計上する部分である。『93SEEAハンドブック』では，帰属計算方法として市場評価法(IV.1版)，維持費用評価法(IV.2版)，CVM(IV.3版)の3つの評価法を示している。わが国のSEEAおよびメゾ環境会計として13章で紹介する北海道のSEEAなどは，IV.2版を適用している。

(D) SNAの生産境界を拡張することにより得られる追加的情報の部分：ここではSNAの生産境界外に置かれている家計活動と，環境が提供する環境サービスに生産境界を拡張して，環境と経済の相互作用を記述する部分である。環境サービスは，(a)土地，大気や水などの自然環境が経済活動の結果生じる廃

第11章 マクロ環境会計の理論　239

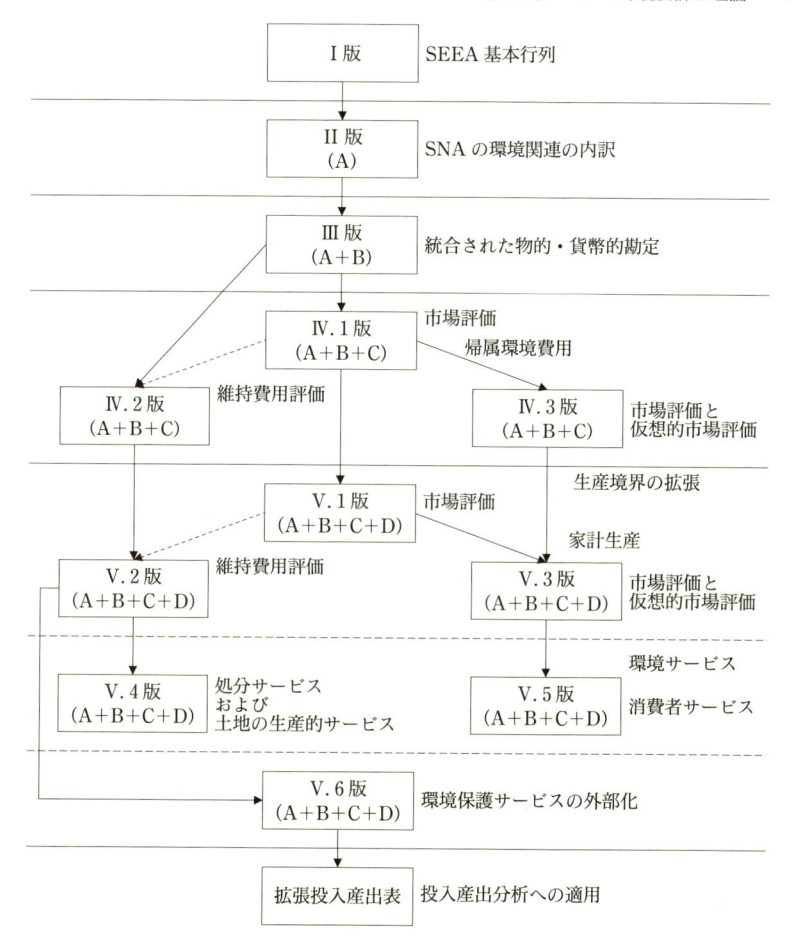

```
I 版           SEEA 基本行列
  ↓
II 版 (A)       SNA の環境関連の内訳
  ↓
III 版 (A+B)    統合された物的・貨幣的勘定
  ↓
IV.1 版 (A+B+C)   市場評価
                  帰属環境費用
  ↓                    ↓
IV.2 版 (A+B+C)   IV.3 版 (A+B+C)
維持費用評価       市場評価と仮想的市場評価
  ↓
V.1 版 (A+B+C+D)   市場評価
                   生産境界の拡張
                   家計生産
  ↓                    ↓
V.2 版 (A+B+C+D)   V.3 版 (A+B+C+D)
維持費用評価        市場評価と仮想的市場評価
  ↓                    ↓
V.4 版 (A+B+C+D)   V.5 版 (A+B+C+D)
処分サービスおよび   環境サービス
土地の生産的サービス  消費者サービス
  ↓
V.6 版 (A+B+C+D)   環境保護サービスの外部化
  ↓
拡張投入産出表      投入産出分析への適用
```

図11-1　93SEEA の各種版。出典：United Nations [37]

物を吸収する処分サービス，(b)農業目的を含め生産を目的とする土地，水域の空間的および経済的機能としての生産的サービス，(c)レクリエーションを含め，人々の生存に必要なものを供給する環境の基本的機能としての消費者サービス，の3つに区別される。

　これらの評価方法は，(C)と同様の方法が『93SEEA ハンドブック』では示されている。第12章で紹介する農業の多面的機能を評価した課題特化型マク

ロ環境会計は環境サービスを生産境界に含めたものであり，93SEEA V.4版に近いものである。

次に93SEEAの表示形式を見てみよう。SEEAは，フロー勘定とストック勘定を含む行列形式で表示される。上述の4つの構成要素のうち(B)部分のみが物量情報で，ほかはすべて貨幣情報として表示される。表11-2は貨幣情報について93SEEAの拡張段階を表すSEEA行列で，行列の構成は縮約されている。表11-2の構成は，投入産出表と同様の特徴を有するが，5～7列にストック勘定が追加されており，その2～10行でフロー計数と関連づけられている。表中，黒色部はSNA計数を環境関連活動(上記(A))とそれ以外の経済活動に分解した部分である。この部分では，廃棄物処理や下水道処理などの実際環境費用と，公害防止施設や廃棄物処理施設などの環境関連の人工資産および土地や地下資源などの非生産自然資産のストック額と資産形成額が明示される。

斜線を施した部分は，帰属環境費用(上記(C))を計上する部分である。7～8行は，経済活動とそれによる自然資産の量的変化を追加的な費用として記録する部分である。フロー勘定では，経済活動による環境負荷を貨幣評価した帰属環境費用が計上され，ストック勘定では経済活動による自然資産の減耗がマイナス計上される。9～10行はSNA計数と帰属環境費用との調整項目である。

濃い陰影を施した部分は，SNAの概念拡張に対応する部分である。表11-2では家計生産活動に関する拡張概念が2列と4行に示され，対応する生産資産概念の拡張による耐久消費財のストック勘定(6列)とその使用に関する費用が5行に計上される。さらに，生産境界を拡張して環境サービスを生産活動として取り扱う場合は，3列と6行にその推計値が計上される。このように概念の拡張に従いSEEA行列も拡張される。

(3) 帰属環境費用と維持費用評価法

わが国で試算された93SEEAはⅣ.2版である(以下，J-SEEA)。そこで，具体的な試算例の前に帰属環境費用について解説しておく。『93SEEAハンドブック』では「環境費用とは，経済活動による自然資産の実際的あるいは潜在的悪化に関係する費用である」(United Nations [37] paragraph 253)と定義されている。この環境費用は，経済単位の活動により実際的あるいは潜在的に環境悪化を引き起こしている時，その経済単位に関係する費用である「引き起こさ

表 11-2 拡張の異なる段階の SEEA 行列 (貨幣情報)。出典：United Nations [37]

番号		1. 国内生産			2. 最終消費	3. 非金融資産 (資産の使用と資産ストック)			4. 輸出	5. 総用途
		1.1 産業	1.2 その ほかの家計活動	1.3 環境サービス		3.1 生産資産		3.2 非生産自然資産		
						3.1.1 産業	3.1.2 耐久消費財			
		(1)	(2)	(3)	(4)	(5)	(6)	(7)	(8)	(9)
1	1. 期首ストック									
2	2.1 産業の生産物の使用									
3	3.3.1 産業の生産固定資産の使用									
4	2.2 そのほかの家計産出の使用									
5	3.3.2 耐久消費財の使用									
6	2.3 環境サービスの使用									
7	3.1 非生産自然資産の使用									
8	3.2 廃物の経済的処理									
9	4.1 市場評価に直すための調整									
10	4.2.1 エコ・マージン									
11	4.2.2 純付加価値/NDP									
12	5. 総産出									
13	6. そのほかのボリューム変化									
14	7. 市場価格変動による再評価									
15	8. 期末ストック									

注) ■：SNA の分解（II 版），▨：帰属環境費用（IV 版），▩：生産境界の拡張（V 版）

れた費用(costs caused)」と，経済単位が環境悪化を実際に引き起こしたか，あるいは潜在的に引き起こすかに関係なく，経済単位により「負担された費用(costs borne)」という2つの概念に分けられる。いずれの概念も実際環境費用と帰属環境費用を含んでいる。『93SEEAハンドブック』では，帰属環境費用の推計方法について「引き起こされた費用」概念を適用する場合は維持費用評価法，「負担された費用」概念を適用する場合は市場評価法とCVMが提案されている。

さて，SEEAは経済活動による環境変化を監視し，経済面と環境面を統合した政策に向けた情報基盤となることを目的としている。このため，自然環境の悪化に対して誰が責任を負うべきかという問題に焦点をあて，環境費用と環境悪化を引き起こす経済活動とを結びつけることに高い優先度を与えている。この考え方には「引き起こされた費用」概念を適用することが整合的である。J-SEEAでもSNAとの関連で「引き起こされた費用」概念に基づく維持費用評価法を使用することが現実的で有効とし，93SEEA Ⅳ.2版をベースとした推計を行っている。

「維持費用とは，国内及び世界の自然環境の長期的な量的及び質的水準の低下が起きないように，ある会計期間の国内経済活動を修正することができ，あるいは国内経済活動のもたらす影響を軽減することができたとした場合に生じるであろう，追加的な帰属費用のことである」(United Nations [37] paragraph 298)。ここで，「自然環境の長期的な量的及び質的水準を維持するということは，(a)自然資産の量的使用，(b)土地，景観，生態系の空間的および質的使用(廃物の捨て場としての使用を除く)，(c)自然資産の処分機能の使用，という自然環境の機能の持続可能性を維持するということを意味している」(United Nations [37] paragraph 304)。つまり，維持費用とは，環境を持続可能な水準に維持するために実際に支出されるべきであった環境費用である。

『93SEEAハンドブック』では，このような帰属環境費用の算定手順を次のように示している(United Nations [37] paragraph 394)。
① 経済活動に起因する自然環境の物的な変化を記述すること。
② これらの物的変化によって，どの程度自然環境が量的に減耗し，質的に劣化したかを分析すること。

③ これらの減耗や劣化を回避するために監視する必要がある量又は質的な基準を決定すること。
④ 決められた基準を満たし得る活動[23]を選択すること。
⑤ これらの活動のための費用を算定すること。

このような手順を踏む場合，環境の持続可能な水準をどのように設定するか，その水準を維持するためにどのような活動を選択するかが帰属環境費用の大きさに影響する。さらに，選択された活動のための費用算定では，費用はその時点における技術水準に依存する。とりわけ，持続可能な環境水準に関しては，どのような環境状態を「原初」と設定するかが重要となる。

(4) J-SEEA における帰属環境費用の算定方法

ここで J-SEEA における帰属環境費用の算定方法を概観してみよう。なお，地球環境への影響については二酸化炭素発生量から森林による自然吸収量を控除した超過排出量を対象に費用原単位を乗じて帰属環境費用を算定しているが，その除去量が膨大であることなどから非現実的であり J-SEEA への計上は行われていない。また，アメニティの低下など自然資産のそのほかの使用については具体的な帰属環境費用の推計が行われていない。

a）廃物の排出

NO_x（窒素酸化物），SO_x（硫黄酸化物）による大気汚染，BOD（Biochemical Oxygen Demand；生物化学的酸素要求量），COD（Chemical Oxygen Demand；化学的酸素要求量），N（窒素）および P（リン）による水質汚濁，廃棄物の最終処分に伴う土地の劣化が対象となっている。算定方法は，基本的に各汚染物質の排出量および廃棄物の最終処分量を推計し，これに除去費用原単位を乗じることで帰属環境費用を算定している。なお，水質汚濁物質については，N と P は富栄養化原因物質であるので全国ベースの排出量を対象とすることなどに疑問があることから最終的な計上対象からは除外されている。また，BOD と COD は同じ処理装置で同時に除去可能であるため帰属環境費用の大きい方を計上対象とし，最終的に COD の帰属環境費用が計上されている。

b）土地・森林などの使用

土地については，林地から宅地や工業用地などの都市的土地利用への転換，林地から農地への転換といった特定の土地開発面積，および自然公園と自然保

全地域面積の減少分を対象に，土地造成費を基礎とした費用原単位を乗じることにより当該土地開発を断念した場合の遺失額を帰属環境費用として算定している。また，森林については自然成長量と伐採量の差である超過伐採量を対象に，生産額に基づく費用原単位を乗じることにより算定している。

c) 資源の枯渇

石炭，石灰石，亜鉛を対象に生産量と可採埋蔵量から残存年数を算定しユーザーコスト法により帰属環境費用を算定している。ユーザーコスト法とは，再生不可能な自然資源の販売から得られる毎期の所得の一部をほかに再投資することにより，自然資源の枯渇後にも枯渇前と同様の所得（恒常的所得）が得られると仮定し，恒常的所得を超える毎期の所得分を帰属環境費用とする方法である。

d) 自然資産の復元

水環境については，公害防止計画に基づく浚渫・導水事業費を，土壌環境については公害防止計画に基づく農用地の土壌汚染を改善するための公害対策土地改良事業費を帰属環境費用として計上している。

(5) J-SEEA の試算結果

それでは，J-SEEA の統合表(貨幣表)を参照しながら，そのフレームワークと試算結果を見てみよう。J-SEEA の統合表は，大項目での行列構成は行12項目，列9項目からなり(表11-3参照)，合計欄を含めた全体は43列41行の構成となっている。表11-4に示した統合表は簡略化したものである。1～2列の産業と政府の生産活動は，本来，それぞれ環境保護活動とそのほかの活動に2分されており，さらに産業の環境保護活動は内部的環境保護活動と外部的環境保護活動[24]に区分されているが本表では省略されている。2～15行までの行列から帰属環境費用の6～14行を除いた行列は，投入産出形式の行列となっている。3行の環境関連の財貨・サービスは，リサイクル製品，下水処理や廃棄物処理サービスなどがどのような活動に投入されているかを表しており，実際環境費用を記録している。つまり，1995年では生産活動において実際に負担された環境費用は，3兆1,738億円であり，消費活動では5兆1,924億円が負担されていたことを示している。

次に中心部である帰属環境費用を見てみよう。7～11行には5つの環境負荷

第 11 章　マクロ環境会計の理論　245

表 11-3　わが国の SEEA の行列項目

行の大項目	列の大項目
a. 期首ストック b. 生産物の使用 　・環境関連の財貨・サービス 　・そのほかの財貨・サービス c. 生産される資産の使用 d. 自然資産の使用(帰属環境費用) e. 自然資産の復元(帰属環境費用) f. 規則環境費用の移項 g. 環境関連の移転支出 h. 環境調整済国内純生産 i. 産出額 j. 自然資産の蓄積に関する調整項目 k. そのほかの調整項目 l. 期末ストック	a. 産出額(生産者価格) b. 輸入(CIF 価格＋輸入税) c. 運輸・商業マージン d. 需要(供給) e. 生産活動 f. 最終消費支出 g. 非金融資産の蓄積とストック 　・生産される資産 　・生産されない資産 h. 輸出(FOB 価格) i. 不突合

要因が示されており，その 2〜4 列および 6〜7 列が環境負荷を引き起こす活動となっている。また，11〜15 列が 5 つの環境負荷によって影響を受ける環境媒体を示している。例えば，7 行の廃物の排出は NO_x，SO_x による大気汚染，BOD，COD，N および P による水質汚濁，廃棄物の最終処分に伴う土地の帰属環境費用であるが，生産活動により 2 兆 2,561 億円(1 列)の環境費用が，消費活動からは 1 兆 9,362 億円(5 列)の環境費用が引き起こされており，経済活動全体ではこの合計の 4 兆 1,923 億円の環境費用が引き起こされていることになる。これらの帰属環境費用は，最終的に環境中へ排出された上記の汚染物質の推計量を対象として，その除去に必要な費用に基づき算定されている。つまり，この帰属環境費用はこれらの廃物の排出を防止するためには追加的に 4 兆 1,923 億円の費用が必要であったことを示している。そして，この廃物の排出により大気(11 列)，水(12 列)および土地(14 列)が影響を受けており，これらの自然資産の劣化費用として帰属環境費用がマイナス計上され環境媒体の劣化を表している。つまり，10〜15 列の 2〜12 行には自然資産の期中フローが記録され，経済活動による自然資産への影響が帰属環境費用の大きさで示されるようになっている。また，13 行の帰属環境費用の移項は，政府部門が行った屎尿・下水道処理に伴う水質汚濁の帰属環境費用 9,626 億円(3 列 7 行)を，そ

表 11-4　日本の SEEA IV.2 版統合表－簡略版（1995 年名目値）。出典：内閣府 [25] に基づき作成した。単位：10 億円

		生産活動 （産業分類） 1	産業 2	政府 3	対家計民間 非営利団体 4	最終消費 支出（部門別） 5	政府計現実 最終消費 6	家計計現実 最終消費
1	期首ストック	406,898.4	387,946.4	15,295.9	3,656.1	347,879.5	32,616.9	315,262.6
2	生産物の使用	3,173.8	2,628.8	493.0	52.0	5,912.4	4,383.2	809.2
3	環境関連の財貨・サービス	403,724.6	385,317.6	14,802.9	3,604.1	342,686.1	28,232.7	314,433.4
4	そのほかの財貨・サービス	88,442.3	78,699.8	8,900.8	841.7			
5	生産される資産の使用（固定資本減耗）	3,640.2	2,677.6	962.6		1,936.2	0.6	1,935.6
6	自然資産の使用（帰属環境費用）	2,256.1	1,293.5	962.6		1,936.2	0.6	1,935.6
7	廃物の排出	1,381.9	1,381.9	0.0				
8	土地・森林などの使用	2.2	2.2					
9	資源の枯渇							
10	地球環境への影響							
11	自然資産のそのほかの使用							
12						−18.1	−18.1	
13	自然資産の復元（帰属環境費用） （環境関連の移転収支）	−774.4	188.2	−962.6		774.4		774.4
14	帰属環境費用の移転	−2,865.8	−2,865.8					
15	エコ・マージン（帰属環境費用）				0.0			
16	国内純生産（NDP）	429,319.6	386,621.9	32,654.3	8,043.4	−2,692.5	17.5	−2,710.0
17	環境調整済国内純生産（EDP）	426,453.8	385,756.1	32,654.3	8,043.4			
18	産出額	924,660.3	855,268.1	56,851.0	12,541.2			
19	自然資産の蓄積に関する調整項目							
20	そのほかの調整項目							
	期末ストック							

		非金融資産の 蓄積とストック 8	生産された 資産 9	生産されない 資産 10	大気 11	水 12	土壌 13	土地 14	地下資源 15	輸出 16	輸入 （控除） 17
1	期首ストック	3,122,124.6	1,207,444.2	1,914,680.4				1,914,011.1	669.3		
2	生産物の使用	140,338.6	135,741.0	4,597.6				4,597.6	0.0	45,461.6	−40,473.5
3	環境関連の財貨・サービス			0.0							
4	そのほかの財貨・サービス	140,338.6	135,741.0	4,597.6				4,597.6	0.0	45,461.6	−40,473.5
5	生産される資産の使用（固定資本減耗）	−88,442.3	−88,442.3								
6	自然資産の使用（帰属環境費用）	−5,576.4	0.0	−5,576.4	−2,346.1	−894.6		−2,333.5	−2.2		
7	廃物の排出	−4,192.3		−4,192.3	−2,346.1	−894.6		−951.6			
8	土地・森林などの使用	−1,381.9	0.0	−1,381.9				−1,381.9			
9	資源の枯渇	−2.2		−2.2					−2.2		
10	地球環境への影響										
11	自然資産のそのほかの使用										
12		18.1		18.1		9.2	8.9				
13	自然資産の復元（帰属環境費用） （環境関連の移転収支）										
14	帰属環境費用の移転										
15	エコ・マージン（帰属環境費用）										
16	国内純生産（NDP）										
17	環境調整済国内純生産（EDP）										
18	産出額	5,920.1	379.1	5,541.0	2,346.1	885.4		−2,333.5	−15.1		
19	自然資産の蓄積に関する調整項目	−116,346.5	−28,699.2	−87,777.3				−87,777.3			
20	そのほかの調整項目										
	期末ストック	3,058,036.2	1,226,552.8	1,831,483.4			−8.9	1,830,831.4	652.0		

注：― ：概念的に存在しないセル，… ：推計できないため数値を計上しないセル，エコ・マージン：帰属環境費用の合計にマイナス符号をつけて計上

の原因行為を行った産業と家計へ帰属させるために設けられた行である。したがって，産業と家計の帰属環境費用はこの移項分としてそれぞれ1,882億円(2列)，7,744億円(7列)が加算され，政府からは控除するため負値で3列に記録されることとなる。14行のエコ・マージンは帰属環境費用の合計を負値として計上したものであり，経済活動による環境負荷額を表している。これを国内純生産(Net Domestic Product; NDP)から控除することで環境調整済国内純生産(Environmentally adjusted Domestic Product; EDP)が算出される。

　以上がJ-SEEAの概略であるが，ここでいくつかの問題点と課題を挙げておく。第1に環境情報の利用可能性の問題である。2002年度から環境省は環境統計集を刊行しているもののマクロ・メゾ環境会計を推計するには不十分であり，物量および貨幣情報の双方に関する環境情報基盤の整備が求められる。

　第2に維持費用の推計にかかわる環境水準の問題である。生態学的に持続可能な環境水準の設定と，各会計期間における環境対策の目標を設定し，それに対する帰属費用を算定することがより望ましいと考えられる。

　第3に輸出入などによる会計単位の外部に与える環境影響の問題である。とりわけ，途上国など環境弱者に与える影響とその環境責任が適切に反映できる概念とフレームワークの検討が必要と考えられる。

　第4に93SEEAから得られる指標の問題である。J-SEEAからはEDPが算出されているが，EDPの変化と環境変化が連動しないのである。環境の多様性を考慮すれば，包括的な指標へと総合化するよりは，体系的な環境指標システムのフレームワークを構築することが有効と思われる。93SEEAでも物量表は作成されており，その拡充と有効利用により物量と貨幣の両側面を反映させた指標の構築は可能であろう。環境指標の導出という点では，次に述べるNAMEAの方が優れている。

4-2. NAMEA

(1) NAMEAのフレームワーク

　NAMEAは，オランダ中央統計局にて開発され1993年にパイロット版が初めて作成された。その後，環境指標構築に対する有効性が認められ，オランダの国民勘定では毎年正規に作成されるようになっている。また，スウェーデン，

ドイツ,英国,イタリア,ギリシャなど多くの国でも作成されている。NAMEA は,国民会計と環境勘定を1つの行列形式にまとめた統計情報システムである。NAMEA は,経済と環境の傾向を即座に観察できる総合的指標を提供することと,環境と経済政策・予測・理論などを吟味あるいは立案しやすいような統合され首尾一貫した分析枠組みを提供することを目的としている。わが国でも,オランダのフレームワークを基礎として改良を加えたものが日本版 NAMEA(以下,J-NAMEA)として試算されている[25]。

図 11-2 は NAMEA の概念図である。NAMEA は多くの小勘定行列から構成されるが,大きくは貨幣勘定と物量勘定に分けられ,図の薄い陰影を施した部分が貨幣勘定で SNA に基づく国民会計行列(National Accounting Matrix; NAM)となっており,その外側には,物量勘定である環境勘定(Environmental Accounts; EA)が配置され,各種環境問題に関係する物量データやエネルギーなどに関するデータを物量単位で NAM と連関するように示される。NAM は供給使用表のように行に使用(受け取り),列に供給(支払い)が貨幣単位で示される。NAM は,財・サービス勘定,家計消費支出,生産と中間投入・付加価値,所得創出,所得の分配と使用,資本,金融収支,税,海外との経常取引,海外との資本取引の 10 の勘定で構成される。

EA は,図 11-2 に示したように物質勘定と環境テーマ勘定に分割されている。物質勘定は,二酸化炭素,亜酸化窒素,メタン,フロン,窒素酸化物などの汚染因子のほか,石油や天然ガスなどの天然資源のストック変動(フロー)についても示される。環境テーマ勘定は,地球温暖化,オゾン層破壊,酸性雨,富栄養化などの環境問題ごとに汚染因子を等価指標などにより単一の指標に集約して示される。つまり,NAMEA は NAM との連関で,経済活動による汚染因子の排出を関係づけ,さらに経済活動がどのような環境問題に影響を及ぼしているかを示すように設計されているところに最大の特徴がある。表 11-5

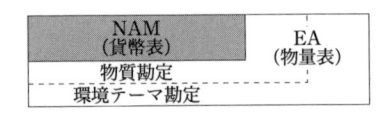

図 11-2 NAMEA の概念図

表11-5　J-NAMEA の EA 項目。出典：内閣府[28]に基づき作成。

項　　目			物量単位	環境テーマの単位
汚染物質	地球温暖化	CO_2	1,000 t-CO_2	GWP[1)] 1,000 t-CO_2
		N_2O	1,000 t-N_2O	
		CH_4	1,000 t-CH_4	
		HFCs（ハイドロフルオロカーボン類）	1,000 t-CO_2	
		PFCs（パーフルオロカーボン類）	1,000 t-CO_2	
		SF_6（六フッ化硫黄）	1,000 t-CO_2	
	オゾン層破壊	フロン	—	—
	酸性化	NO_x	1,000 t-NO_x	AEQ[2)] 1,000 t-SO_2
		SO_2	1,000 t-SO_2	
		NH_3	—	
	水質	T-P	1,000 t	EEQ[3)] 1,000 t-PO_4^{3-}
		T-N	1,000 t	1,000 t-PO_4^{3-}
		COD	1,000 t	1,000 t-PO_4^{3-}
	廃棄物	最終処分	1,000 t	1,000 t
		再生利用	1,000 t	
自然資源	エネルギー資源	ガス（天然ガスとLNG）	PJ	PJ
		原油（天然ガス液を含む）	PJ	
		石炭	PJ	
	森林資源	森林体積	1,000 m^3	1,000 m^3
	水資源	水使用	100万 m^3	100万 m^3
	漁業資源	水産物	1,000 t	1,000 t
土地利用	農用地		1,000 ha	1,000 ha
	森林・原野		1,000 ha	1,000 ha
	水面・河川・水路		1,000 ha	1,000 ha
	道路		1,000 ha	1,000 ha
	宅地		1,000 ha	1,000 ha
	そのほかの土地		1,000 ha	1,000 ha
隠れたマテリアルフロー			100万 t	100万 t

注1）地球温暖化ポテンシャル（Global Warming Potential）
注2）酸性化等価係数（Acidification Equivalents）
注3）富栄養化等価係数（Eutrophication Equivalents）

には，J-NAMEA で取り上げられている汚染物質および環境負荷項目を示した。J-NAMEA では，オランダ版 NAMEA では取り上げていないいくつかの項目が追加されている。自然資産勘定では石炭，森林資源，水資源，漁業資源が追加され，土地利用勘定と隠れたマテリアルフロー[26]勘定が導入されている。これにより J-NAMEA の物質勘定は 28 項目，環境テーマ勘定は 17 項目となっている[27]。

93SEEA と NAMEA の違いは，93SEEA が生産境界の拡張によるフロー勘定の拡張と，非生産自然資産の勘定によるストック勘定の大幅な拡張に焦点をあてているのに対し，NAMEA ではストック勘定は計上されておらず環境データの利用可能性と政策情報の提供などの観点からフロー勘定に焦点をあてている。また NAMEA は，環境問題により加重調整された物質の集計値を計上しているが，93SEEA では環境問題による集約化は行ってはいないところも大きな違いである。NAMEA では，環境政策が環境水準に基づき形成されることと，状態変化よりも負荷(圧力)に関するデータの方がより利用しやすいことから各種の環境問題の負荷指標に連関するようになっている。また，越境する環境フロー，焼却施設における廃棄物処理や物質のリサイクルなどの排出された汚染物質の経済プロセスへの再吸収も組み入れている。さらに NAMEA は，93SEEA に見られる帰属環境費用に関する計数を計上しておらず，仮定的な環境費用の計上に否定的である[28]。このように NAMEA はフロー勘定に焦点をあててはいるものの，ストック勘定を取り扱えないというわけではない。J-NAMEA では，ストック勘定を導入している。そこで，J-NAMEA の試算結果を参照しながら，NAMEA の詳細なフレームワークを見てみよう。

（2）J-NAMEA のフレームワーク

J-NAMEA のオランダ版 NAMEA からの修正点は，NAM 関連では，まず社会資本ストック勘定や環境関連資本ストック勘定などのストック勘定を導入していることと，最終消費部門に政府部門を設けていることである。EA でもストック勘定に対応して期首と期末ストックを導入しているほか，自然資産勘定では石炭，森林資源，水資源，漁業資源を追加し，土地利用勘定と隠れたマテリアルフロー勘定を導入している。また，わが国の輸入依存度を考慮して環境蓄積勘定に輸入による海外資源の変化(海外への環境負荷)を導入している。

図 11-3 に J-NAMEA の全体構造を示した。図中の矢印は物質・資源のフローを示している。NAM では生産勘定など 10 の勘定行列で構成され，行方向には収入が，列方向には支出がそれぞれ記帳される。EA は，大きく物質勘定，環境蓄積勘定，環境テーマ勘定の 3 つの勘定行列で構成される。物質勘定は汚染物質や自然資源，用途別土地など 28 の小勘定行列からなる。図中 A の行列では国内および海外部門による国内環境の環境媒体および自然資源への負荷と，国内部門による海外自然資源の復元が記帳される。つまり，国内の生産および消費活動に伴う汚染物質の排出量と自然資源・土地への負荷が項目ごとの物量単位で記帳される。また B の行列では，国内環境の環境媒体と自然資源から経済に取り込まれる国内および海外部門へのフローと，輸入による海外自然資源の減少が記帳される。C の環境蓄積勘定では，汚染物質の国内環境への蓄積と国内自然資源の変化が列項目で記帳され，さらに輸入と復元による海外資源の変化が列項目で記帳される。これらの環境影響が環境問題ごとに単位統一され，D の環境テーマ勘定へ記帳され，会計期間における環境影響のフローを示すことになる。また，環境テーマ勘定には期首・期末のストックおよ

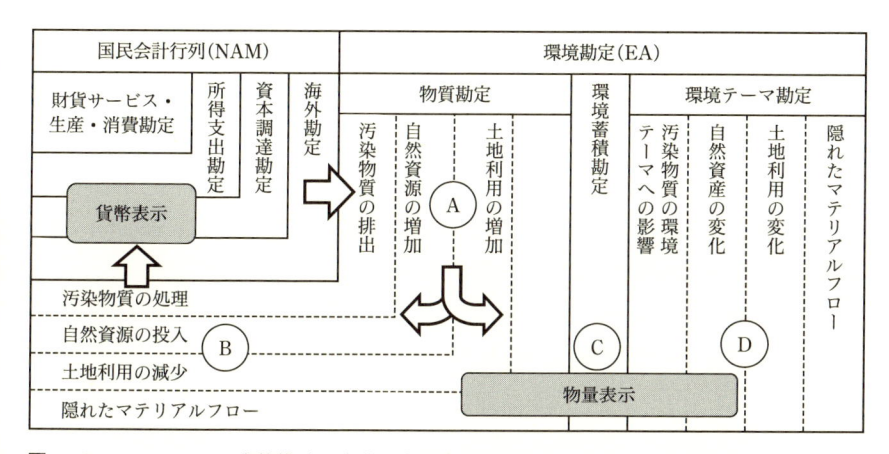

図 11-3 J-NAMEA の全体構造。出典：内閣府経済社会総合研究所国民経済計算部[29]に基づき作成。

注）A：国内および海外部門による国内環境への負荷と国内部門による海外自然資源の復元，B：国内環境から国内および海外部門へのフローと輸入による海外自然資源の減少，C：国内環境への蓄積と海外自然資源の変化，D：環境問題別の影響度

（3）J-NAMEAの試算結果

a）国民会計行列

　J-NAMEAの個々の勘定行列を2000年の試算値で見てみよう。表11-6はNAMを示している。各行列番号が勘定番号となっており，第1勘定から第8勘定が国内部門，第9，10勘定が海外部門を表している。財貨・サービス勘定（第1勘定）は，需要と供給を結ぶ勘定で，行に中間消費434兆8,977億円，最終消費369兆7,695億円，総資本形成34兆3,775億円，輸出55兆2,559億円の需要が，列に産出941兆5,188億円，輸入品に課される税・間接税2,483億円，輸入47兆9,404億円の供給項目と統計上の不突合が記帳される。生産活動勘定（第2勘定）では，収入となる産出を行に，支出となる列に中間消費，生産への純間接税の支払い38兆6,658億円，バランス項目である純付加価値467兆9,552億円を記帳する。生産活動勘定から収入項目として純付加価値を受け取った所得発生勘定（第4勘定）は，さらに海外からの雇用者報酬289億円を受け取り，固定資本減耗97兆9,951億円が控除され，海外への雇用者報酬293億円が支出され，列に国民純所得369兆9,602億円がバランス項目として記帳される。所得発生勘定から国民純所得を収入として受け取った所得の分配・使用勘定（第5勘定）は，各種税の受け取り82兆6,247億円と海外からの財産所得と経常移転12兆9,696億円を収入に加え，列に家計と政府の最終消費，所得・富などに課される経常税の支払い44兆2,072億円，海外への財産所得と経常移転7兆4,091億円を支出し，バランス項目として純貯蓄44兆1,683億円が記帳される。純貯蓄は資本勘定（第7勘定）の収入となり，これと海外からの資本移転－9,945億円を原資とする純資本形成は36兆3,824億円となる。また，税勘定（第6勘定）は，各勘定からの税の支出として輸入品に課される税・間接税などの支払い，所得・富などに課される経常税の支払い，生産への純間接税の支払いを収入項目とし，一般政府による税の受け取り82兆6,247億円を支出する。非金融資産勘定（第8勘定）は，純資本形成は36兆3,824億円を収入として，固定資本減耗を控除し，環境保護関連資産5兆4,141億円，社会資本27兆1,538億円，そのほかの資産101兆8,096億円を形成する。海外勘定も国内部門と同様に見ることができ経常取引勘定（第9勘定）は，海外部門の収入で

表 11-6 日本版 NAMEA 国民会計行列 (2000 年試算値)。出典：内閣府 [28]。単位：10 億円

勘定 (分類)		財貨・サービス (種類別) 1	生産活動 (活動別) 2	最終消費 (目的別) 3	所得発生 (付加価値 項目別) 4	所得の分配・使用 (制度部門別) 5	税 (種類別) 6	蓄積活動 (制度部門別) 7	環境保護関連 (種類別) 8a	社会資本 (種類別) 8b	その他 8c	経常取引 9	資本取引 10	合計
期首ストック	OA													期首ストック 2,885,817.1
財貨・サービス(種類別)	1		中間消費 434,897.7	最終消費 369,769.5								輸出 55,255.9		需要 (購入者価格) 994,300.6
生産活動(活動別)	2	産出 941,518.8							5,414.1	27,153.8	101,809.6			産出 (基準価格) 941,518.8
最終消費(目的別)	3					最終消費 369,769.5								最終消費 369,769.5
所得発生(付加価値項目別)	4		総付加価値 (要素費用表示) 467,955.3									海外からの 雇用者報酬 28.9		所得の発生 369,989.1
所得の分配・使用(制度部門別)	5	輸入品に課される 税・関税 などの支払い -248.3	生産への 純税の 支払い 38,665.8		国民純所得 369,960.2							海外からの財産 所得と経常移転 12,969.6		発生所得 の受け取り 465,554.5
税(種類別)	6	統計上の不突合 5,089.6				所得に課される 経常税など 常税の支払い 44,207.2								税の支払い 82,624.7
資本(制度部門別)	7					純貯蓄 44,168.3	各種税の 受け取り 82,624.7							資本受け取り 48,263.4
	8a							資本形成 5,223.6						非金融資産 5,223.6
	8b							27,153.8						27,153.8
	8c							4,005.0						4,005.0
経常取引	9		輸入 47,940.4		海外への 雇用者報酬 29.3	海外への財産所 得と経常移転 7,409.1							海外からの 資本移転(純) -994.5	海外への 経常支出 55,378.8
資本取引	10							海外に対する 債権の変動 11,881.1				経常対外 収支 -12,875.6		海外への 資本支出 -994.5
合計	R	供給 (購入者価格) 994,300.5	中間投入 (基準価格) 941,518.8	最終消費 369,769.5	発生所得 の分配 369,989.5	所得の使用 465,554.1	税収 82,624.7	資本支出 48,263.5	53,218.9	期首ストック 771,104.6	2,061,493.5	海外からの 経常受け取り 55,378.8	海外からの 資本受け取り -994.5	
調整勘定									-3,031.6	27,153.8	4,005.0			その他ストック変動 92,942.8
期末ストック	CA								55,410.9	期末ストック 805,038.3	1,968,807.5			期末ストック 2,829,256.7

非金融資産 / 海外

国内 / 海外

ある輸入，海外への雇用者報酬および海外への財産所得と経常移転を行に，支出である輸出，海外からの雇用者報酬および海外からの財産所得と経常移転を列に記帳する。資本取引勘定（第 10 勘定）は，経常外収支－12 兆 8,756 億円，海外からの資本移転－9,945 億円と，バランス項目である海外に対する債権の変動 11 兆 8,811 億円が記帳される。

b）物 質 勘 定

次に EA を見てみよう。表 11-7 は物質勘定の図 11-3 の A の部分の行列を示している。この行列では，国内および海外部門による国内環境の環境媒体および自然資源への負荷と，国内部門による海外自然資源の復元が記帳される。生産活動および消費活動による汚染物質の排出が 2，3 行に記帳される。例えば，温室効果ガスである二酸化炭素（11a）は，生産活動から 10 億 1,728 万 t，消費活動により 2 億 2,142 万 t 排出されていることが記帳されている。また，メタン（11c）では，生産活動 92 万 t と消費活動 9,000 t のほか，施設からの漏出などそのほかの原因による排出 6 万 4,000 t が記帳されている。自然資源勘定においてはエネルギー資源については確認埋蔵量の変化が記帳されるが，ゼロ計上されているので確認埋蔵量に変化がないということである。また森林資源勘定などでは，資源量の変化が記帳され，森林資源については国内森林の成長量が約 7,284 万 m^3 記帳されている。土地利用勘定では用途別にその変化量が記帳され，農用地は 4 万 ha の減少が，森林・原野は 1 万 ha の増加などが記帳されている。

表 11-8 は物質勘定の図 11-3 の B の部分の行列を示している。この行列では，国内環境の環境媒体と自然資源から経済に取り込まれる国内および海外部門へのフローと，輸入による海外自然資源の減少が記帳される。水質勘定では各物質の排出量がエンドオブパイプで算定されているとしてゼロ計上されている。エネルギー資源勘定や森林資源勘定を見るとわが国が海外資源に大きく依存していることが 9 列からわかり，ガス 2,970 PJ[29]，原油 9,715 PJ，石炭は 4,128 PJ，森林資源では 8,124 万 m^3 の海外の自然資源を使用していることが記帳されている。また，建設残土や不要鉱物など国内生産活動に伴い発生している隠れたマテリアルフローは 10 億 9,500 万 t 発生しており，輸入に伴い海外で発生する隠れたマテリアルフローは 28 億 2,600 万 t と大きいことが記帳さ

表11-7 日本版 NAMEA 物質勘定 A（2000年試算値）。出典：内閣府[28]

勘定(分類)			汚染物質 大気関係 地球温暖化					オゾン	酸性化			水質				廃棄物			エネルギー資源			自然資源 森林資源(森林蓄積)	水資源(水使用)	漁業資源(水産物)	土地利用(用途別)						隠れたマテリアルフロー
		CO₂	N₂O	CH₄	HFCs	PFCs	SF₆	フロン	NOₓ	SO₂	NH₃	T-P	T-N	COD	最終処分	再生利用		ガス	原油	石炭				農用地	森林・原野	水面・河川水路	道路	宅地	その他ほかの土地	
		11a	11b	11c	11d	11e	11f	11g	11h	11i	11j	11k	11l	11m	11n	11o		11p	11q	11r	11s	11t	11u	11v	11w	11x	11y	11z	11aa	11ab
財貨・サービス	1																													
	2 生産活動(活動別)	1,017,275	111	921	18,348	11,489	5,740		1,889	775		23	466	360	238,140	186,700	生産活動別の大気関連汚染物質の排出													
	3 最終消費(目的別)	221,424	11	9	0	0	0		143	45		21	325	406	30,833	5,160	消費目的別の大気関連汚染物質													
所得発生(付加価値項目別)	4																A													
所得の分配・使用(制度部門別)	5																													
税(種類別)	6																													
資本(制度部門別)	7																													
非金融資産	8a 環境保護関連	施設からの漏出などその他の原因による汚染物質の排出										施設漏出などによる排出					環境蓄積量の変化や森林水産資源の自然成長													
	8b 社会資本	0	0	0	0	0	0		0	0		-	-	-	-	-		0	0	0	0	0	0	-40	10	20	10	20	-20	
	8c その他	0	0	64	0	0	0		0	0		-	-	-	-	-		0	0	0	72,841	0	0			土地利用面積の変化				
海外	9 経常取引																海外からの汚染物質フロー				国内部門による海外自然資産の復元									
	10 資本取引																				-	-								
合計		1,238,699	122	994	18,348	11,489	5,740		2,032	820		44	791	766	268,973	191,860	物質の発生源		0	0	72,841	0	0	-40	10	20	10	20	-20	0
単位		1000t-CO₂ N₂O CH₄ CO₂ CO₂							1000t-NOₓ SOₓ			1000t	1000t	1000t	1000t	1000t		PJ	PJ	PJ	1000 m³	100万 m³	1000 t	1000 ha	1000 ha	1000 ha	1000 ha	1000 ha	1000 ha	100万 t

注1) −：推計困難なため記載されていない項目
注2) 表中のAは、上表が図11-3に示した物質勘定に相当することを意味している。

表 11-8　日本版 NAMEA 物質勘定 B（2000 年試算値）。出典：内閣府 [28]

勘定（分類）			財貨サービス（種類別）		所得支出勘定				資本調達勘定			海外		単位
			1	生産活動（活動別） 2	最終消費 3	所得発生 4	所得の分配・使用 5	税 6	蓄積活動 7	非金融資産（種類別）8a	環境保護関連（種類別）8b	社会資本 8c	経常取引 9	資本取引 10	
汚染物質	大気関連	地球温暖化	CO₂ 11a	NAMの生産勘定と連関 ⇑									NAMの海外勘定と連関 ⇑		1,000 t-CO₂
			N₂O 11b												1,000 t-N₂O
			CH₄ 11c												1,000 t-CH₄
			HFCs 11d												1,000 t-CO₂
			PFCs 11e												1,000 t-CO₂
			SF₆ 11f												1,000 t-CO₂
		オゾン層	フロン 11g										—		—
		酸性化	NOₓ 11h										—		1,000 t-NOₓ
			SO₂ 11i										—		1,000 t-SO₂
		水質	NH₃ 11j						B						—
			T-P 11k												—
			T-N 11l												—
			COD 11m												—
	廃棄物		最終処分 11n	213,459											1,000 t
			再生利用 11o	191,860											1,000 t
	エネルギー資源		ガス 11p	0									2,970		PJ
			原油 11q	0									9,715		PJ
			石炭 11r	102									4,128		PJ
物質	自然資源	森林資源（森林体積）		29									0		1,000万 m³
		水資源（水使用） 11t		18,019									81,241		100万 m³
		漁業資源（水産物） 11u		87,000									5,883		1,000 t
	土地利用	森林・原野 11v		5,736					⇑				⇑		1,000 ha
		農用地 11w													1,000 ha
		水面・河川・水路 11x													1,000 ha
		道路 11y													1,000 ha
		宅地 11z													1,000 ha
		そのほかの土地 11aa													1,000 ha
隠れたマテリアルフロー 11ab				国内の隠れたマテリアルフロー 1,095									輸入に伴う隠れたマテリアルフロー 2,826		100万 t

図中の「⇒」部分の注記：
- 国内汚染物質の処理施設による処理
- 国内自然資源の採取（採掘・伐採・使用・漁獲）
- 海外への汚染媒体（環境媒体）フロー
- 国内環境（自然資源）および海外部門へのフローと、海外輸入による国内自然資源の減少
- 輸入による海外自然資源の採取

注1）—：推計困難なため記載されていない項目
注2）表中のBは、上表が図11-3に示した物質勘定に相当することを意味している。
注3）表中の矢印は、経済に再び投入される物質の流れを表している。

c）環境蓄積勘定

　表11-9は環境蓄積勘定（C）と環境テーマ勘定（D）を示している。環境蓄積勘定の X_1 列は国内環境への汚染物質の蓄積[30]と国内自然資源の変化，国土の土地利用の変化量，隠れたマテリアルフローの蓄積を，X_2 列は海外における自然資源の変化と隠れたマテリアルフローの蓄積を記帳している。例えば，森林資源は国内環境においては物質勘定Aで国内森林の成長による約7,284万 m^3 の増加量となっており，そのうち，物質勘定Bで記帳されている1,802万 m^3 が経済活動により利用され，残りの5,482万 m^3 が蓄積量として記帳されている。一方，海外の森林資源は，国内部門による復元が推計されていないこともあり，輸入に伴う使用量がそのままマイナス計上されているため，海外の森林資源に対する負荷が大きい結果となっている。

d）環境テーマ勘定

　環境テーマ勘定は，各汚染因子の環境問題への影響度を測るため，環境蓄積勘定における国内環境に蓄積される汚染因子を等価指標などにより単一の指標に集約して示されている。そして，その合計値が各環境問題の環境指標として示されている。また，自然資源と土地については，期首と期末のストックが記帳されており，環境指標は期中の変化量を表している。例えば，地球温暖化への影響を示す温室効果ガスの排出量はGWP（Global Warming Potential；地球温暖化係数）換算で12億3,870万tであるが，この数値からは地球温暖化へ強く影響していることは窺えるが，わが国が持続可能な方向に向かっているかは判断に困る。1990年のJ-NAMEA推計値と比較すると，GWPは生産活動において6.0％，消費活動では36.4％の増加である。また，貨幣データと比較すると，生産活動では産出額当たりのGWPは3.2％減少しているが，消費活動では最終消費額当たりで7.4％増加している。このように環境テーマ勘定に記帳されている環境指標からは単純に持続可能性を判断できない。そこで，J-NAMEAから得られるこうした情報に基づいた環境効率改善指標の作成が試みられている。

e）環境効率改善指標

　環境効率改善指標は，経済的効用と環境的不効用の関連を切り離すことを意

表 11-9 日本版 NAMEA 環境蓄積勘定と環境テーマ勘定（2000 年試算値）。出典：内閣府 [28]

注1) －：推計困難なため記帳されていない項目
注2) 表中のCは、上表が図 11-3 で示した環境蓄積勘定に相当することを意味し、同じくDは環境テーマ勘定に相当することを意味している。

味するデカプリング(Decoupling)の概念に基づく指標である。デカプリングが実現しているということは，経済的駆動力(Driving Force；以下，DF)の増加率に比べ環境負荷(Environmental Pressure；以下，EP)の増加率が小さいことを表すことになる。環境効率指標は，期首と期末のDFとEPのデータを用いたデカプリング比率に基づき次式のように定義される。

$$環境効率改善指標 = \left[1 - \frac{(EP/DF)_{期末}}{(EP/DF)_{期首}} \right] \times 100$$

指標値が正値であれば，DFの増加率＞EPの増加率であるので環境効率の改善を表し，非正であれば環境効率が悪化していることを表すことになる。表11-10は，3つの会計期間における環境効率改善指標の計測結果を示す。1990〜1995年の間では地球温暖化と市街地面積で効率の悪化が継続されているが，その後の1995〜2000年では改善に転じていることが示されている。しかしながら，この指標はGDP(Gross Domestic Product；国内総生産)をいかに効率よく生み出すか，つまり少ない環境負荷で大きいGDPを生み出せているかを表すものであり，資源投入量に適用してもフロー概念による持続可能性を表現している。しかし，環境的持続可能性は天然資源のストックに規定されるため，ストック概念を導入した指標の開発が課題となっている。

5. マクロ環境会計理論の農林業への適用意義

以上，日本での試算を事例にSEEAとNAMEAのフレームワークを解説してきた。最後に，農林業を対象としたマクロおよびメゾ環境会計の適用意義について述べる。近年は農林業における食の安全・安心への関心の高まりととも

表11-10 環境効率改善指標の推移。出典：内閣府経済社会総合研究所 国民経済計算部[29]

会計期間	温室効果	酸性化	富栄養化	廃棄物	宅地面積	市街地面積
1990〜1995年	▲3.4%	6.5%	9.5%	27.6%	2.1%	▲0.5%
1995〜2000年	6.0%	13.1%	16.5%	37.3%	1.8%	0.3%
1990〜2000年	2.8%	18.7%	24.5%	54.6%	3.8%	▲0.2%

に，環境保全に対する生産者や消費者の意識も高まっており，農林業の経営体においては環境保全活動に関する情報をステイクホルダーや消費者に積極的に開示する必要性が高まっている。また，国や地域においても，農産物の産地形成や地域のブランド化の面で環境に配慮した農林業の生産活動を国や地域として積極的にアピールすることが望まれている。このような状況を踏まえ，農林水産省[30]も農林水産業経営体および地域おける環境会計の導入を検討するとしている[31]。

5-1. 農林業の特殊性

農林業は，地域の自然環境と密接にかかわる生産形態をとるため，第二次産業や第三次産業と比べると環境との相互依存関係が強い産業部門である。また，土地利用形態と農産物の性質から，農林業は自然環境の保全機能や国土の保全機能などの環境便益を供給できるという特徴を有する。こうした機能は，多面的機能あるいは公益的機能と呼ばれる農林業に特徴的な機能であり，他産業ではほとんど発揮されない。また，農産物や林産物と異なり，多面的機能の輸入は不可能であるため，国内において農林業を維持する1つの根拠とされている。このような農林業の多面的機能は個々の経営体として把握できるものではなく，土地，生産物および農村集落の集合体，つまり地域として効果が発揮されるものである。このため，ミクロ的視点では多面的機能を捉えることが困難であり，部分地域を対象としたメゾあるいは国全体を対象としたマクロ的視点により分析する必要がある。さらに，多面的機能の多くは公共財的性質を持つため，環境政策による支援が不可欠である。公共支出による環境維持サービスは，公共部門が市場の補完的供給システムとして提供するサービスの1つであるが，公共部門における財政難の中，費用対効果の高い政策が求められている。

農林業の生産活動が多面的機能を発揮する一方で，農林業の生産活動においても他産業と同様に生産活動に伴って環境負荷を発生させていることも事実である。前述の通り農林業は環境に依存する産業であり，他産業に比べても特に自然資源と密接した生産活動を行う産業であるため，農林業における環境負荷の排出は当該地域における環境状態に大きな影響を及ぼす。しかし，依然として化学肥料や家畜糞尿による土壌汚染，水質汚濁などが取り上げられ，一部地

域では深刻な環境問題となっていることから，農林業においても他産業と同様に環境への配慮が求められ，環境保全型農業といった持続可能な発展へ向けての対策が進められている。

5-2. 農林業における環境対策

ところが，農林業は現在まで環境問題への対策において他産業と同列に扱われてこなかった。この理由の1つには，農林業の生産活動が自然と複雑かつ密接に結びついているゆえ，多少の環境負荷は即座に環境中に取り込まれ，人間の感覚に感じることができなかったり，科学的に環境への影響を評価することがなかったりしたことが挙げられる。過去において農薬や化学肥料をそれほど投入せず，また粗放的な農業が行われていた時代には，環境負荷が発生しても環境の自浄作用により補うことができ，農林業における環境問題はそれほど深刻ではなかったことから，農林業が環境負荷を発生させていることを特に意識する必要もあまりなかったといえる。

さらに，ごく最近まで農林業における多面的機能に関する議論においては，環境負荷の発生といった環境への負の影響を重視してこなかった。GATT (General Agreement on Tariffs and Trade；関税と貿易に関する一般協定) やWTO (World Trade Organisation；世界貿易機関) など過去の貿易交渉においては，国内農業保護の正当化のため，多面的機能の存在が前面に押し出されてきた。農林業の環境負荷は重視されず[32]，その結果，国内においても農業経営者や国民は，農林業が環境負荷を発生させず，多面的機能という正の側面のみがあるかのごとく認識するようになってしまった[33]。

近年は農林業においても経済性を追求し，農薬や化学肥料を多投して生産効率を追求した集約的農業が行われており，環境への圧力も急速に増加している。このため，環境の自浄作用を上回る環境負荷が発生し，一部において深刻な問題を引き起こしているのである。このような状況においては，農林業が環境負荷を発生させていることを農林業経営者や地域住民がきちんと認識することが必要となる。農林水産省も2003年に公表した『農林水産環境政策の基本方針』において，農林水産業が環境に与える影響の懸念，環境との調和の必要性といった側面に注目するようになった (農林水産省[31] p. 3)。

ところが，農林業の多面的機能と環境負荷の発生状況を包括的に把握する方法は未だ十分に確立されていない。多面的機能や環境負荷といった外部効果は，SNAなどのマクロ経済統計の中では評価手法が確立されておらず，これまで評価の対象外とされてきた。他産業で用いられているミクロ環境会計においても，環境負荷の排出など外部不経済は評価されているものの，多面的機能などの外部経済については評価の対象から除外されている。農林業は外部経済と外部不経済の双方をもたらす性格上，持続可能な農林業を構築するには，環境負荷だけを評価対象とする従来の環境会計を適用するだけでは不十分であり，農林業の環境負荷と環境便益の両側面を明示的に評価し，持続不可能な要因を是正する政策情報を見出す必要がある。

5-3. 農林業におけるマクロ・メゾ環境会計の意義

このようなことから，農林業を対象としたマクロ・メゾ環境会計を作成することは，農林業の環境と経済への影響を同時に捉え，農林業とほかの産業部門との環境面における相互関係を把握し，有効な環境政策情報を見出すこと，実施された環境政策の有用性を検証することなどに役立つものと考えられる。特に，農林業は農村地域の主要な産業であり，地域振興の面からも地域経済の大きな部分を占め，地域経済と密接にかかわっている。また，地域ごとに生産される農産物も異なり，それぞれの地域において地理的，気候的条件にあった生産方式が採用されており，農林業における環境問題は地域ごとに大きく異なる。このような農林業の特質を考慮すると，農林業の持続可能性は，地域ごとに考察することが重要であり，そのためには地域においてメゾ環境会計を適用し，環境と経済に関する情報を得，農林業の環境への影響を包括的に捉えることが有効であると考えられる。

マクロ・メゾ環境会計を農業に適用した事例は次章以降で紹介する。

6. おわりに

本章では，マクロ環境会計の理論的フレームワークについてSEEAとNAMEAに着目し概説した。SEEAは，国連統計局を事務局としてロンドン

グループやナイロビグループと呼ばれる専門家集団が改訂作業を行っており，現在，SEEAハンドブックの最終草稿が国連，EC，IMF，OECDおよび世界銀行の連名でSEEA2003(United Nations [39], BOX参照)として提案されている。その中でも中心的なフレームワークとして位置づけられているのがハイブリッドフロー勘定(Hybrid Flow Accounts)と呼ばれるものである。これは，貨幣的供給使用表に，付加価値の部分行列と対応する物的な部分行列を付け加えたもので，環境勘定を含む供給使用表(Supply and Use Table including Environmental Accounts; SUTEA)を構成することを基本としたフレームワークであり，NAMEAが重要な役割を果たしている。したがって，本章で紹介したJ-NAMEAはSEEAの進化形と見ることができる。

さて，マクロ環境会計では市場における環境保全費用の負担状況から環境に対する人々の選好を捉え，環境状態は物量情報として把握しようとする方法が主流となっている。しかし，近年はCVMや選択実験などミクロベースの評価方法により環境の経済的価値を捉えることが主流である。93SEEAでもⅣ.3版やⅤ.3版においてCVMの適用可能性を持たせている。『93SEEAハンドブック』では，WTP概念による評価が自然資産の評価法の1つとして，特に自然環境が公共消費財として使用される際に適用できるとされており，多くの場合，自然環境の持つ広範囲の機能を近似的に評価しうる唯一の方法としている。しかし一方で，多くの経済学者が市場の存在しないところで人々の選好によって貨幣的評価を与えることが本当に可能であるか疑問を持っているとも記述し，マクロ環境会計において慎重な取り扱いが必要であると示唆している(United Nations [37] paragraph 46～47)。鵜野[40]は，消費者余剰が含まれていることからCVMなどによる評価がSNA中枢体系の概念と整合的ではないため，直接的なリンクを回避すべきであると述べている。しかしながら，これでは市場価値を持たない環境の機能すなわち環境便益に対する人々の選好をマクロ環境会計情報として取り扱うことができないため，現実の環境問題の多様化とマクロ環境会計情報のギャップが拡大している。貨幣評価値による直接的リンクを回避しつつ，このギャップを埋めることが可能な情報の開発が必要となっている。

次の第12章および第13章では，本章で解説した93SEEAとNAMEAの理

論フレームワークを農林業や地域経済に適用した事例を紹介する。

SEEA2003

1993年にSNAのサテライト勘定として立案されたSEEAは，現在，SEEA2003として改訂されている。ここでは，SEEA2003の体系の概要を紹介する。

SEEA2003は，大きく4つの勘定カテゴリーから構成されている。

第1のカテゴリーは，物的フロー勘定(Physical Flow Accounts)とハイブリッドフロー勘定(Hybrid Flow Accounts)と呼ばれるものが含まれる。物的フロー勘定は，経済と環境との間の物質・エネルギーフローを物量単位で記録するものである。そこでは鉱物，水，バイオマス，石油資源，酸素や窒素などの経済で使用される物質，それらにより生産され経済に蓄積される物質，そして経済から環境へと放出される廃棄物や廃ガスなどがそれぞれの物量単位で記述される。この物的フロー勘定は，MFAやPIOT(Physical Input-Output Table；物的投入・産出表)と同様なものである。ハイブリッドフロー勘定は，物的フロー勘定の物的データとSNAの貨幣データを関連づけた勘定で，そのベースはNAMEAである。この勘定は，環境負荷の減少・除去と同時に，経済的パフォーマンスの維持・改善を達成できているかを検証することをねらいとしている。

第2のカテゴリーは，環境保護支出勘定(EPEA)である。EPEAは，SNAデータを環境保護活動と環境保護に関連する生産物に関係する取引をより詳細に明示する勘定である。EPEAの考え方はSERIEEを基礎としている(第12章BOX参照)。

第3のカテゴリーは，物量単位と貨幣単位で計測される資産勘定(Assets Accounts)である。資産勘定では，経済活動に伴う自然資源の使用とストック変動が記録され，強い持続可能性の検証に重要な役割を持つものである。

第4のカテゴリーは，自然資源の減耗・劣化の貨幣評価と環境関連の防御的支出に関してSNA集計値を拡張し，資産勘定と関連づけようとするものである。しかしながら，これは暗黙のうちに弱い持続可能性を支持することが懸念されている。

このようにSEEA2003では，ヨーロッパを中心に開発されてきたNAMEAとSERIEEを基礎にして，ハイブリッドフロー勘定，環境保護支出勘定および資産勘定の3つが中心的な勘定とされている。　　　　　〈山本　充・林　　岳〉

注

1) 経済とは，人間が行う財・サービスの生産，流通，交換，消費などの諸活動の総体を意味している。
2) 生態系(ecosystem)とは，「ある地域の生物の群集とそれらに関係する無機的環境をひとまとめにし，物質循環・エネルギー流などに注目して機能系としてとらえたもの。生物・無生物環境全体を指して使われることもある」(『広辞苑 第四版』，岩波書店より)とされるが，ここでは人と人工資本を除く生物・無生物環境全体を生態系と定義する。
3) ISO14001 でも，「大気，水，土地，天然資源，植物，動物，人及びそれらの相互関係を含む，組織の活動をとりまくもの」(JIS Q14001, 3.5)とされているが，ここでは前記生態系と同義語として「環境」と表現する。
4) 原料の投入から，原料の製品への転換，廃棄物の産出に至る一連のフロー。マテリアルフローともいう。
5) Daly [4] は，マクロ経済を有限な自然の生態系(環境)の中の開かれた下位システムとして想定することで，経済がそれを包含する生態系に比べて大きくなることが不可能であるとし，経済の規模には上限があり，それは生態系の再生力と吸収力のうち，いずれか小さい方の能力によって規定されるとしている。
6) 金銭的な関係のみならず，地域住民，官公庁，金融機関や従業員も含めた組織の活動にかかわるすべての人々を意味する。國部[21] p.5-7 は，ステイクホルダーについて環境コストの負担関係からの分類を行っている。原著では interested parties とされている。
7) 宮崎[24] p.199，さらに宮崎は「非貨幣(数量)情報はさらに物量情報と係数情報に区別できる」として定量的情報を3つに区分しているが，本章では定量的情報は貨幣的情報と非貨幣的情報の区分にとどめる。
8) 宮崎[24] p.201 は，物量情報と叙述的情報を本来の会計情報とは見なさず，貨幣的情報と係数的情報を基本的な会計情報としている。
9) さらに河野[12]は，企業などのミクロの経済主体における環境会計では，「環境関連の物量情報のすべてが会計情報であるとすることは広義に過ぎる。環境会計といえども，会計分野での環境問題の対応であること考慮し，物量情報は財務情報を補完する情報とみるべきであろう」としている。
10) ステイクホルダーが求める環境情報については，経済産業省[17]において環境情報に対するニーズ特性から6つのステイクホルダーグループに区分し整理されているので，参照のこと。
11) 財務的な投資基準に加え，社会的公正や倫理，環境配慮などについて社会的責任を果たしているかも投資基準として投資行動をとること。
12) 1993年のSNA改訂時に提案されたフレームワークを93SEEAと表現する。
13) MFCA については國部[22] pp.36-70 を参照のこと。
14) FCA については國部[22] pp.71-82 を参照のこと。
15) わが国では，2000年10月末に93SNAへの移行作業が終了している。

16) 何が生産であり，何が生産ではないかを識別する境界(production boundary)。
17) 市場生産ではないが発展途上国などで自家消費向けに生産される農産物なども自給農業として生産の境界内に置かれている。
18) 一般に持家では実際に家賃の支払いが発生しないが，持家でも賃貸住宅と同様のサービスが生産され消費されるものと仮定して，持家の住宅サービスを市場の賃貸住宅の家賃により評価した見なしの家賃。このような現実に行われていない取引を，あたかも行われたかのように計算することを帰属計算という。
19) 何が資産であり，何が資産ではないかを識別する境界(asset boundary)。
20) これを所有権基準(the ownership criterion)という。
21) 93SNAでは，サテライト勘定は「社会的関心をひく特定の分野について，中枢システムに過大な負担を負わせたり，これを混乱させたりせずに，国民経済計算の分析能力を弾力的に拡張することが必要になっている」(United Nations [37] paragraph 21.4)ことを強調するとしている。
22) 93SEEAでは，SNAから抽出された環境関連計数は，環境保護のためにある会計単位が実際に負担した費用であることから実際環境費用(actual environmental cost)という表現を使用している。
23) これは，経済活動による環境悪化の防止または復元のための活動であり，United Nations [37] paragraph 307に5種類の方法が提示されている。
24) 内部的環境保護活動とは事業所内部で当該事業所自身が自己のために行う廃水処理や廃ガス処理などの環境保護活動であり，外部的環境保護活動とはリサイクル製品の生産や廃棄物処理サービスの提供などの狭義のエコビジネスである。
25) 最初にJ-NAMEAの推計を行ったのはIke [9]である。本章では内閣府[26～28]の試算概要を紹介する。
26) 「隠れたマテリアルフロー(hidden flow)」とは，建設工事に伴う残土や地下資源採掘時に発生する不要鉱物など，環境から取り出されるが一度も利用されることのない物質フローのことである。
27) フロンなどのオゾン層破壊物質と酸性化のアンモニアについては推計されていない。
28) Alfieri and Bartelmus [1]は，各種の環境問題に対して先見的にその重要性を与えることとなるので，単一指標に集約化することを批判している。
29) ペタ・ジュール(peta-joule)の略，ペタは10の15乗で千兆を意味する。
30) 地球温暖化に影響する温室効果ガスについては国内環境というより環境への蓄積という意味を持つ。
31) 農林水産省[31]では，「農林水産業経営はもとより地域的な環境保全への取組も含めた環境会計について検討します」と記されている。この意味は，農林水産業経営体を対象としたミクロ環境会計だけではなく，地域を対象としたメゾ環境会計の検討も行うということである。
32) 農林水産省[30]を見ると，「農業が農薬や肥料の過剰な投入などによる環境にマイナスの影響を与えているのではないか」との指摘に対しては，「すべての農業生産が環境にプラスの影響を与えるものではなく，生産方法によってプラスにもマイナスにも働

く。それにもかかわらず，多くの国において，農業の多面的機能の重要な要素に環境保全的な機能が挙げられているのは，各国が置かれた自然条件の下で長年にわたって環境に良好な持続的な農業生産手法が培われてきたことによるものである」と反論している。
33) 全国農業協同組合中央会[47]では，農業生産者の主張として，水田が土壌浸食を防止していること，水田の貯水機能は約6,000億円のダム建設費を節約していることを掲げている。

引用・参考文献

[1] Alfieri, A. and Bartelmus, P. (1995): "Valuation of the environment and natural resources——some unresolved issues," Conference papers from the 2nd meeting of London Group on natural resources and environmental accounting, US Bureau of Economic Analysis.
[2] 青木卓志・桂木健次・増田信彦(1997):「地域における環境・経済統合勘定——富山県の場合」『富山大学日本海経済研究所研究年報』vol. 22, pp. 1-57。
[3] 有吉範敏(2001):「日本の環境・経済統合勘定について」西日本理論経済学会編『国民経済計算の新たな展開』勁草書房, pp. 98-119。
[4] Daly, H. E. (1996): *Beyond Growth: The Economics of Sustainable Development*, Beacon Press, Boston. (新田功・藏本忍・大森正之共訳(2005):『持続可能な発展の経済学』みすず書房)
[5] 林岳・山本充・出村克彦(1999):「北海道における地域環境・経済統合勘定の推計——実際環境費用の推計を中心として」『北海道大学農学部農経論叢』vol. 55, pp. 29-49。
[6] 林岳・山本充・合崎英男・出村克彦・三橋初仁・國光洋二(2004):「マクロ環境勘定による農林業の多面的機能の総合評価に関する研究」『小樽商科大学商学討究』vol. 54 (4), pp. 107-130。
[7] Hayashi, T., Yamamoto, M. and Masuda, K. (2004): "Evaluation of the recycling of biomass resources by using the waste account,"『地域学研究』vol. 34(3), pp. 289-295。
[8] Hayashi, T., Takahashi, Y. and Yamamoto, M. (2005): "How we can evaluate the sustainability of agriculture?: an evaluation by NAMEA and the ecological footprint,"『小樽商科大学商学討究』vol. 56(2・3合併), pp. 131-144。
[9] Ike, T. (1999): "A Japanese NAMEA," *Structural Change and Economic Dynamics*, vol. 10(1), pp. 123-149.
[10] 環境省(2005):『環境会計ガイドライン2005年版』。
[11] 桂木健次(2005):「環境からの豊かさ計算」桂木健次・増田信彦・藤田暁男・山田國廣編著『新版 環境と人間の経済学』ミネルヴァ書房, pp. 20-39。
[12] 河野正男(1998):『生態会計論』森山書店。
[13] 河野正男(2001):『環境会計——理論と実践』中央経済社。
[14] 経済企画庁(1998):『平成9年度経済企画庁委託調査 環境・経済統合勘定の推計

に関する研究報告書』(財団法人日本総合研究所)。
- [15] 経済企画庁(1999):『環境・経済統合勘定の確立に関する研究報告書』(財団法人日本総合研究所,平成10年度経済企画庁委託調査)。
- [16] 経済企画庁(2000):『環境・経済統合勘定の確立に関する研究報告書』(財団法人日本総合研究所,平成11年度経済企画庁委託調査)。
- [17] 経済産業省(2001):『ステークホルダー重視による環境レポーティングガイドライン2001』。
- [18] Keuning, S. J. and Haan, M. D. (1998): "Netherlands : What's in a NAMEA? Recent results," in Uno, K. and Bartelmus, P. (ed.): *Environmental Accounting in Theory and Practice*, Kluwer Academic Publishers, pp. 143-156.
- [19] 小口好昭(2002):「マクロ環境会計の歴史的展開」小口好昭編著『ミクロ環境会計とマクロ環境会計』中央大学出版部, pp. 19-51。
- [20] 小口好昭(2002):「オランダのNAMEA」小口好昭編著『ミクロ環境会計とマクロ環境会計』中央大学出版部, pp. 225-238。
- [21] 國部克彦編著(2001):『環境会計の理論と実践』ぎょうせい。
- [22] 國部克彦編著(2004):『環境管理会計入門』産業環境管理協会。
- [23] 國部克彦(2005):「環境会計」桂木健次・増田信彦・藤田暁男・山田國廣編著『新版 環境と人間の経済学』ミネルヴァ書房, pp. 147-162。
- [24] 宮崎修行(2001):『統合的環境会計論』創成社。
- [25] 内閣府(2001):『平成12年度内閣府委託調査 環境・経済統合勘定の確立に関する研究報告書』財団法人日本総合研究所。
- [26] 内閣府(2002):『平成13年度内閣府委託調査 SEEAの改訂等にともなう環境経済勘定の再構築に関する研究報告書』財団法人日本総合研究所。
- [27] 内閣府(2003):『平成14年度内閣府委託調査 SEEAの改訂等にともなう環境経済勘定の再構築に関する研究報告書』財団法人日本総合研究所。
- [28] 内閣府(2004):『平成15年度内閣府委託調査 SEEAの改訂等にともなう環境経済勘定の再構築に関する研究報告書』財団法人日本総合研究所。
- [29] 内閣府経済社会総合研究所国民経済計算部(2004):『新しい環境・経済統合勘定について』http://www.esri.cao.go.jp/jp/sna/sateraito/041012/honbun.pdf.
- [30] 農林水産省(2000):『WTO農業交渉の課題と論点』。
- [31] 農林水産省(2003):『農林水産環境政策の基本方針』。
- [32] Paton, W. A. (1949): *Essentials of Accounting (Rev. ed.)*, Macmillan, p. 1.
- [33] 作間逸雄(2003):「SNAの基礎」作間逸雄編著『SNAがわかる経済統計学』有斐閣アルマ, pp. 27-73。
- [34] 佐藤勢津子(2003):「サテライト勘定」作間逸雄編著『SNAがわかる経済統計学』有斐閣アルマ, pp. 265-295。
- [35] 東京都職員研修所調査研究室(1999):『H10年度東京都環境経済統合勘定の試算に関する調査研究報告書』。
- [36] 東京都水道局(2004):『環境会計(平成16年度予算版)』。

[37] United Nations (1993): *Handbook of National Accounting: Integrated Environmental and Economic Accounting*, United Nations Publication.(経済企画庁経済研究所(現内閣府経済社会総合研究所)訳『国民経済計算ハンドブック　環境・経済統合勘定』)
[38] United Nations, Commission of the EC, IMF, OECD and World Bank (1994): *System of National Accounts 1993*, United Nations Publication.(経済企画庁訳『1993年改訂　国民経済計算の体系』)
[39] United Nations (2003): *Handbook of Integrated Environmental and Economic Accounting*, United Nations, European Commission, International Money Fund, Organisation for Economic Co-operation and Development, World Bank.
[40] 鵜野公郎(2003):「環境経済統合勘定」吉田文和・北畠能房編『岩波講座環境経済・政策学第8巻　環境の評価とマネジメント』岩波書店，pp. 39-66。
[41] 山本充・林岳・出村克彦(1998):「北海道における環境・経済統合勘定の推計――北海道グリーン GDP の試算」『小樽商科大学商学討究』vol. 49(2・3合併)，pp. 93-122。
[42] Yamamoto, M., Hayashi, T. and Demura, K. (1999): "Estimation of integrated environmental and economic accounting in Hokkaido,"『地域学研究』vol. 29(1), pp. 25-40。
[43] 山本充(2001):「環境・経済統合勘定の展望」『小樽商科大学商学討究』vol. 52(2・3合併)，pp. 247-271。
[44] 山本充(2002):「NAMEA フレームワーク」『小樽商科大学商学討究』vol. 52(4)，pp. 165-187。
[45] 山本充(2003):「北海道における廃棄物勘定の推計とその検討」『地域学研究』vol. 33(1)，pp. 33-44。
[46] 山本充・林岳・有吉範敏(2003):「マクロ環境勘定による環境便益の評価方法に関する研究」『小樽商科大学商学討究』vol. 54(1)，pp. 233-248。
[47] 全国農業協同組合中央会(1991):『ガットウルグアイラウンド農業交渉に関する農業生産者の主張』。

第12章 マクロ環境会計による農林業の環境評価

林　岳・山本　充

1. はじめに

　本章では，前章で解説した環境会計のうちマクロ環境会計の適用事例を紹介する。はじめに農林業における多面的機能の評価にマクロ環境会計を適用した研究事例を挙げ，SEEAによる農林業の多面的機能の評価手法の開発事例とその試算について解説する。次に課題特化型マクロ環境会計の適用事例として，廃棄物勘定を用いた国産稲わらによる輸入稲わら代替の環境負荷低減効果の計測事例を紹介する。

2. SEEAによる多面的機能のマクロ的評価

　第11章で説明した通り，マクロ環境会計とは，国や国家群を会計単位として経済と環境の相互関係を明らかにするものであるが，その1つとしてSEEA（System for integrated Economic and Environmental Accounting；環境経済統合会計）が挙げられる。日本におけるSEEAの試算（以下，J-SEEA）では，国の全産業を対象として，生産活動および消費活動から発生する環境負荷を網羅的に捉え，勘定体系を用いて体系的に記述している（経済企画庁[9]）。しかし，農林業に焦点をあてた分析を行うためには，農林業のみを対象としたSEEAの作成が必要である。

　農林業にSEEAを適用することによって，現行の農林業生産活動に伴う環境負荷の発生状況を把握することができる。さらに，J-SEEAでは地球温暖化や水質汚濁など様々な環境問題に関する環境負荷を網羅的に取り扱っているた

め，これを応用することで特定の環境問題に偏ることなく農林業の生産活動と環境の関係を包括的に表すことができる。

ただし，SEEA を農林業に適用する際には，多面的機能の存在を忘れてはならない。多面的機能は農林業に特徴的な機能であるため，全産業を対象とする J-SEEA ではこれまで生産・消費活動による環境負荷の評価のみ行われ，多面的機能の評価は導入されてこなかった。SEEA を適用することによって農林業における生産活動と環境負荷を網羅的に捉えることができるので，さらに環境と密接な関係を持つ多面的機能を導入することで，農林業生産活動による環境に対する正負双方の影響を正確に把握することができる。

したがって，農林業において SEEA を適用する場合には，環境負荷のみならず多面的機能の評価も取り入れる必要があり，そのためには J-SEEA のフレームワークを改良する必要がある。本節では，SEEA を農林業に適用し，さらに多面的機能の評価を導入して環境便益[1]と環境負荷といった環境の正負両面を把握する手法を開発し，全国の農林業を対象とした農林業 SEEA の試算結果を紹介する。

SERIEE

SERIEE(Système Européen pour le Rassemblement des l'Informations Économiques sur l'Environement)は，欧州共同体統計局により開発されたもので，環境保護に対する貨幣の流れを分析すること，環境保護が EU と EFTA(European Free Trade Association；欧州自由貿易連合)の各国の経済に与える影響を分析すること，および環境指標を作成することを目的としている。このため，環境悪化の防止，減少，除去など環境保護が主たる目的である活動(特徴的活動と呼ぶ)に着目し，SNA と物的環境データとの連関を示している。SERIEE は，①環境保護支出勘定(EPEA)，②資源使用・管理勘定，③エコ産業記録システム，④特徴的活動の投入・産出分析の 4 つのモジュールが中心的なサテライト勘定として位置づけられている。全体の構造は，図 12-1 に示したように特徴的活動の投入産出分析が，経済統計と EPEA，エコ産業記録システムとを連関させ，MFA が環境統計と EPEA，資源使用・管理勘定とを連関させる構造となっている。

最も開発が進んでいるのが SERIEE の中心的なモジュールである EPEA で，
・生産者が負担する環境保護費用や環境税を貨幣評価し，国際競争力に対する

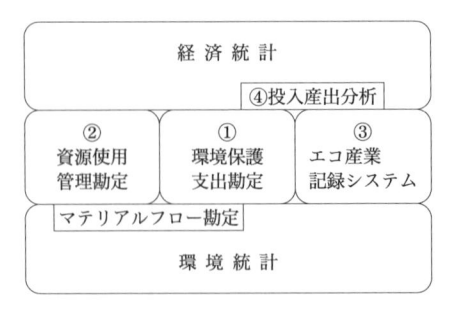

```
┌─────────────────────────────────────┐
│           経 済 統 計               │
│         ┌───────────────────┐       │
│         │  ④投入産出分析     │       │
│  ┌──────┼──────┬──────┬─────┴───┐   │
│  │  ②   │  ①   │   ③          │   │
│  │資源使用│環境保護│エコ産業       │   │
│  │管理勘定│支出勘定│記録システム    │   │
│  ├──────┴──────┴─────────────┐   │
│  │    マテリアルフロー勘定        │   │
│  ├────────────────────────────┤   │
│  │         環 境 統 計           │   │
│  └────────────────────────────┘   │
```

図 12-1　SERIEE の勘定システム。出典：Steurer [19] より作成

影響を評価する。
・環境保護に関係する生産活動を貨幣評価し，環境保護サービスの生産を計測する。
・貨幣データと物的データの連結により環境保護対策の効果と効率を評価する。
という目的のため環境保護に対する国民支出，環境保護支出に対する資本調達の方法，環境関連の資金負担，環境保護サービスの生産に関する項目が記述される。さらに EPEA は，騒音・振動，廃水，廃棄物，土壌・陸水，生物多様性などの特定の環境テーマに特化した勘定も考えられている。

また SERIEE では，廃棄物処理に伴い回収されるエネルギーや物質など特徴的活動の副産物を関係生産物(related products)と呼び，環境保護のために直接的に投入される生産物を関連生産物(connected products)，脱硫燃料や無鉛ガソリンなど通常の汚染的な生産物よりも清浄な生産物を適応(清浄)生産物(adapted (clean) products)と呼び，EPEA が対象とする生産物としている。

エコ産業記録システムは，このような関連生産物や適応生産物など環境保護のために使用される投資財，中間財，サービス，労働などの投入を分析するモジュールである。

特徴的活動の投入・産出分析は，SNA を基準として環境保護支出に関係する付加価値面などから EPEA を拡張し，環境保護に投入される財・サービスの詳細を提示することでエコ産業と環境市場との連関を分析するモジュールである。

資源使用・管理勘定は，エネルギーと原料の節約，および自然資源の利用という2つの活動グループを取り扱うもので，資源リサイクル，水資源や森林管理，エネルギー節約対策などの活動を分析するモジュールである。対象となる自然資源には，陸水，天然林，野生の動植物相，鉱石，化石燃料などで，これら資源の採取，配分，開発，維持・保全，リサイクルなどの状況を記述する。

> SERIEE は，こうしたモジュールから物的データと貨幣データにより環境負荷（Pressure），環境の状態（State）およびそれへの対応活動（Response）の状況を把握する環境指標（PSR 指標）を作成し，経済と環境の相互作用を把握するものである。　　　　　　　　　　　　　　　　　　　　　〈林　　岳・山本　　充〉

2-1. フレームワークの改良

（1）フレームワーク構築の仮定

　まず，SEEA の農林業への適用に際し，会計の評価対象とする範囲は，農業と林業が行う生産活動とそれに伴う環境負荷および環境便益とし，そのほかの産業は農林業との取引のみを計上する。そして，SEEA において環境便益を評価するため，以下の3つの仮定を置いている。第1の仮定は，環境便益の発生が農林業関連資本ストックから発生するフローであるというものである。農林業による環境便益は，概念的に大きく2つの捉え方がある。1つは，農林業生産活動そのものを行うことによって環境便益が発生するという捉え方であり，具体的には農村や水田の美しい風景や水田の水涵養機能などがこれに該当する。もう1つは，農林業に関連した資本ストックによって環境便益がもたらされるという考え方であり，例えば農業経営体では農地の取得[2]や家畜の購入などにより農村や牧場の景観を形成する行為などが，政府による公共投資では農業用水の親水施設整備や農業集落排水の建設などが挙げられる。本節では，農業による環境便益が農林業関連資本ストックからのフローとして発生すると考え，農林業に関連するストックが農林業の生産活動で使用されると同時に，フローである環境便益を発生させると仮定する。

　第2の仮定は，過去からの投資の蓄積が当該年度の環境便益を発生させるというものである。環境便益が農林業関連資本ストックから発生するフローであるとして考えた場合，農林業関連部門における投資が農林業関連資本ストックを形成し，環境便益を発生させることになる。その際，農林業関連の投資が実施されてから環境便益の発生まではタイムラグがあると考えられ，単年度の資本蓄積が当該年度の環境便益を発生させると想定するのは現実的ではない。そこで本節では，過去からの投資の蓄積が当該年度の環境便益を発生させると仮

定し，t期の期首ストックすなわち$t-1$期の期末ストックA_{t-1}は，$t-1$期までの投資の蓄積分と捉え，これによりt期における環境便益B_tが発生することとする。したがって，t期における投資分ΔA_tは資本形成A_{t-1}とともに蓄積され，t期の期末ストックすなわち$t+1$期の期首ストックA_tとして$t+1$期の環境便益B_{t+1}の発生に貢献する。つまり，環境便益と資本ストックについては，

$$B_t = f(A_{t-1}) = f(A_{t-2} + \Delta A_{t-1})$$

という関係が成り立つ。

　最後に第3の仮定として，資本ストックから環境便益が発生しても，資本ストックの減耗が生じないとの仮定を置く。期首ストック，期末ストックと資本形成，資本減耗などの期中変化の関係を見ると，一般的な資本ストックでは，

$$A_{t-1} + \Delta A_t - D_t = A_t$$

ただし，ΔA_t：t期の資本形成，D_t：t期の資本減耗，という等式が成り立つ。しかしながら，環境便益は資本ストックの本来的な使用の副次的な利益として発生するものであり，資本減耗は資本ストックの本来的な使用によってのみ生じるものであるため，環境便益の発生による資本の減耗は生じないとするのが妥当である。したがって，本節では資本ストックから環境便益が発生し，各産業部門および最終消費部門がこれを享受しても，資本ストックの減耗が生じないと仮定する[3]。

(2) 環境便益の記帳方法

　次に，勘定への環境便益および環境負荷の計上について，図12-2を用いて解説する。環境便益は農林業関係環境保護関連施設(11列)，人工林(14列)および農地(15列)において，期首ストックの大きさに依存して発生する。これらの値は各種資本ストックごと機能ごとにA1〜A3の部分にプラス計上される。ここでは各資本ストックがどのような機能をどのくらい発生させているのかを記述する。これらの数値は発生源の資本ストックごとに集計され，環境便益発生総額がB1〜B3に計上される。そして，すべての資本ストックを集計した環境便益発生総額としてCの部分に集計され，フロー計数の記帳部分へと

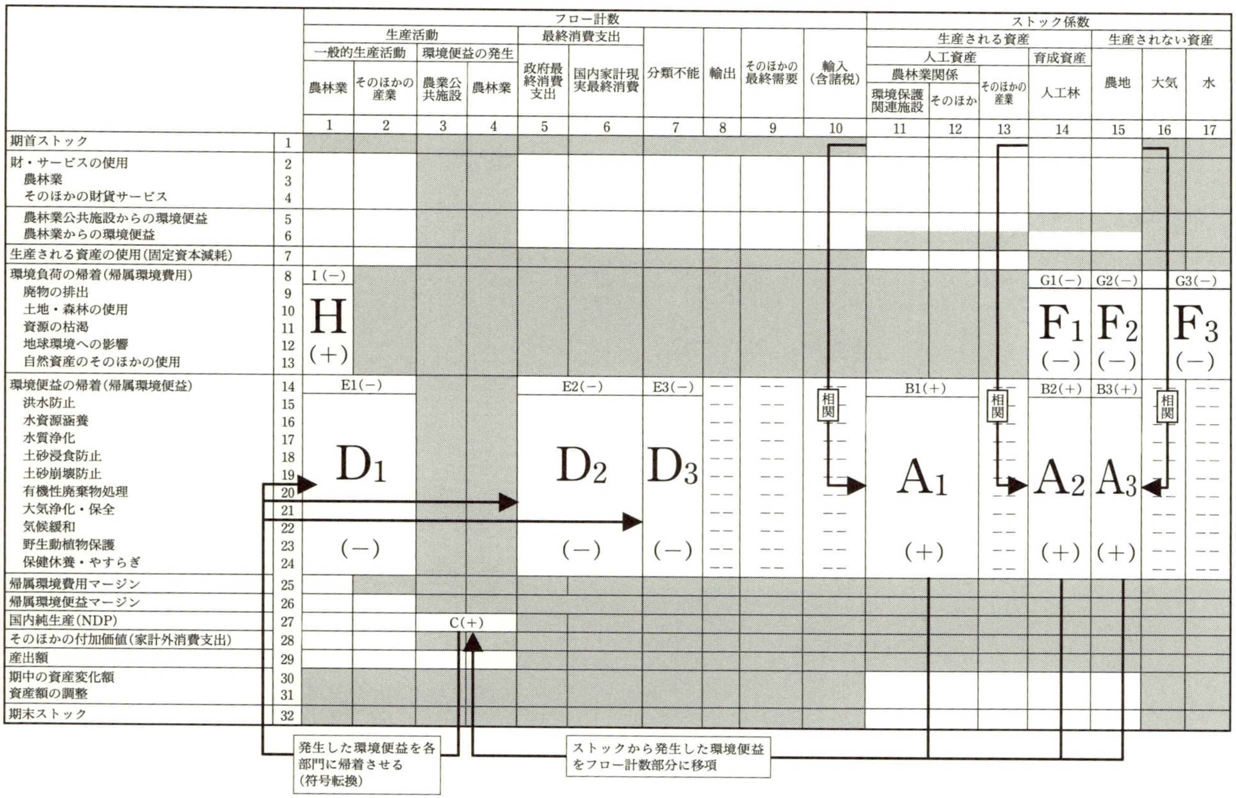

図 12-2 環境便益と環境負荷の推計フロー。出典：林ら[6]

注) ■：概念的に存在しないセル、―：推計できないため数値を計上しないセル、□：ほかのセルの合計値を計上するセル、（－）・（＋）：計上する数値の符号

移項する。すなわち，Cの値は農林業において発生した環境便益の総額を示す。さらに，各産業部門がこれら環境便益をどのくらい享受しているのかを示すため，環境便益の額はD1～D3までの各生産活動部門および最終消費部門に配分される。この時，フロー計数部分では環境便益を費用として計上するため，符号をマイナスにして計上する。ここに示される数値は，各生産活動部門および最終消費部門が農林業関連の各資本ストックより発生した環境便益をどの程度利用しているのかを示すものであり，帰属環境便益と呼ばれる。最後に環境便益の各数値はE1～E3に集計され，各産業部門が享受する帰属環境便益の総額が計上される。

一方，環境負荷については，生産されない資産の使用として，資産ごと機能ごとにストック計数部分のF1～F3の部分にマイナス計上され，G1～G3にその総額が記される。そして，これらの数値はフロー計数部分に移項され，自然資産を使用している産業部門および最終消費部門ごとにHに計上され，Iに集計される。そのほかの産業に値が計上されないのは，農林業から発生する環境負荷のみを評価しているためである。基本的な記帳方式についてはJ-SEEAと同じであり，現行のSNAには計算されない自然資源の投入費用を表す。ここに計上される数値は帰属環境費用といい，自然資源が自由財として過小に評価されている投入額を帰属的な計算から再評価するものであり，産業における経済活動の結果もたらされる環境負荷を金銭的な価値として評価した値といえる。

環境便益を表す14～24行，環境負荷を表す8～13行について，いずれもフロー計数，ストック計数双方を合わせた行和はゼロとなり，発生した環境便益および環境負荷はすべていずれかの部門に帰属し，利用されていることを示している。これらの数値を見ることで，各産業部門および最終消費部門が農林業から得ている環境便益の大きさが把握できる。

2-2. 数値の推計

（1）帰属環境便益

帰属環境便益は，農業総合研究所農業・農村の公益的機能の評価検討チーム[13]における農業の多面的機能評価額，林野庁[17]における森林の公益的機能

の評価額，そして環境保護関連農林業公共施設からの環境便益については，農村環境整備センター[16]の評価額を引用する。農業総合研究所農業・農村の公益的機能の評価検討チーム[13]と林野庁[17]では，代替法により環境便益の評価額を算出している。代替法は，市場価値を持つ財・サービスに代替させることで環境便益を評価する方法であるため，市場評価が取り入れられ，会計の基礎となる SNA (System of National Accounts；国民経済計算体系)の市場評価原則にも整合的である。一方，農村環境整備センター[16]は CVM (Contingent Valuation Method；仮想市場評価法)を用いて評価額を算出している。CVM などの余剰測度と市場評価原則は相容れない関係であるが，すべての環境便益が市場評価できるものではなく，環境便益を網羅的に評価するためには，余剰測度を取り入れることも必要である。また，費用対効果の面からは，最小の費用で最大の効果が得られているかを検証するためには，余剰測度による評価も有効と考えられる。ただし，SNA 準拠の会計に余剰測度をどのように導入するかは本節の目的からはずれるため，本節の SEEA では，SNA の市場評価原則と非整合的な余剰測度などによる評価額は，市場評価に基づく代替法による評価額と別計上とし，カッコつきの数値で表す。会計における CVM 評価額の取り扱いについては，使用するデータの再検討も含めて今後の課題としたい。

　また，CO_2(二酸化炭素)の排出と吸収といった，環境負荷と相殺できるような環境便益の評価については，各部門での環境便益の帰着額を算出する際，環境便益を利用する第一優先権は農林業にあり，残りの便益の部分をそのほかの産業や家計が享受するという仮定を置く。これは，農林業は環境便益の供給に対する費用負担を行っている以上，環境便益を利用する第一優先権は農林業にあるという「負担者受益」の考え方を採用しているということである。このような仮定を置くのは，費用負担者である農林業とフリーライダーであるそのほかの産業部門における環境便益受益の違いを明確化するためである。例えば，農林業において森林による CO_2 吸収の便益と農林業の生産活動による CO_2 排出の環境負荷があるとしよう。上記の仮定の下では，森林による CO_2 吸収の便益でまず農林業の CO_2 排出分が相殺され，残りの CO_2 吸収便益がそのほかの産業部門および家計部門で利用されると考える[4]。

　ただし，農林業で発生する環境負荷があまりにも大きい場合，農林業での供

給される環境便益を上回る量の環境負荷を発生させることも考えられる。負担者受益の考え方の下では，このような状況は農林業で環境便益の供給に対する費用負担が不足しているため，当該部門で発生する環境負荷を相殺できない状況と考えられ，そのほかの産業部門でも一切便益を得ることができない。このような場合における帰着便益の計算では，農林業に供給された環境便益の全額を計上し，便益を得ていないそのほかの産業部門はゼロ計上とする。

(2) 帰属環境費用

環境負荷については，J-SEEA においても評価の対象とされていた部分であるため，本節においても J-SEEA の評価法をそのまま適用することができる。したがって，環境負荷の評価には 93SEEA と同様の維持費用評価法を採用した山本ら[20] における評価額を利用する。山本ら[20] では，J-SEEA に取り入れられた環境負荷物質のほかにいくつか新たな項目を加え，SPM(浮遊粒子状物質)，NO_x(窒素酸化物)，SO_x(硫黄酸化物)，CO_2，CH_4(メタン)，N_2O(亜酸化窒素)，NH_3(アンモニア)，T-N(窒素)，T-P(リン)，BOD(生物化学的酸素要求量)，COD(化学的酸素要求量)の 11 項目を評価対象としている。帰属環境費用の推計の際には，帰属環境便益との二重計算にも注意が必要である。山本ら[20] は農業から発生する環境負荷のみを帰属環境費用を用いて評価している。帰属環境費用の推計の際に使用する費用原単位には，環境便益による環境負荷の低減分を控除しているものがある。例えば，CO_2 の排出に関しては，帰属環境費用の計算の際に森林による吸収分を控除して計算しているため，帰属環境便益で森林による吸収分を利益として計上すると，二重計算が生じてしまう。このような場合には，CO_2 吸収量を帰属環境便益に移項する作業が必要となる。なお，林業および農林業公共施設からの環境負荷は評価額として利用できるデータが得られなかったため，一部を除いて評価の対象から除外する[5]。

(3) 推計結果の解釈

試算した 1995 年の農林業 SEEA は表 12-1 に，試算結果をまとめたものは表 12-2 に示す。数値自体は試算の域を出るものではないため，ここでは数値の大小ではなく，その解釈の仕方について帰属環境便益を中心に解説する。

表 12-2 を見ると，農業により形成された資本ストック，すなわち農地から洪水防止機能が 2 兆 8,789 億円，水資源涵養機能が 1 兆 2,887 億円など合計 6

表12-1 農林業環境経済統合勘定（1995年名目値）。出典：林ら[6]。単位：10億円

注）■：概念的に存在しないセル、—：データが得られないため値を計上しないセル、→：右側のセルに数値を統合して計上するもの、カッコつき数値：CVMによる評価額の計上値

表 12-2 農林業の環境便益発生源と帰着先。出典：林ら[6]に基づき作成した。単位：10億円

	便益の発生額				合計		便益の帰着先		
	農業	林業 (人工林分)	農林業公共施設		市場評価額	CVM額	農林業	そのほか の産業	政府最終 消費支出	国内家計・現実 最終消費	分類不能
			環境保護	そのほか							
洪水防止	2,878.9	3,026.5	0.0	(19.0)	5,905.4	(19.0)	0.0	0.0	0.0	(19.0)	5,905.4
水資源涵養	1,288.7	4,749.0	0.0	(6.1)	6,037.7	(6.1)	3,907.5	985.2	0.0	1,145.0(6.1)	0.0
水質浄化	0.0	6,960.5	37.8		6,998.3		37.8	0.0	0.0	0.0	6,960.5
土壌浸食防止	285.1	15,355.5	0.0		15,640.6		15,640.6	0.0	0.0	0.0	0.0
土砂崩壊防止	142.8	4,586.0	0.0	(5.7)	4,728.8	(5.7)	4,728.8	0.0	0.0	(5.7)	0.0
有機性廃棄物処理	6.4	0.0	0.0		6.4		0.0	1.0	0.0	5.4	0.0
大気浄化・保全	9.9	2,792.9	0.0		2,802.8		306.2	2,190.8	0.0	305.8	0.0
気候緩和	10.5	0.0	0.0	(4.3)	10.5	(4.3)	0.0	0.0	0.0	10.5(4.3)	0.0
野生動植物保護	0.0	2,053.9	0.0	(85.4)	2,053.9	(85.4)	0.0	0.0	0.0	(85.4)	2,053.9
保健休養・やすらぎ	2,256.5	1,222.6	0.0	(56.3)	3,479.1	(56.3)	0.0	0.0	0.0	3,479.1(56.3)	0.0
合計	6,878.8	40,747.0	37.8	(176.9)	47,663.6	(176.9)	24,621.0	3,177.0	0.0	4,945.9(176.9)	14,919.9

注1) 四捨五入の関係で勘定の数値と一致しない部分がある。
注2) 農林業公共施設の環境保護関連施設とは、集落排水施設のことである。
注3) カッコつきの数値：CVMによる評価額

表 12-3 農林業からの環境負荷。出典：林ら[6]に基づき作成した。単位：10億円

	農地	大気	水	合計
廃棄物の排出	0.0	5.5	10,028.4	10,033.9
土地の使用	24.8	—	—	24.8
資源の枯渇	0.0	0.0	0.0	0.0
地球環境への影響	0.01	0.01	0.0	0.02
自然資産のそのほかの使用	0.0	0.0	0.0	0.0
合計	24.8	5.5	10,028.4	10,058.7

注）—：概念的に存在しないので計上しない項目

兆 8,788 億円の環境便益が発生している。また，林業による資本ストック，すなわち人工林からは洪水防止機能が 3 兆 265 億円，水資源涵養機能が 4 兆 7,490 億円など合計 40 兆 7,470 億円の環境便益が発生している。また，農林業関係の公共施設からも環境保護関連施設およびそのほかの施設からそれぞれ 378 億円，1,769 億円の環境便益が発生している。そのほかの農林業公共施設からの環境便益の値がカッコ書きなのは，CVM による評価額であり，市場評価と区別するためである。これらの値は会計表を示した表 12-1 の 11，12，14，15 列の各列に計上されている。

農林業および農林業関連公共施設からの環境便益総額は市場評価額が 47 兆 6,636 億円，CVM 評価値 1,769 億円となっており，この値は表 12-1 の 3 列 29 行および 4 列 29 行の合計値に等しい。SEEA では，これらの環境便益がどの経済主体によって享受されているかを表す。表 12-2 には環境便益の発生源と帰着先が整理されており，表の右側に便益の帰着先および帰着額が示されている。帰着先は農林業，そのほかの産業，政府最終消費支出(政府部門)，国内家計現実最終消費(家計部門)の 4 つありそれぞれの帰着便益額が計上される。帰着先がわからない場合には分類不能の項目に値を計上した。これらの数値は表 12-1 における 14～24 行に計上されている。マイナスの値で計上されているのは，費用概念を基本としている勘定表の中に費用とは反対の概念である便益を計上するための措置である。

なお，帰着先に振り分けられた金額のうち，CVM 評価額については，家計を対象として算出した評価額を使用しているため，全額家計部門に帰着させている。また，洪水防止機能は農業地帯か住宅が多い市街地かなど，洪水がどのような場所で起こるのかによってその便益享受主体は変わってくるため，ここでは分類不能とした。同様に，水質浄化機能，野生動植物保護機能も帰着先が明確でないため分類不能とした。さらに保健休養・やすらぎ機能は家計部門が享受するものであるため，全額家計部門に計上している。

一方，環境負荷を評価した帰属環境費用についても触れておこう。表 12-3 には農林業から発生する環境負荷の貨幣評価額(帰属環境費用)が示されている。農林業からの環境負荷は，総額で 10 兆 587 億円(1 列 8 行)となっており，このうち水に対する環境負荷が大半の 10 兆 284 億円(17 列 8 行)となっている。

それ以外では，農地の使用による環境負荷が248億円（15列8行），大気への環境負荷は55億円（16列8行）である。本節のSEEAのベースとしたJ-SEEAにも帰属環境費用の計上項目が存在するため，環境負荷の帰属環境費用については SNA と整合的に記帳され，帰属環境便益とは異なり非常にシンプルに値を計上することができるのである。

このように，表12-1に示したSEEAから，環境便益の発生源と金額，帰着先と帰着額そして環境費用の発生源とその金額が明示的に示される。これを利用して生産活動に伴う環境費用および環境便益がどのくらい発生しているのかを貨幣表示で把握することができる。

（4）ま と め

本節では，SEEAを農林業に適用し，さらに環境便益の評価を導入して環境便益と環境負荷といった環境の正負両面を把握する手法を開発し，全国の農林業を対象とした農林業SEEAの試算結果を紹介してきた。

環境と密接な生産活動を行う農林業にSEEAを適用することによって，生産活動による環境負荷を網羅的に評価し，さらには環境便益も評価することができるなどその効果は大きい。SEEAは多くのデータを整理し，体系的に計上することができ，その拡張性は高い。本節で紹介した事例は農林業の環境便益と環境負荷を把握するために拡張した事例であるが，このほかにも農林業の様々な側面に応用が期待される。

3. 農業由来の廃棄物による環境影響の評価

3-1. はじめに

前節で紹介した農林業SEEAは，農林業で発生する環境負荷および環境便益を網羅的に捉え，貨幣価値で評価する手法であった。しかしながら，農林業で発生する特定の環境問題について言及する場合，農林業SEEAでは不十分な場合もある。例えば，特定の環境問題に着目し，その課題をより詳しく分析するためには，網羅的な取り扱いをする農林業SEEAなどよりはむしろ，特定の課題のみを取り上げた課題特化型マクロ環境会計が有効であろう。以下で

は，課題特化型のマクロ環境会計として，93SEEAの発展形に位置づけられる廃棄物勘定（Waste Account）を農業部門に適用する。そして，農業で発生する廃棄物に焦点をあて，廃棄物がどのように処理され，循環しているか，廃棄物の処理に伴いどの程度の環境負荷が発生しているかを定量的に示す仕組みを紹介する。その上で，廃棄物勘定を用いてバイオマス循環システムを確立することによる環境負荷の低減効果を明らかにする。なお，前節の農林業SEEAでは農業と林業を評価の対象としたが，本節では農業のみを対象とする。

　農業生産活動によって排出される廃棄物について，農業部門においては古くから家畜糞尿の堆肥化や稲わらの家畜敷料への利用など，すでに資源の循環が機能的に行われている部分も存在する。しかしながら，これらの資源は副産物として取り扱われ，また，バーター取引や無償譲渡が行われているなどの理由から，SNAなどの経済指標に明示的に現れていない。農業部門における廃棄物の物質的なフローとそれにかかわる経済取引を明示的に表し，さらに廃棄物の処理や資源の利用に伴う環境負荷を定量的に評価することは，今後の資源循環促進政策の方向性を定める上でも重要である。

3-2. 農業廃棄物勘定の推計

　内閣府によって試算された日本における廃棄物勘定は，物量表，貨幣表，部門分割表の3つに分けられるが，本節ではこのうちの物量表のみの試算を行う。農業部門への適用のため，廃棄物勘定物量表は内閣府が提示したものを修正し，15列×17行の行列形式とする（図12-3）。

　まず，産業部門は耕種農業と畜産業の2部門を農業部門とし，これらの部門の生産活動によって発生する環境負荷はDの部分に，農業部門の生産活動に伴って発生する廃棄物量は図中のAの部分に計上される。発生した廃棄物自体から発生する環境負荷量をEの部分に計上する。例えば，家畜糞尿が排出された時点で発生する環境負荷などがここに記載される。次に，農業部門で発生した廃棄物がどの主体によってどう処理されるかを示すため，6列以降のBおよびCにおいて廃棄物のリサイクル量および最終処理量を計上する。この時，廃棄物がどの経済主体において処理されたかも示すため，耕種農業，畜産業，そのほかの産業の3部門を処理主体として設定する。そのほかの産業によ

		主産物の生産		廃棄物の発生			廃棄物の処理							輸入
		耕種農業	畜産業	耕種農業		畜産業	リサイクル活動				最終処理			(参考)
							耕種農業		畜産業	その他の産業	耕種農業	畜産業	その他の産業	
		1	2	3	4	5	6	7	8	9	10	11	12	13	14	15
廃棄物の発生・処理 (1000 t)	1			A			B				C				
家畜の糞尿	2			農業部門による			農業由来廃棄物の				農業由来廃棄物の			
プラスチック	3			廃棄物の発生量			リサイクル量				最終処理量			
動物の死体	4													
わら類など	5													
環境負荷の発生 (t)	6	D		E			F				G			
SPM	7	農業部門の生産		廃棄物の発生に			農業由来廃棄物の				農業由来廃棄物			
NO$_x$	8	活動に伴って発		伴って排出され			リサイクルによって				最終処理によって			
SO$_x$	9	生する環境負荷		る環境負荷			排出・削減される				排出・削減される			
CO$_2$	10						環境負荷				環境負荷			
CH$_4$	11													
N$_2$O	12													
NH$_3$	13													
T-N	14													
T-P	15													
BOD	16													
COD	17													

図 12-3 廃棄物勘定のフレームワーク。出典：林ら [5]

注) ■：概念的に存在しないセル

る処理とは，例えば廃棄物処理業者に処理を委託する場合が該当する。また，処理の段階で発生する環境負荷はF，Gの部分に環境負荷物質ごとに計上される。この際，処理を行うことによって環境負荷量が減少する場合も考えられる。リサイクルや最終処理によって削減された環境負荷は，マイナスの値でF，Gに計上される。

　本節における廃棄物勘定で評価対象とするのは，農業生産活動に由来する廃棄物発生量・処理量と，農業生産活動および廃棄物の発生・処理活動に伴う環境負荷発生量である。推計対象となる廃棄物は，家畜糞尿(牛・豚・鶏)，家畜の死体，稲わら類，廃プラスチックの4項目とし，それぞれの廃棄物について発生量，リサイクル量，最終処分量を勘定に計上する。一方，環境負荷については，主産物の生産段階で発生する環境負荷，廃棄物の発生時点で発生する環境負荷，廃棄物を処理する段階で発生する環境負荷の3つを評価の対象としている。主産物の生産段階で発生する環境負荷は，水田から発生するCH_4，畑地への肥料投入によるT-Nを対象とする。内閣府で試算した廃棄物勘定では，主産物の生産段階で発生する環境負荷は評価の対象としていないが，ここでは農業生産の一連の流れでの環境負荷の発生状況を把握できるように新たに取り入れた。廃棄物の発生段階で発生する環境負荷は，家畜糞尿の発生による環境負荷を評価対象とする。これは，糞尿が排泄された時点でCH_4などの環境負荷を発生させるためである。廃棄物の処理段階で発生する環境負荷については，処理活動を最終処分とリサイクル活動の2つに分け，それぞれの処理過程において発生する環境負荷を評価の対象とする。この時，一部の廃棄物については，処理活動を行うことによって環境負荷が低減する場合，低減した環境負荷量を負値で表す。具体的な環境負荷物質は，前節の農林業SEEAと同様，SPM，NO_x，SO_x，CO_2，CH_4，N_2O，NH_3，T-N，T-P，BOD，CODの11項目とする。

　推計方法とデータは，廃棄物の発生量および処理量については，環境省[7]，農林水産省[14, 15]のデータを引用して推計する。環境負荷の推計方法については，活動指標量当たり環境負荷発生量(環境負荷発生原単位)に活動指標量を乗じて算出する。活動指標量には，粗生産額，家畜飼養頭数，農地面積，廃棄物処理量などの項目を採用し，それぞれの活動指標量に対する環境負荷発生原

表 12-4 農業廃棄物勘定（1998 年，物量表）．出典：林ら [5]

		主産物の生産		廃棄物の発生		廃棄物の処理									輸入 (参考)
								リサイクル活動			最終処理				
		耕種農業	畜産業	耕種農業	畜産業			耕種農業	畜産業	その他の産業		耕種農業	畜産業	その他の産業	
		1	2	3	4	5	6	7	8	9	10	11	12	13	14	15
廃棄物の発生・処理 (1000 t)	1															
家畜の糞尿	2					93,334.2			0.0	45,177.5	8,625.8		0.0	37,911.5	1,619.4	⋯
プラスチック	3				120.3	0.0			0.0	0.0	42.1		0.0	0.0	78.2	⋯
動物の死体	4					94.9			0.0	0.0	66.5		0.0	28.5	←	←
わら類など	5				12,159.2				9,233.2	2,208.3	161.2		556.5	0.0	0.0	−409.8
環境負荷の発生 (t)	6															
SPM	7	9,009.5	42.2		⋯	0.0			⋯	⋯	⋯		4,290.7	⋯	⋯	⋯
NO$_x$	8	19,358.9	606.5		⋯	⋯			⋯	⋯	⋯		⋯	⋯	⋯	⋯
SO$_x$	9	10,738.3	95.3		⋯	⋯			⋯	⋯	⋯		⋯	⋯	⋯	⋯
CO$_2$	10	4,161,209.3	119,334.5		⋯	⋯			⋯	⋯	⋯		⋯	⋯	⋯	⋯
CH$_4$	11	784,015.2	⋯		⋯	8.7			0.0	28,715.5	1,012.8		3,026.4	19,982.1	690.4	⋯
N$_2$O	12	8,178.8	⋯		⋯	4.7			0.0	35,830.6	11,749.3		94.8	5,227.1	1,060.0	⋯
NH$_3$	13	⋯	⋯		⋯	86.5			0.0	22.5	6.4		0.0	0.2	0.0	⋯
T-N	14	⋯	⋯		⋯	1,631,609.7			0.0	−862,594.6	−172,490.2		0.0	−448,252.8	−16,047.8	⋯
T-P	15	⋯	⋯		⋯	642,320.3			0.0	−364,859.6	−73,489.7		0.0	−131,957.0	−7,782.0	⋯
BOD	16	⋯	⋯		⋯	4,700,492.9			0.0	−2,778,862.1	−459,494.4		0.0	−969,883.0	−22,204.2	⋯
COD	17	⋯	⋯		⋯	2,639,998.1			0.0	−1,466,125.3	−257,457.7		0.0	−633,854.0	−18,561.3	⋯

注）▨：概念的に存在しないセル，空白のセル：ほかのセルの合計値が計上される，⋯：データが得られないため，値を計上しないセル，←：データが得られないため，統合した値を左側のセルに計上するセル

単位は，環境省[8]，南齋ら[12] などのデータを引用する．対象年次は 1998 年である．

3-3. 推計結果の考察

推計結果を表 12-4 に示す．これを見ると，まず，1998 年において，日本全国の耕種農業部門における生産活動により，SPM 9,010 t (表中 1 列 7 行)，NO_x 1 万 9,359 t (1 列 8 行) などの環境負荷とプラスチック 12 万 t (4 列 3 行)，稲わら類 1,216 万 t (4 列 5 行) が廃棄物として発生していることがわかる．また，畜産部門では SPM が 42 t (2 列 7 行)，NO_x 607 t (2 列 8 行) などの環境負荷と家畜糞尿 9,333 万 t (5 列 2 行)，動物の死体 9 万 t (5 列 4 行) が廃棄物として発生している．農業生産活動から発生した廃棄物は，いずれかの経済主体によってリサイクルまたは最終処理されており，耕種農業で発生した稲わら類 1,216 万 t のうち，鋤込みなど耕種農業部門内で 923 万 t (8 列 5 行)，飼料や堆肥原料として畜産部門で 221 万 t (9 列 5 行)，民芸品の原料など他産業で 16 万 t (10 列 5 行) がリサイクルされていることがわかる．また，最終処理として耕種農業部門内で，56 万 t の稲わらが焼却処分されており，これにより SPM が 4,290 t，CH_4 が 3,026 t，N_2O が 95 t 発生している．

一方，家畜糞尿に関しては，家畜から排泄された時点で CH_4 が 8.7 t，N_2O が 4.7 t などの環境負荷が発生しており，中でも T-N，T-P，BOD，COD など水に関する環境負荷が多く発生している．しかし，これら水に関する環境負荷はリサイクルおよび最終処理される段階で削減され，最終的に環境中に排出される環境負荷量はこれよりも少なくなっている．処理によって削減された環境負荷の値は，表中の 8～14 列の 14～17 行において負値で表されている．水の環境負荷が削減されているのに対して，処理が行われる際に大気に関する環境負荷は増加している．現状では，水の環境負荷を削減するため，大気の環境負荷を排出しているといえ，家畜糞尿の処理において，環境問題のシフトが発生しているといえよう．

3-4. 輸入稲わらの国産品代替シミュレーション

先に見た通り，農業生産活動に伴い発生した稲わら類のうち 55 万 7,000 t が

表 12-5 輸入稲わらを代替した場合の環境負荷変化量。出典：林ら[5]

	稲わらリサイクル量 (1,000 t)	稲わら最終処分量 (1,000 t)	SPM 発生量 (t)	CH_4 発生量 (t)	N_2O 発生量 (t)
稲わら輸入がある場合(現状)	2,208.3	556.5	4,290.7	3,026.4	94.8
国産品で完全代替した場合	2,618.1	146.7	1,131.4	649.7	70.2
変化量	409.8	−409.8	−3,159.3	−2,376.7	−24.6

最終処理として焼却処分されており，焼却処分により SPM が 4,290 t, CH_4 が 3,026 t, N_2O が 95 t 環境負荷として発生している．その一方で，1998 年において，稲わらの輸入が全国で 41 万 t あり，畜産部門の敷料などに利用されている．すなわち，現状では焼却処分される稲わら類がある一方で，新たに輸入される稲わらが存在するという状況となっている．焼却処分もさることながら，稲わらを輸入する際にも環境負荷が発生し，環境面からは非効率が発生しているといえよう．

そこで，仮にバイオマス循環システムを構築し，敷料用の輸入稲わら 41 万 t を焼却処分される国産稲わらにより代替させたと考え，どのくらい環境負荷削減が可能なのか，その潜在的能力を推計する．なお，ここでの推計は，稲わらの国内輸送がスムーズに行われ，発生地域と需要地域の間に需給ギャップが発生しない，国内輸送に関して環境負荷が発生しない，輸入稲わらと国産稲わらはその利用目的に関して完全に無差別であるという 3 つの仮定を置いた上でのものである．

まず，国内で焼却処分される稲わらは 55 万 7,000 t と，輸入される稲わらの量 41 万 t を上回っており，輸入稲わらを完全に代替しても，なお 14 万 7,000 t が余剰となり焼却処分されることになる．すなわち，輸入稲わらを代替することによって，稲わらの焼却処分量が 41 万 t 減少することになり，その分の環境負荷が削減される．表 12-5 には環境負荷削減量の推計結果が示されている．これを見ると，最終処分量の減少に伴い，SPM が 3,159 t, CH_4 が 2,377 t, N_2O が 25 t それぞれ減少することが明らかになった．

3-5. まとめ

　本節では農業部門における廃棄物に着目し，廃棄物の発生・処理状況およびそこから発生する環境負荷を，廃棄物勘定を用いて定量的に把握し，バイオマス循環システムを確立することによる環境負荷の低減効果を明らかにすることを目的とした。分析の結果，輸入稲わらを国産品により代替することで，SPMが3,159 t，CH_4が2,377 t，N_2Oが25 tそれぞれ減少することが明らかになり，バイオマス循環システムの構築によって一定の環境負荷低減効果がもたらされることが示された。

　ただし，本節における試算結果は，発生地域と需要地域の間に需給ギャップが発生しない，国内輸送に関して環境負荷が発生しないなどの強い仮定を置いている。現実的には，稲作の盛んな地域と畜産が盛んな地域は距離的にもかなり離れている場合が多い。また，敷料としての稲わらは年間を通して需要があるのに対し，稲わら供給は稲の収穫が終わった特定の時期に偏る。これらの課題があるため，輸入稲わらの国産品による代替は現段階ではあまり進んでいない。

　農業は古くから高度な資源循環が行われてきた産業である。農業全体として環境負荷を削減してゆくためには，今後も耕畜連携がますます必要となろう。課題特化型マクロ環境会計である農業廃棄物勘定は，農業全体として広い視野での環境負荷削減を考える際の情報提供手段として利用できると思われる。

4. マクロ環境会計適用の限界と今後の可能性

　これまでマクロ環境会計による農林業の環境評価に関する2つの研究事例を紹介してきたが，最後に本章で提示したマクロ環境会計の限界を挙げておく。まず，マクロ環境会計は，国または国家群の環境負荷を網羅的に捉えることを目的としているが，経済活動または消費活動から発生する環境負荷（および環境便益）をすべて網羅しているわけではない。この点は，現状の環境統計および経済統計などデータ整備状況においてはデータ制約によるところが大きい。ここで紹介した2つの研究事例では，11項目の環境負荷を取り上げたが，環

境へ影響を与える環境負荷物質はこれだけではない。特に農林業の場合，自然と密接にかかわる生産活動を行っているため，環境に複雑に関係し，その関係のすべてを把握することは非常に困難である。その意味で，マクロ環境会計は農林業と環境との関係の一部を捉えているに過ぎないのである。今後，新たな研究成果が公表され，環境と農林業の生産活動に関する新たなデータが利用できるようになれば，項目を評価対象として追加することができ，会計自体の信頼性も向上させることができるだろう。

また，環境負荷および環境便益を貨幣評価している SEEA については，貨幣評価の妥当性を疑問視する声が以前から聞かれる。今回の研究事例も試算の域を脱しておらず，また市場価値による評価値と CVM による評価値を合算していないなど，会計で推計された数値を用いて何かの分析を行うまでには至っていない。貨幣評価のメリットは，異なる単位の環境負荷の間で加算可能性，比較可能性が生まれること，経済活動とリンクした形で環境評価ができること，そして，誰の目にもわかりやすく環境の価値を示すことができる点などである。しかし残念ながら，現状のマクロ環境会計はそのようなメリットを十分活かしきれていない。この課題を克服するまでにはかなり時間を要するだろうが，今後のマクロ環境会計の理論構築などによって分析ツールとして耐えうる信頼性が確保できることを期待したい。

一方，廃棄物勘定については，物量評価を用いているため，貨幣評価にある課題は存在しない。したがって，現時点では分析ツールとしての有効性もSEEA より廃棄物勘定の方が高いだろう。紹介した研究事例でも簡単なシミュレーション分析を行った。一方で，農業の経済的な側面は廃棄物勘定から捉えることができない。農業部門においても市場原理をもとに生産が行われており，その結果廃棄物や環境負荷が生産の副産物として発生することから，経済的な側面を切り離し環境への影響のみを分析することは，生産活動の一側面のみを捉えるに過ぎない。経済活動，生産物，廃棄物，環境負荷の総合的な関連を捉えるためには，やはり経済的な側面を取り入れる必要がある。この点については，物量表のほかに貨幣表，部門分割表などを推計することで，経済活動との関連をある程度分析することができると思われる。

5. お わ り に

　本章では，マクロ環境会計の農林業への適用事例を紹介してきた。SEEAの研究事例では，農林業を対象として新たに環境便益の評価を取り入れた。また，廃棄物勘定の研究事例では，全国の農業で発生する廃棄物とその処理に伴う環境負荷の発生量を把握し，輸入稲わらを国産稲わらによって代替することによる環境負荷の削減効果を算出した。いずれの研究事例も既存のマクロ環境会計を農林業へ適用し，新たな評価方法や分析結果を提示したものである。

　農林業にマクロ環境会計を適用することによって，農林業の生産活動と環境負荷，廃棄物，環境便益発生の関係が定量的に捉えることができる。特に，SEEAでは地球温暖化や水質汚濁など様々な環境問題に関する環境負荷を網羅的に取り扱っているため，特定の環境問題に偏ることなく農林業の生産活動と環境の関係を包括的に表すことが可能となる。また，廃棄物勘定では市場経済に表れない無償譲渡，バーター取引などを明示化し，リサイクルに関する正確な情報を提供することができる。

　マクロ環境会計は国における農林業と環境の関係を明示的，網羅的に示すことができ，農業経営者や政策担当者だけでなく国民全体へ多くの環境情報を提供するツールとなる。現段階ではいくつかの課題を抱えているものの，今後の研究が進めばさらに有効な分析ツールとなる。さらに，地域を対象としたメゾ環境会計や個々の農業経営体を対象としたミクロ環境会計との関連性を確保することで，より多くの情報を提供できることだろう。メゾ環境会計，ミクロ環境会計の農林業への適用については，それぞれ第13章，第14章で触れる。

注
1) 本節では多面的機能のうち，食料安全保障機能など環境に関連しない機能は評価の対象外としている。そのため，本章では以降「多面的機能」と「環境便益」は同義とし，環境便益に統一して使用する。
2) 当然，農地の取得は農業生産が行われることが前提である。
3) もちろん過度の環境便益の供給は資本の減耗を伴うこともあるが，ここではそのよう極限的な状況は想定していない。
4) 厳密には，森林で供給されるCO_2吸収の便益では，林業生産活動から発生するCO_2

発生の負荷のみを相殺すべきであるが，ここでは農業と林業を1つの産業として農業と林業から発生するCO_2発生の負荷のみを相殺する。
5) ここでは，林業や農業公共施設からの環境負荷は農業自体と比べそれほど大きくはなく，無視できるものと考えている。

引用・参考文献

[1] 青木卓志・桂木健次・増田信彦(1997):「地域における環境・経済統合勘定──富山県の場合」『富山大学日本海経済研究所研究年報』vol. 22, pp. 1-57。

[2] 浅野耕太(1998):『農林業と環境評価』多賀出版。

[3] 地球環境財団(2001):『平成12年度環境勘定を利用した農業の多面的機能および森林の公益的機能の新たな評価手法の開発等に関する検討調査報告書』。

[4] 林岳・山本充・出村克彦(1999):「北海道における地域環境・経済統合勘定の推計──実際環境費用の推計を中心として」『北海道大学農学部農経論叢』vol. 55, pp. 29-49。

[5] 林岳・山本充・増田清敬(2003):「廃棄物勘定による農業の有機性資源循環システムの把握」『2003年度日本農業経済学会論文集』日本農業経済学会, pp. 338-340。

[6] 林岳・山本充・合崎英男・出村克彦・三橋初仁・國光洋二(2004):「マクロ環境勘定による農林業の多面的機能の総合評価に関する研究」『小樽商科大学商学討究』vol. 54 (4), pp. 107-130。

[7] 環境省(2001):『産業廃棄物排出・処理状況調査報告書平成10年度実績』。

[8] 環境省(2002):『平成14年度温室効果ガス排出量算定方法検討会農業分科会報告書』環境省。

[9] 経済企画庁(1995):『平成6年度経済企画庁委託調査 国民経済計算体系に環境・経済統合勘定を付加するための研究報告書』(財団法人日本総合研究所)。

[10] 経済企画庁(1998):『平成9年度経済企画庁委託調査 環境・経済統合勘定の推計に関する研究報告書』財団法人日本総合研究所。

[11] 内閣府(2001):『平成12年度内閣府委託調査 環境・経済統合勘定の確立に関する研究報告書』財団法人日本総合研究所。

[12] 南齋規介・森口祐一・東野達(2002):『産業連関表による環境負荷原単位データブック(3EID)──LCAのインベントリデータとして』国立環境研究所地球環境研究センター。

[13] 農業総合研究所農業・農村の公益的機能の評価検討チーム(1998):「代替法による農業・農村の公益的機能評価」『農業総合研究』vol. 52(4), pp. 113-138。

[14] 農林水産省(2000):『家畜排せつ物等のたい肥化施設の設置・運営状況報告書』。

[15] 農林水産省(2002):『家畜飼養者によるたい肥化利用への取組状況調査報告書』。

[16] 農村環境整備センター(2000):『農業農村に対する公共投資の効果とコスト負担の在り方に関する調査』農業環境技術研究, vol. 59。

[17] 林野庁『森林の公益的機能の評価額について』http://www.rinya.maff.go.jp/

PURESU/9gatu/kinou.htm.
［18］ 生源寺真一・谷口信和・藤田夏樹・森建資・八木宏典(1993)：『農業経済学』東京大学出版会。
［19］ Steurer, A. (1995): "The environmental protedtion expenditure account of Eurostat's SERIEE," *National Accounts and the Environment Meeting of the London Group, Conference Papers*, Washington D.C.
［20］ 山本充・林岳・出村克彦(1998)：「北海道における環境・経済統合勘定の推計――北海道グリーンGDPの試算」『小樽商科大学商学討究』vol. 49(2・3合併)，pp. 93-122。
［21］ 山本充・林岳・有吉範敏(2003)：「マクロ環境勘定による環境便益の評価方法に関する研究」『小樽商科大学商学討究』vol. 54(1)，pp. 233-248。

第13章 メゾ環境会計による地域経済と農林業の持続可能性の分析

林　岳・山本　充・髙橋義文

1. はじめに

　本章では，第11章で解説したマクロ環境会計の理論フレームワークを都道府県や市町村などの地域を対象としたメゾ環境会計の適用例を紹介する。具体的には，第2節では北海道を対象とした統合型メゾ環境会計と北海道の廃棄物処理に着目した特化型メゾ環境会計，第3節では北海道の農林業を対象とした特化型メゾ環境会計，第4節では宮崎県国富町を対象としてバイオマスに着目した特化型メゾ環境会計の適用例を紹介する。これらの適用例は，対象とする地域の経済全体や産業部門の持続可能性を分析・評価している。

2. メゾ環境会計による北海道経済の持続可能性の分析

　本節では，北海道を対象として統合型マクロ環境会計の理論フレームワークを適用した統合型メゾ環境会計(北海道SEEA，北海道NAMEA)と，93SEEAの特化型である廃棄物勘定のフレームワークを適用した特化型メゾ環境会計(北海道廃棄物勘定)の適用例を紹介する。北海道廃棄物勘定は，北海道SEEAから廃棄物関連の計数を抽出・整理したもので北海道SEEAのサブ勘定である。また，北海道SEEAが環境負荷を貨幣評価したものであるのに対し，北海道NAMEAは環境負荷については物量により環境勘定として表現し，貨幣単位で計上される経済データと統合したものである。

2-1. 北海道 SEEA

　北海道 SEEA（以下，H-SEEA）は，統合型マクロ環境会計の 93SEEA Ⅳ.2 版を北海道地域に適用したメゾ環境会計である。H-SEEA は林ら[3]と山本ら[23]，Yamamoto et al.[24]により推計されたものである。推計された統合勘定表を表 13-1 に示した。部分地域を対象としてマクロ環境会計のフレームワークをメゾ環境会計に適用する場合，国内他地域との取引（移出入）を加えるだけで基本的な構造は変わらない。表 13-1 の上段はフロー勘定，下段がストック勘定を示している。

（1）フロー勘定

　産業と政府の生産活動は，環境保護活動とそのほかの生産活動に分割され，さらに産業の環境保護活動は，内部的環境保護活動と外部的環境保護活動に分割される。政府の環境保護活動は，廃棄物処理や下水道処理などの政府サービスの生産である。このため，政府の環境保護活動に伴い発生した帰属環境費用は，後述するように廃物を発生させた部門に帰属させるようになっている。

　3 行の環境関連の財貨・サービスが実際に負担された環境費用を示している。生産活動における実際環境費用が約 807 億円であるのに対し，消費活動では約 1,819 億円と 2 倍以上の差があり，さらに政府部門の負担が大きい。これは，企業の生産活動や家計の消費活動において環境に配慮した財貨・サービスの使用が少ないことを示しており，リサイクルやグリーン調達の一層の推進が必要であることを示唆している。わが国全体でも中間投入額に対する環境関連の財貨・サービスの使用割合は，わずか 0.8％ であり，北海道はさらに低く 0.5％ である。製造業などの第二次産業の生産が低い北海道の産業構造も影響しているが，最終消費額に対する環境関連の財貨・サービスの使用割合も全国では 1.5％ であるのに対し，北海道は 1.3％ であることからも，環境配慮型の生産・消費活動を推進しなければ，循環型社会形成が困難となることがわかる。

　次に帰属環境費用を見てみよう。帰属環境費用は，維持費用評価法により環境に与えた負荷を貨幣評価したものであり，本来，負担すべきであった環境費用の大きさを表すものである。6～12 行が環境負荷の種類別帰属環境費用である。J-SEEA では地球環境に与える影響の勘定表へは記帳されていないが，

H-SEEA には記帳されている。帰属環境費用の大きさは，その環境負荷の貨幣価値ではなく，その環境責任の大きさとして見ることが適当である。北海道全体の帰属環境費用は2,402億円であり，地球環境への影響を除くとJ-SEEAにおける帰属環境費用の約3.7%を占め，ほぼ経済規模に比例している。生産活動の産出額に対する帰属環境費用(地球温暖化を除く)の比率を見ると，わが国全体では0.39%であるのに対し，北海道では0.44%と高く，生産活動における環境効率が全国平均よりも低いことを示唆している。

　政府部門の環境保護活動の帰属環境費用817億円は，廃棄物処理や下水道処理などの環境保護サービスの生産に伴うものであるが，廃物の処理義務があるという視点からは政府部門に環境保護サービスの生産における環境負荷削減努力が求められ，廃物を発生させた責任という視点からは，帰属部門である家計と産業に削減努力が求められる。統合表では後者の視点から，13行において帰属環境費用の移項を行っており，一般廃棄物処理と家庭排水の処理に伴う帰属環境費用630億円は家計に移項し，公共下水道における産業の水質汚濁寄与分の帰属環境費用187億円については産業のそのほかの生産活動に移項している。また，公共事業による浚渫工事などによる環境復元については12行において帰属環境費用7億円をマイナス計上することで，環境負荷の帰属環境費用を相殺している。こうした移項を行った上で各部門の環境責任の大きさを表しているのが14行のエコ・マージンである。エコ・マージンを見ると，家計が-1,098億円，産業が-1,279億円(2列と4列の合計)であり家計の消費活動による環境責任が産業の生産活動とほぼ同等であることがわかる。これも，生活スタイルや生活習慣を低環境負荷に改善するなどの消費生活における環境配慮の重要性が示唆している。

(2) ストック勘定

　ストック勘定では自然資産のストックの貨幣評価が課題となっており，データ制約も加わり推計困難な状況にある。2〜5行は経済活動によるストック額の変化を示しており，6〜11行では，自然資産の質的変化を帰属環境費用のマイナス計上で表している。土地の質的変化は，廃棄物の最終処分と土地の都市的利用によるものである。また，浚渫工事などによる自然資産の復元はフロー勘定ではマイナス計上され帰属環境費用と相殺された7億円が，その内容によ

表13-1 H-SEEA統合表―簡略版(1995年名目値)。出典:林ら[3],山本ら[23]。単位:100万円

		生産活動(産業分類)	産業 環境保護 外部	産業 環境保護 内部	生産さ れる財貨・サービス	政府 その ほか	政府 環境保護	政府 その ほか	対家計民間非営利団体	最終消費支出(部門別)	政府現実最終消費	家計現実最終消費
		1	2	3	4	5	6	7	8	9	10
期首ストック	1	—	—	—	—	—	—	—	—	—	—
生産物の使用	2	15,756,671	39,384	11,916	14,688,255	45,669	718,827	252,620	13,743,623	1,892,474	11,851,149
環境関連の財貨・サービス	3	80,671	…	…	62,108	186	17,645	732	181,888	144,565	37,323
その ほかの財貨・サービス	4	15,676,000	39,384	11,916	14,626,147	45,483	701,182	251,888	13,561,735	1,747,909	11,813,826
生産される資産の使用(固定資本減耗)	5	3,369,827	5,716	1,452	2,644,530	45,194	637,987	34,948			
自然資産の使用(帰属環境費用)	6	193,409	9,947	…	99,314	81,726	2,193	229	46,791	0	46,791
廃物の排出	7	116,873	8,120	…	29,756	78,603	164	229	41,108	0	41,108
土地・森林などの使用	8	45,899	…	…	45,899	0	0	…	0	0	0
資源の枯渇	9	0	…	…	0	0	0	…			
地球環境への影響	10	30,638	1,827	…	23,658	3,123	2,029	…	5,683		5,683
自然資産のその ほかの使用	11	…	…	…	…	…	…	…			
自然資産の復元(帰属環境費用)	12	…	…	…	…	…	…	…	…	…	…
帰属環境費用の移転(環境関連の移転支出)	13	−63,038	…	…	18,688	−81,726	…	…	−719	…	−719
エコ・マージン(−帰属環境費用)	14	−130,371	−9,947	…	−118,002	0	−2,193	−229	63,038	63,038	719
国内純生産(NRP)	15	17,486,023	55,063	2,287	14,850,688	41,920	2,158,689	377,677	−109,109	−109,109	−109,829
環境調整国内純生産(ERP)	16	17,355,652	45,116	2,287	14,732,386	41,920	2,156,496	377,448			
産出額	17	36,612,521	100,162	15,655	32,183,173	132,783	3,515,503	665,245			
自然資産の蓄積に関する調整項目	18	—	—	—	—	—	—	—	—	—	—
その ほかの調整項目	19	—	—	—	—	—	—	—	—	—	—
期末ストック	20	—	—	—	—	—	—	—	—	—	—

注) −:概念的に存在しないセル,…:推計できないため数値を計上しないセル,エコ・マージン:帰属環境費用の合計にマイナス符号をつけて計上.

表 13-1(つづき)　H-SEEA統合表―簡略版(1995年名目値)。出典：林ら[3]，山本ら[23]。単位：100万円

		非金融資産の蓄積とストック 11	生産される資産 12	生産されない資産 13	大気 14	水 15	土壌 16	土地 17	地下資源 18	輸移出 19	輸移入(控除) 20
期首ストック	1	88,003,984	47,939,102	40,064,882	…	…	…	40,064,882	…	—	—
生産資産の使用	2	5,328,798	5,249,352	79,445	…	…	…	79,445	…	6,501,491	−9,993,920
環境関連の財貨・サービス	3	…	…	…	…	…	…	…	…	…	…
その他の財貨・サービス	4	5,328,798	5,249,352	79,445	…	…	…	79,445	…	6,501,491	−9,993,920
生産される資産の使用(固定資本減耗)	5	−3,369,827	−3,369,827	—	—	—	—	—	—	—	—
自然資産の使用(帰属環境費用)	6	−240,200	0	−240,200	−80,860	−48,311	…	−111,030	…	…	…
廃物の排出	7	−157,981	…	−157,981	−44,539	−48,311	…	−65,131	…	…	…
土地・森林などの使用	8	−45,899	0	−45,899	…	…	…	−45,899	…	…	…
資源の枯渇	9	…	…	…	…	…	…	…	…	…	…
地球環境への影響	10	…	…	−36,321	−36,321	…	…	…	…	…	…
自然資産のそのほかの使用	11	…	…	—	—	—	—	—	—	—	—
自然資産の復元帰属環境費用	12	719	—	719	…	366	354	…	…	—	—
帰属環境費用の移転(環境関連の移転支出)	13	—	—	—	—	—	—	—	—	—	—
エコ・マージン(―帰属環境費用)	14	—	—	—	—	—	—	—	—	—	—
道内純生産(NRP)	15	—	—	—	—	—	—	—	—	—	—
環境調整済国内純生産(ERP)	16	—	—	—	—	—	—	—	—	—	—
産出額	17	—	—	—	—	—	—	—	—	—	—
自然資産の蓄積に関する調整項目	18	238,323	−1,159	239,481	80,860	47,945	−354	111,030	…	—	—
その他の資産の蓄積に関する調整項目	19	−2,409,925	−1,116,168	−1,293,757	…	…	…	−1,293,757	…	—	—
期末ストック	20	87,551,871	48,701,300	38,850,571	—	—	—	38,850,571	…	—	—

注　—：概念的に存在しないセル，…：推計できないため数値を計上しないセル，エコ・マージン：帰属環境費用の合計にマイナス符号をつけて計上

り水と土壌の質的改善として 12 行にプラス計上されている。これらの帰属環境費用は，調整項目により相殺されて期末ストックには影響しないが，会計期間における経済活動がどの自然資産にどの程度影響を与えているのかが示され，北海道ではとりわけ土地に対する圧力が大きいことが示唆されている。

（3）持続可能性の評価

最後に道内経済全体の方向性を見てみよう。1990 年の H-SEEA[1] と比較すると，名目値で NDP は，1990 年の約 1.2 倍に増加しており，帰属環境費用は廃物の排出で 6.8％ 減少，土地の使用で 37.9％ 減少，地球環境への影響は 76.3％ 減少している。これらの帰属環境費用を道内純生産（Net Regional Product; NRP）から控除したものが環境調整済み道内純生産（Environmentally adjusted net Regional Product; ERP）で 1995 年は 17 兆 3,557 億円である。NRP に対する帰属環境費用の比率は 0.75％ であり，名目値で 1990 年の 2.7％ から減少している。その内訳は廃物の排出が 0.87％ から 0.67％ へ減少，土地の使用が 0.51％ から 0.26％ へ減少，地球環境への影響が 0.90％ から 0.18％ へと大幅に減少している。一方，実際環境費用は，名目値で 1990 年から約 75 億円，8.5％ 減少しており，NRP に対する比率では 1990 年で 0.61％ であったが，1995 年では 0.46％ へと減少している。また，NRP に対する産業と政府部門の環境保護活動の純生産額の比率では，1.2％ から 0.6％ へと半減している。ここで，帰属環境費用を EP（Environmental Pressure；環境負荷），道内産出額を DF（Driving Force；経済的駆動力）として 1990〜1995 年のデカップリング指標（本章第 3 節を参照のこと）を算出すると，廃物の排出が 0.22，土地の使用 0.48，地球環境への影響 0.80 となり，道内経済全体では 0.72 とデカップリングが成立していることとなり，この間，北海道経済が持続可能な方向性を持つことが示される。

2-2. 北海道廃棄物勘定

表 13-2 には山本[25] が推計した北海道廃棄物勘定を示した[2]。この廃棄物勘定は，H-SEEA から廃棄物・リサイクル関連の計数を抽出・明示したもので H-SEEA のサブ勘定として位置づけられる。つまり，地域の廃棄物・リサイクル問題に焦点をあてた特化型メゾ環境会計である。したがって，記帳され

表 13-2　北海道廃棄物勘定統合表－簡略版（1995年名目値）。出典：山本[25]。単位：100万円

	産出額	輸入額	生産活動											対家計			最終消費支出		非金融資産の蓄積とストック										輸移出	不突合
				環境保護活動			産業			環境保護活動			政府			民間非営利団体	対家計計	道内家計		生産継承計	人工資産					生産されない資産				
				廃棄物処理			その他			廃棄物処理			その他						リサイクル財の産出		環境保護		その他				大気	土地		
				内部的	内部的の外部的				リサイクル財の産出					リサイクル財の産出							廃棄物処理		リサイクル財の産出							
																				産業	政府	産業	政府						
	(1)	(3)	(7)	(11)	(12)	(13)	(14)		(17)	(18)		(19)	(20)	(21)	(27)	(28)	(29)	(34)	(37)	(38)	(40)	(41)	(42)	(44)	(45)	(46)
01) 期首ストック	―	―	―	158	17,414	―	…	…	15,184	…	…	…	…	…	…	…	…	1,234	493,200	…	…	…	…	―	―	―
02) 生産的の使用					276		…		180										88,335							
03) 環境関連の財貨・サービス							…																			
04) 廃棄物処理サービス	99,917	…	49,353	…	0	34,065	…		0	13,977	…		1,311	50,564	…	―	―	―	―	―	―	―	―	0	0	0
05) 産業	53,222	…	46,259	…	0	31,720	…		0	13,257	…		1,282	6,963	…	―	―	―	―	―	―	―	―	0	0	0
06) 政府	46,695	…	3,094	…	0	2,345	…		0	720	…		29	43,601	…	―	―	―	―	―	―	―	―	0	0	0
07) リサイクル財	14,304	2,965	13,630	158	17,138	13,630	…		15,004	…					73	73	73		73					3,566	0	
08) その他の財貨・サービス	―																	1,234	88,335							
11) 廃棄物処理資産の固定資本減耗		…	7,377	12	2,560	―	…		4,805	―	…		…	…	…	―	―	―	―	―	―	―	―	―	―	―
13) 自然資産の使用(帰属環境費用)					9,947		…		60,247							-2,572										
14) 廃棄物処理関係	70,214	…	70,214	…	9,947	20	…		60,247							-70,214				-70,214	-5,083		-65,131	―	―
15) 大気汚染	133	…	133	…	…	20			113							-133				-133	-133			―	―
16) 地球温暖化	4,950	…	4,950	…	1,827	…			3,123							-4,950				-4,950		-4,950		―	―
17) 最終処分	65,131	…	65,131	…	8,120				57,011							-65,131				-65,131			-65,131	―	―
18) その他																										
19) 国内純生産			―	28	33,248	―	…		26,706	―	…		…	…	…	―	―	―	―	―	―	―	―	―	―	―
21) 間接税	―	―	―	0	3,107				271																	
23) 廃棄物処理の補助金	―	―	-11		-11																					
24) (控除)その他の補助金																										
25) 雇用者所得				28	24,138				26,435																	
26) 営業余剰					6,014																					
27) 産出額	198		53,222				(4,382)		46,695			0			(1,562)											
28) 帰属環境費用の調整																		700	-53,418	(6,964)	―	―	―	―	―	―
29) その他の調整																				(1,396)						
30) 期末ストック				198	53,222													9,854	522,117		…	…	…	―	―	―

産業による廃棄物処理に関係するセル、　　　 : 廃棄物処理・リサイクルに関係するセル、― : 概念的に存在しないセル、… : 推計できないため数値を計上しないセル

産業による廃棄物処理サービスの産出 53,222　政府にによる廃棄物処理サービスの産出 46,695　リサイクル財の産出 14,304

注1) 　　 : 廃棄物処理・リサイクルに関係するセル、― : 概念的に存在しないセル、… : 推計できないため数値を計上しないセル
注2) 産出額のカッコつき数値は、地域内生産額（道内総生産）に合まない。

廃棄物勘定

　廃棄物勘定は，国連において提唱された93SEEAを発展させたものである。93SEEAはSNAのサテライト勘定として，従来の経済指標に加え経済活動に伴う環境負荷を貨幣評価して会計に導入したものであるが，環境問題全般を幅広く対象としているため，廃棄物問題など個別の環境問題における会計の政策的利用可能性の観点からは限界がある。そこで，廃棄物処理およびリサイクル活動に対象を限定した廃棄物勘定が提唱された。したがって，廃棄物勘定はSNAのサテライト勘定である93SEEAのさらに機能指向型サブ勘定といえよう。

　廃棄物勘定については，内閣府が日本国内の経済活動により発生する廃棄物を対象として試算している。内閣府の試算では，ベースとなるJ-SEEAから廃棄物処理やリサイクル関係の係数を分離して計上する基本表，その計数を産業部門ごとに分離した部門分割表，廃棄物処理量，リサイクルなどを物量単位で評価する物量表の3つの勘定を作成している。まず，廃棄物処理，リサイクルに関する活動状況をSNAに則して記述し，次に廃棄物処理，リサイクルから発生する環境負荷を貨幣単位または物量単位で評価している。特に環境負荷の貨幣評価では，93SEEAと同様，帰属環境費用として算出し，実際に廃棄物処理に支出された費用である実際環境費用と並列に計上される。また，貨幣単位による評価は実際の環境状態と必ずしも一致しないため，貨幣評価を補足する形で物量評価による廃棄物量，環境負荷量も計算され物量表が作成される。

　廃棄物勘定を推計する目的は，国または地域全体の経済活動における廃棄物処理の状況を把握すること，および廃棄物のリサイクルおよび最終処理に伴う環境負荷の発生量を把握して，マクロ経済統計を補完することにある。廃棄物勘定により，国または地域の廃棄物発生・処理状況を体系的に把握することができ，循環型社会の形成に向け廃棄物に関する環境情報の提供に資する。また，廃棄物勘定を農業部門に適用することによって，市場経済に表れない農業における廃棄物の無償譲渡，バーター取引などが明示化され，リサイクルに関する正確な情報を提供することが可能となる。　　　　　〈林　　岳・山本　充・髙橋義文〉

ている計数は廃棄物処理サービスに関する生産活動とリサイクル財の産出および廃棄物処理に伴う環境負荷（帰属環境費用）である。リサイクル財とは，生産活動に伴い発生する屑・副産物のうち，従来からリサイクルされているガラス類，古紙，鉄類および非鉄金属のリサイクルされる財であり，家畜糞尿の堆肥

化などの自己処理やリユースである中古品の販売は記帳されていない。また，リサイクル財は，主たる生産物ではないためリサイクル財の産出に関する中間投入が不明であるので列(14, 19, 27, 37, 38列)を新設し，産出額のみが記帳されている。ストック勘定におけるリサイクル財の産出は，在庫純増と資本形成に伴う発生である。

(1) リサイクル財の産出と廃棄物処理費用の負担状況

リサイクル財の道内産出額は143億円であり，これは道内生産額の約4％に相当する(生産額には含まれていない)。その内訳は，生産活動から43.8億円(30.6％)，消費活動から15.6億円(10.9％)，道内固定資本形成より83.6億円(58.5％)である。産出されたリサイクル財は，7行においてその投入が記帳され，輸移入されたリサイクル財29.6億円とともに道内の生産活動に約8割の136億円が再投入され，約2割の35.6億円が輸移出されている。このようなリサイクル財の投入・産出活動に伴い発生する環境負荷には，各部門の主たる経済活動から発生する環境負荷に含まれており，リサイクル財に関連する部分を分離することが困難であるため勘定表には記帳されていない。

4〜6行は廃棄物処理サービスの利用を記帳しており，5行は産業による廃棄物処理サービス，6行は公営の廃棄物処理サービスを示している。また，7行は廃棄物処理サービスの中間投入を示している。廃棄物処理サービスの利用額は，生産活動493.5億円，最終消費505.6億円である。生産活動の内訳は，サービス業が187.6億円と最も多く，次いで政府サービス生産者139.8億円，製造業30.6億円，商業29.7億円の順で，最終消費支出の内訳は，政府416.7億円，家計89億円となっている。政府部門と家計部門を合わせると645億4,100万円の廃棄物処理費用となり，道民1人当たり1万1,338円の負担額となる。同様の計算を全国表(内閣府[13])について行うと国民1人当たり1万4,323円の負担額であり，北海道は全国平均よりもやや低い負担状況にある。

(2) 廃棄物処理に伴う環境負荷

帰属環境費用は，廃棄物処理活動に伴い発生する環境負荷を維持費用評価法にて貨幣評価したものである。具体的には廃棄物の焼却に伴う大気汚染，温室効果ガスの排出，廃棄物の最終処分に伴う土地占有の帰属環境費用である。廃棄物処理に伴う大気汚染の状況は，NO_xが全国の2.2％に相当する1,013 t，

SO_x が 1.1% に相当する 670 t の排出量となっており，この帰属環境費用は 1.3 億円であり全国の 1.6% を占める。地球温暖化への影響は，CO_2 が全国の 10.8% に相当する 58 万 2,000 C-t の超過排出量であり，帰属環境費用は 49.5 億円で全国の 12.2% を占める。さらに，廃棄物の最終処分量は，一般廃棄物と産業廃棄物をあわせて全国の約 1 割に相当する 827 万 3,000 t であり，帰属環境費用は 651.3 億円と全国の 6.8% を占めている。これらの帰属環境費用の合計は約 702 億円であり，実際に支出された廃棄物処理費用の約 7 割に相当する。また，H-SEEA で示された北海道全体の帰属環境費用の約 3 割を占める。

この帰属環境費用は発生した環境負荷を削減するための費用規模を表しているため，北海道では実際の費用の 1.7 倍の費用負担が行われていたならば，廃棄物処理に伴う環境負荷を抑制できたということもできる。わが国全体では 3 兆 947 億円の処理費用が負担され，その 3 割強の 1 兆 8 億円の帰属環境費用が発生している。北海道では実際の費用負担は全国の約 3% 程度であるが，負担すべきであった費用としては約 7% を占めている。つまり，北海道では安い費用で廃棄物処理が行われているものの，その処理活動に伴う環境負荷が大きいことを示している。したがって，廃棄物処理に伴う環境負荷の発生をさらに抑制していくことが強く望まれ，廃棄物の適正処理の強化とともに，廃棄物自体の発生抑制 (Reduce) を強化することが循環型社会構築と持続可能性の強化に必要であることを示唆している。

2-3. 北海道 NAMEA

表 13-3～6 には北海道 NAMEA (以下，H-NAMEA) の試算結果を示した。H-NAMEA は大城[19] および山本[27] により推計されたものである。H-NAMEA のフレームワークは第 11 章で解説した J-NAMEA と同様であるが，海外勘定に相当する部分が道外勘定として，国外と国内他地域を表している。H-NAM の勘定規則は J-NAMEA と同じであるので，ここでは環境勘定 (Environmental Accounts; EA) について見ていくことにする。

(1) 物質勘定

表 13-4 は物質勘定として道内および道外部門による道内環境の環境媒体および自然資源[3] への負荷と，道内部門による道外自然資源の復元が記帳されて

表 13-3 H-NAMEAの道民会計行列（1995年名目値）。出典：山本[29]。単位100万円

表 13-4 H-NAMEA の物質勘定 A (1995 年)。出典：山本 [29]

勘定 (分類)			物質勘定																					
			汚染物質															自然資源				土地利用 (用途別)			
			大気関係						酸性化			水質				廃棄物		エネルギー資源			森林資源 (森林林)	水資源 (水使用)	漁業資源 (水産物)	農用地	森林・原野	水面・河川・水路	道路	宅地	その他・かの土地	隠れたマテリアルフロー
			地球温暖化																ガス	原油	石炭										
			CO₂	N₂O	CH₄	HFCs	PFCs	SF₆	フロン	NOx	SO₂	NH₃	T-P	T-N	COD	最終処分	再生利用													
			11a	11b	11c	11d	11e	11f	11g	11h	11i	11j	11k	11l	11m	11n	11o	11p	11q	11r	11s	11t	11u	11v	11w	11x	11y	11z	11aa	11ab
財・サービス	生産・サービス (活動別)	1							生産活動別の大気関連汚染物質の排出			生産活動別の汚染物質の排出																	
	生産活動 (活動別)	2	13,423.3	2.8	195.2	26.7	42.9	106.4		0.2	0.1		2.1	26.3	21.1	6,502.0	27,483.0													
	最終消費 (目的別)	3						消費目的別の大気関連汚染物質				消費目的別の汚染物質の排出																	
			5,345.0	0.6	8.3	0.0		0.0		0.0	0.0		1.8	16.8	25.2	1,771.0	73.0													
	所得の分配・使用 (付加価値項目別)	4														A															
	所得の分配・使用 (制度部門別)	5																													
	税 (種類別)	6																													
	資本 (制度部門別)	7																													
非金融資産	環境保護関連 社会資本	8a						施設からの漏出などそのほかの原因による汚染物質の排出				施設漏出などによる排出						確認埋蔵量の変化や森林水産資源の自然成長						土地利用面積の変化						
		8b																													
	その他	8c	0.0	0.0	26.2	0.6	3.1	1.3		0.0	0.1		-	-	-	-	-						125.9	-33.2	-3.4	16.8	1.3	-107.4			
道外	経常取引	9																道外からの汚染物質フロー											道内部門による道外自然資産の復元		
	資本取引	10																													
合計			18,768.3	3.4	229.8	27.3	46.0	107.6		0.2	0.1		3.8	43.1	46.3	8,273.0	27,556.0	物質の発生源	0.0	0.0	0.0	19,553.0	0.0	0.0	125.9	-33.2	-3.4	16.8	1.3	-107.4	0
単位			1000t CO₂	1000t CO₂	1000t CO₂	1000t CO₂	1000t CO₂	1000t CO₂		1000t NOx	1000t SOx		1000t	1000t	1000t	1000t	1000t		PJ	PJ	PJ	1000m³	100万m³	1000t	1000ha	1000ha	1000ha	1000ha	1000ha	1000ha	100万t

注 1) -：推計困難などのため記載されていない項目
注 2) 表中の A は、上表が図 11-3 に示した物質勘定に相当することを意味している。

いる。2行は生産活動，3行は消費活動に伴い排出される環境負荷である。温室効果ガスおよび大気汚染物質の大気環境への悪影響，廃棄物の最終処分については生産活動による排出が大きいことが示されている。一方，水質汚濁（COD）については消費活動による影響が生産活動の排出を上回っている。自然資源の確認埋蔵量の変化はないが，土地利用勘定で森林・原野が33万ha減少しているにもかかわらず，森林資源については道内森林の成長量1,955万m^3が記帳されており，全国の約27%の森林資源の成長が北海道にあることが示されている。また，農用地は全国的には減少しているものの北海道では126万haの増加があり，農用地への土地利用転換が大きいことがわかる。

表13-5は物質勘定として道内環境の環境媒体と道内経済と道外経済に取り込まれる自然資源フロー，輸移入による道外自然資源の減少が記帳されている。森林資源勘定では，道内森林の増加量の約22%の437万m^3が経済に取り込まれており，さらに海外を含む道外森林資源から711万m^3が取り込まれている。森林勘定では，全国では経済に取り込まれる森林資源のうち地域外（海外）への依存度が82%であるのに対し，北海道では62%と低くなっている。また，漁業資源については約19%を道外資源に依存しているが，わが国全体では約半数を海外資源に依存しており，さらに国内漁業資源の約9%を使用しているなど基幹産業が第一次産業である北海道の特徴を示している。しかし，エネルギー資源勘定では石油資源の100%を道外に依存するものとなっている。このため，道外における隠れたマテリアルフローが大きくなっているのはわが国全体と同様である。

（2）環境蓄積勘定と環境テーマ勘定

表13-6には，環境蓄積勘定と環境テーマ勘定を示した。X_1列には道内環境への蓄積が記帳されている。森林資源の蓄積量は道外資源の減少量を上回っており，ここでも北海道の森林資源の豊富さが示されている。ただ，道外森林資源の減少は道内森林資源により直ちに補うことはできないが，道内林業の活性化や森林保護などにより森林資源の拡充と道内森林資源の活用を高めることで，道外資源への依存度を低めることが可能なように思われる。また，土地利用勘定における農用地の増加は，次節で述べるように農業の多面的機能の発揮が期待できる。一方，汚染物質の蓄積については大気関連の汚染物質の排出抑制が

表 13-5 H-NAMEA の物質勘定 B（1995 年）。出典：山本[29]

勘定 (分類)			財貨 サービス (種類別)	生産活動 (活動別)	最終消費	所得支出勘定			資本調達勘定 (種類別)			道外		単位
						所得の発生	所得の分配・使用	税	蓄積活動	非金融資産 環境関連 (種類別)	社会資本 その他か	経常取引	資本取引	
			1	2	3	4	5	6	7	8a 8b	8c	9	10	
汚染物質	大気関連	地球温暖化	CO₂ 11a N₂O 11b CH₄ 11c HFCs 11d PFCs 11e SF₆ 11f	NAMの生産勘定と連関 ⇑	⇓		B					NAMの道外勘定と連関 ⇑		1,000 t-CO₂ 1,000 t-N₂O 1,000 t-CH₄ 1,000 t-CO₂ 1,000 t-CO₂ 1,000 t-CO₂
		オゾン層	フロン 11g									—		—
		酸性化	NOₓ 11h SO₂ 11i NH₃ 11j									—		t-NOₓ t-SOₓ —
	水質		T-P 11k T-N 11l COD 11m	0.0 0.0 1.0						道外への汚染媒体フロー		— — —		1,000 t 1,000 t 1,000 t
	廃棄物		最終処分 11n 再生利用 11o	44,657.0 27,556.0			道内環境(環境媒体と自然資源)から道外部門へのフローと、道外からの輸移入による道内資源の減少						82.8 357.6		1,000 t 1,000 t
物質	自然資源		エネルギー資源 ガス 11p 原油 11q 石炭 11r	0.0 69.1 4,372.0						輸移入による道外自然資源の採取		215.5 7,113.0		PJ PJ 1,000 m³
			森林資源(森林本積) 11s 水資源(水使用) 11t 漁業資源(水産物) 11u	7,773.7 1,668.9								0.0 387.8		100万 m³ 1,000 ha
	土地利用		農用地 11v 森林・原野 11w 水面・河川・水路 11x 道路 11y 宅地 11z そのほかの土地 11aa									⇑		1,000 ha 1,000 ha 1,000 ha 1,000 ha 1,000 ha 1,000 ha
隠れたマテリアルフロー			11ab	道内の隠れたマテリアルフロー 63.7	⇐							輸移入に伴う隠れたマテリアルフロー 131.9		100万 t

注1) ー：推計困難なため記帳されていない項目
注2) 表中のBは、上表が図 11-3 に示した物質勘定に相当することを意味している。
注3) 表中の矢印は、経済に再び投入される物質の流れを表している。

表 13-6 H-NAMEA の環境蓄積勘定と環境テーマ勘定 (1995年)。出典：山本[29]

勘定 (分類)			単位	環境蓄積勘定			環境テーマ勘定														
				道内環境への蓄積 X_1	輸入と輸出による海外結果質の変化(海外環境への蓄積) X_2		地球環境		地域的環境			自然資源の減少				土地利用(用途別)					
							温室効果	オゾン層破壊	酸性化	富栄養化	汚染排水	廃棄物	エネルギー資源	森林資源	水資源	漁業資源	農用地	森林・原野	水面・河川・水路	道路	宅地	その他のマテリアルフロー
							12a	12b	12c	12d	12e	12f	12g	12h	12i	12j	12k	12l	12m	12n	12o	12p
物質	汚染物質	大気関連	温暖化	CO_2	11a	18,768.3		1,000 t-CO_2	18,768.3														
				N_2O	11b	3.4		1,000 t-N_2O	1,057.4														
				CH_4	11c	229.8		1,000 t-CH_4	4,825.2														
				HFCs	11d	27.3		1,000 t-CO_2	27.3														
				PFCs	11e	46.0		1,000 t-CO_2	46.0														
				SF_6	11f	107.6		1,000 t-CO_2	107.6														
		オゾン	フロン	11g	190.7				—													
		酸性化	NO_x	11h	89.4	C	1,000 t-NO_2			133.5												
			SO_x	11i	0.0		1,000 t-SO_2			89.4												
			NH_3	11j	3.8		1,000 t															
	水質		T-P	11k	43.1		1,000 t				11.7											
			T-N	11l	46.3		1,000 t				18.1											
			COD	11m	8,273.0		1,000 t					1.0	8,273.0										
	廃棄物	最終処分	11n	0.0		1,000 t																
		再生利用	11o	0.0		1,000 t																
	エネルギー資源	ガス	11p	−1.0	−82.8	PJ							−1.0									
		原油	11q	0.0	−357.6	PJ							0.0									
		石炭	11r	−69.1	−215.5	PJ							−69.1									
自然資源	森林資源(森林系作物)	11s	15,181.0	−7,113.0	1,000 m^3								15,181.0									
	漁業資源(水産物)	11t	0.0	0.0	1,000 t																	
	水資源	11u	1,668.9	−387.8	100万 m^3										1,668.9								
土地利用	農用地	11v	125.9	—	1,000 ha												125.9						D
	森林・原野	11w	−33.2	—	1,000 ha													−33.2					
	水面・河川・水路	11x	−3.4	—	1,000 ha														−3.4				
	道路	11y	16.8	—	1,000 ha															16.8			
	宅地	11z	1.3	—	1,000 ha																1.3		
	その他の土地	11aa	−107.4	—	1,000 ha																	−107.1	
隠れたマテリアルフロー	11ab	−63.7	−131.9	100万 t																		−63.7
環境指標				24,832	—	1,000 t-CO_2	—	223	30	1	8,273	—	−70	15,181	−1,669	1,000 t	126	−33	−3	17	−107	−64
賦存ストック				—	—		—	1,000 t-SO_x,1,000 t-PO_4	1,000 t-PO_4	1,000 m^3	1,000 t	PJ	1,000 m^3	1,000 t		1,355.0	5,704.0	262.6	183.0	109.0	239.3
単位																1,000 ha	1,000 ha	1,000 ha	1,000 ha	1,000 ha	1,000 ha	100万 t

地球環境問題への寄与 { 12a〜12c }
地域的環境問題への寄与 { 12c〜12f }
エネルギー資源の減少 { 12g }
自然資源の減少 { 12h〜12j }
土地利用の面積変化 { 12k〜12p }

注1) —：推計困難なため記帳されていない項目
注2) 表中のCは、上表が図 11-3 に示した環境蓄積勘定に相当することを意味し、同じくDは環境テーマ勘定に相当することを意味する。

必要であろう。水質勘定については汚染物質の蓄積はあるが，北海道の水環境は一部の湖沼の閉鎖性水域では水質悪化の傾向はあるものの，河川の汚染は深刻ではなく，海域は外海性であることから海域の汚染もほとんど見られない。しかしながら，汚染物質の蓄積が進み，道路や宅地など都市的土地利用の拡大による生態系の破壊が進むと，水環境の悪化を招くこととなるので注意が必要である。環境テーマ勘定では，地球温暖化への寄与が GWP で示されており，わが国の GDP の4%経済と呼ばれる北海道経済であるが，地球環境問題への寄与は経済より大きくわが国全体の約7%を占めている。この環境テーマ勘定から，北海道経済では地球環境問題と酸性雨への対応，廃棄物の発生抑制，省エネやエネルギー利用効率の向上，都市的土地利用の拡大抑制，および漁業資源の適正管理が必要であることが示唆される。

　ここで，いくつかの環境テーマについて単位環境負荷当たりの産出額を算定し，全国値を分母とした比率を算出すると表13-7のようになる。これらの値は北海道の単位環境負荷当たりの産出額が全国平均よりも大きい場合1以上となり，小さい場合は1未満となる。つまり，各環境テーマにおいて，全国平均よりも少ない環境負荷あるいは資源投入のもとで生産が行われているかを見ることができる。全国平均を上回っているのは温室効果ガスだけであり，ほかの環境テーマでは全国平均よりも低く，とりわけエネルギー資源については非常に低く，寒冷地である北海道のエネルギー利用効率が悪いことを示している。また，酸性化原因物質や廃棄物，水資源についても効率が低いことがわかる。こうしたことから，北海道の経済活動では，少ない自然資源投入による生産と環境負荷の削減が必要であることが示唆されている。

表13-7　北海道の環境効率

温室効果	酸性化	富栄養化	汚染排水	廃棄物	エネルギー資源	水資源	隠れたマテリアルフロー
1.88	0.38	0.62	0.66	0.35	0.14	0.40	0.68

注）上記数値は，（北海道の単位環境負荷当たりの産出額）÷（全国の単位環境負荷当たりの産出額）である。

3. 地域農林業における持続可能性の評価

3-1. SEEA の適用

(1) 背　　景

　農林業の生産活動は，多面的機能など環境へ正の影響を有するため，環境問題への対策において他産業と同列には扱われてこなかった。しかし，農林業が自然資源と密接にかかわった生産活動を行っていることを考えると，農林業の持続的な発展を目標とした，環境への正負の影響を包括的に評価する必要がある。その際，農林業が経済および環境の双方で地域と密接にかかわっていることを考慮すると，農林業における持続可能な発展は，地域ごとに考察する必要がある。

　本節では，北海道を事例として SEEA を構築・推計し，以下の2点を明らかにすることを目的とする。第1に SEEA から得られる情報をもとにして，農林業の生産活動における自然資源の投入状況を把握することである。第2に地域における経済成長と自然資源投入の変化の関係からデカップリング指標を算出し，農林業の発展が持続可能なものと見なせるかどうかの検討を行うことである。

(2) デカップリング指標

　持続可能な発展を判断する指標の1つとして提唱されている手法に，デカップリング指標がある。デカップリング指標とは，OECDで提唱された持続可能な発展の指標であり，経済活動と自然資源投入をまとめて1つの判断指標としてその相関関係を判断するものである。本節で用いるデカップリング指標は，SEEA から得られる帰属環境費用と GDP の関係から，以下の定義式で表される。

$$DI = \frac{\Delta EC / EC}{\Delta Y / Y}$$

　ただし，DI：デカップリング指標，EC：帰属環境費用，Y：GDP。

デカップリング指標は経済成長率と帰属環境費用変化率の比であり，1％の経済成長がなされた時，どのくらい帰属環境費用，すなわち貨幣表示の自然資源投入が変化するかを示す弾力性値である。

　デカップリング指標を見ることによって，経済が持続可能な発展へ向かっているのか，その逆へ向かっているのかなどが明らかになる。$\Delta Y/Y>0$ かつ $DI<0$ が達成されていると，経済は成長を遂げているにもかかわらず自然資源投入を減少させており，経済の成長と自然資源投入の減少が同時に達成され，経済は持続可能な発展へ向かっているといえる。このような状態を「絶対的デカップリングが実現している状態」という。また，$\Delta Y/Y>0$ かつ $0<DI<1$ の時には，経済成長率よりも帰属環境費用変化率が低く，経済がより自然資源を節約する方向へ向かっていることを表す。ただしこの場合，自然資源投入自体は増加しており，持続可能な発展へ向かっているとはいえない。このような状態を「相対的なデカップリングが実現している状態」と呼ぶ。さらに，$\Delta Y/Y>0$ かつ $DI>1$ の時は，経済の成長のペースを上回って自然資源投入が増加していることを示す。このような状態は持続可能とは反対方向へ向かっていることを示し，「デカップリングが実現していない状態」と呼ぶ。以上のことから，経済が持続可能な発展へ向かっていることの必要十分条件は，絶対的デカップリングが実現していること，すなわち $\Delta Y/Y>0$ かつ $DI<0$ となる。

　ただし，上記の指標は $\Delta Y/Y>0$，すなわち経済がプラス成長を達成することが前提にある。経済の低迷期においては，経済のマイナス成長すなわち $\Delta Y/Y<0$ という場合も想定され，この場合にはデカップリング指標を用いて持続可能な発展か否かを判断することはできないことに注意が必要である。したがって，この場合には帰属環境費用の変化と GDP の変化を比較した上で持続可能な発展か否かの判断を下さなければならない[4]。

（3）推計方法の概要

　本研究で用いる環境会計フレームワークは本章第2節で紹介した H-SEEA をベースとし，第一次産業から第三次産業までを区別して拡張した産業部門分割版を作成する。帰属環境費用は産業の生産活動における自然資源の投入，すなわち環境負荷の発生に対し，仮に環境負荷をすべて除去した場合にどれだけの費用がかかるかを計算する維持費用評価法により，環境負荷を発生させない

312　第IV部　環境会計

表 13-8　1995 年 H-SEEA―産業部門分割版（1990 年基準実質値）

行	列	中間需要	自動車 1-0	第一次産業 1-1	第二次産業 1-2	第三次産業 1-3	移輸入 2
期首ストック	1						
生産物の使用	2	14,208,487.6		930,666.3	6,697,830.6	6,579,990.8	−7,254,114.0
環境関連の財貨・サービス	3	69,275.5		59.7	11,408.2	57,807.6	
そのほかの財貨・サービス	4	14,139,212.2		930,606.6	6,686,422.4	6,522,183.2	−7,254,114.0
生産される資産の使用(固定資本減耗)	5	2,752,021.7		177,875.9	433,938.9	2,140,206.9	
自然資源の使用(帰属環境費用)	6	256,821.1	155,528.1	74,214.9	16,941.6	10,136.5	⋯
廃物の排出	7	218,099.4	155,528.1	50,502.1	2,930.0	9,139.2	⋯
土地・森林などの使用	8	38,721.7	⋯	23,712.8	14,011.7	997.3	⋯
資源の枯渇	9				0.0		⋯
地球環境への影響	10	⋯	⋯	⋯	⋯	⋯	⋯
自然資源のそのほかの使用	11	⋯	⋯	⋯	⋯	⋯	⋯
自然資源の復元(帰属環境費用)	12	⋯	⋯	⋯	⋯	⋯	
帰属環境費用の移項(環境関連の移転支出)	13	0.0	0.0	0.0	0.0	0.0	
環境調整済道内総生産　エコ・マージン(―帰属環境費用)	14	−256,821.1	−155,528.1	−74,214.9	−16,941.6	−10,136.5	
道内総生産(GDP)	15	19,464,932.9		820,647.7	5,379,012.7	13,265,272.5	
産出額に関する調整項目	16						
産出額	17	36,425,442.2		1,929,189.8	12,510,782.2	21,985,470.2	
自然資源の蓄積に関する調整項目	18						
そのほかの調整項目	19						
期末ストック	20						

注)　▨：概念的に存在しないセル，⋯：推計できないため数値を計上しないセル

表 13-8(つづき)　1995 年 H-SEEA―産業部門分割版(1990 年基準実質値)

行	列	水 8	第一次産業 8-1	畜産 8-1-1	第二次産業 8-2	第三次産業 8-3	最終消費 8-4
期首ストック	1	⋯	⋯	⋯	⋯	⋯	⋯
生産物の使用	2	⋯	⋯	⋯	⋯	⋯	⋯
環境関連の財貨・サービス	3	⋯	⋯	⋯	⋯	⋯	⋯
そのほかの財貨・サービス	4	⋯	⋯	⋯	⋯	⋯	⋯
生産される資産の使用(固定資本減耗)	5						
自然資源の使用(帰属環境費用)	6	−59,502.8	−49,448.7	−49,448.7	−234.8	⋯	−9,819.4
廃物の排出	7	−59,502.8	−49,448.7	−49,448.7	−234.8		−9,819.4
土地・森林などの使用	8						
資源の枯渇	9						
地球環境への影響	10	⋯	⋯	⋯	⋯		⋯
自然資源のそのほかの使用	11	⋯	⋯	⋯	⋯		⋯
自然資源の復元(帰属環境費用)	12	0.0	0.0	0.0	0.0	0.0	
帰属環境費用の移項(環境関連の移転支出)	13						
環境調整済道内総生産　エコ・マージン(―帰属環境費用)	14						
道内純生産(GDP)	15						
産出額に関する調整項目	16						
産出額	17						
自然資源の蓄積に関する調整項目	18	59,502.8	49,448.7	49,448.7	234.8	⋯	9,819.4
そのほかの調整項目	19	⋯	⋯	⋯	⋯	⋯	⋯
期末ストック	20	⋯	⋯	⋯	⋯	⋯	⋯

注)　▨：概念的に存在しないセル，⋯：推計できないため数値を計上しないセル

第 13 章　メゾ環境会計による地域経済と農林業の持続可能性の分析　　313

出典：林[5]。単位：100 万円

最終消費支出(部門別)	非金融資産の蓄積とストック	生産される資産	人工林(内数)	生産されない資産	大気					
						自動車	第一次産業	第二次産業	第三次産業	最終消費
3	4	5	5-1	6	7	7-0	7-1	7-2	7-3	7-4
	91,103,732.8	50,729,580.1	1,183,015.2	40,374,152.6	…	…	…	…	…	…
16,503,708.0	8,321,176.7	3,833,786.1	26,191.3	4,487,390.6						
105,371.5	…	…	…	…						
16,398,336.5	8,321,176.7	3,833,786.1	26,191.3	4,487,390.6						
	−2,752,021.7	−2,752,021.7	…							
93,101.7	−349,922.9	0.0	0.0	−349,922.9	−241,443.2	−228,453.8	−1,053.5	−2,695.2	−9,139.2	−101.4
82,846.6	−300,946.0			−300,946.0	−241,443.2	−228,453.8	−1,053.5	−2,695.2	−9,139.2	−101.4
10,255.2	−48,976.9	0.0	0.0	−48,976.9						
	0.0			0.0						
…	…	…	…	…	…	…	…	…	…	…
…	…	…	…	…	…	…	…	…	…	…
0.0	0.0	…	…	0.0	0.0	0.0	0.0	0.0	0.0	0.0
0.0										
−93,101.7										
	−4,013,877.6	16,460.6	16,460.6	−4,013,877.6	241,443.2	228,453.8	1,053.5	2,695.2	9,139.2	101.4
		0.0	0.0	0.0	…	…	…	…	…	…
	92,452,189.1	51,827,805.1	1,225,667.1	40,624,384.0	…	…	…	…	…	…

出典：林[5]。単位：100 万円

天然林		土地利用					地下資源		移輸出
	第一次産業		第一次産業	第二次産業	第三次産業	最終消費		第二次産業	
9	9-1	10	10-1	10-2	10-3	10-4	11	11-1	12
3,515,905.1	3,515,905.1	36,858,247.6	8,319,876.6	2,986,016.0	6,741,414.0	18,810,941.0	…	…	
77,840.2	77,840.2	4,409,550.4	4,204,873.6	26,320.7	7,070.5	171,285.7			5,220,427.0
…	…	…	…	…	…	…			
77,840.2	77,840.2	4,409,550.4	4,204,873.6	26,320.7	7,070.5	171,285.7			5,220,427.0
0.0	0.0	−48,976.9	−23,712.8	−14,011.7	−997.3	−10,255.2	0.0	0.0	…
0.0	0.0	−48,976.9	−23,712.8	−14,011.7	−997.3	−10,255.2			
							0.0	0.0	
…	…	…	…	…	…	…			
…	…	…	…	…	…	…			
0.0	0.0	0.0	0.0	0.0	0.0	0.0			
									…
−72,588.4	−72,588.4	−4,164,570.8	−4,218,767.1	20,191.3	−36,788.5	70,793.3	…	…	
0.0	0.0								
3,521,156.9	3,521,156.9	37,103,227.1	8,305,983.1	3,032,528.0	6,711,696.0	19,053,020.0	…	…	

状態すなわちゼロ・エミッションを仮定した場合の自然資源の投入費用が計算される。

現実的には農林業の生産活動に投入される自然資源は多岐にわたるが，ここでの推計において取り上げるのは汚染規模の大きさや経済活動への投入状況，データ制約を考慮し，大気，水，森林，土地，地下資源の5つの自然資源である。具体的な汚染物質として，大気はNO_x，SO_xの両方を，水はBOD，CODのうち帰属環境費用の高い方を取り上げる。森林，土地については，汚染物質の排出によって資源の状態が悪化するというよりもむしろ直接的な使用によって悪化するものと考えられる。したがって，森林では伐採量が成長量を上回った分について，仮に環境保全のためにその超過分の伐採を断念した場合の損失額を，土地についても環境保全のために仮に土地の開発を行わなかった場合の損失額を帰属環境費用と定義する。なお，推計年次は1985，1990，1995年の3か年である。推計した会計表のうち，1995年版を表13-8に掲げる。

（4）農林業における持続可能な発展に関する分析

a）帰属環境費用

まず，SEEAで計算された帰属環境費用について，部門別の割合を全国と北海道で見る。図13-1には部門別の帰属環境費用の割合が示されている。図

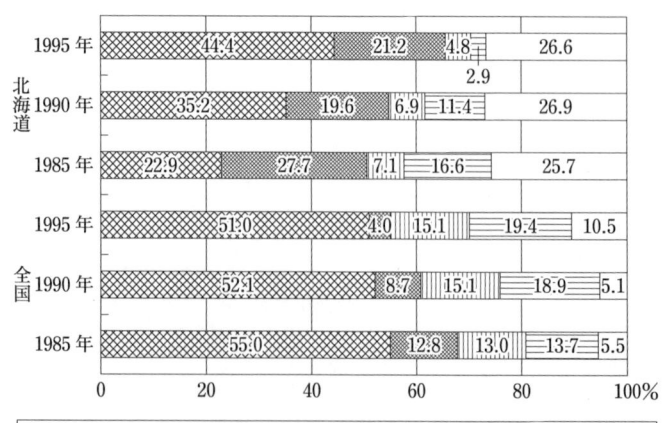

図13-1 部門別帰属環境費用割合。出典：林[5]

13-1において，北海道と全国を比較すると，北海道では農林業の帰属環境費用の割合が高い点が北海道の特徴として挙げられる．また，全国では農林業のシェアが年々低下しているが，北海道では農林業のシェアもそれほど大きな変化がない点も特徴となっている．次に，農林業における自然資源ごとの帰属環境費用を検証する．表13-9から，北海道における農林業の帰属環境費用の特徴として，全国に比べ水の帰属環境費用が高いことが挙げられる．また，北海道の農林業における水の帰属環境費用の割合は，1985年で30.1%だったのが，1990年には52.7%，1995年には66.6%まで上昇しており，水の帰属環境費用の割合が大きく増加していることがわかる．このことから，北海道の農林業では，水に対して大きな環境負荷を与えながら生産活動が行われており，さらにその傾向が強まっていることがわかる．

以上のことから，北海道の農林業は，全国のそれと比べても自然資源の投入が多く，自然資源別では水への環境負荷が多いことが示された．

b) デカップリング指標の算出結果

次に北海道と全国のデカップリング指標を算出し，地域における持続可能な発展について分析する．表13-10には部門別のデカップリング指標の算出結果が示されている．1985年から1990年にかけての農林業におけるデカップリング指標を見ると，北海道においては-1.88，全国では-5.46であり，北海道においても全国においても絶対的デカップリングが実現し，持続可能な発展へ向

表13-9 第一次産業の自然資源別帰属環境費用．出典：林[5]

		1985年 金額	1985年 割合	1990年 金額	1990年 割合	1995年 金額	1995年 割合
全国 (10億円)	大気	21.3	3.6%	12.2	3.3%	7.4	4.1%
	水	18.6	3.1%	27.2	7.3%	50.1	27.5%
	森林	0.0	0.0%	0.0	0.0%	0.0	0.0%
	土地	559.1	93.3%	333.4	89.4%	124.4	68.4%
	合計	599.0	100.0%	372.8	100.0%	181.9	100.0%
北海道 (100万円)	大気	6,541.1	10.2%	1,398.3	2.7%	1,053.5	1.4%
	水	19,302.5	30.1%	26,853.3	52.7%	49,448.7	66.6%
	森林	0.0	0.0%	0.0	0.0%	0.0	0.0%
	土地	38,380.7	59.8%	22,668.1	44.5%	23,712.8	32.0%
	合計	64,224.4	100.0%	50,919.7	100.0%	74,214.9	100.0%

表 13-10 部門別デカップリング指標。出典：林[5]

		第一次産業	第二次産業	第三次産業
全 国	1985 → 1990	−5.46	0.17	0.73
	1990 → 1995	*−3.56*	2.45	0.56
	1985 → 1995	*8.24*	0.34	0.64
北海道	1985 → 1990	−1.88	0.31	−0.78
	1990 → 1995	*−2.54*	−0.30	−3.52
	1985 → 1995	*−1.73*	0.05	−1.38

注）網かけ斜字のデカップリング指標はGDP成長率がマイナスとなっており，持続可能な発展かどうかを判断できない。

かっているといえる。また1990年から1995年にかけておよび1985年から1995年にかけては，北海道と全国どちらも農林業でのGDP成長率がマイナスとなっており，デカップリング指標によって持続可能な発展へ向かっているか否かは判断することができない。したがって，この時期については帰属環境費用とGDP成長率を見ることで持続可能な発展へ向かっているか否かを判断する。

表13-11には，農林業における帰属環境費用とGDPの変化率が示されている。1990年から1995年にかけて，北海道の農林業では帰属環境費用が年平均9.15％と大きく増加している一方，GDPは−3.60％と減少している。この状況は生産が縮小しているにもかかわらず自然資源投入が増加していることを示し，持続可能な発展からは逆方向に進んでいるといえる。また，全国の状況を見ると，1990年から1995年にかけて，全国では帰属環境費用が−10.24％と

表 13-11 第一次産業の帰属環境費用とGDPの変化率。出典：林[5]

		帰属環境費用	GDP
全 国	1985 → 1990	−7.55％	1.38％
	1990 → 1995	−10.24％	−2.88％
	1985 → 1995	−6.96％	−0.85％
北海道	1985 → 1990	−4.14％	2.20％
	1990 → 1995	9.15％	−3.60％
	1985 → 1995	1.56％	−0.90％

注）数値はすべて年平均値である。

大きく減少するとともに GDP も －2.88% となっている。全国の農林業では持続可能な発展へ向かっているとはいえないが，生産の縮小以上に自然資源投入が減少している。1985 年から 1995 年までを通して見ると，北海道では帰属環境費用が 1.56% の増加，GDP は －0.90% と減少している。1985 年から 1995 年までの 10 年間を通して見ても北海道の農林業は生産の縮小にもかかわらず，自然資源投入が増加するという状態となっている。一方全国では，帰属環境費用の変化率が －6.96%，GDP 成長率が －0.85% となっており，生産の縮小以上に帰属環境費用が大きく減少していることがわかる。これらのことから，北海道の農林業においては，生産の縮小にもかかわらず自然資源投入が増加しているという特徴があり，持続可能な発展からは逆の方向へ向かっていることが示された。

以上，SEEA を推計して得られた情報をもとにしてデカップリング指標を算出し，持続可能な発展について考察した結果，北海道における農林業では，のどかな農村風景や広大な農地など多面的機能などが見直されている一方で，深刻な環境問題も発生させており，農林業の生産活動は持続可能な発展に向かっているとはいえず，農林業による自然資源への負荷が高まりつつあることが示唆された。

c）推計の限界

最後に，SEEA 推計の限界について触れておく。まず，帰属環境費用の推計について，維持費用評価法による帰属環境費用の推計値は，あくまで「環境悪化を防止するために必要な費用」を推計するものであり，環境悪化による被害額を推計するものではないことが挙げられる。すなわち，維持費用評価法によって推計された費用が小さいことが必ずしも重要ではない環境問題であるということ意味するものではない。維持費用評価法で示される帰属環境費用は，現状において自然資源の状態悪化を防止するために必要となる金額を明らかにするものであり，状態悪化を放置した場合の被害額を示すものではない。したがって，仮に自然資源の悪化防止のための支出をしなかった場合には，帰属環境費用の何倍もの被害額となる可能性もあるだろう。

また，帰属環境費用の推計対象とした自然資源は基本的に全国の SEEA 試算と同様の大気，水，森林，土地，地下資源である。このうち大気については

NO_x と SO_x のみを環境負荷とし，水についても BOD と COD のどちらかであるため，それ以外の環境負荷については全く考慮されていない。本来，自然資源を元の状態に戻すには，すべての環境負荷を除去することが必要である。本節の SEEA により推計された大気または水の帰属環境費用は，数多く存在する環境負荷のうち，数種類の環境負荷を取り除くための費用であり，この点もSEEA 推計の限界である。

そのほか，森林・土地の帰属環境費用に関して，仮に生態系保全のために森林の伐採や土地開発を断念した場合の遺失利益を帰属環境費用としているが，成長量を上回る伐採を行った分のみを帰属環境費用の推計対象とする，もしくは土地の開発をすべて断念するといった強い仮定を置いた上での推計となっている。この点も SEEA 推計の限界といえる。したがって，成長量を上回る分の伐採を断念する，または，土地開発を断念するのみで生態系が保全できるという明確な根拠は存在しない。さらには，維持費用評価法におけるゼロ・エミッション仮定そのものが明確な根拠を持たないものであると指摘できる。すなわち，自然資源にはある程度の環境負荷に対しては自浄作用による許容量が存在する。ゼロ・エミッション仮定は自然資源の維持にはすべての環境負荷を除去する必要があるという仮定であり，自然資源の自浄作用による環境負荷の許容量はないものとしているのである。

(5) ま と め

本節では，北海道を事例として SEEA を構築・推計し，SEEA から得られる情報をもとにして，農林業の生産活動における自然資源の投入状況を把握すること，地域における経済成長と自然資源投入の変化の関係からデカップリング指標を算出し，農林業の発展が持続可能なものと見なせるかどうかの検討を行うことを目的としてきた。

本節の分析から，北海道における農林業は，近年多面的機能などが見直されている一方で，深刻な環境問題も発生させており，農林業の生産活動による自然資源の負荷が高まりつつあり，持続可能な発展には向かっていないことが示唆された。農林業は，多面的機能の発揮など他産業にはない重要な役割を担っている。多面的機能を十分に発揮させるためにも，農林業の生産活動における環境負荷の低減を積極的に進め，持続可能な発展を達成することが必要である。

3-2. 北海道農林業 NAMEA のフレームワーク

(1) 農林業 NAMEA

　前節では，農林業の持続可能性を貨幣評価によって評価することを試みた。しかしながら，貨幣評価にもいくつかの限界があることは先に触れた通りである。これらの問題点のうちいくつかは貨幣評価ではなく物量評価によって環境負荷を評価することで解決できる。本節では NAMEA を農林業に適用して北海道の農林業における持続可能性を評価することを試みる。なお，農林業 NAMEA では，前節では対象外とした農林業の経済的側面と環境負荷のほか，環境便益の評価も採り入れ，より包括的な持続可能性評価となるよう改良した。さらに，持続可能性評価には EF(Ecological Footprint；エコロジカル・フットプリント)を採用し，生態学的な持続可能性を評価できるようにした[5]。なお，以下では農林業 NAMEA のフレームワークのみを説明し，農林業 NAMEA の推計結果については第 16 章第 4 節で詳しく解説する。

　本節で提案する農林業 NAMEA は，J-NAMEA から以下の点を修正した。第 1 に，農林業部門のみを対象とする点である。J-NAMEA は全産業を対象とするものであるが，農林業 NAMEA は農林業のみに対象を絞り，分析対象を明確化した。第 2 に，農林業部門が発生させる環境便益の評価を導入した点である。農林業は食料の供給だけではなく，環境便益も副産物として供給する。J-NAMEA を含めこれまでの NAMEA では環境負荷のみを評価対象とし，環境便益の評価は行われてこなかった。そこで，今回農林業 NAMEA では農林業の環境便益を評価するため，外部経済の評価手法を導入した。第 3 に，持続可能性の評価に EF を導入した点である。持続可能性の評価には多くの手法が提唱されているが(Hartridge and Pearce [2])，ここでは，NAMEA の物量会計での計測値を利用して持続可能性を評価できることから，EF を導入した。これにより，NAMEA で評価した数値をもとに持続可能性評価を行うことができ，NAMEA と首尾一貫した評価となる。

　農林業 NAMEA の基本的構造は図 13-2 に示す。J-NAMEA と同様，農林業 NAMEA は経済指標を計上する NAM(National Accounting Matrix；国民会計行列)部分と環境指標を計上する EA(Environmental Accounts；環境勘

図 13-2 農林業 NAMEA の数値例

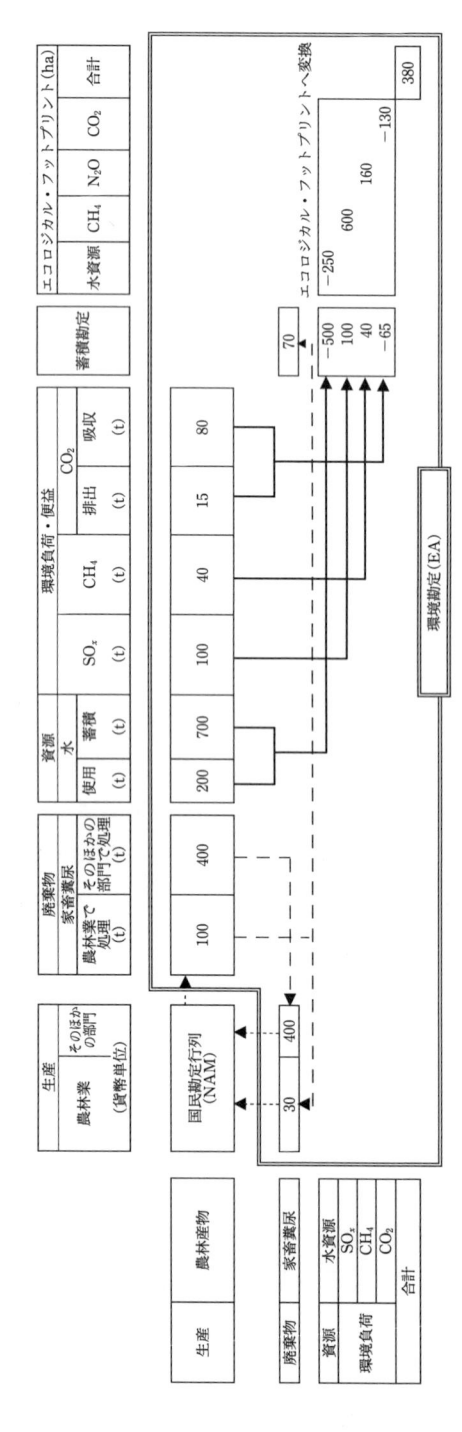

注) エコロジカル・フットプリントでは環境負荷が面積換算されるため、単位は ha としている。

定)部分に分けられる。このうちEAでは環境負荷のほか，環境便益も計上され，農林業の持続可能性を評価するためのEFへの変換もEAの中で行われる。はじめに，農業生産額などの農林業の生産活動を記述する経済指標によりNAMに計上される。環境負荷と廃棄物の発生量はNAMの右側のEAの部分で記載される。廃棄物は他部門でリサイクルや最終処理が行われる場合にはNAMの下の部分に計上される。これは他部門でリサイクルおよび最終処理される廃棄物は当該部門への投入物と捉えるためである。これにより，リサイクルおよび最終処理は，農林業NAMEAの中でNAMを始点とする時計回りのサークルを描く。一方，農林業部門において最終処理する場合には，蓄積勘定へ計上される。これは農林業が廃棄物を最終処理することにより，自然資産への蓄積をもたらすと考えられるからである。廃棄物の処理の伴う環境負荷および農林業の生産活動に伴う環境負荷も蓄積勘定へ計上される。また，農林業による環境便益も蓄積勘定へ集計され計上される。蓄積勘定は農林業の生産活動によりどのくらい環境へ負荷を与え，便益を供給しているかを示す。そして最後に，蓄積勘定に集計された環境負荷と環境便益は，NAMの右側の部分でEFへ変換される。

　簡単な数値例が図13-2に示されている。NAMの部分には農林業とそのほかの部門の2部門とする。まず，廃棄物の計上について数値例では，農林業の生産活動の副産物として500の家畜糞尿が発生するとしている。この500の糞尿は，処理方法によって分割される。500のうち400は堆肥化などにより農林業部門内で処理が行われ，30は農林業以外の部門で，残りの70は野積みなど適切な処理が行われず環境中に蓄積される分である。農林業およびそのほかの部門で処理される分については，NAMの下の部分にその数値を記入し，環境中に蓄積される分70は，蓄積勘定に計上される仕組みである。次に自然資産の使用および蓄積の計上方法について，数値例では200の水資源が農林業で使われる一方，700が水田など農林業の生産活動によって蓄積されるとしている。その結果，差し引き500の水が蓄積されたことになり，この数値は蓄積勘定へと計上される。そして，環境負荷の計上方法については，基本的にJ-NAMEAと同様である。ただ，1つ大きな違いは，林業生産活動によるCO$_2$の吸収を環境便益項目として導入しているため，農林業生産活動によるCO$_2$

排出量と吸収量の双方を計上し，蓄積勘定にはネットの排出量を計上している点である。数値例では，排出量が15，吸収量が80となっており，65の純吸収量が蓄積会計に計上される。最後に，蓄積勘定に計上された環境負荷は適切な原単位を用いてEFに換算され，EAの右下の部分にEFの集計値が計上される。

以上のように，農林業NAMEAは農林業生産活動の持続可能性を経済，環境負荷，環境便益の3側面を考慮して判断するツールとなる。

（2）政策への適用

農林業NAMEAは環境問題に関する様々な情報を整理するのに有用なツールである。まず1つに，ある一時点における一国または一地域の環境の状態を経済指標とともに示すことができる。すなわち，農林業がどのくらい環境負荷および環境便益を発生させているかをSNAなどとともに評価することができるのである。農林業NAMEAにより，貨幣単位による経済状態の評価のみならず，様々な環境問題が物量単位で包括的に評価することができる。また，農林業NAMEAはOECDで開発されたDSR（駆動力―状態―反応）モデルとも整合的である。農林業NAMEAは主に農林業生産活動といった駆動力を貨幣評価で評価し，大気質や水質といった状態を物量評価で計測する。さらに，農林業NAMEAはOECDの農業環境指標といった総合的な指標を用いて計算され，農業環境指標における様々な指標は，農林業NAMEAにおいて経済データと整合的・体系的に整理される。

第2に，農林業NAMEAは様々な政策評価にも利用できる。例えば，農産物貿易に関連した環境問題の評価に適用が可能である。EFは他国への輸出によって自国で発生する環境負荷を考慮することができる。したがって，EFを農産物貿易に適用し，農産物輸入によって発生する輸出国での環境負荷を自国の環境負荷として計上することができ，農産物貿易量の変化に伴う環境負荷量および環境便益量の変化も把握することができる。ただし，そのような分析を行う際には図13-3のようなフレームワークの拡張が必要であろう。拡張版農林業NAMEAは，国Aと他国との貿易を捉えることができ，環境負荷はその期限が国内消費なのか輸出なのかを明確に区別する。これらの環境負荷はEFに変換され，国内消費起源のEFと輸出起源のEFが同時に計算される仕組み

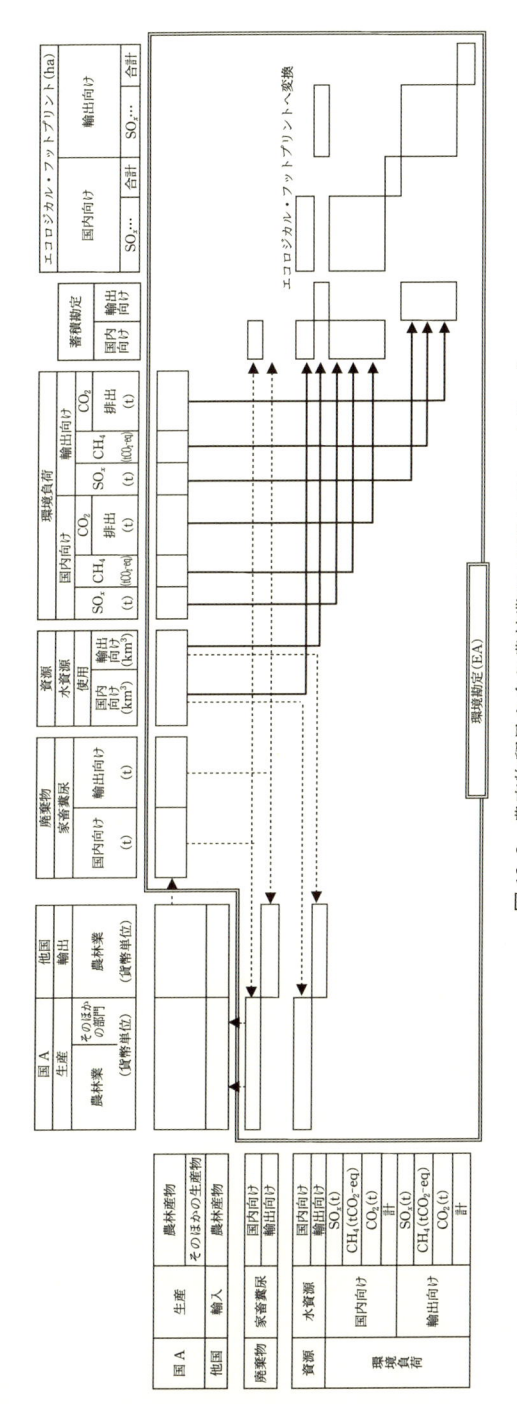

図 13-3　農産物貿易を含む農林業 NAMEA フレームワーク

注）エコロジカル・フットプリントでは環境負荷が面積換算されるため、単位は ha としている。

である。EFの概念では，農産物が輸入された場合，それに伴って環境負荷も輸入されると考えている。したがって，拡張版農林業NAMEAを用いることによって，農産物貿易の背景にある環境負荷の発生量を捉えることができる。さらには，この拡張版農林業NAMEAは国Aを地域Aとすることで一地域と他地域(例えば県と県，地方と地方)の移輸入にも適用でき，地域における環境負荷の状態，移輸入の背景にある環境負荷の発生量などが明示される。

上述のように，農業NAMEAはそのフレームワークに幅広いフレキシビリティを持ち，目的に応じた変更が自在に可能である。いくつかの変更をすることで，持続可能性の評価のみならず，あらゆる政策評価にも利用することができるだろう。

4. 地域におけるバイオマス循環システム構築の影響評価

4-1. 市町村レベルでの取り組みの評価

家畜糞尿問題の深刻化，適正処理法の制定，地域住民の環境意識の高まりに伴い，全国各地で堆肥センターが設置され，家畜糞尿や生ごみなど地域内で発生するバイオマスを総合的にリサイクルするシステムが構築されている。しかしながら，それぞれの取り組みによって環境への影響がどのくらい減るのかを簡単に評価する方法は多くなく，市町村や集落といった小さな単位での取り組みは，前節までの都道府県レベルでのSEEAやNAMEAの適用でも捉えることができない。したがって，本節では，メゾ環境会計を都道府県よりさらに小さな単位である市町村単位へ適用し，バイオマスをリサイクルした時の効果を評価する新たな方法を提案する。そして，宮崎県国富町を例として，提案した方法を用いてバイオマス循環システムの構築による環境負荷の削減効果を評価することを目的とする。国富町では，1985年に堆肥センターが供用開始され，畜産農家から発生する家畜糞尿と家庭の生ごみの堆肥化を始めた。

評価は物量による環境負荷の低減量を把握することで行う。この際，地域全体における環境負荷の低減効果を把握するため，産業連関表の枠組みを応用した独自の評価手法を構築し適用する。新たに構築した評価手法は，バイオマス

勘定と呼ばれ，地域内で発生するバイオマスおよび地域外から供給されるバイオマスを物量で把握し，それが使用または処理される量を体系的に記述する勘定体系である。

4-2. 対象事例の紹介

宮崎県国富町は，宮崎県の中央部に位置し，人口2万1,400人[6]の農業を主な産業とする町である。国富町は周辺4町で結成する事務組合でごみ処理をしていたが，ごみ処理施設の維持費の膨張問題と同時に，畜産経営農家による家畜糞尿による土壌汚染，水質汚濁の問題が深刻化した。そのため，生ごみと家畜糞尿を合わせて堆肥化する施設の建設が行われ，1985年に供用を開始した。その後，一度の施設更新を経て現在に至っている。

堆肥の原料は家畜糞尿と生ごみであり，2002年度で生ごみ1,584 t，家畜糞尿9,152 tを受け入れ，3,264 tの堆肥が生産されている。生産された堆肥はすべて地元農協を通じて町内の販売店で販売されている。

4-3. 手法の解説

本節では，地域においてバイオマスのリサイクルの状況を示すことができる勘定体系を提案し適用する。新たな勘定体系は，バイオマス勘定と呼ばれ，産業連関表をベースとしたものである。産業連関表ではある部門からは1種類のみの生産物を産出すると仮定されているが，バイオマス勘定では1つの生産活動から複数の産出物およびバイオマスが生産されると想定し，拡張を行っている。図13-4にはその概念図が示されている。従来の産業連関表は貨幣表示のため，付加価値などの項目があるが，物量表示を基礎としている新たな勘定は，付加価値の部分を削除している。

まず，地域内の生産活動に投入される原材料が地域外から供給されるのか，地域内で受給されたものなのかを図中のAの部分で明確に区分する。その上で地域内のどの部門にどれだけの原材料が投入されているかを産業連関表のフレームに沿ってBの部分で記述する。そして，生産活動から生み出された生産物とバイオマスをその下のCで記述する。この時，1つの部門から生み出される生産物とバイオマスは1種類に限定されず，複数の産出が行われることも

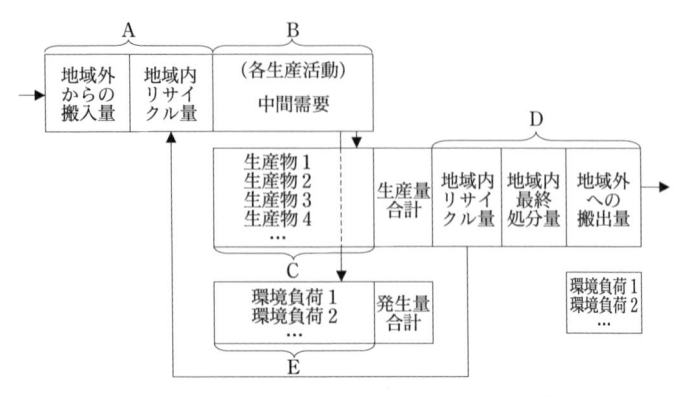

図 13-4　バイオマス勘定の概念図。出典：林ら[6]

ありうるとしている。例えば，畜産業では，生産活動に伴って畜産物が産出されるが，そのほかにバイオマスである家畜糞尿も同時に発生すると考えるのである。生み出された生産物とバイオマスがどのような需要先に需要されているか，すなわち，地域内で需要されているのか，地域外へ移出されるのかは，Dの部分で記述される。このうち，地域内で需要される生産物・バイオマスに関しては，再びAの部分に転記され，再度地域内の生産活動に投入される様子が記載される。また，生産物およびバイオマスが作り出される生産活動を行う際に発生する環境負荷をEに記載する。この部分で環境負荷を把握することによって，バイオマスのリサイクルをより一層進めることによる環境負荷低減効果などを明らかにすることができる。

このように，バイオマス勘定は，生産活動に伴って発生するバイオマスを体系的に記述でき，生産活動に伴って発生する環境負荷を把握するという今までにない手法である。

4-4. 推計方法

はじめに，推計対象となる地域および資源を定義する。推計対象の地域は，国富町の行政区域であり，ほかの市町村は地域外に定義され，推計の対象から除かれている。本節において取り上げるのは，国富町内で行われる様々な生産活動の中で，堆肥センターを中心としたバイオマスのフローに関連する産業部

門のみである。すなわち，ここでは堆肥センター，耕種農業，畜産業および家計の生産活動の四部門を地域内の生産活動として取り上げる。国富町内における堆肥センターを中心としたバイオマスのフローは図 13-5 に示す。まず，畜産業では，生産に伴って家畜糞尿が発生し，その一部は堆肥センターへ，残りは自家処理される。一方家計においても活動に伴って生ごみが発生し，自家処理分以外の生ごみはすべて堆肥センターに運ばれる[7]。堆肥センターでは，搬入された家畜糞尿と生ごみを原料に堆肥が生産され，耕種農業部門に販売されるのである。

また，生産活動に伴って発生する環境負荷については，耕種農業，畜産業，堆肥センターの3部門で推計した。家計部門の活動による環境負荷発生量は，推計に必要なデータが得られないため推計できなかった。耕種農業部門では，CO_2，NO_x，SO_x，SPM，CH_4 の5種類の環境負荷物質が，畜産業では，前述の5種類のほか，BOD，COD，T-N，T-P の計8種類が，堆肥センターの生産活動では，CH_4，N_2O，NH_3 の3種類が，それぞれ発生するとして，活動指標量に環境負荷発生原単位を乗じることによって発生量を推計した。

この一連のバイオマスフローを把握するため，本研究ではバイオマス勘定を構築する。提案した勘定は，図 13-5 にまとめられたバイオマスフローを元にして作られた 10 列×19 行の行列である。勘定の推計はこの行列の該当部分に適当な数値を記入してゆく作業である。推計のために使用したデータは，堆肥

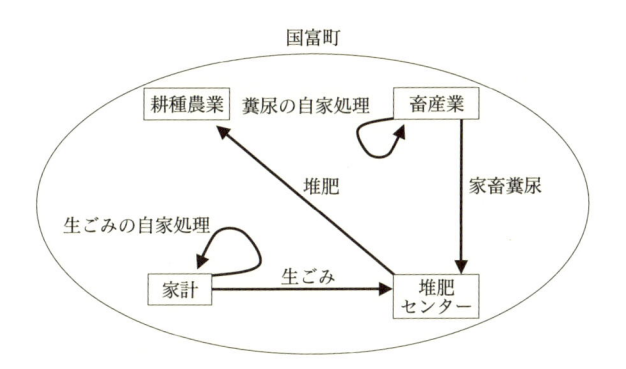

図 13-5 国富町におけるバイオマスフロー。出典：林ら[6]

表 13-12　2002 年度国富町バイオマス勘定。出典：林ら[6]

		エネルギー・原材料の供給		エネルギー・原材料の需要				生産・発生量と消費・投入および処理量		
		外部から搬入した原材料・有機性資源	地域内で生産・発生した原材料・有機性資源	財・サービスの生産活動			家計の活動	地域内で使用・処理		外部への販売および処理委託
				耕種農業生産	畜産生産	堆肥センター		消費・投入およびリサイクル	廃棄および放出	
		1	2	3	4	5	6	7	8	9	10
原材料の投入											
堆肥(t)	1	——	3,264.0	3,264.0	——	——	——				
そのほかの財・サービス	2	****	****	****	****	****	****				
有機性資源の投入											
生ごみ(t)	3	——	1,584.0	——	——	1,584.0	——				
糞尿(t)	4	——	9,152.0	——	——	9,152.0	——				
財・サービスの生産											
堆肥(t)	5					3,264.0	——	3,264.0	3,264.0	——	——
そのほかの財・サービス	6			****	****	****	****	****	****	****	****
有機性資源の発生											
生ごみ(t)	7			——	——	——	2,175.6	2,175.6	1,584.0	591.6	
糞尿(t)	8			——	56,435.6	——	——	56,435.6	9,152.0	47,283.6	
環境負荷の発生(kg)											
CO₂	9			4,557.1	102.5	413.4	——	5,073.0	——	——	
NOₓ	10			21.2	0.5	——	——	21.7	——	——	
SOₓ	11			11.8	0.1	——	——	11.9	——	——	
SPM	12			14.6	0.0	——	——	14.6	——	——	
CH₄	13			244.6	——	2.3	——	246.8	——	——	
N₂O	14			——	——	184.2	——	184.2	——	——	
NH₃	15			——	——	7.9	——	7.9	——	——	
BOD	16			——	2,575.9	——	——	2,575.9	——	——	
COD	17			——	1,707.4	——	——	1,707.4	——	——	
T-N	18			——	791.2	——	——	791.2	——	——	
T-P	19			——	368.2	——	——	368.2	——	——	

注）****：物量単位で表すことが困難なもの，▨：概念的に存在しないセル，——：データ制約などから値を計上しないセル

センターからのヒアリング調査のもの，そのほか既存の統計データを利用した。推計年次は 2002 年度である。推計したバイオマス勘定は表 13-12 に示す。

4-5. 推計結果

　2002 年度において，国富町では 2,175 t の生ごみと 5 万 6,436 t の家畜糞尿が発生した。そのうち，生ごみ 1,584 t，家畜糞尿 9,152 t が堆肥センターに堆肥の原料として搬入され，3,264 t の堆肥が生産された。そして，堆肥センターで堆肥の生産を行う際，CO_2 が 413.4 t，CH_4 が 2.3 t，N_2O が 184.2 t，NH_3 が

7.9 t 発生していることが示された. そのほか, 耕種農業の生産活動からは, CO_2 が 4,557.1 t, NO_x が 21.2 t, SO_x が 11.8 t, SPM が 14.6 t, CH_4 が 244.6 t 発生し, 畜産業の生産活動に伴って発生する 8 種類の環境負荷も明示されている.

ここで, 堆肥センター建設による環境負荷低減効果を明示化するため, 仮に現在行われている 1,584 t の生ごみの堆肥センターへの投入が一切行われず, すべて焼却処分された場合の環境負荷の発生量との比較を行う. その結果, 堆肥化した場合には, 焼却処分の場合よりも CO_2 の発生量が 403.9 t, N_2O が 196.2 t 減少することが示された (表 13-13). そのほか, 焼却時に発生していた 177.4 t の NO_x, 752.4 t の SO_x は発生量がゼロになる. バイオマスの生ごみは, カーボン・ニュートラルの性質を持つことから, 堆肥化による CO_2 の削減は地球温暖化防止に影響を与えない. だが, N_2O, NO_x, SO_x については, 堆肥化による環境負荷の削減効果と認められ, 堆肥センターの建設によるリサイクルシステムの構築により, 一定の環境負荷低減効果があることが示された.

4-6. 結 論

本節では, 市町村レベルにメゾ環境会計を適用し, バイオマスをリサイクルした時の効果を評価する新たな方法を提案して, 宮崎県国富町を事例にバイオマス循環システムの構築による環境負荷の削減効果を評価することを目的としてきた. 本節で提案されたバイオマス勘定を使うことによって, 複雑なバイオマスの流れを明確に表すことができ, さらにどのような活動によってどれだけ

表 13-13 生ごみの焼却と堆肥化による環境負荷発生量の変化. 出典:林ら[6]

	生ごみ焼却・堆肥化量 (t)	焼却 原単位 (t/生ごみ t)	焼却 発生量 (t)	堆肥化 原単位 (t/生ごみ t)	堆肥化 発生量 (t)	変化量 (t)
CO_2	1,584	0.516	817.3	0.261	413.4	403.9
CH_4	1,584	0.167	264.5	—	—	264.5
N_2O	1,584	0.124	196.4	0.000	0.2	196.2
NO_x	1,584	0.112	177.4	0.000	0.0	177.4
SO_x	1,584	0.475	752.4	0.000	0.0	752.4

注) 原単位の出典は高月[20]

の環境負荷が生じるか示される。また，バイオマス勘定は，表の項目を変えることによって，国富町だけでなくどの市町村でも利用でき，また，バイオマスだけではなく一般ごみのリサイクルや水の動きなどを捉えるのにも利用できる。

バイオマス勘定を用いて宮崎県国富町で堆肥センターの稼働による環境負荷低減効果を評価すると，生ごみを堆肥化した場合には，焼却処分時に発生していた 196.2 t の N_2O，177.4 t の NO_x，752.4 t の SO_x は発生量がゼロになり，堆肥センターの建設によるリサイクルシステムの構築によって，一定の環境負荷低減効果があることが示された。

5. まとめ

本章では，メゾ環境会計を適用した地域経済や地域産業の持続可能性や環境問題の分析事例について紹介した。こうしたメゾ環境会計の適用による分析は，国および地方自治体における環境政策立案の情報を見出せることと，政策の有効性に関する情報を抽出できるところにある。しかしながら，本章で紹介したメゾ環境会計では，経済データとして政策情報が十分に反映できていないところがあり，これを明示することが課題となっている。また，第 11 章で指摘したマクロ環境会計と同様に市場価値をもたない環境の機能すなわち環境便益に対する人々の選好を環境会計情報として取り扱うことができないため，現実の環境問題の多様化と環境会計情報のギャップが拡大している。貨幣評価値による直接的リンクを回避しつつ，このギャップを埋めることが可能な情報の開発が必要となっている。

注

1) 1990 年の H-SEEA については山本ら[23]を参照のこと。
2) 廃棄物勘定の詳細は内閣府[13]を参照のこと。
3) 本章における「自然資源」の定義は，United Nations [21] に示されている「自然資産」，すなわち「直接的・間接的に人間活動による影響をすでに受けているかあるいは潜在的に受ける可能性のある自然環境の資産」とする。ここでは，自然資産は生物資産，土地と水域およびその生態系，地下資源と大気に分類されると記されている。経済活動に投入される財として見た場合，一般的には「自然資産」ではなく「自然資源」とすべきであり，本章では「自然資源」を用いる。ただし，SEEA のフレームワークでは，ス

トック計数として表現する場合に一部「自然資産」や「生産されない資産」という用語を使用している。また，本章においては，自然資源の利用および大気・水など環境中への環境負荷物質の排出行為を自然資源の投入または消費と呼ぶ。
4) 例えば，GDP成長率が−1%，自然資源投入変化率が2%とした場合，デカップリング指標は−2となり，デカップリングが実現しているという状態になる。しかしながら，この状態は明らかに持続可能な状態とはかけ離れているのである。確かに経済成長と自然資源投入が反対方向に動きがデカップリング(Decoupling；分離)しているという意味においては正しいのかもしれないが，この場合にはGDPの成長が伴わず，DI<0が持続可能な発展の必要十分条件とはならないのである。
5) エコロジカル・フットプリントの詳細は本書第16章を参照のこと。
6) 人口は2007年8月現在の数値である。
7) 国富町では収集される生ごみのすべてを堆肥センターで処理しているが，一部農家などでは自らが所有する農地に還元するなどの自家処理が行われている。本章では，生ごみの農地還元による環境負荷は推計していない。

引用・参考文献

[1] 青木卓志・桂木健次・増田信彦(1997)：「地域における環境・経済統合勘定──富山県の場合」『研究年報』vol. 22, pp. 1-57.
[2] Hartridge, O. and Pearce, D. (2001): *Is UK Agriculture Sustainable? Environmental Adjusted Economic Accounting for UK Agriculture*, CSERGE-Economics University College.
[3] 林岳・山本充・出村克彦(1999)：「北海道における地域環境・経済統合勘定の推計──実際環境費用の推計を中心として」『北海道大学農学部農経論叢』No. 55, pp. 29-49。
[4] 林岳(2002)：「地域における環境経済統合勘定の理論と実証に関する研究」『北海道大学大学院農学研究科邦文紀要』vol. 24(3, 4), pp. 225-301。
[5] 林岳(2004)：「地域における第一次産業の持続可能な発展に関する分析──北海道地方を事例とした環境・経済統合勘定の構築と推計」『農林水産政策研究』No. 6, pp. 1-22。
[6] 林岳・久保香代子・合田素行(2004)：「地域における有機性資源リサイクルシステムの定量的評価──宮崎県国富町を事例として」『2004年度日本農業経済学会論文集』pp. 277-281。
[7] 平井康宏・村田真樹・酒井伸一・高月紘(2001)：「食品残渣を対象とした循環・資源化処理方式のライフサイクルアセスメント」『廃棄物学会論文誌』vol. 12(5), pp. 219-228。
[8] 環境省(2002)：『平成14年度温室効果ガス排出量算定方法検討会廃棄物分科会報告書』環境省。
[9] 環境省(2002)：『平成14年度温室効果ガス排出量算定方法検討会農業分科会報告書』

環境省。

- [10] 経済企画庁(1998):『平成9年度経済企画庁委託調査　環境・経済統合勘定の推計に関する研究報告書』財団法人日本総合研究所。
- [11] 経済企画庁(1999):『平成10年度経済企画庁委託調査　環境・経済統合勘定の確立に関する研究報告書』財団法人日本総合研究所。
- [12] 経済企画庁(2000):『平成11年度経済企画庁委託調査　環境・経済統合勘定の確立に関する研究報告書』財団法人日本総合研究所。
- [13] 内閣府(2001):『平成12年度内閣府委託調査　環境・経済統合勘定の確立に関する研究報告書』財団法人日本総合研究所。
- [14] 内閣府(2002):『平成13年度内閣府委託調査　SEEAの改訂等にともなう環境経済勘定の再構築に関する研究報告書』財団法人日本総合研究所。
- [15] 内閣府(2003):『平成14年度内閣府委託調査　SEEAの改訂等にともなう環境経済勘定の再構築に関する研究報告書』財団法人日本総合研究所。
- [16] 内閣府(2004):『平成15年度内閣府委託調査　SEEAの改訂等にともなう環境経済勘定の再構築に関する研究報告書』財団法人日本総合研究所。
- [17] 南齋規介・森口祐一・東野達(2002):『産業連関表による環境負荷原単位データブック(3EID)——LCAのインベントリデータとして』国立環境研究所地球環境研究センター。
- [18] OECD, Indicators to Measure Decoupling of Environmental Pressure from Economic Growth, http://www.oecd.org/EN/newsarchive/0,EN-newsarchive-0-nodirectorate-no-no-0-no-no-26,00.html.
- [19] 大城祐司(2003):『地域環境勘定の構築に関する実証研究』小樽商科大学大学院商学研究科修士論文。
- [20] 高月紘『都市内分散型エネルギー需給技術の温暖化抑制効果と都市環境影響に関する研究　平成11年度報告書』http://homepage1.nifty.com/eco/pdf/fw2000.pdf
- [21] United Nations (1993): *Handbook of National Accounting: Integrated Environmental and Economic Accounting*, United Nations Publication.(経済企画庁経済研究所(現内閣府経済社会総合研究所)訳『国民経済計算ハンドブック　環境・経済統合勘定』)
- [22] United Nations, Commission of the EC, IMF, OECD and World Bank (1994): *System of National Accounts 1993*, United Nations Publication. (経済企画庁訳『1993年改訂　国民経済計算の体系』)
- [23] 山本充・林岳・出村克彦(1998):「北海道における環境・経済統合勘定の推計——北海道グリーンGDPの試算」『小樽商科大学商学討究』vol. 49(2・3合併), pp. 93-122。
- [24] Yamamoto, M., Hayashi, T. and Demura, K. (1999): "Estimation of integrated environmental and economic accounting in Hokkaido,"『地域学研究』vol. 29(1), pp. 25-40.
- [25] 山本充(2002):「廃棄物勘定に関する考察(1)」『小樽商科大学商学討究』vol. 53(1), pp. 307-341。

[26] 山本充(2002):「廃棄物勘定に関する考察(2)」『小樽商科大学商学討究』vol. 53 (2・3合併), pp. 165-186。
[27] 山本充(2003):「廃棄物勘定に関する考察(3)」『小樽商科大学商学討究』vol. 53(4), pp. 137-153。
[28] 山本充(2003):「北海道における廃棄物勘定の推計とその検討」『地域学研究』vol. 33(1), pp. 33-44。
[29] 山本充(2004):「北海道 NAMEA の試算」『草地生態系の物質循環機能を考慮した酪農の持続的生産体系と LCA 分析』(平成13年度～平成15年度日本学術振興会科学研究費補助金(基盤研究(B)(2))研究成果報告書(第2報)研究代表:出村克彦), pp. 69-112。

第14章　農業におけるミクロ環境会計の適用

林　　岳

　第11章第5節において，環境会計を農林水産業に導入することによって様々な利点があり，一定の役割を果たすことを解説したが，わが国の農林水産業において農業経営体を対象としたミクロ環境会計を導入した事例は今までほとんど見られない。本章では，農業にミクロ環境会計を適用することの必要性を論じた上で，ほかの産業で用いられる環境会計との違いを議論する。そして，農業会計，メゾ環境会計やLCAといった手法との関連性について解説し，ミクロ環境会計を農業へ適用する際の課題をまとめる。

1. ミクロ農業環境会計の意義

1-1. 農業経営体のアカウンタビリティ

　まずはミクロレベルの農業環境会計が求められる根拠を明確にする。これについては，ミクロ農業環境会計においても，ほかの産業のミクロ環境会計と同様に経営体内での利用すなわち内部機能と，アカウンタビリティの確保すなわち外部機能が挙げられるだろう。しかしながら，農業特有の事情を勘案すると，これらの機能はさらに深化させて議論する必要がある。

　農業経営体におけるミクロ環境会計とアカウンタビリティについての先駆的研究としては，家串[2]の貢献が大きい。家串[2]では，「信頼関係に基づく伝統的農村共同体においては，欧米社会に存在する社会的「契約」関係よりむしろ社会的「信頼」関係に基づき社会が構成されてきた。(中略)そして時代の変

化に伴い伝統的農村共同体においても，社会的「契約」の概念が重視されるに至り，社会的「契約」を前提とする「信頼」社会への以降が必要とされる」と述べている(家串[2] p. 19)。また，家串は「農業経営は個別的存在と社会的存在の両側面を有しており，それは主に前者により私的領域である収益性が，後者により社会的生産性が追求され，かつ資源保全や農産物の安全性等をも考慮すべき」と論じている(家串[2] p. 20)。

　以上のことから，ミクロ農業環境会計の必要性については，以下の2点に論点をまとめることができる。第1の論点は，自らの経営体の経営・財務内容を明確な指標として公表する必要が生じてきたという点である。古くから続いてきた農村共同体の崩壊もしくは機能の低下，「信頼」から「契約」が重視されるようになった結果，農業においても会計システムさらにはそれによるアカウンタビリティがより重要視されるに至り，明確な指標により経営・財務内容を公表する手段として財務会計の必要性が高まっている。これは，従来厳密な会計システムを必要としなかった農業の特殊性が徐々に薄れ，農業の「産業化」すなわち農業経営体が一般の企業により近い形に変容していることを示している。このような現象は農業経営者による農業法人設立の動きからも見てとれる。したがって，この側面から見ると，今後も農業経営体の会計システムの必要性が増すと思われる。

　これまでも，農業においては農業会計を通じて厳密な会計システムの導入が進められてきた。当然ながらミクロ農業環境会計を導入する際も厳密な会計システムに則るものとするべきであろう。ただし，現在でも農業会計は他産業の財務会計に比べてそれほど普及が進んでいない。関根[11]は，農業経営体では財務会計が確立されておらず，当面の間は慣行農法のかかり増しコストを基準とするミクロ農業環境会計を構築し，財務会計の整備とともに徐々に財務会計を基準としたものへと発展させるべきと論じている。ミクロ農業環境会計の普及に際しては，まずそのベースとなる農業会計の普及とともに進められるべきであろう。

　第2の論点として，環境という側面から論じた場合，農業経営体は社会的存在として環境に密接に関連した生産活動を行ってきた点である。すなわち，農業生産活動は単なる利潤追求手段であるのみならず，ほかの産業では見られな

い自然との一体性を有するため，社会的存在が認められるのである。その際，地域社会の共有物としての環境を利用する生産活動を行うことから，環境のほかの利用者である一般市民に対しても情報を開示し説明する責任が生じる。社会的存在としての農業経営体を考慮することにより，社会的生産性追求の結果を市民社会などしかるべき者に対して説明する必要があり，通常の利益性の追求を目的とする会計が対象とするアカウンタビリティの範囲が，市民社会などへ拡張される。その意味においてミクロ農業環境会計が必要とされるのである[1]。環境会計によりこれらのアカウンタビリティを確保し，共有物としての環境を利用することに対する責任を果たすことができる。

ところで，農業生産活動が共有物としての環境を利用する一方で，農業生産活動を行うことによって保全される環境も存在する。これはいわゆる農業・農村の多面的機能であり，水田や里山といった二次的自然は人間が農業生産活動を行うことによって形成されたものである。このような側面も農業と環境の関係として情報を開示する必要がある。すなわち，社会的存在としての農業経営体は生態系や環境に正負両面で密接に関連しており，ミクロ農業環境会計においても，環境の正負両面に関するアカウンタビリティを果たさなければならない。

1-2. 生産活動における必要性

しかし，残念ながら，現段階において農業経営者の間で，環境会計の認知度はそれほど高くない。これは冒頭で述べた通り，ミクロ環境会計は製造業やサービス業の大企業を中心として導入が進んでおり，農業分野では未だなじみの薄いものであるためと思われる。なぜ農業において環境会計がなじみの薄いものなのか，なぜ導入が進まないのかについては第4節で論じるが，農業経営者にとって，ミクロ農業環境会計の役割は今のところそれほど大きくない。

しかしながら，現在，国の農業政策においても農業経営者は環境保全を重視した農業活動への転換が求められている。ここで問題となるのは，農業経営者の環境保全活動を客観的に評価する指標が存在しないため，農業経営者の取り組みがどの程度環境保全に効果があるのかなどを明示することができない点である。地方自治体や農協においては，農業経営者に環境保全活動を普及・指導

するためには，それを行うことによってどのような側面で環境保全に貢献し，どのくらいの効果があるのかを明示して農業経営者へ論理的に説明する必要がある。また，農業改良普及員や農協の営農指導員が農業経営者に環境保全型農業技術を普及・指導する際，ミクロ農業環境会計により環境保全への取り組みを診断し，改善点を指摘することなどにも利用できる。すなわち，自治体や農協の立場からは，ミクロ農業環境会計は，地方自治体の農業部門担当者が農業環境政策を進める上で，農業経営者へのアカウンタビリティを確保や，農業経営者への普及，営農指導に利用できる。

また，そもそも農業環境保全対策を主体的に実施する立場にある農業経営者は，農業生産活動と環境の関係の実態をどこまで把握しているのだろうか。農業は環境と密接にかかわる生産活動を行うことから，ほかの産業の企業と異なり農業経営で把握しなければならない環境情報は多岐にわたる。このような複雑な農業生産活動と環境の関係を把握するためには，記憶やメモだけでは不十分で，体系的な情報の整理が必要となろう。ミクロ農業環境会計は農業と環境の複雑な関係に関する情報を整理する上でも有益である。

このほか，特に環境に配慮した農業生産活動を積極的に行っている農業経営者からは，慣行農法による生産との差別化を図る意味から，環境保全の取り組みを正しく評価できる手法を用いて自らの活動を評価したいという声も聞かれる。これまで，農業経営体の環境保全活動はその取り組みの有無のみを評価し，活動の質を評価することはあまり行われていなかった。これは積極的に環境保全活動を行い，可能な限り環境負荷を削減しようと努めている農業経営体と，環境保全活動を行いながらも必要最低限の基準を守る程度にとどまっている消極的な経営体を同水準に評価してしまう。ミクロ農業環境会計は，環境保全活動の有無ではなく，その質を定量的に評価することができることから，農業経営者に取組の効果を従来よりもさらに客観的に伝達する手段となりうる。

楠本[6]が指摘するように，財務会計の分野では，財務状況の公開度の高い企業ほど社会的信頼は高くなる（楠本[6] p. 28）。環境保全活動に関しても同様のことがいえないだろうか。環境保全活動に関する社会的信頼を高めるためには，その活動内容を明確に公表することが必要で，ミクロ農業環境会計はその有効な手段の1つとなりうる。

以上のことから，ミクロ農業環境会計は現段階では未だ農業にはなじみの薄いものであるものの，今後様々な面でその重要性および必要性は増してくると思われる。農林水産省でも 2003 年 12 月に公表した『農林水産環境政策の基本方針』において，今後検討すべき事項として環境会計の検討を掲げており，農林水産省の研究所においても，ミクロ農業環境会計の開発作業が進められている(農林水産省[9] p. 37，本章 BOX 参照)。特に近年は農業経営者の間でもパソコンが普及し，農業会計の作成にも専用のソフトが用意されている。パソコンの普及は，農業経営者に農業会計の導入の際の障壁を低くし，単式簿記から複式簿記への移行も容易にした。このような流れにのって農業会計から農業環境会計への発展もパソコンを用いて環境会計を簡単に作成することができれば，導入に対する障壁は低くなると思われる。

2. ほかの産業の環境会計との相違

第 11 章第 5 節で検証した通り，農業にはほかの産業にはないいくつかの特殊性を有する。農業の特殊性を考慮すると，ミクロ環境会計も必然的にほかの産業のものをそのまま適用することはできない。本節では，ほかの産業と農林業におけるミクロ環境会計の相違を環境省『環境会計ガイドライン 2005 年版』(以下，ガイドライン：環境省[3])と比較し，コストと効果の捉え方の相違を考察する。

2-1. ガイドラインとの比較

以下では，ガイドラインにおけるミクロ環境会計の理論的背景のうち，農業に当てはめる場合にどのような点を新たに考慮すべきかをまとめて検討する。

まず，ミクロ環境会計の機能と役割について，ガイドラインではミクロ環境会計の機能が内部機能と外部機能に分けており，内部効果では環境保全活動の効率性分析，費用対効果分析などに適用可能である。農業にミクロ環境会計を当てはめた際も，環境保全対策の費用対効果の分析に有効であることは間違いないだろう。ただし，前述の通り，農業会計の普及率の低さから，農業経営者は必ずしも会計をもとにした経営管理を行っているわけではない。長年の経験

農業環境活動チェックソフト

　農林水産省の農林水産政策研究所では，農林水産業における環境会計の開発作業の一貫として，「農業環境活動チェックソフト」(以下，チェックソフト)を開発している(高橋ら[12])。これは，農業経営者がパソコンで自らの環境保全活動への取り組み状況や，農薬・化学肥料の投入回数などを入力すると，自動的に点数化されるというものである。当初，農業環境会計を目指していたが，環境会計の普及のためにはより多くの農業経営者に幅広く利用してもらえるような内容や形態にするべきとの判断から，定量的な評価に基づいた環境会計ではなく，定性的な評価も取り入れ，パソコンソフトの形態としている。

　2007年1月現在，稲作農家を対象としたチェックソフトを開発中で，種子予措から稲わらの処理までの一連の稲作栽培作業の中で行われる環境保全活動への取り組みの実施状況，エネルギー投入量と多面的機能増進のため取り組みの実施状況などを入力すると，レーダーグラフの形で結果が表示されるものである(図14-1参照)。

　チェックソフトは，未だ開発段階にあるが，このような環境評価ツールが農業経営者に環境保全活動の評価手法として幅広く利用されることを期待したい。

〈林　　岳〉

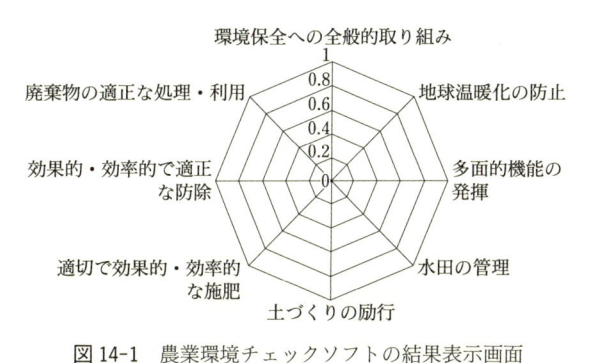

図14-1　農業環境チェックソフトの結果表示画面

で培った「勘」や近隣農家の行動などが経営判断に大きく影響を与えている。したがって，農業ではほかの産業に比較して金銭的な側面が経営判断に影響を与える部分は相対的に小さいといえる。それでも農業の「産業化」は着実に進行しており，今後は会計・財務情報のウエイトがより大きくなることは十分想

定できる。

　また，近年は特に環境に配慮した農業生産活動が求められており，その重要性も急速に高まっている。国の政策としては2005年に「環境と調和の取れた農業生産活動に関する規範」が策定され，農業経営者が農業と環境の調和のために取り組むべき基本的事項がまとめられた。また，2004年から「家畜排せつ物の管理の適正化及び利用の促進に関する法律(以下，家畜排せつ物法)」が完全施行されており，野積みや素堀りを解消し家畜糞尿の適正管理を行うとともに，堆肥化など家畜糞尿の利用促進が求められるようになった。今後も2007年度から「農地・水・環境保全向上対策」が実施され，化学肥料や農薬を大幅に削減する取り組みに対しての支援が行われる。

　一方，都道府県においても地域の実情に応じた独自の農業環境政策を実施している自治体がある[2]。農業経営者は農産物価格が低迷する中で，様々な農業環境政策に対応してゆかなければならない。今後も費用面・労働面の双方において，農業生産における環境保全活動のウエイトも年々大きくなり，農業経営者がいかに効率的な環境保全活動を行うかが重要な課題となるだろう。ミクロ農業環境会計は，経営体における環境情報と財務情報を同一のフレームワーク上で把握することができ，様々な環境保全活動の費用と効果を包括的かつ体系的に整理し，環境保全活動の効率性や費用対効果を示すことができる。自らの環境保全活動に関するあらゆる情報を整理するためには，環境会計が適した手法となるだろう。

　対して，外部機能に関してはどうだろうか。ガイドラインでは消費者，取引先，投資家，地域住民，行政へ環境保全の取り組みを開示するとしている。農業の場合，消費者，取引先，地域住民，行政への開示はほかの産業と同じであるが，農業経営体にとってもう1つの重要な主体である農協を含めることが必要であろう。これは農産物の出荷先としてと同時に，融資を受ける投資家としても農協が農業経営体に対して重要な役割を果たしているためである。農産物の大半が農協を通じて出荷される現状を鑑みると，農業経営体は農産物の環境配慮を出荷先の農協に対して積極的にアピールすることが必要である。

　さらに，農業は環境と密接な生産活動を行う産業であることから，農業生産活動は直接的に地域の環境へ大きな影響を与える。したがって，地域住民，行

政へのアカウンタビリティを確保することも必要となる。そのためにも、ミクロ環境会計の外部機能は農業の場合においても他産業と同様に求められる。

次にミクロ環境会計の基本事項を確認しておく。ガイドラインによると、ミクロ環境会計の実施に際しては、対象期間、集計範囲、環境保全コストの内容・算定基準、環境保全効果の内容・算定基準、環境保全対策に伴う経済効果の内容・算定基準を定める必要があるとしている。このうち、ここでは対象期間と集計範囲について言及し、ほかについては次項で詳しく述べる。

まず、対象期間であるが、ガイドラインによると、基本的に企業の事業年度とすべきとしている。これは、財務会計情報と環境保全活動、環境会計情報の整合性を確保するためである。農業においては、基本的に1年を単位として生産活動が行われているが、作物によってはこれ以下の短い期間で生産が行われる場合もある。一経営体が複数の種類の農産物を同時に生産している場合もあり、1つの作目の作付けから収穫までの期間を事業期間とすることには無理が生じよう。また、例えば水田の冬季湛水のように、直接的に農産物の生産とは関係ないところで環境保全活動が実施されることも想定される。したがって、農業においても対象期間は農業会計などの会計情報と一致させることが望ましいだろう。

集計範囲については、ガイドラインによると、企業集団を単位に行うことが求められている。ここでいう企業集団とは、子会社および関連会社を含めたグループを指す。周知の通り、農業は家族経営が多く、集計範囲は一経営体とするのが一般的であるが、生産法人や複数の農家が構成する生産組合などの場合には、これらを集計範囲とすることも考えられる。このほかにも複数の経営体で構成される集落を単位とする場合や、水系・農業用水の受益者を単位とする場合など、様々な集計範囲が想定される。複数の経営体を集計範囲とする環境会計はメゾ環境会計としても捉えられるだろう。メゾ環境会計とのリンクについては、第3節で詳しく言及する。

2-2. コストおよび効果の捉え方

本来、ミクロ環境会計とは、環境対策を行うことによって増加する費用と削減される環境負荷を評価するものである。しかし、農業は環境と密接にかかわ

る生産活動を行っており，そもそも生産活動からどのくらいの環境負荷が発生しているかさえも正確に捉えることができていないのが現状である。したがって，ミクロ農業環境会計において環境対策による環境負荷削減分を抽出して評価することは現段階では困難であり，当面は現状の生産活動によって発生する環境負荷量を定量化することが課題となろう。ガイドラインは，環境保全対策によって削減される環境負荷を捉えることを目的に作成されたものであるから，現時点ではこれを直接農業に当てはめることはできないが，費用や効果の考え方はガイドラインのものが応用できる。以下ではガイドラインのコストと効果の捉え方をもとに，農業で考えられる項目を検討する。

　まず事業エリア内コストに関しては，農業における事業エリアをどう設定するかという課題が発生する。当然ながら農業経営体が生産のために利用する農地および農業経営者が日常的に作業を行う農家周辺の敷地はほかの用地と明確に区分でき，それを事業エリアとして設定し，そこに投入される費用から環境保全コストを推計することは可能である。しかしながら，そもそも農業において主要な生産要素である土地は，環境の一部として位置づけられ，あらゆる側面で周辺の環境と結びついている。そのため，物質循環の観点からは，単に農地を事業エリアとして設定した場合でも，そこで発生した環境負荷を厳密に他所で発生したものと区別することは困難である。これは環境保全コストの計測よりむしろ環境保全効果の計測に大きな影響を与える問題であるが，詳しくは第4節で論じることとして，ここではひとまず事業エリアを農業生産活動が行われる農地および農業経営者が日常的に作業を行う農家周辺の空間と設定する。

　ガイドラインにおける環境保全コストの分類は表14-1の通りである。事業エリア内コストをガイドラインに照らし合わせると，農業もほかの産業と同様，公害防止のためにコストを支出している。大気汚染防止については農薬の飛散防止，水質汚濁防止については，化学肥料の地下水浸透や家畜糞尿の河川流出防止などの対策が行われ，費用が支出されている。中でも農業では悪臭防止が重要になるだろう。特に畜産農家においては，糞尿から悪臭が発生し，都市近郊の農業経営体では深刻な問題となっている事例も散見される。その一方で，騒音および振動防止については，農業生産活動が主に農村地域の人口密度が低い地域で行われていること，また建設業のような大規模な機械を多数使用する

表14-1 ガイドラインによる環境保全コストの分類。出典：環境省[3]を筆者が加筆修正

	ガイドラインにおける環境保全コストの分類		農業で想定される事例
事業エリア内コスト 主たる事業活動により事業エリア内で生じる環境負荷を抑制するための環境保全コスト	公害防止コスト	大気汚染防止 水質汚濁防止 土壌汚染防止 騒音防止 振動防止 悪臭対策	農薬の空中散布 化学肥料の地下水浸透、家畜糞尿の河川流出 化学肥料、農薬の蓄積 農業ではあまり想定されない 農業ではあまり想定されない 農業では特に重要
	地球環境保全コスト	地球温暖化防止および省エネルギー オゾン層破壊防止 その他の地球環境保全	反芻動物のげっぷ・糞尿および水田からのメタン発生 臭化メチルによるオゾン層破壊
	資源循環コスト	資源の効率的利用 廃棄物のリサイクル、処理・処分 そのほか	ハウスの温度管理の適正化、機械の効率的使用 家畜糞尿の処理、堆肥化、規格外農産物、稲わらの再資源化、廃プラスチックの適正処理
上・下流コスト 主たる事業活動に伴ってその上流又は下流で生じる環境負荷を抑制するための環境保全コスト	グリーン購入 容器包装などの低環境負荷化 製品・商品などの回収、リサイクル、再商品化、適正処理 そのほか		環境に配慮した農業用資材の利用 農業の責任において行われるものではない 食品残渣の回収は自治体もしくは小売、卸売、飲食、食品製造業が担当
管理活動における環境保全コスト	環境マネジメントシステムの整備・運用 環境情報の開示、環境広告 環境負荷監視 従業員の環境教育 事業活動に伴う自然保護、緑化、景観維持、環境改善対策		エコファーマー、減農薬農業などの認証制度 農産物へのラベル表示など 家族経営が多く、現実的ではない 活動単位は一経営体ではなく、集落などの単位となることが多い
研究開発活動における環境保全コスト	環境保全に資する製品などの研究開発 製品などの製造段階における環境負荷抑制の研究開発 そのほか、物流段階、販売段階などの環境負荷抑制の研究開発		農業改良普及センターや農業試験研究機関が担当する分野である 農業改良普及センターや農業試験研究機関が担当する分野である 農業改良普及センターや農業試験研究機関が担当する分野である
社会活動における環境保全コスト	事業所を除く自然保護、緑化、美化、景観保全 環境保全を行う団体に対する寄付、支援 地域住民の行う環境活動に対する支援、地域住民に対する情報提供などの各種社会的取り組み		用排水路の管理、集落の景観保全 学習田の提供 生き物調査の実施など実例多数
環境損傷対応コスト	自然修復 環境保全に関する損害賠償 環境の損傷に対応する引当金繰入額および保険料		里山林、里山の維持 農業ではあまり想定されない 農業ではあまり想定されない
そのほかのコスト そのほか環境保全に関連するコスト	上記に該当してはまらないコスト		

ことはあまりないことなどを考慮すると，農業においてはそれほど重要な項目ではないと思われる。

地球環境保全コストについて，農業における地球温暖化対策では，温室効果ガス排出量のうち農業由来の排出量は約 4% とさほど大きい数字ではなく，その割合自体も年々低下傾向にある (UNFCCC [13])。しかしながら，これは各経営体における温室効果ガスの削減努力によるものではなく，むしろ農業生産の縮小によるところが大きい。また，農業における CH_4(メタン)の排出は国内での全排出量の約 7 割を占めており，反芻動物のげっぷ，家畜糞尿，水田が主な発生源である。CH_4 は，発生量自体は CO_2(二酸化炭素)に比べ少ないものの，地球温暖化に与える影響が CO_2 よりも大きいため[3]，農業においても対策が求められている[4]。

資源循環コストについては，農業では家畜糞尿や規格外農産物の処理・堆肥化や稲わらの敷料としての再利用・すき込みなどの再資源化のほか，廃プラスチックの適正処理にかかる費用が想定される。2004 年 11 月に家畜排せつ物法が完全施行され，畜産経営体は家畜糞尿の処理適正化のため様々な取り組みを行った。このような取り組みのコストは資源循環コストに分類される[5]。

次に，上・下流コストや管理活動コスト，研究開発コストについては，農業ではそれほど大きな役割を果たすものではない。これらのコストで想定されるものは，上・下流コストでは環境に配慮した農業資材の購入費，管理活動コストではエコ・ファーマーなど認定制度の取得のために支出した費用程度である。特に製品・商品の回収，リサイクルに関するコストは，家庭電化製品や自動車のような耐久消費財とは異なり，農産物を中間投入財として使用した食品産業や外食産業などの責任において行われている。また，農産物を最終消費する家計の場合は，地方自治体が清掃事業の一環として生ごみを回収し，焼却または堆肥化などの処理を行っている。このように，消費された後の農産物の回収，リサイクルは，一般的に農業経営者が責務を負うものではない。管理活動コストに関しても，農業には家族経営が多いという実態を踏まえれば，管理活動コストにおける従業員の環境教育もあまり想定されないだろうし，研究開発コストについても，品種開発などの農業分野における研究開発は国や都道府県または農協の試験場や研究所が主体となって行っており，現実には農業経営体での環

境保全コストとしてあまり想定されない。

　一方で，社会活動コストについては，農業生産活動では経営体独自の活動のみならず集落単位などの活動が大きな役割を果たしている。日本の農業は古くから集落単位で営まれ，農業経営者は自らの農業生産による利潤最大化以外に地域全体の利益を考えた社会的活動も行ってきた。これらの活動に関するコストは，ミクロ環境会計において社会活動コストに当てはまる。例えば，集落による用排水路や里山の共同管理，学習田の提供や生き物調査など地域で行われる共同作業やイベントは，一農業経営者だけの活動ではなく集落や地域の単位で行われ，地域全体に効果がもたらされることから，これらの活動に支出されたコストは社会活動コストに分類される。農業では地域全体の利益を考えた社会活動の割合がほかの産業よりも高く，必然的に社会活動コストも大きくなると思われる。

　以上の考察結果をまとめると，農業における環境保全コストをガイドラインに従って分類すると，事業エリア内コストと社会活動コストが中心となることがわかる。このことは，農業においてミクロ環境会計を作成する際，これら2つの項目の費用を重点的に算出することで全体の環境保全コストの多くの部分を把握することができることを示す。農業におけるミクロ環境会計は家族経営が中心の農家で利用されることが想定され，なるべく簡便な作業で作成できることが望ましい。そのためには，中心となる事業エリア内コストと社会活動コストに焦点を絞って費用算定作業を行うことも考えられよう。

　なお，環境保全効果の捉え方については，表14-2にはガイドラインにおける環境パフォーマンス指標と農業における具体的な環境パフォーマンス指標を示した。各項目については，環境保全コストとほぼ同じであるため，詳細な解説は割愛するが，農業における環境保全効果のうち最も重要なものは，多面的機能の発揮であり，これをいかに把握するかが農業における環境会計の最も重要な課題となろう。このうち，CO_2，NO_x（窒素酸化物），SO_x（硫黄酸化物）の吸収など物量で評価できる多面的機能については，環境パフォーマンス指標において評価可能だが，景観形成や保健休養機能といった物量単位で評価できない指標をどのように取り込むかが課題となる。環境保全コストでは，景観形成機能の維持のために支出されたコストは計算が可能だが，その費用に対してど

表 14-2 農業における環境パフォーマンス指標。出典：環境省[3]を筆者が加筆修正

環境保全効果の分類	ガイドラインにおける環境パフォーマンス指標	農業で想定される事例
事業活動に投入する資源に関する環境保全効果	総エネルギー投入量 種類別エネルギー投入量 特定の管理対象物質投入量 循環資源投入量 水資源投入量 水源別水資源投入量	農業ではあまり想定されない 堆肥の使用 農業用水使用量 地下水使用量、農業用水使用量
事業活動から排出する環境負荷および廃棄物に関する環境保全効果	温室効果ガス排出量 種類別または排出活動別温室効果ガス排出量・移動量 特定の化学物質排出 廃棄物など総排出量 廃棄物最終処分量 総排水量 水質 NOx、SOx 排出量 悪臭	温室効果ガス排出 農業の空中飛散 家畜糞尿、廃プラスチック 家畜糞尿、廃プラスチック 地中への浸透があり、正確な把握には科学的データが必要 そのほか、窒素、リンなども想定される
事業活動から産出する財・サービスに関する環境保全効果	使用時のエネルギー使用量 使用時の環境負荷物質排出量 廃棄時の環境負荷物質排出量 回収された使用済み製品、容器、包装の循環的使用量 容器包装使用量	農産物ではあまり想定されない 農産物ではあまり想定されない 生ごみの発酵による環境負荷が考えられるが、これを農業の環境保全効果とすることは疑問 輸送用段ボール、プラ箱の再利用 肉類の販売用容器や果物の包装などが考えられるが、これを農業の環境保全効果とすることは疑問
そのほかの環境保全効果	輸送に伴う環境負荷物質排出量 製品、資材の輸送量 汚染土壌の面積、量 騒音 振動	化学肥料、農薬による土壌汚染 農業ではあまり想定されない 農業ではあまり想定されない

れだけの効果があったかについては数値的な把握が難しい。この点については，第4節で論じる。

3. ほかの評価手法との関連

本節では，ミクロ農業環境会計の位置づけを明確化するため，ほかの評価手法との関連性，相違点などを明らかにする。はじめに農業会計との関連を明らかにし，続いてLCA(Life Cycle Assessment；ライフサイクルアセスメント)，メゾ・マクロ環境会計との環境評価の対象や概念の違いを解説する。

3-1. 農業会計とLCA

ミクロ農業環境会計は農業会計[6]と密接な関係を持つ。これは農業会計がミクロ農業環境会計の基礎的な役割を果すためである。農業会計では農業生産活動に伴う金銭的な動きを把握することができ，あらゆる資金の動きが記帳されていることから，農家経済の把握，農業経営分析や税金の青色申告の手段として農業経営者に利用されてきた。農業にミクロ環境会計を適用する際，農業経営体の金銭的側面である環境保全コストを把握するためには，農業会計をベースとした評価が最も効率的で簡単な方法となる。農業会計は，ミクロ農業環境会計のうち環境保全コストを計る際に，大きな役割を発揮する。農業会計からミクロ農業環境会計の環境保全コストを計算するためには，農業会計に記帳されているコストの中から環境保全に関連するものを抽出することが必要である。どのような基準で環境保全コストを判別するべきかは第2節で概説した通りである。

さて，農業会計もミクロ農業環境会計も会計システムをベースとしていることは変わらず，会計の導入という観点からミクロ農業環境会計の先駆的存在である農業会計の変遷を分析することは，ミクロ農業環境会計について論じる上でも一定の意義があると思われる。現在でこそ，農業会計の普及はある程度進んだが，かつては農業経営者にそれほどなじみのあるものではなかった。菊地[4]は，農業会計が農業経営者の間になかなか普及しなかった理由を以下の3点にまとめている。第1にわが国の農業経営が稲作中心の比較的単純なものが

多く，農業会計によらなくてもおおよその計算ができたこと，第2に農業会計を作成しても，その結果を税務対策や金融面に利用する機会が少なかったこと，第3に農業普及指導機関において農業会計や経営分析はあまり重要視されてこなかった点である。これらの理由はミクロ農業環境会計の普及を考える上でも重要な課題である。第1に理由に関しては，農業経営における環境保全活動でも，ミクロ農業環境会計など作成して定量的にその効果を示さなくても，農薬や化学肥料の投入量を減少させることで，環境によいということは感じられるだろう。第2の理由に関しても，農業経営者がミクロ農業環境会計を作成したところで，特段メリットがあるわけではない。このように，農業会計が普及しなかった理由の中には，ミクロ農業環境会計にも該当するものが多いことが窺える。

LCAついても農業会計と同様，ミクロ農業環境会計に重要な役割を果たしている。農業会計が環境保全コストの把握に資するのに対して，LCAは環境保全効果の把握に資するものである。ミクロ農業環境会計では，あらゆる環境保全効果をできる限り定量的に評価しなければならない。農業と環境の関係は様々な方面に及び，環境会計ではそれらを体系的に整理する必要がある。一方，LCAも多様な環境負荷を総合的に評価する手法であるため，環境保全効果を計測する際に必要な基礎データはLCAに用いられるものを利用できる。LCAでは，評価対象において投入される資源やエネルギー，および排出される環境負荷や廃棄物を定量化するためのデータ収集と計算が行われ，LCAを農業に適用した研究事例では，農業生産活動が環境に与える影響を定量化するためのデータが整理されている[7]。すなわち，これらのデータはミクロ農業環境会計の環境保全効果算出にも利用できることから，LCAはミクロ農業環境会計の作成の上で不可欠なデータの提供源となりうる。

また，ミクロ農業環境会計のフレームワークを確立することで，LCAへの応用も可能である。第8章では，LCAにより導出された結果をガイドラインに則った環境会計フレームワークに当てはめ，環境保全効果と環境保全コスト，環境保全による経済効果を計上した上で，反応関数，LCA，環境会計の枠組みを統合した数理計画モデルを構築している。この研究では，ガイドラインの環境会計フレームワークに当てはめているが，農業独自の環境会計フレーム

ワークが構築されれば，さらにLCAへの適用範囲は広がるのではないだろうか。LCAとミクロ農業環境会計は相互に関連があり，それぞれの手法はお互い応用が可能である。農業環境会計は，LCA研究の応用としての役割も担うことになろう。

以上，ミクロ農業環境会計と農業会計，LCAの関係を整理してきた。農業会計は環境保全コスト，LCAは環境保全効果を計測する上で重要な役割を果たす。ミクロ農業環境会計はここで取り上げた2つの手法を応用することで，新たな環境情報を提供する手段となりうる。しかしながら，ミクロ農業環境会計については，2つの手法より研究成果の蓄積が乏しく，未だ確立された理論が存在するわけではない。これからミクロ農業環境会計の発展のためには，その根幹を支える農業会計，LCAの理論を応用し，相互の関連により理論構築を進めることが重要となるだろう。

3-2. メゾ環境会計

最後に，ミクロ農業環境会計とメゾ環境会計との関係を見る。第11章で解説した通り，本書におけるメゾ環境会計とは，部分地域を会計単位とする環境会計である。一企業，一経営体を対象とするミクロ環境会計と異なり，農業生産活動が環境に与える影響を地域全体で把握することができる。メゾ農業環境会計は，ミクロ農業環境会計で捉えることができない部分を補完し，より正確な環境情報の提供に資する。ここでは，以下の4点についてメゾ農業環境会計との関係を整理する。

第1に，農業の集団的生産活動の存在である。前述の通り，農業生産活動は一経営体単独で行う営農活動のほか，里山や水路の管理，収穫祭などの地域イベントといった集落や地域単位で行われる共同作業がある。これら共同活動による環境保全コストや環境保全効果は一経営体ごとに分割されるものではなく，ミクロ農業環境会計で捉えることには限界がある。したがって，ミクロ農業環境会計とともにメゾ農業環境会計の作成が必要とされる。集落や自治体を対象としたメゾ農業環境会計では，集団的な活動を捉えることができ，それによる環境保全効果もしくは環境保全コストを計上することができる。このような意味で，メゾ農業環境会計はミクロ農業環境会計を補完する役割を担うだろう。

第2に，多面的機能の存在である。特に農業と環境の関係において重要な要素である多面的機能については，個々の経営体の生産活動によってもたらされるものであるが，その効果は一経営体として捉えることは難しく，集落や地域全体で捉えることが望ましい。例えば，ある農業経営者の生態系への配慮により野鳥の飛来が多くなった場合，そのコストは農業経営者に帰属するが，効果については地域全体に及ぶものである。この場合，ミクロ農業環境会計では環境保全コストは計上できても，地域全体の環境保全効果を一経営体の環境保全効果とすることはできないだろう。このように，多面的機能については，ミクロ農業環境会計で環境保全効果を把握することが困難な場合が多く，メゾ農業環境会計を用いて地域や集落を最小単位としてその効果を把握した方がよい。

　第3に，地域住民へのアカウンタビリティの確保である。農業生産活動が地域環境に与える影響は個々の経営体で捉えると比較的小さいものの，地域全体で考えると大きな影響となる場合がある。例えば，圃場からの化学肥料の流出問題を考えても，1つの圃場から流出する量は少なくても，それが地域全体で見た場合には深刻な環境問題を引き起こす場合も十分想定される。この場合，ステイクホルダーである地域住民に対して農業がアカウンタビリティを果たすためには，個々の農業経営体としてではなく，地域農業としてのアカウンタビリティを果たす必要があり，メゾ農業環境会計によりそれを確保することができる。

　最後に，地域としての農産物ブランドの確立に資する点である。農業生産面においても，ロットの確保の問題などから現在は農産物の多くが地元農協を通して出荷されている。そのため，農産物の高付加価値化を目指す場合，一経営体ではなく，地域としての農産物の差別化・ブランド化が必要となる。そして，ブランドを確立するためには，単に取り組みの有無だけではなく，どれだけの手間ひまをかけてどれだけ環境保全に資しているのかを明確に示す必要がある。そのためには，個々の経営体よりむしろ農協を単位としたメゾ環境会計の構築し，環境情報の公開を進めることも有効と思われる。

　以上，メゾ農業環境会計はミクロ農業環境会計で捉えられない部分を評価し，環境情報を提供することを示した。逆に，ミクロ農業環境会計もメゾ農業環境会計で捉えられない環境情報を提供できるともいえ，両者は相互に補完関係に

あるといえる。

4. ミクロ農業環境会計の課題

4-1. 理論上の課題

以上，ミクロ農業環境会計の必要性を論じ，ガイドラインとの比較，ほかの手法との関連を論じてきたが，ここではこれまでの議論で得られたミクロ農業環境会計の課題について整理する。

第1に挙げられる課題点は，農業とほかの産業の違いである。繰り返しになるが，農業は本来，自然の循環機能に順応した生産形態をとり，環境とのつながりが深い産業である。例えば，農業生産を行っている農地は農業用水や地下水と直接的に結びついており，土壌に至っては生産要素そのものといっても過言ではない。一方で農業は製造業のように工場など閉鎖された空間で生産を行うわけではなく，外部の人や野生動物に広く開かれた空間で生産活動が行われる。したがって，農業において発生した環境負荷は様々なルートを通じて放出され拡散する。これは環境負荷がパイプや煙突など決められたルートで排出される一般的な生産活動と大きな違いである。決められたルートを介して排出される環境負荷を把握することはある程度容易であるが，農業の生産活動から発生する環境負荷が，どのようなルートでどのくらい排出されているのかを正確に把握することは困難である。このような理由から，農業において環境会計を導入した場合も環境保全効果が正確に評価できないという問題点がある。また，環境負荷発生量のうち一部は自然の自浄作用により浄化される場合もあり，環境負荷排出量の正確な把握が困難になるだろう。このような面から農業において環境会計を導入する場合にはあらゆるルートで排出される環境負荷を網羅的に把握できるように既存の環境会計フレームワークを修正する必要がある。

第2に，農業の多面的機能の存在である。環境省がガイドラインを提示する環境会計は多面的機能を発揮しない一般企業を対象としているため，多面的機能など外部経済を評価する仕組みにはなっておらず，単に環境負荷をどれだけのコストをかけてどれだけ削減したかを示すものである。しかしながら，農業

においては多面的機能という外部経済が存在し、その効果は非常に大きい。農業は生産活動である以上、環境負荷も発生させるが、その一方で環境へのよい影響も与えており、環境の正負双方の影響を取り入れることで農業の正確な評価となる。したがって、農業における環境会計は、環境負荷の把握と同時に多面的機能を正しく評価できるものにしなければならない。従来の環境会計をそのまま適用するのであれば、図14-2のような多面的機能を取り入れたフレームワークへの修正が必要になるだろう。ただし、その際、個々の経営体を対象としたミクロ農業環境会計では多面的機能の評価の導入は難しい。これは多面的機能が1つの経営体の農業経営によって機能するものではなく、集落や地域といった一定のまとまりで発生するためである。よって、農業における環境会計も多面的機能の評価を取り入れたメゾ環境会計の開発が望まれる。

　第3に、農業は家族経営が多い点である。これまで、ほかの産業でも環境会計を作成しているのは大企業が中心であり、最近になってようやく中企業にも作成の動きが広まってきた段階である。大きな規模の企業であれば、多くのコストを支出して環境保全活動を行っており、これを社会にアピールするインセンティブは強いだろう。しかし、製造業やサービス業においても中小企業が環境会計を作成している事例はそれほど多くない。まして、個人商店や町工場のような事業所が環境会計を作成している事例はほとんどないだろう。このことを家族経営が中心である農業に当てはめれば、規模の面から見ても環境会計を導入する経営体がまず見られないのもほかの産業と同じ傾向であるといえる。

　第4に、農業経営体が支出した費用に対しての環境保全効果が正確に把握で

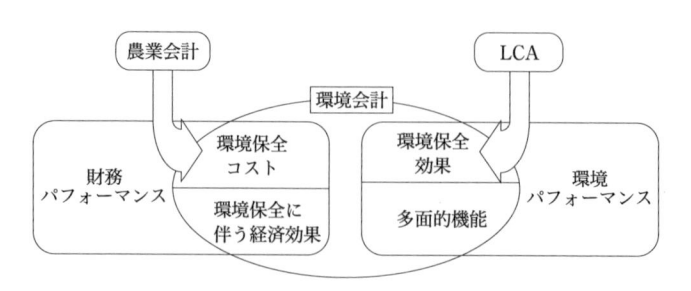

図14-2　多面的機能を取り入れた環境会計の構造
出典：環境省[3]をもとに加筆修正

きない点である。先に指摘したように，農業においては環境負荷の排出ルートや排出量を網羅的に把握することは困難である。したがって，環境保全コストに対する環境保全効果が正確に把握することができないという問題点がある。これはコストに対する効果を過小評価することにつながる。さらに，農業では多面的機能の維持・増進といった効果も定量的には正確に把握されていないため，なおさら効果が過小評価される傾向にある。経営体が支出した費用に対してその効果が正しく評価されないことは，市場の失敗を意味し，経営体の正しい選択を阻害して環境に対する配慮がおろそかになる危険性を持っている。

4-2. 実際上の課題

　4-1.では主に環境会計のフレームワークを農業へ適用することについての課題を検証してきたが，仮にそれらの問題がすべて解決され，実際に農林水産業の経営体や地方自治体などに適用する場合にも，大きく2つの問題点がある。第1に農業の経営体にとってミクロ農業環境会計の作成は大きな負担になり，経営体に自主的な取り組みで作成を促すのは難しいという点である。すなわち，環境保全活動に積極的な農業経営者は自らの意思で環境会計を作成するかもしれないが，特にそのようなインセンティブのない一般的な農業経営者にとっては環境会計を自ら進んで作成するには，負担が大きいのではないかという点である。当然ながら，ミクロ農業環境会計はそれぞれの農業経営体が自ら作成しなければならない。しかし，現在でも農業経営体では農薬の管理やGAP (Good Agricultural Practice；適正農業規範)などにより，農作業に関する記録や帳簿を数多く作成しており，家族経営で労働力に余裕がない経営体にとってはかなりの負担となっている場合もある。そのような状況の中，経営体にさらなる負担をもたらす環境会計の作成は，なかなか受け入れられないことが予想される。さらには，環境会計の作成には簿記の実務や自然科学などある程度の専門的知識が必要となり，これらの知識を持ちあわせない経営体にとっては，たとえ環境会計を作成する意欲があったとしても作成には相当な困難を伴うだろう。これは，現在ほかの産業の大企業が環境会計の作成に自主的に取り組んでいる状況とは大きく異なるところだが，ほかの産業においても小規模な事業所では環境会計を導入するには至っていない。したがって，現行の環境会計は，

家族経営などの小企業にとってその導入に関して障壁が高く，それは農業においても例外ではないということである。

関根[11]は，企業において環境会計の導入が進んだ背景には，環境保全コストを把握するための財務会計と環境保全効果を把握するためのマテリアルバランスの導入が進んだことにあるとして，両者の普及が進んでいない農業部門では独自の基準を用いた環境会計の構築が早期普及の近道になると述べている。このような考え方は，企業における環境会計と農業における環境会計との間で比較可能性を失う結果となるが，農業における環境会計の普及を第一義的な目的とする場合には，このような方法により環境会計の普及を図ることも必要であろう。関根も独自の基準によって農業に環境会計を普及させ，後に財務会計およびマテリアルバランスをベースとする環境会計へ移行することが望ましいと結論づけている。

第2に，農業経営者にとって，ミクロ農業環境会計の作成にどれほどのメリットがあるのかという点である。ミクロ農業環境会計の作成どのようなメリットがあるかについては第1節で検証してきたが，問題はその大きさとどれほど経営者自身にフィードバックされるかである。もちろん経営者がコスト管理に利用するという内部機能には一定の役割があるだろう。しかし，外部機能に関しては，経営者がコストをかけて環境会計を作成したとしても，自らの収入の増加やコストの削減といった形で経営者自らの利益としては出てきにくい。端的にいうとミクロ農業環境会計は，農産物価格のうちこれだけが環境保全のための費用であると示すものである。環境会計作成の効果は経営者の収入増加といった直接的な形では現れず，環境配慮イメージへの貢献といった間接的な形で現れるものである。しかし，イメージの向上という点では減農薬農産物や有機農産物として農産物を販売した方がその効果ははるかに大きく，さらに直接的な農産物の売り上げの増加を伴う。このように，農業における環境会計は内部機能として一定の役割が認められるものの，外部機能による経営者のメリットが非常に小さく，この側面からは経営者のミクロ農業環境会計作成のインセンティブがそれほど高まらないと思われる。

5. おわりに

本章では，農業にミクロ環境会計を適用することの必要性を論じた上で，ほかの産業で用いられる環境会計との違いを議論した。そして，農業会計，メゾ環境会計やLCAといった手法との関連性について解説し，ミクロ環境会計を農業へ適用する際の課題をまとめてきた。農業へミクロ環境会計を適用することによる農業経営者のメリットは，現時点ではそれほど高くないかもしれない。しかしながら，今後ますます環境へ配慮した農業生産活動が求められ，消費者の関心も高くなることが予想される。また，WTO (World Trade Organization；世界貿易機関)の交渉やFTA (Free Trade Agreement；自由貿易協定)の締結により貿易自由化が進行する中で輸入農産物との競争も今後ますます激化するだろう。そのような状況の中，環境面では地域住民などのステイクホルダーへのアカウンタビリティが，経営面では企業的な管理手法が求められる。このような状況の中で，環境会計は農業経営にも大きな役割を果たすと思われる。

ただし，ミクロ農業環境会計には未だ解決されていない課題もある。地域や自治体を対象としたメゾ環境会計やLCA，農業会計との関連性を高め，ミクロ農業会計を補完することで，ある程度解決できるだろう。いずれにしろ，ミクロ農業環境会計は未だ研究が進んでおらず，学術的な蓄積も多くない。今後，会計学，農業経済学，環境経済学など様々な分野からミクロ農業環境会計の研究が進むことを期待したい。

注

1) 社会的生産性の追求に関して，近年は農業のみならず一般企業においても社会的責任 (Social Responsibility) の観点から市民社会へのアカウンタビリティが発生するといわれている。
2) 滋賀県では2003年に「環境こだわり農業推進条例」を制定し，琵琶湖の水質保全，農業の健全な発展を目的とした「環境こだわり農業」を推進している。また，2005年には環境直接支払いを中心とした環境農業推進のための政策について，新たな制度の研究・検討を行うことを目的として，都道府県を会員とする「環境直接支払いを中心とした環境農業推進制度研究会」が設立された。2006年7月現在，23都道府県がこの研究会の会員となっている。

3) メタンの地球温暖化係数は，二酸化炭素1に対して21である。
4) 温室効果ガスの排出削減対策については，「地球温暖化対策の推進に関する法律」が2005年に改正され，2006年4月から温室効果ガスを多量に排出する者(特定排出者)に，自ら温室効果ガスの排出量を算定し，国に報告することが義務づけられた。ただ，農業においては特定排出者に該当するような多量の温室効果ガスを排出する経営体はほとんどないと思われる。
5) このうち堆肥舎の設置などについては，設置した事業年度だけではなく，その後も耐用期間の間使用されるものであるため，投資額として計上される。
6) 農業会計と農業簿記はしばしば似たような意味で用いられる。両者の区別について，阿部[1]は「現在はわが国では会計理論は確固として存在し，簿記はその一部として技術的な側面が強く意識されている経験科学である」と述べている。したがって，本章では，農業簿記は農業会計の中の技術的な部分として包含されるものとする。
7) LCAの詳細，適用事例については，本書第III部を参照のこと。

引用・参考文献

[1] 阿部亮耳(1990)：『現代農業会計論』富民協会。
[2] 家串哲生(2001)：『農業における環境会計の理論と実践』農林統計協会。
[3] 環境省(2005)：『環境会計ガイドライン2005年版』。
[4] 菊地泰次(1986)：『現代農業経済学全集第15巻 農業会計学』明文書房。
[5] 熊谷宏(2000)：「農業環境効果と農業経営会計システムの方向——「農業環境会計」の構築を目指して」松田藤四郎・稲本志良編著『農業会計の新展開』農林統計協会，pp. 328-339。
[6] 楠本雅弘(1998)：『複式簿記を使いこなす 農家の資金管理の考え方と実際』農文協。
[7] 松田藤四郎・稲本志良編著(2000)：『農業会計の新展開』農林統計協会。
[8] 梨岡英理子・國部克彦(2005)：「日本企業の環境会計の動向」『環境経済・政策学会2005年大会要旨集』。
[9] 農林水産省(2003)：『農林水産環境政策の基本方針——環境保全を重視する農林水産業への移行』。
[10] OECD (2001): *Environmental Indicators for Agriculture: Volume 3 Methods and Results*, OECD Publications.
[11] 関根久子(2006)：「農業における環境会計の意義——企業の環境会計の発展をもとに」『2006年度日本農業経済学会大会報告要旨』。
[12] 高橋義文・林岳・合田素行(2006)：「多面的機能プロジェクト研究——環境会計と環境チェックソフトの開発を中心に」『農林水産政策研究所レビュー』No. 18。
[13] UNFCCC, Greenhouse gas inventory data, http://ghg.unfccc.int/index.html.

第V部

生態系の環境評価，エコロジカル・エコノミックス

中国内蒙古自治区のクブチ砂漠にて。砂漠で生育可能な植物はわずかである。

第15章　持続可能性とエコロジカル経済学

髙橋義文

1. はじめに

　環境問題の深刻化とともに持続可能性(Sustainability)という言葉がキーワードとなっている。そもそも環境問題が発生するメカニズムは，自然生態系に環境負荷をかけすぎたことにより今まで機能してきた自然生態系の機能が損なわれたからにほかならない。これを具体的に説明すると，t-2期にある資源Aを10単位採取し，ある廃棄物Bを10単位廃棄していたが何の問題もなかった。しかし，t-1期に資源Aを20単位採取し，廃棄物Bを20単位廃棄したら，翌年のt期では資源Aが5単位しか採取できず，廃棄物Bが5単位浄化されていなかった。資源Aの採取場付近と残存した廃棄物Bの周辺では，自然生態系と人体に悪影響を及ぼすある問題Cが発生する。この問題Cが環境問題に該当する。さらに，この環境問題Cはt-2期まで採取可能であった資源Aの再生量(自然生態系からの供給量)を減らし，廃棄物Bの浄化吸収量も減少させる。そのため，環境問題の深刻化とともに広まった持続可能性という単語の大まかな意味は，資源Aと廃棄物Bの能力を損なうことのないよう注意喚起を促すものであると思われる。

　持続可能性に関する研究は数多くある。しかし，捉えるスタンスから環境問題に対する認識や対策アプローチは一様でない。持続可能性概念は，1987年にブルントラント・レポート(Brundtland Report)により定義され[1]，一般的に認識されるようになってきた。ブルントラントによる持続可能性の定義は，「将来の世代が自らのニーズ[2]を充足する能力を損なうことなく，今日の世代の欲求を満たすこと」(WECD [68])とされている。だが，このブルントラント

の持続可能性概念の定義において，ニーズがどの程度である必要があるのかという基準の問題，将来世代のニーズを現在世代が決めてよいのかという時間的問題が含まれている[3]。しかしながら，先に述べたように持続可能性というキーワードが，明確な定義なしに接頭語のように用いられている。学問領域を自然科学系と社会科学系(ここでは経済学に限定する)に大別し，持続可能性という接頭語の使われ方を概観すると，自然科学系においては恒常性(Homeostasis)と環境収容力(Carrying Capacity)の研究に関連して使用されている。一方，経済学では自然科学系分野のように明確な定義が定まっておらず，その使用は多岐にわたり，簡潔に説明することは困難である。

経済学の学問領域にある環境経済学とエコロジカル経済学(Ecological Economics)では，持続可能性を重要なキーワードに掲げており，持続可能性に関する研究例が多い。環境経済学は90年代頃から盛んに研究が行われ，日本での認知度は高いが，エコロジカル経済学は欧米でこそ盛んに研究されてはいるものの，日本での認知度は低い[4]。

そこで本章の目的は，①多義的に解釈されやすい持続可能性概念の整理を行い，②整理した持続可能性概念の視点から，日本での認知度の低いエコロジカル経済学の解説を行うことである。

2. 環境収容力概念に対応した持続可能性

2-1. 環境収容力概念

環境収容力とは，自然生態系の持つ自然資源供給量と廃棄物浄化量の再生産速度の限界量を意味し，持続可能性を語る上で重要なキーワードである。Wackernagel and Rees [64] によると，その概念はもともとプラトンの言葉に端を発している。プラトンは人口と土地の間の関係性について初めて言及し，「土地は，快適な状態にある人口を維持するためにも十分なほど拡大する必要がある」ということを説明している。これは，適正な人口は土地の生産能力という環境収容力により決定されること意味する。生物学分野などではその考え方を援用して，土地を環境収容力の目安として利用し，家畜の飼育規模を計る

手段として使用してきた。このように旧来より利用されてきた古典的な環境収容力は，通常「一定面積の区切られた土地・水域に，ある種の動物を放し飼いにし，長期的にその土地・水域の生産力を損なわない形で養うことができる最大の頭数」と定義され，その概念は表15-1(1)式によって説明される（和田[65]）。

さらに，和田[65]によると，この考え方を人間に応用したのがCattonである。Cattonは，人間の所得水準や生活様式により個人の資源消費量が異なることを考え，所与の土地面積に何人の人間が生活できるかという土地面積当たりの人口を求めるのではなく，その土地面積の環境にどの程度までの負荷をかけられるかという視点から環境収容力を求めようとした。そのため，Cattonが人間に適応させた環境収容力（Human Currying Capacity；以下，人間の環境収容力）は「一定面積の生態系に無理なく負荷を負わせることのできる人間の消費活動による負荷の上限」と定義され，その概念は表15-1(2)式によって説明される。

しかし，Cattonの定義による人間の環境収容力では，自己の住む地域で得られないものがあれば，貿易を通して不足を克服することが可能となる。つまり，与えられた一定面積の地域における資源供給量の限界は，貿易が活発化するなどの経済のグローバル化の中で解消されてしまう可能性がある。例えば，人間が一定面積の区切られた場所で生活している時は，自分の生命を維持するためにも，所与の空間を荒廃させない範囲で自然生態系に環境負荷を課していた。しかし，貿易が可能になると，自分の生活する所与の空間を荒廃させることなく，他地域で環境負荷を発生させて生産された財を輸入し，それを消費することが可能になる。すなわち，貿易という手段によって，一定地域の人間の環境収容力は容易に拡大可能であるという問題を生むことになる。

そこで，貿易によって環境収容力が変化（移出入）してしまうのであれば，はじめから人口を固定し，その人口の消費活動を持続的に支えるためにどれくらいの土地・水域面積が必要なのかという環境収容力の占有量（Appropriated Carrying Capacity；以下，ACC）概念が考案された。この概念は，土地面積当たりの負荷の上限を求める方法である人間の環境収容力から，一定人口がどの程度の環境負荷を排出しているのかを求める方法に視点を変えたものである。

表 15-1 各 Carrying Capacity の定義。出典：和田[65]をもとに作成し、一部加筆

区分	定義	関係式	備考
古典的 Carrying Capacity 概念	ある一定面積において、将来の維持能力を損なうことなしにある生物を養うことのできる最大規模数	$\dfrac{家畜の最大飼育頭数}{土地面積}$ (1)	資源消費量や廃棄物排出量に差がない同種の家畜では有効である。しかし、人間のように所得水準によって、資源消費量や廃棄物排出量に差が生じる場合には有用ではない。
人間の Carrying Capacity 概念	一定面積の自然生態系に無理なく負荷を負わせることのできる(経済)活動による負荷の上限	$\dfrac{ある自然生態系に課すことのできる人間活動の環境負荷量の上限}{土地面積}$ (2)	国土面積 100 ha の A 国の土地面積 1 ha が浄化可能な環境負荷量が 1.5 load であり、国民 1 人が排出する環境負荷量が 1 L と仮定する。A 国の国土(が持つ自然生態系)に課すことのできる環境負荷量は 150 L である。すなわち、関係式 (2) = 150 L (=150 人)/A 国 (100 ha) と表すことができる。所得が上がり A 国民 1 人当たりの環境負荷排出量が 3 L になったとすると、関係式 (2) = 150 L (=50 人)/A 国 (100 ha) となり人口が減少してしまう。しかし現実には国土面積が小さく、所得水準の高いオランダや日本などは人間の環境収容力では説明できない。つまり、貿易という手段により分子の環境負荷量をいくらでも増やせることになる。その上限という点でも貿易を想定しない閉鎖系のみのため、この方法は貿易を想定しない閉鎖系のみで有効である。
Appropriated Carrying Capacity 概念 (Ecological Footprint)	一定人口の経済活動による環境負荷を無理なくかつ継続的に負わせるために必要な土地・水域面積	$\dfrac{必要な土地・水域面積}{一定人口の経済活動による環境負荷量}$ (3)	ある国に何人居住可能かというような分母を固定するのではなく、ある国の国民が必要とする土地面積は何 ha に変更した。つまり、この概念は所得水準と貿易による移入の問題も考慮した概念である。

すなわち，ACC 概念は古典的な環境収容力概念をより現在の人間の消費活動に合わせて改良したものであり，その概念は「一定人口の経済活動による環境負荷を無理なく，かつ継続的に負わせるためにはどれだけの面積の土地・水域が必要になるか」と定義される[5]。ここで解説した ACC 概念を利用した実証分析が第 16 章で行われているので，より具体的に ACC 概念を理解したい方は参照されたい。

なお，参考までに，人類経済学者の Hardin [17] はより人間らしく生活を送る上で「文化的環境収容力(Cultural Carrying Capacity)」の提唱も行っているが，前述した古典的な環境収容力，人間の環境収容力とは異なる概念で解説されている。

2-2. 持続可能性概念とその分類

持続可能性に関する議論は，ブルントラントの持続可能性の定義が提唱されてから活発に行われている。そのため，本章ではブルントラント以前と以降に区切り，持続可能性の定義を整理しておく。持続的発展の接頭語にあたる持続的(Sustainable)がどのような意味で使用されてきたかを概観すると，持続可能性の語源が学術論文の中で使用されたのは，18 世紀後半から 19 世紀初頭にかけてドイツの Robert Lee の『持続可能な収量と社会的秩序(*Sustained: Yield and Social Order*)』が最初である(Worster [69])。当時のドイツは人口増加に伴う資源消費量の増加に危機感を抱いていたため，森林資源を枯渇性資源(経済基盤)と認識し，安定的な収穫を得るために科学的な維持管理の方策を見つけようとする論文であった。次に持続可能性について言及している研究は，Lee の持続的収量理論をアメリカに輸入した Fernow [12] の『森林の経済学(*Economics of Forestry*)』である(Worster [69])。当時のアメリカの自由放任主義的な風潮に対し，Fernow [12] は，自由競争原理の下での森林管理は森林を劣化させやすく，その劣化は物質の状況に好ましくない影響を及ぼすということを指摘している。これは必ずしも「収量の持続的供給＝森林の好ましい状況の維持」とは限らず，それらを両立させた状態を維持するには，私的企業の破壊的企業活動に対応した摂理ある国家の機能行使が必要であることを意味したものであった。

20世紀中頃になると，持続可能性というキーワードを使った研究がほとんど見受けられなくなった。これは，交通・輸送手段のグローバル化，高速大量輸送化，技術進歩などにより，身近な枯渇性資源を消費せずとも人間活動のための資源確保が可能となり，自然資源の枯渇の不安とそれに伴う不確実な収量の不安も薄らいだためと考えられる。事実，Pearce et al. [46] が『Blueprint for a Green Economy』で持続可能性に関する定義を付録としてまとめているが，1970年以前に見つかる定義はない。しかし，局所限定的な自然資源採取や一極集中型の生産・消費・廃棄活動は，農村地域に森林破壊，土壌流出，洪水といった環境破壊的な環境問題を発生させ，都市地域には水質汚染，大気汚染，地盤沈下といった新たな環境問題を発生させることとなった。このような環境問題が1960～70年代にかけて世界中に蔓延すると，1980年に国際自然保護連合(IUCN)が「世界保全戦略」の中で，初めて現行の持続的発展という言葉を使用した(Worster [69])。持続的発展が使用された当初は，「開発＝環境破壊」，「環境保全＝経済開発停止」といった一元論的な判断しかなされなかった。そのため「開発は必要であり，環境保全も必要である。しかし両立は無理である」という二律背反的な解釈が一般的であったため，世界的なコンセンサスを得ることはできなかった。以降，持続的発展は1981年にLester Brownの著書『Building a Sustainable Society』で使用され，1984年にはNorman Meyersの著書『Gaia: An Atlas of Planet Management』で使用された。そして，1987年にはブルントラント委員会のレポート『Our Common Future』(WECD [68])において，持続的発展に関する定義が世界に向けて公表された。ここでの定義は，定義自体がどのように達成されるかは別として，一般的に通用する概念を世界に表示し，南北間の思惑を考慮したもの[6]となっている分世界中に大きなインパクトを与えることとなった。

つまり，持続可能性という言葉が初めて使用された18世紀後半のその特徴は，①枯渇性の自然資源に対して初めて持続可能性という考え方を提案したこと，②自然資源が枯渇性資源であっても未だ商品の側面が強かったこと，③自由競争原理の下では持続可能性(持続的な収量)は達成困難であることの3点であった。しかし，1980年以降の環境問題と貧困問題の深刻化とともに，持続可能性に対する明確な定義づけがなされるようになると，持続可能性の持つ特

徴は，①環境問題の背景から，定義の中に自然資源の供給機能の面だけでなく多面的機能の面も持続可能性概念に含んだこと，②扱う対象が自然資源から，優先的に貧困者に与えられるべき必要不可欠なもの（＝ニーズ）へと拡大したこと，③ブルントラントの持続可能性の定義中に現在と将来と明示してあるように，公平性が世代内・世代間へと時間的広がりを含んだことの 3 点へと拡大した。

　1987 年にブルントラント委員会により持続可能性の定義がなされると，国際機関，各国単位，自治体，NGO などで広範囲に使用されるようになった。しかし，ニーズの解釈と時間という言葉は概念上多元論的に解釈されやすかったため，持続可能性に関する定義は組織ごとに解釈され，厳密性を欠いていた。そこで 1979 年から 1989 年までの各組織が標榜する持続可能性の定義をまとめ，持続可能性とは何かを解説した Pearce et al. [46] の見解でこの概念を整理してみる。Pearce et al. [46] のまとめ方は，数多くの環境経済学者に援用されており，ブルントラント以降の持続可能性の議論に Pearce et al. [46] を代表させることは妥当である。

　Pearce et al. [46] によると，持続可能性の主たる目的は将来世代の厚生を損なわない経済的進歩の道を探ることであるとし，環境の質の維持によりウエイトを置かなければならないとしている。ここで，厚生とは経済学的用語で福祉という概念に置き換えることが可能であり，さらに経済学的な考え方を突き詰めれば効用として捉えることも可能である (Pearce et al. [46])。そのため，より経済学的な視点に立つと，本来優先的に貧困者に与えられるべき必要不可欠なものであったニーズが，厚生・福祉と解釈され，そして最終的に効用として捉えられることを可能にした。このような効用への解釈の広がりが，持続可能性に関する経済学アプローチの応用研究を増やす結果となった。例えば，Beltratti [2] は，自然資源を統合した成長モデル，世代間公平を考慮したモデル，不確実性に関するモデルなどの分析の研究例をまとめている。この研究例は，従来の経済モデルの中に自然資源を組み合わせの要素として投入し，割引率を使用することや，情報，閾値，不可逆性といった不確実性に対し選好の確率を使用することで，効用の最適ないしは最大の経路を見つけ持続可能性を達成しようとするものである。しかしながら，本来，ブルントラントの持続可能

性の定義でニーズとされてきたのは，優先的に貧困者に与えられるべき必要不可欠なものであり，厚生・福祉に該当するものである。それでは経済モデルの中に入るものは，果たしてニーズと代替可能なものとして適切であろうかという疑問が残る。この疑問に対し，Pearce and Atokinson [47] はニーズの解釈により持続可能性は"弱い持続可能性(Weak Sustainability)"と"強い持続可能性(Strong Sustainability)"に大別されることを明示し，その問題を明確にした。

つまり，1987年以降は，ブルントラント委員会により持続可能性の定義が明確にされたが，各組織がニーズをどのように解釈するかにより，持続可能性の定義が多様化してしまうという問題点を露呈する結果となった(図15-1参照)。また，ニーズを福祉から最終的に効用へと解釈する仮定は，人間の効用をもとに自然資源の消費量を決めるため，自然資源の過度な消費は免れないという問題点を持つことになった[7]。そのため，多様化した持続可能性の問題点を考慮し，経済モデルの中に組み込んだ場合の持続可能性とそうでない場合の持続可能性を区分する必要がある。次節においては，多様化した持続可能性概念の分類を行う。

Pearce and Atokinson [47] によれば，持続可能性は一般的に"弱い持続可能性"と"強い持続可能性"に区分される。"弱い持続可能性"とは，自然資本[8]に対して何らかの市場が存在するか否かである。一方"強い持続可能性"とは，人工資本から自然資本への一方的な代替は不可能であり，両者は補完的であるとする概念である。"弱い持続可能性"と"強い持続可能性"の具体的

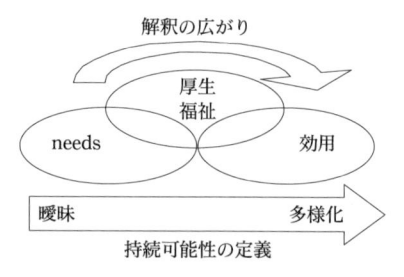

図15-1 ブルントラントのニーズの解釈と持続可能性の定義の多様化
  注) ブルントラントの持続可能性の定義に従うと，needsとは貧困者に優先的に与えられるべき必要不可欠なものとされている。

な違いは，将来においても価値ある財を生むことのできる森林資源や漁業資源といった自然資本と人間の手を加えた人工林のような人工資本が代替可能であるか否かによって区分される(Pearce and Atokinson [47], Van Kooten and Bulte [62])。

"弱い持続可能性"は自然資本の減少を人工資本の増加で代替可能であるとする立場で，人工資本と自然資本の総資本量を維持ないしは増加させることが合理的であるとする"コンスタントな総資本ルール"に従っている。例えば，天然林を100単位伐採したとしても，同量の人工林を植樹すれば問題はないとする考え方である。一方，"強い持続可能性"は自然資本の減少を人工資本の増加で一方的に代替することは不可能であり，両資本は常に補完的であるとする立場で，特に一定量以上の自然資本を維持することが重要であるとする"コンスタントな自然資本ルール"に従っている。例えば，人間活動による天然林の減少を人工林の植樹で補ったとしても，"強い持続可能性"の立場では人工林が天然林を代替したことにはならない。なぜなら，人工林は天然林を基礎に，育苗，植林というエネルギーを加えただけ，すなわち加工しただけに過ぎず，人間活動のために天然林が伐採され続ければ人工林の植林も不可能になるからである。

さらに"弱い持続可能性"と"強い持続可能性"は，取るべき政策戦略でそれぞれ細分化される。Turner et al. [60]によるとその動きは4つに区分され，表15-2のように表すことができる。1つめは市場に足かせをはめられること

表15-2 持続可能性の分類。出典：Turner et al. [60]をもとに作成

持 続 可 能 性				
弱い持続可能性		強い持続可能性	
非常に弱い持続可能性	弱い持続可能性	強い持続可能性	非常に強い持続可能性
豊饒的技術主義	協調的技術中心主義	共同体主義	ディープ・エコロジー(Deep Ecology)
資源開発的で成長優先	資源を保全し管理する	資源を保護する	極度に資源を保護する

注1) 非常に弱い持続可能性は経済成長で解決できるとする立場である。
　　弱い持続可能性は自然資本と人工資本の間に代替関係を認める立場である。
　　強い持続可能性は自然資本と人工資本の関係は常に補完的であるとする立場である。
　　非常に強い持続可能性は現時点で経済成長を認めない立場である。
注2) 保全とは資源を利用目的で維持することであり，保護は利用目的にかかわらず資源を維持することである。

を嫌い,資源開発的で成長優先の立場をなす〝豊饒的技術主義(Cornucopian)″,2つめは汚染課徴金などのようにグリーン市場を導入し,資源を保全し管理する立場の〝協調的技術中心主義(Accommodating)″,3つめはマクロ環境基準に規制され,経済的インセンティブ手段により資源保護される〝共同体主義(Communalist)″,そして4つめは資源採取を最小にとどめ,経済規模を縮小させる生態中心主義の最終系である〝ディープ・エコロジー″である。

このような持続可能性の違いが,現実の社会にどのような影響を与えるかについてまとめた利得表が表15-3である(Costanza [5])。この表では世界の現実の状態と現在の政策のタイプによる利得関係が示されている。現在の政策を技術楽観主義の方策で行い,もし世界の現実が楽観的である見通しが立つのなら大きな利得が得られる。しかしながら,世界の現実が悲観的であるような場合は,一転して修正の効かない大惨事状態に陥ることになる。これは環境問題の不確実性と不可逆性という特徴を考えれば至極当然のことである。そのため,世界の現実の状態が自然資本と人工資本の間で代替可能な状態(つまり楽観的)なら,政策タイプが楽観的でも悲観的でも現状よりプラスになる。しかし,世界の現実の状態が自然資本と人工資本で代替不可能な状態(つまり悲観的)なら,政策タイプが楽観的であれば大きな損失を生み,悲観的なら修復の効く範囲にとどまることができるだけである。世界の現実の状態に対する情報が不完全な時は,政策タイプを悲観的に想定した方が取り返しのつかない損害を被ることのない分だけリスク回避的であるといえる。すなわち,世界の現実の状態がど

表15-3 技術的楽観論者と用心深い悲観論者による利得表。出典:Costanza [5]より抜粋

		世界の現実の状態	
		楽観論者が正しい	悲観論者が正しい
政策のタイプ	楽観的	大きな利益 (High)	厄災・大失敗 (Disaster)
	悲観的	ほどほどの利益 (Moderate)	我慢できる災害 (Tolerable)

注1) 表中の楽観的や楽観論者は弱い持続可能性の立場に該当する。
注2) 表中の悲観的や悲観論者は強い持続可能性の立場に該当する。

うであれ，政策タイプに自然資本と人工資本の代替を認めない悲観的な立場（強い持続可能性）を取ることは，予防原則に従った考え方でもあるといえる。

3. 持続可能性とエコロジカル経済学

3-1. エコロジカル経済学の定義

　エコロジカル経済学とはどのように定義されているのか。Costanza[5]は「エコロジカル経済学とは，エコロジカル経済学として行われたものがエコロジカル経済学になりえるだろう」といわば結果論的な見解を示している。その主たる理由は，エコロジカル経済学が独自のパラダイム(paradigm)や分析手法(tool)を持ちえず，その定義の議論に時間を費やしてきたことにある[9]。ゆえに，エコロジカル経済学の定義は未だ明確にされていない。そのため，本節ではEcological Economics[10]のEcology(生態系，生態学)の定義から整理してみる。

　自然科学系の生態工学研究会の辻田[57]は，EcologyについてHaeckel, E. H.とOdum, H. T.の例を挙げて以下のようにまとめている。Ecologyの源流はゲーテ思想に強い影響を受けたドイツの生物学者Haeckelにより用語が作り出されたのが始まりである。HaeckelはEcologyを「動物とその有機的，無機的環境に対するすべての関係である」と定義づけている。また，生態学者のOdumは「自然の組織と構造の研究である(Study of the Structure and Function of Nature)」とし，機能面から生態系の特徴を，①energyの回路，②食物連鎖，③時間・空間的多様性のパターン，④物質循環，⑤遷移，⑥系内の制御，の6つに分けて説明している(辻田[57])。

　また，社会科学系の分野からは，Drengson and Inoue[10]が「エコロジー(生態学―Ecology―かつてoecologyと綴られていた)は，自然システムのエネルギーの流れ，相互性，結びつき，因果関係のネットワークを研究する科学の一分野である」としている。Martinez-Alier[29]もまた「エコロジーはエコシステム(生態系)におけるエネルギーフローだけでなく，物質循環についても研究するものである」と述べている。つまり，エコロジカル経済学とは，従来の

経済学が対象とする経済主体間同士の関係に、自然生態系をなす森林、土壌、水、植物、動物といった要素を組み込み、その物質やエネルギーの流れ、因果関係などを考慮した人間活動(生産・消費・廃棄)の研究を行う分野であるといえる[11]。

3-2. エコロジカル経済学のアプローチ

エコロジカル経済学の分析アプローチには前述した通りオリジナルのアプローチはない。そのため、従来の経済学やそのほかの分野で用いられている分析アプローチを利用した折衷主義である。石[22]によるとNorgaardはエコロジカル経済学が取り扱う分析アプローチを大きく3つに分類している。まず、①自然科学から得られる洞察と経済学の関係性を分析するアプローチ、②経済学の結合生産性の概念を用い、自然科学と経済の関係性を分析するアプローチ、③経済学のモデルを全く使用せず、自然科学に基づく方法だけで人間の現状を把握するアプローチの3つである。

①に該当するのは、エコロジカル・フットプリント(Ecological Footprint)、エコロジカル・リュックサック(Ecological Rucksack)、エコロジカル・パーソン(Ecological Person)といった生物物理学分析アプローチなどである。エコロジカル・フットプリントは、ある一定人口が必要とする財・サービスをすべて土地および水域面積に換算し、その面積と一定人口の住む面積を比較することで持続可能性を判断する方法である(第16章参照)。エコロジカル・リュックサックはドイツのヴッパタール研究所によって開発された分析手法であり、「製品が背負った重荷」という和訳があるように、見えない部分で発生している環境負荷を測ろうとする方法である(Wuppertal Instituts für Klima, Umwelt, Energie [70])。日本では「隠れたフロー」として国立環境研究所によって『平成12年度環境白書』などで紹介されている。この手法は、製品のライフサイクル過程の中でほかの物質の消費を背負った重さの単位を用いて環境負荷を評価するものである。現在、鉄1tには14tもの重荷が背負わせられている(鉄資源1tの採掘・精製の際に廃棄される物質量は14tもある)ことがわかっている。また国立環境研究所では、日本人1人当たりの物質消費量が45t/年であり、そのうち75%が国外資源を消費して作られたものであるという結果を

出している。エコロジカル・パーソンは，ドイツのマックスプランク研究所によって開発された分析手法であり，「人類が利用可能な太陽エネルギー量(J)÷現在の世界人口(人)」の関係式から得られた「1人に割り当てられた持続可能な太陽エネルギーの利用量(J/人)」で生活する人をいう[12]。例えば，地球に降り注ぐ太陽エネルギーが年間100 GJであり，世界人口が100億人であるなら，エコロジカル・パーソンは1 GJ/人となる。しかし，実際に100億人の人口で使用した総エネルギー量が年間200 GJであるなら，持続可能なエネルギー利用量の2倍を使用していることになる。このような生物物理学分析アプローチのメリットは，環境収容力や資源ストックを考える上で重要な指標になるということである。なお，生物物理学分析で利用する環境収容力は，Daily and Ehrlich [6]の「生物物理的な環境収容力」と「社会的な環境収容力」に該当するであろう[13]。前者は生命維持のためといった意味合いが強く，後者は人間として生活するためといった意味合いが強い。

②に該当するのは，従来の経済学に対する批判分析によるアプローチであると考えられる。具体例として，Norgaardは石油精製の例を挙げて説明している(石[22])。石油精製により生産される製品はジェット燃料からタールまでと幅広い。これは従来の経済学的視点から見れば，1つの製品を生産するにあたり，あくまでも副次的に生産された副産物と認識される。しかし，現実にはそれぞれの製品を単独で生産することは難しいにもかかわらず，従来の経済学では1つの製品だけに注目してモデルを単純化し，副産物やさらには廃棄物までをも考慮してみることはない。このような視点から自然科学と新たな経済学の接点を見出そうとする分析アプローチである。

③に該当するのは，全く他分野で考案されてきた分析手法を用いるケースである。具体的な例としては，エメルギー(Emergy)概念[14]を用いたエメルギーフロー分析や間接効果(Indirect effects)分析などである。エメルギー概念を考案したOdum and Odum [44]は，エメルギー概念を使用することにより，価値と豊かさの新しい指標を見出す方法を提案している。この考えは自然生態系と社会経済システムを往来・循環するエメルギー量に注目し，そのエメルギー量を求める点にある。経済システム内のエメルギー量が多ければ，テレビや車といった多くのエメルギーが濃縮された財の消費も可能になる。そのため消費

者が一定なら，より多くのエメルギー量を持つことは生活レベルの向上を表すことになる。また1人当たりの消費エメルギー量を一定とするなら，より多くのエメルギー量を持つことは多くの人間を扶養することができることを意味する(第17章参照)。これらの点でOdum and Odum [44]は，エメルギーが人間活動に必要な資源としての面だけではなく，資産(集約されたエメルギー)としての側面を持つことも説明している。間接効果分析は，生物種間の複雑さや柔軟さを生み出す隠れた作用を明らかにする分析方法である(Higashi and Burns [20])。本来，自然生態系や生物種間などといった生態的関係について考えると，それは常に一定であることはなく，何種類かの生物種の置かれる状況によって大きく，時には質的にさえ変化する。例えば，ある生態系においてA，B，Cという3種類の生物種が存在し，AとBは共生関係を持ち，BとCは捕食者と被捕食者の関係であるとする。AとBの生物種が変化(減少，進化，学習，発達)せずとも，生物種Cの変化が生物種AとBの共生関係を質的に変化させることもある[15]。生物種AとCには直接的な関係がないにもかかわらず，生物種Cの変化により生物種AとBの関係が変化する時，生物種Cは生物種Bに直接効果を与え，生物種Cは生物種Aに間接効果を与えたという。このようにある特定の生物種の影響(進化，学習，除去)が，直接的な関係を持たないほかの生物種間の関係を質的にまで変化させるような生物種を「キーストン種」という。間接効果分析の利点は，人間活動が自然生態系に与える影響から，生物種間の関係性がどのように変化するのかをより深く知ることができる点にあり，「キーストン種」を中心に人間活動の影響力の波及効果を調べることも可能である。

3-3. エコロジカル経済学と環境経済学の系譜

前節までに持続可能性概念とそれを対象にした研究領域を解説してきた。本節では，環境経済学とエコロジカル経済学の定義および特徴と持続可能性概念の関係性を整理する。環境経済学とエコロジカル経済学に関する持続可能性の関係は，図15-2のようになっている(福士[13])。

図15-2は，ブルントラントの持続可能性の概念が提唱されるまでの経済学の流れと，それ以降の環境経済学とエコロジカル経済学の系譜をまとめたもの

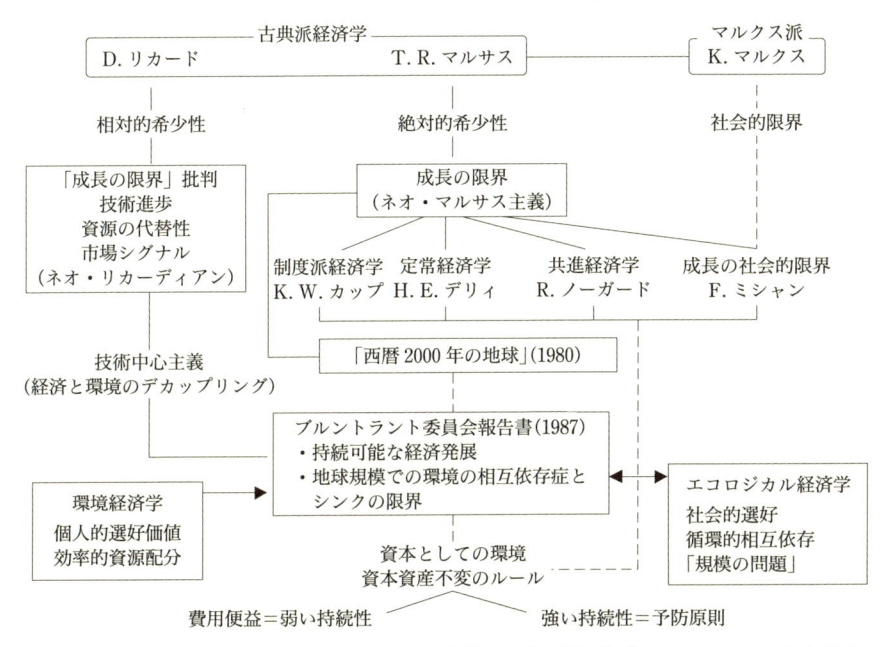

図 15-2 エコロジカル経済学と環境経済学の系譜。出典：福士[13]の Turner et al. より部分抜粋

注1) 環境経済学から伸びる矢印(──→)はブルントラントの持続可能性に適応していることを表す。エコロジカル経済学から伸びている矢印(←──)は適応していないことを表す。
注2) 実線は強い関係性を表し，破線は弱い関係性を表す。

である．この図では，リカードの"相対的希少性"とマルサスの"絶対的希少性"の違いが重要である．マルサスの絶対的希少性は，いずれは食料供給量に人間の生活レベルが制約されてしまうことをいう(食料が算術級数的増加をするのに対し，人口が幾何級数的増加をするため)．リカードの相対的希少性は，人間生活を支持する自然環境の容量(食料供給量)は技術開発で補うことができることをいう．この違いは技術進歩や投資による開発を過大評価するか否かであり，前者は"用心深い悲観論者"といわれ，後者は"技術的楽観論者"という．マルサスの考えを基にシミュレーションを行ったものにローマクラブ報告書，Meadows et al. [30] の『成長の限界』がある．成長の限界では，人口，資源，公害という項目を設けシミュレーションを行っている．また，『成長の限

界』の考えを援用し，独自にアメリカが人口，資源，環境の諸傾向を見るためにシミュレーションを行ったものに『西暦 2000 年の地球』[16]がある。しかし，いずれも将来地球は限界点に達するであろうという警鐘をなすものであった。これに対し，リカードの考えをもとに，代替資源の開発や技術進歩による効率性の点から『成長の限界』を批判する流れも発生した。その批判は環境と経済のデカップリングという技術中心主義が引き継ぐことになる。このような流れの中で，Turner et al. [60] は，ブルントラントの持続可能性はリカードの"相対的希少性"を主張する古典派経済学から発展し，『成長の限界』に対する批判やそれを継承した新古典派の流れの延長線上にあると指摘している(福士[13])。この"絶対的希少性"と"相対的希少性"の2つの流れにより，環境問題に対する経済学的分析も2つに分かれたとされている。リカードの"相対的希少性"の考えを引き継いだ延長線上にあるのが現在の環境経済学であり，マルサスの"絶対的希少性"の考えの延長線上にあるのがエコロジカル経済学である。

つまり，環境経済学は"相対的希少性"をベースにしており，持続可能性に関する認識は比較的緩い"弱い持続可能性"に該当する。"弱い持続可能性"は自然資本と人工資本の代替関係を認めるという"資本間の代替可能性を主張"しているため，自然資本と人工資本の総計が重要な意味を持つ。一方，エコロジカル経済学は"絶対的希少性"をベースにしており，持続可能性に関する認識は比較的厳しい"強い持続可能性"に該当する。"強い持続可能性"は"自然資本と人工資本が常に補完的であることを主張"しており，人間の創造できない自然資本を常に一定の水準で保つことが重要な意味を持つ(表 15-4 参照)。

4. まとめ

本章の目的は，持続可能性概念の整理を行うとともに，持続可能性を重要なキーワードとしているにもかかわらず認知度の低いエコロジカル経済学を紹介することであった。

持続可能性の概念整理では，ブルントラント以前からの持続可能性概念は，

表15-4 環境経済学とエコロジカル経済学の概要。出典：Turner et al. [60]より一部抜粋し，定義とアプローチなどについては加筆した。

分野	環境経済学		エコロジカル経済学	
定義	人間を取り巻く自然要素と人工要素を含んだ資源配分，所得分配，最適経路の行動研究分野		従来の経済学が対象とする経済主体間同士の関係に，自然生態系をなす森林，土壌，水，植物，動物といった要素を組み込み，その物質やエネルギーの流れ，因果関係などを考慮した人間活動(生産・消費・廃棄)の研究を行う分野	
アプローチ	環境資源論アプローチ 外部不経済論アプローチ 社会的費用論アプローチ 経済体制論アプローチなど		物質(エネルギー)循環論アプローチ 生物物理学アプローチなど	
主義	技術中心主義		生態中心主義	
持続可能性の分類	弱い持続可能		強い持続可能	
	非常に弱い持続可能性	弱い持続可能性	強い持続可能性	非常に強い持続可能性
立場の分類	豊饒的 Cornucopian	協調的 Accommodating	共同体主義 Communalist	ディープ・エコロジー Deep Ecology
戦略	効率的価格づけにより，市場の失敗を正す。	貨幣評価法を広範に適用。	固定基準(環境収容力)アプローチ。予防原則。	費用便益分析を棄却。生命倫理学の考え。
具体例	足かせのない自由市場が，あらゆる「希少性・限界」の制約(資源供給と汚染浄化)を緩和することができる。無限の代替を保証する。	強い持続性のように自然資本と人工資本の無限の代替は否認。自然資本と人工資本の総計が重要な判断基準になる"コンスタントな総資本ルール"に従っている。	自然資本と人工資本は補完的なものであり，一定の自然資本が確保されていなければならないとする"コンスタントな自然資本ルール"に従っている。生態系全体の「健康」が非常に重要である。	経済と人口を減少させる。自然の本源的価値を認めた活動(生命倫理学の考えに従い，人間以外のあらゆる種と環境の非生物部分にさえ道徳的権利と利益が与えられるとするものである)。

森林(自然資源)を対象に用いられたものであった。そしてその内容は自然資源を商品として見なし，収量を安定確保する意味(政策的な提言も含んでいる)で使用されていた。ブルントラント以降の定義は環境問題，貧困問題といった時代背景を含んだものであるため，持続可能性の定義の中のニーズ(優先的に貧困者に与えられるべき必要不可欠なもの)と時間的要素(将来と現在の資源割引

率の問題や現在世代が将来世代に必要なものを決めてもよいのかといった問題)に関する批判や疑問が生まれた。特に持続可能性の定義のニーズに対する疑問は，持続可能性に対する定義を技術中心主義と生態中心主義へと大きく2分させ，さらに4つに細分化させたことを紹介した。

次に，持続可能性を重要なキーワードにしたエコロジカル経済学に関する定義とアプローチの整理を行った。環境経済学とエコロジカル経済学の関係は，そもそもの出自に違いがあり，自然資本と人工資本の関係をどう扱うかによるものである。エコロジカル経済学は，基本的に自然資本と人工資本はお互いに補完的であるとし，人間が創造できない自然資本を常に一定水準に保たなければならない(コンスタントな自然資本ルール)とする固定基準(環境収容力など)により持続可能性を判断するスタンスにある。環境経済学はそこからさらに基準を緩和した自然資本と人工資本の総資本量(または資本を所有することによる効用)で持続可能性を判断する理論である。つまり，持続可能性の観点からより厳しい(自然生態系にとって好ましい)判断基準を伴うものがエコロジカル経済学であり，エコロジカル経済学での持続可能性の判断基準を緩和したものが環境経済学であるといえる。

このような環境経済学とエコロジカル経済学の関係性と先に記した表15-3の利得表を考えると，環境問題が深刻な地域や自然生態系と社会人間システムが密接に関連した農村地域などでは，エコロジカル経済学による持続可能性評価の方が，リスク回避的であるため望ましいと思われる。しかし，発展途上地域のように生活質の向上を望む地域においては，効用という人間の満足尺度を利用した持続可能性の指標も必要である。そのため，今後は環境経済学による持続可能性の評価とエコロジカル経済学による持続可能性の評価を行い，両アプローチから持続可能性の評価を得るような研究が望ましいといえる。ただし，持続可能性の評価が分かれた場合は，政策のタイプを悲観的にした方が，世界の現実の状態が非観的(自然資本と人工資本で代替不可能な状態)であった時の予防にもつながるため，強い持続可能性概念に基づいたエコロジカル経済学による持続可能性の評価を採用すべきであろう。したがって，本書第V部での持続可能性評価は「強い持続可能性(共同体主義)」の視点から分析を行ったものである。

注

1) 1984年から1987年まで国連に設置された「環境と開発に関する世界委員会(World Commission on Environment and Development)」によってまとめられた報告書がブルントラント・レポートである。このブルントラント・レポートにおいて定義されたのが持続可能な発展(Sustainable Development)である。なお，本章で用いている持続可能性という単語は，ブルントラント・レポートで用いられている持続可能な発展や，類義語の持続的発展，持続的開発，持続性，永続性，永続可能性などと同義である。
2) ニーズ(needs)とは，生活に必要なものではあるが，貧困者に優先的に与えられるべき必要不可欠なものをいう(WECD [68])。
3) 時間的問題と基準の問題については室田ら[38]，Worster [69] を参照。また，Daly [8, 9]，Gooldland et al. [14] では，量的な増大の意味合いの強い"成長"と質的な改善の意味合いの強い"発展"の違いを述べ，両者の違いが曖昧なブルントラントの持続可能性概念は不十分であると指摘している。
4) Kolstad [26] によると，「これら両分野(環境経済学とエコロジカル経済学)は異なる視点からの学問領域であり，共に環境問題解決の社会的手助けになる点を認めつつも，非英語圏では，環境(environment)と生態(ecology)という言葉が類似しており，2つの分野の違いが訳において無くなってしまっている」と指摘している。そのため，日本のような非英語圏ではエコロジカル経済学の認知度が低いといえる。
5) ACC概念の詳細については，Wackernagel and Rees [64]，和田[65] を参照。
6) 欧米人は文化的歴史から自然を賞賛し，汚染を非難し，「自然に帰れ」的な解決策を提案する傾向にある。一方，第三世界の人たちはかつて植民地であった歴史的経緯から，環境悪化の社会的な原因や人間的な問題に関心を寄せる傾向がある(Norgaard [42])。そのため先進国は地球の環境保護を主張し，発展途上国は環境保護よりも経済成長による住居環境，労働環境などの改善を主張するといった南北間での思惑が異なっている。
7) Solowは，「財の間の代替可能性は，環境(自然資源)を他の財に変えることで厚生は(恐らく)増加する」(Beltratti [2]) と述べている。これは，自然資源としてそのまま残しておくことよりも，人間の手によって使用，代替された方が人間にとって(恐らく)満足度の高いものになることを意味している。そのため，人間がより満足するために自然資源は消費されることになる。
8) ここでいう自然資本(Natural Capital)とは，サービスや財を継続的に生む自然資産(Natural Assets)のストックを指し，その主な機能は，魚や森林などの資源生産，二酸化炭素吸収や汚水分解などの廃棄物浄化，紫外線保護や生物多様性などの生活サポートサービスを含んでいる(Chambers et al. [4])。自然資源(Natural Resource)は魚や森林などの再生産資源と石油や石炭などの非再生産資源を指す。
9) エコロジカル経済学が定義されがたい理由としては，エコロジカル経済学が長い歴史を有しているにもかかわらず，主流派経済学にほとんど何の影響も与えず(Martinez-Alier [29])，長い間エコロジカル経済学的史料編集の揺籃期にあったためである(Martinez-Alier [29])。また，Norgaardは『Ecological Economics』において，エコロ

ジカル経済学は従来の経済学の既存手法を援用するといった折衷型であるため定義されにくいのであると言及している(Timmerman [54])。
10) Ecological Economics という命名については数多くの議論がなされてきた。その議論内容は，なぜ「Economical Ecology」，「Ecology & Economics」，「Ecolonomics」，「Econology」ではいけないのかというものであった。これに対し，エコロジカル経済学者たちは，「経済は地球の生命科学系の枠組みの中に内包され，その中で作用する」という自然科学者の一般的な大前提に従い，「経済学」に「エコロジー」を冠することにしたのである。これは後述の本文中に記してあるが，国際エコロジー経済学会の理念に基づいたものである。
11) 補足として1989年に設立された国際エコロジカル経済学会(The International Society for Ecological Economics)の理念を示す主要な規約を紹介しておく。①経済は，太陽エネルギーに依存した地球という大きな生命化学系の中で機能しているものとして捉えなければならない。②環境が持続可能かどうかは社会システムの質に依存する。③人と自然の相互の豊かさは，過剰な消費と富の著しい偏在によって妨げられている。
12) エコロジカル・パーソンを用いた学術的な文献はほとんどない。山本良一(2002)：「脱物質経済は可能か——私達はどれだけ消費を下げるべきか」財団法人エネルギー総合工学研究所『新エネルギーの展望 循環型社会の構築』において若干触れられている程度である。参考URL http//:www.iae.or.jp/publish/pdf/2001-1.pdf。
13) 「環境収容力とは対象とする生物がどのような種であれ，その生息地を無期限に継続して養う事ができる生物の最大個体数である」と定義される(Daily and Ehrlich [6])。また，より人間らしい生活を送る上で人類経済学者のHardin [17]は文化的環境収容力を付け加えている。なお，生物物理的な環境収容力＜社会的な環境収容力＜文化的環境収容力の順に環境収容力の基準は厳しく(値は少なく)なる。
14) エメルギーとは，ある財を生み出すために必要な標準化されたエネルギーの総量を指し，財自体のエネルギーを指すものではない。ここでいう標準化とは，異なるエネルギーをある1つの統一したエネルギーに変換することをいう。現段階では太陽エネルギーへ統一するのが一般的である。さらに詳しい説明は第17章を参照。
15) 具体例として「殺虫剤の逆理」がある。「殺虫剤の逆理」とは，野菜とそれを食べる害虫，そしてその害虫の天敵のみが存在し，かつ害虫被害を抑えるために殺虫剤を散布した時を想定する。殺虫剤は天敵と害虫を駆除し，一時的に野菜の収量を増加させる(直接効果)。しかし，天敵の減少は同時に害虫の子孫の増加を招く(間接効果)ことになる。一時的に直接効果は間接効果に勝るが，長期間を通じて見た時には間接効果の方が勝ることもある。また，「殺虫剤の逆理」以外にも，3種間では補完関係にあった関係性が，ある生物種の減少により対立関係に転じることもある。
16) 1980年にアメリカ合衆国政府が刊行した報告書である。

引用・参考文献

[1] 浅子和美・川西諭・小野哲生(2002)：「枯渇性資源・環境と持続的成長」『経済研究』

vol. 53(3), pp. 236-246。
[2] Beltratti, A. (1996): *Models of Economic Growth with Environmental Assets*. (夏目隆監修(2001):『経済成長と環境資産』同文館)
[3] Bromley, D. W. (ed.) (1995): *Handbook of Environmental Economics*, Blackwell, Cambridge.
[4] Chambers, N., Simmons, C. and Wackernagel, M. (2000): *Sharing Nature's Interest*, Earthscan, London.
[5] Costanza, R. (1989): "What is ecological economy?," *Ecological Economics*, vol. 1, pp. 1-7.
[6] Daily, G. C. and Ehrlich, P. R. (1992): "Poplation, sustainability, and earth's carrying capacity," *Bioscience*, vol. 42(10), pp. 761-771.
[7] Daly, H. E. and Cobb, J. B. Jr. (1989): *For the Common Good*, Beacon Press, Boston.
[8] Daly, H. E. (1996): *Beyond Growth: The Economics of Sustainable Development*, Beacon Press, Boston.
[9] Daly, H. E. (1999): *Ecological Economics and the Ecology of Economics: Essays in Criticism*, Edward Elgar, Cheltenham.
[10] Drengson, A. and Inoue, Y. (ed.) (1995): *The Deep Ecology Movement: An Introductory Anthology*. (井上有一監訳(2001):『ディープ・エコロジー——生き方から考える環境の思想』昭和堂)
[11] エントロピー学会編(2001):『循環型社会を問う』藤原書店。
[12] Fernow, B. E. (1902): *Economics of Forestry: A Reference Book for Students of Political Economy and Professional and Lay Students of Forestry*, Crowell, NewYork.
[13] 福士正博(2001):『市民と新しい経済学』日本経済評論社。
[14] Goodland, R., Daly, H. E., Serafy, S. E. and Droste, B. V. (ed.) (1991): *Environmentally Sustainable Economic Development: Building on Brundtland*, UNESCO, Belgium.
[15] G-Roegen, N. (1971): *The Entropy Low and the Economic Process*. (高橋正立ら共訳(1993):『エントロピー法則と経済過程』みすず書房)
[16] Hans, I. (1985): *Natur in der Ökonomischen theorie*. (栗山純訳(1993):『経済学は自然をどうとらえてきたか』農文協)
[17] Hardin, G. (1986): "Cultural carrying capacity: a biological approach to human problems," *Bioscience*, vol. 36(9), pp. 599-606.
[18] Hawken, P., Lovins, E. B. and Lovins, L. H. (1999): *Natural Capitalism: Creating The Next Industrial Revolution*. (佐和隆光監訳(2001):『自然資本の経済学』日本経済新聞社)
[19] Heartwick, J. (1977): "Intergenerational equity and investing of rents from exhaustible resources," *American Economic Review*, vol. 66, pp. 972-974.
[20] Higashi, M. and Burns, T. P. (1991): *Theoretical Studies of Ecosystems*, Cambridge University Press, NewYork.

[21] 細田衛士・室田武(2003):『循環型社会の制度と政策』岩波書店.
[22] 石弘之編(2002):『環境学の技法』東京大学出版会.
[23] 伊藤誠編(1996):『経済学史』有斐閣.
[24] 金森久雄・荒憲治朗・森口親司(1971):『経済辞典 第3版』有斐閣.
[25] 加藤尚武編(2001):『環境学』東洋経済新報社.
[26] Kolstad, C. D. (1999): *Environmental Economics*.(細江守紀・藤田敏之監訳(2001):『環境経済学入門』有斐閣)
[27] 工藤和久(1980):『経済学大辞典Ⅱ(第2版)』東洋経済新報社.
[28] ロングワース,J. W.(1991):「持続的農業発展のための人的資本形成」『農業経済研究』vol. 63(3), pp. 135-138.
[29] Martinez-Alier, J. (1991): *Ecological Economics*, Basil Blackwell.(工藤秀明訳(1999):『エコロジー経済学――もうひとつの経済学の歴史(増補改訂新版)』新評社)
[30] Meadows, D. H., Mwadows, D. L., Randers, J. and Behrens, III, W. W. (1972): *The Limits to Growth: A Report for THE CLUB OF ROMA'S Project on the Predicoment of Mankind*.(大来佐武朗監訳(1972):『成長の限界――ローマクラブ「人類の危機」レポート』ダイヤモンド社)
[31] Meadows, D. H., Mwadows, D. L. and Randers, J. (1992): *Beyond the Limits*.(茅陽一監訳(1992):『限界を超えて――生きるための選択』ダイヤモンド社)
[32] 三土修平(1993):『経済学史』新世社.
[33] 宮本憲一(1989):『環境経済学』岩波書店.
[34] 森田恒幸・天野明弘編(2002):『地球環境問題とグローバルコミュニティ』岩波書店.
[35] 森田恒幸・植田和弘編(2003):『環境政策の基礎』岩波書店.
[36] 森戸正信・森戸勇(1999):『近代経済思想史の系譜』多賀出版.
[37] 室田武(1979):『エネルギーとエントロピーの経済学――石油文明からの飛躍』東経選書.
[38] 室田武・多辺田政弘・槌田敦編(1995):『循環の経済学――持続可能な社会の条件』学陽書房.
[39] 室田武(2001):『物質循環のエコロジー』晃洋書房.
[40] 室田武(2003):『環境経済学の新世紀』中央経済社.
[41] Norgaard, R. B. (1990): "Economic indicators of resource scarcity: a critical essay," *Journal of Environmental Economics and Management*, vol. 19, pp. 19-25.
[42] Norgaard, R. B. (1994): *Development Betrayed*.(竹内憲司訳(2003):『裏切られた発展』勁草書房)
[43] 沼田真(1982):『環境教育論』東海大学出版会.
[44] Odum, H. T. and Odum, E. C. (2000): *Modeling for All Scales*, Academic press, Sandiego.
[45] 太田宏・毛利勝彦編(2003):『持続可能な地球環境を未来へ――リオからヨハネスブルグまで』大学教育出版.

［46］ Pearce, D., Markandya, A. and Barbier, E. B. (1989): *Blueprint for a Green Economy*, Earthscan, London.(和田憲昌訳(1994):『新しい環境経済学——持続可能な発展の理論』ダイヤモンド社)
［47］ Pearce, D. and Atokinson, G. D. (1993): "Capital theory and the measurement of sustainable development: an indicator of 'weak' sustainability," *Ecological Economics*, vol. 8, pp. 103-108.
［48］ Rees, W. E. (1996): "Revisiting carrying capacity: area-based indicators of sustainability," *Population and Environment*, vol. 17(3), pp. 195-213.
［49］ 佐和隆光・植田和弘編(2002):『環境の経済理論』岩波書店。
［50］ Solow, R. (1986): "On the intergenerational allocation of natural resources," *Scandinabian Journal of Economics*, vol. 88(1), pp. 141-149.
［51］ 玉野井芳郎(1982):『生命系のエコノミー』新評論社。
［52］ 玉野井芳郎(1990):『生命系の経済に向けて』学陽書房。
［53］ 寺西俊一(1992):『地球環境問題の政治経済学』東洋経済。
［54］ Timmerman, P. (ed.) (2001): *Encyclopedia of Global Environmental Change: Social and Economic Dimensions of Global Environmental Change*, John Wiley & Sons.
［55］ 槌田敦(1986):『エントロピーとエネルギー——［生命］と［生き方］を問う科学』ダイヤモンド社。
［56］ 槌田敦(1992):『熱学概論——生命・環境を含む開放系の熱理論』朝倉書店。
［57］ 辻田時美(1997):「RACES News Letter」『生態系工学研究会』No. 1。
［58］ 都留重人(1972):『公害の政治経済学』岩波書店。
［59］ 都留重人(1999):『制度派経済学の再検討』岩波書店。
［60］ Turner, R. K., Pearce, D. and Bateman, I. (1994): *Environmental Economics: An Elementary Introduction.*(大沼あゆみ訳(2001):『環境経済学入門』東洋経済)
［61］ 植田和弘・落合仁司・北畠佳房・寺西俊一(1991):『環境経済学』有斐閣ブックス。
［62］ Van Kooten, G. C. and Bulte E. H. (2000): *The Economics of Nature: Managing Biological Assets*, Blackwell, Malden.
［63］ Veeman, T. S. (1989): "Sustainable development: its economic meaning and policy implications," *Canadian Jounal of Agricultural Economics*, vol. 37(December), pp. 875-886.
［64］ Wackernagel, M. and Rees, W. E. (1995): *Our Ecological Footprint: Reducing Human Impact on the Earth*, New Society Publishers, B.C.
［65］ 和田喜彦(1998):「エコロジカル・フットプリント分析——生態学的に永続可能な地球をめざして」『法政大学産業情報センターワーキングペーパー』No. 67。
［66］ 和田喜彦(2001):「地球の環境収容力と経済の最適規模」『人口と開発』No. 75, pp. 25-37。
［67］ 鷲田豊明(1996):『環境と社会経済システム』勁草書房。
［68］ WECD (ed.) (1987): *Our Common Future*, Oxford University Press, Oxford.
［69］ Worster, D. (1993): *The Wealth of Nature: Environmental History and the Ecologi-*

cal Imigation.(小倉武一訳(1997):『自然の富――環境の歴史とエコロジー構想』農文協)
[70] Wuppertal Instituts für Klima, Umwelt, Energie (ed.) (2002): *Zukunftsfähiges Deutschland*.(佐々木建・佐藤誠・小林誠訳(2002):『地球が生き残るための条件』家の光協会)
[71] 矢部光保(1993):「持続的発展論の視点による環境経済学の研究課題」『農業総合研究』vol. 47(2), pp. 69-101。
[72] 吉田文和・宮本憲一編(2002):『環境と開発』岩波書店。

第16章 エコロジカル・フットプリントを用いた持続可能性評価と環境収容力の推定
——土地資源に注目したCarrying Capacityの静学評価——

髙橋義文・林　岳・山本　充・出村克彦

1. はじめに

　第15章で解説したように，エコロジカル経済学の基本的な考えは環境収容力概念によって規定されており，研究領域での実証分析例のほとんどが自然資源を単位とした生物物理学的アプローチである。そのため，先で紹介された分析アプローチであるCVM，TCM，コンジョイント分析などとは異なり，LCAの分析アプローチに比較的近い。しかし，日本の経済学分野において，エコロジカル経済学の認知度は非常に低いため，エコロジカル経済学の研究領域に沿った実証分析も非常に少ない。

　そこで本章では，第2節においてエコロジカル経済学の環境収容力概念に則したエコロジカル・フットプリント(Ecological Footprint；以下，EF)分析の先行研究例を紹介する。第3節では，人口増加が環境問題を引き起こしている中国農村地域を対象に，環境収容力概念の側面から最大扶養可能人口規模の推計を行い，持続可能性評価の実証分析を行う。第4節では，第3節の実証分析が農林業の環境便益(環境負荷物質の吸収)の面を考慮していなかった点に注目し，分析枠組みの改良を行う。具体的には，NAMEA(第12～14章参照)とエコロジカル・フットプリントを融合させたオリジナルの持続可能性評価手法を構築し，北海道地域へ適用させる。第3節で扱う中国農村地域ではなく北海道地域へ適用させる理由は，中国農村地域の環境問題が酷く環境便益を計測しにくいこと，北海道地域の良質な自然条件が農林業の環境便益を強く発揮させていること，この2点から中国ではなく北海道を採用した。

2. エコロジカル・フットプリントの定義と既存研究

2-1. エコロジカル・フットプリント分析の定義

EF分析は,カナダのブリティッシュ・コロンビア大学のWackernagelとReesらの研究グループによって開発された。Rees[14]によると,EFは「ある特定の地域の経済活動,または,そこに住む人々が一定水準の物質消費レベルで生活を維持するために必要となる生産可能な土地および水域面積」と定義されている。すなわち,ある地域で必要とされる資源の要求量を生み出し,かつ排出物質を同化してくれる土地および水域面積のことである。

この分析手法は,人間活動を行うのに必要とする資本の量を土地・水域という面積の尺度に換算し,表示するツールである。すなわち,EF分析は,ある特定地域に住む人々の生活を持続的に維持していくために,どれくらいの土地・水域面積が必要であるかを表示するものである。例えば,われわれの生活は,食料を生産するための農地,生活の場を確保するための居住地,水産物を得るための海水・淡水域,何らかの人間活動の結果として排出した二酸化炭素を吸収するための森林などによって支えられている。そのため,われわれが実生活で必要とする各地目(水域)面積を計算することで,われわれの生活に必要な土地・水域面積であるEFが推計される。

EFがなぜ面積換算されるのかという理由については以下の4点が挙げられる。第1に,面積換算はわれわれにとってなじみやすい単位であるため,自然に対する環境負荷の大きさを容易に想像することができる点である。第2に,EFにより得られた面積(資源消費量)と地球の面積(環境収容力)の関係を持続可能性の判断基準に置き換えることができる点である。なぜなら,人間が地球の住人である以上,地球の崩壊を招くような人間活動は本末転倒である。当然,EF分析により求められる人間活動のEFも,地球の有限な土地・水域面積を超えるようでは本末転倒である。第3に,人間を含めて生態系を包括的に見ようとする際,人間が主体となって価値づけた貨幣評価よりも,土地・水域面積という物量で見る方がバイアスが少ないと考えられる点である。第4に,われわれの消費している財・サービスを作るための根源が土地・水域であるという

点である。なぜなら，土地・水域からある財を生産することは可能であるが，ある財から土地・水域を生産することはできないからである。

前述したように，EF は面積で表されるため，人間が生活する上で必要となる面積要求量と，実際に使用可能な領域面積供給量のギャップを定量的に表すことができるという特徴を持つ。また，1 人当たりの EF とその地域の利用可能面積から，その地域の最大扶養可能人口[1]を予想することも可能である。

2-2. エコロジカル・フットプリント分析を利用した既存研究

前節では EF 分析の定義と特徴を解説したが，実際に既存研究の中で EF 分析がどのようなケースに適用されてきたかを整理し，それら既存研究を紹介する。

EF 分析を用いた過去の研究業績には，Folke et al. [7, 8]，Parker [13]，Wackernagel and Rees [16]，Rees [14]，Wada [18, 19]，Leitmann [11]，WWF [21] などがある。それら研究は，大別すると 3 つに分類される。

第 1 に，Folke et al. [7]，Wada [18] のように特殊な産業技術に注目し，その特殊な産業技術が自然生態系に及ぼす影響力を定量的に評価したものである。Folke et al. [7] は，バルト海沿岸域を事例に EF 分析を行い，現在の漁業，海産物養殖業の経済活動が，海域・沿岸のマリン・エコシステムに負荷量を与えすぎていることを明らかにした。Wada [18] は，トマトの温室水耕栽培と露地栽培を対象に EF 分析を行い，前者は経営的な意味で効率的ではあるが，自然生態系への環境負荷分を考慮した生態学的な意味で非効率であることを実証した。

第 2 に，Folke et al. [8]，Leitmann [11] のように，EF 分析が，自然資本の管理や政策の計画段階で有用であるという EF の実社会への適用方法を示唆するものである。Folke et al. [8] は，前述のバルト海沿岸地域のマリン・エコシステムに負荷を与え過ぎているという EF 分析結果を利用し，海域・沿岸を管理する主体側や政策を行う主体側は，魚介類を生産するためのマリン・エコシステムの環境負荷に対する許容範囲を明示的に説明し，投資しなければならないという政策的含意を述べている。Leitmann [11] は，ロンドンの住民の財・サービス消費活動を事例対象にした EF 分析結果を利用し，EF 分析が環境計

画や環境管理を行う際に非常に有用であるということを紹介した。

第3に，Folke et al. [7]，Parker [13]，Wackernagel and Rees [16]，Rees [14]，Wada [19]，WWF [21] のように国ないしは都市の住民の財・サービスの消費活動を対象に EF 分析を行い，国ないしは都市が自然生態系にどれくらいの負荷をかけているかという実態を明らかにしたものである。Folke et al. [7] は，バルト海沿岸地帯の 29 都市において，都市住民の消費活動を対象に EF 分析を行った。この研究の特徴は，人間活動によって生じる廃棄物に従来の二酸化炭素以外にも SO_x，NO_x を考慮して計測したことである。Parker [13] は，1961 年から 1995 年までの期間の日本を事例にして EF 分析を行い，EF 分析の結果と日本の実質 GDP の成長率を比較した。その結果，日本は 60 年代から 90 年代までに，資源投入量が 60 年代より 2 倍に増加したが，同期間で実質 GDP も 60 年代より 3 倍に増加するという省資源型経済成長を遂げた。しかし，その一方で，消費活動も 60 年代よりも 2 倍に増加していることを明らかにした。Wackernagel and Rees [16] は，貿易が地域資源の枯渇化を促進させているという仮説を裏づけるために，日本を含む主要 12ヶ国を対象に EF 分析を行い，貿易が地域資源の枯渇化を促進させているということを実証した。Rees [14] は，カナダのバンクーバーとその周辺のフレーザー川下流域の 2 地域を対象に EF 分析を行った。その結果，バンクーバーのような都市型の経済活動は自然生態系に大きな負荷をかけており，都市としての経済活動を維持するために，周辺地域の自然生態系に大きく依存していることを説明した。Wada [19] は，「弱い持続可能性」の概念で持続可能な国とされる日本を対象に EF 分析を行った。その結果，日本は「強い持続可能性」の面からは持続不可能であることを実証した。WWF [21] は，約 150ヶ国の国ごとの EF 分析を行い，現在の地球は持続可能性の基準値を少なくとも 30% 超過しているということを明らかにした。

これらの既存研究の対象事例を見ると，ほとんどがトマトの生産やシーフードの生産という一生産物の特殊な生産技術に焦点をあてているか，あるいは一定地域，都市，国などを対象にしたものである。また，これらの研究の事例の特徴を見ると，ほとんどが先進地域である。確かに，新技術の導入を頻繁に行い，自然資本を大量に消費するような先進地域を対象に EF 分析することは非

常に有用である。しかし，今後，地球規模での持続可能性を考えていく際に，先進地域のみならず，人口増加率の著しい発展途上地域の分析も考慮する必要がある。そのためにも，発展途上地域でEF分析を試みることは持続可能性を考える上で大きな一歩といえる。唯一，WWF[21]が発展途上国も事例対象に含めてEF分析を行っているが，発展途上国特有の経済状況，生産技術，生活習慣などという実態を反映させた結果ではない。以上，本節まではEFの概念と既存研究の紹介を行った。次節以降は，各節に小課題を設け，実際にEF分析を適用した研究例を紹介する。

3. エコロジカル・フットプリントによる持続可能性評価と環境収容力の推定——中国広西壮族自治区大化県七百弄郷を事例にして——

3-1. 課題

　人間は生活する上で何らかの消費活動を行わなければ生きていけない生物である。人口の増加は自然生態系への環境負荷をダイレクトに増加させる。そのため，その地域に住むことのできる人口を知ることは，生活基盤である自然生態系の資源供給能力と廃棄物浄化能力が一定水準以上に保たれているかという自然の健全な状態を判断するのに欠かせない情報である。

　ある地域で生存可能な人口規模を求める既存研究は数多くなされているが(Cohen[2])，それら既存研究は食料生産量などを1人当たりの消費量で割ることで推計するものであった。しかし，この推計方法は，食料生産活動によって産出される生産物に焦点をあてており，食料生産活動によって消費される資源量や排出される廃棄物などの自然生態系に与える環境負荷を考慮したものではない。仮に，100億人分の食料を産出できたとしても，自然生態系の浄化可能な量以上の廃棄物を排出するようでは，人間の生存は不可能とある。つまり，既存研究の多くは自然生態系の持つ環境収容力（資源供給量と廃棄物浄化量の再生産速度の限界量）と人間活動による環境負荷（資源消費量と廃棄物排出量）の関係を考慮したものではなかった。今後は，森林や土壌といった自然生態系の要素の循環機能に注目し，人間活動と自然生態系の関係からその地域に住む

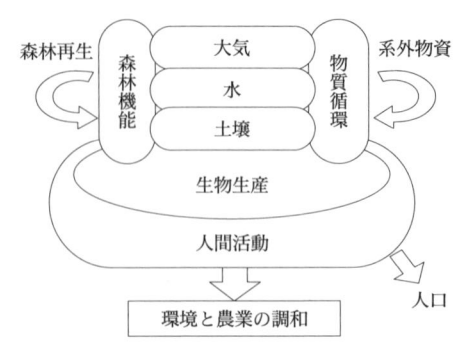

図16-1 基本的人間・生態系モデル

ことのできる人口を推計することが重要である。図16-1は，人間活動と自然生態系の関係を表した図である。人間が生活するために必要な物質や森林資源は，水，土壌，大気といった自然要素から一定の速度で生産されている。さらに自然生態系から得られる森林資源や物質は生物生産を助け，生物生産は人間活動の営みに利用される。このように，人間の生存条件は，自然生態系の資源供給量と廃棄物浄化量の再生産能力に規定される。

第2節で述べた通り，欧米では，自然生態系の持つ資源供給量と廃棄物浄化量の再生産速度の限界量を意味する環境収容力に基づいたEF分析[2]が近年開発されている。

そこで本節では，発展途上地域である中国広西壮族自治区大化県七百弄郷の4集落を対象にEF分析を行い，①自然生態系の持つ環境収容力の制約下での最大扶養可能人口を推計すること，②自然生態系に与えている環境負荷量の実態を明らかにすることの2点を目的とする。

3-2. 中国七百弄郷の概要

調査対象地域である大化県七百弄郷は，図16-2で示す通り，中国の西南部地方，ベトナムとの国境沿いの広西壮族自治区にある。さらに，七百弄郷は広西壮族自治区の中心都市の南寧から北西に位置している。七百弄郷は起伏の激しいカルスト地形にあり，その周囲の3,570個の険しい山々は1,124個の弄（山々に囲まれたくぼ地）を形成し，そのうちの324個の弄に人間が居住してい

る。弄底部から山頂部までの標高差は，数十mから最大で400〜500mに達する。

　七百弄郷は中国西南部に位置することから，亜熱帯に属し，平均気温は17〜22℃，太陽輻射熱は年間90〜110 kcal/cm^{2}である。平均降水量は1,738 mmであり，雨季と乾季がある。雨季に降雨量が多くなると，カルスト地形ということもあり，土壌流出の問題が発生する。また，過度な森林伐採と急勾配な地形条件のため，斜面は石灰岩が露出したままの状態になっている。

　次に，調査対象地の社会的・経済的状況であるが，大化県七百弄郷の中にある4つの屯集落(弄石屯，歪線屯，波坦屯，弄力屯：屯は生産隊の意味)には，少数民族の瑶族，壮族，および漢族が住んでおり，農耕文化を中心とした伝統社会を500年以上も形成してきた。七百弄郷の各屯集落の詳しい概況は表16-1にまとめた通りである。人口・面積は，弄石屯が164人・124 ha，歪線屯が50人・109 ha，波坦屯が74人・80 ha，弄力屯が69人・48 haである。集落内の人口は1980年代まで増加傾向を示したが，人口増加に伴い食料や燃料の確保が厳しくなると出稼ぎや移民政策が取られるようになった。主要な産業は農業であり，第二次産業や第三次産業は行われていない。作物生産はトウモロコシ，大豆，サツマイモなどを生産し，家畜生産は豚を中心に山羊，家禽類を肥育している。豚や鶏などの飼育頭数は，自家消費以外にも現金収入の手段として増加傾向にある。主産業である農業生産活動において，各集落とも単収増加の目的で化学肥料を投入している。ただし，作物の窒素吸収の限界から農地には大量の余剰窒素が残留していた。各集落で農地へ投入した化学肥料が作物に吸収された割合は，弄石屯で25%，歪線屯で21%，波坦屯で22%，歪線屯で32%と非常に低く，ほとんどの化学肥料が農地に残留していた(出村ら[3, 4]参照)。また，窒素フロー分析から，化学肥料と有機肥料(食物残渣や糞尿など)の1人当たりの施肥量が多い集落は歪線屯の22.2 kgN/人であり，一番少ない集落は弄力屯の14.3 kgN/人であった[3]。家畜への給餌方法は，歪線屯以外の3集落で飼料を煮て与えている。燃料となる森林資源は歪線屯が豊富であり，波坦屯は少なく，弄石屯・弄力屯は中程度である。森林資源の管理形態は，歪線屯のみ集落が管理している。なお，中国政府が行っている退行還林政策(畑を森林に戻す政策)や風山育林政策(山頂付近への立ち入りを禁止する政策)も

急傾斜地は家畜の放牧

緩傾斜地は畑として利用

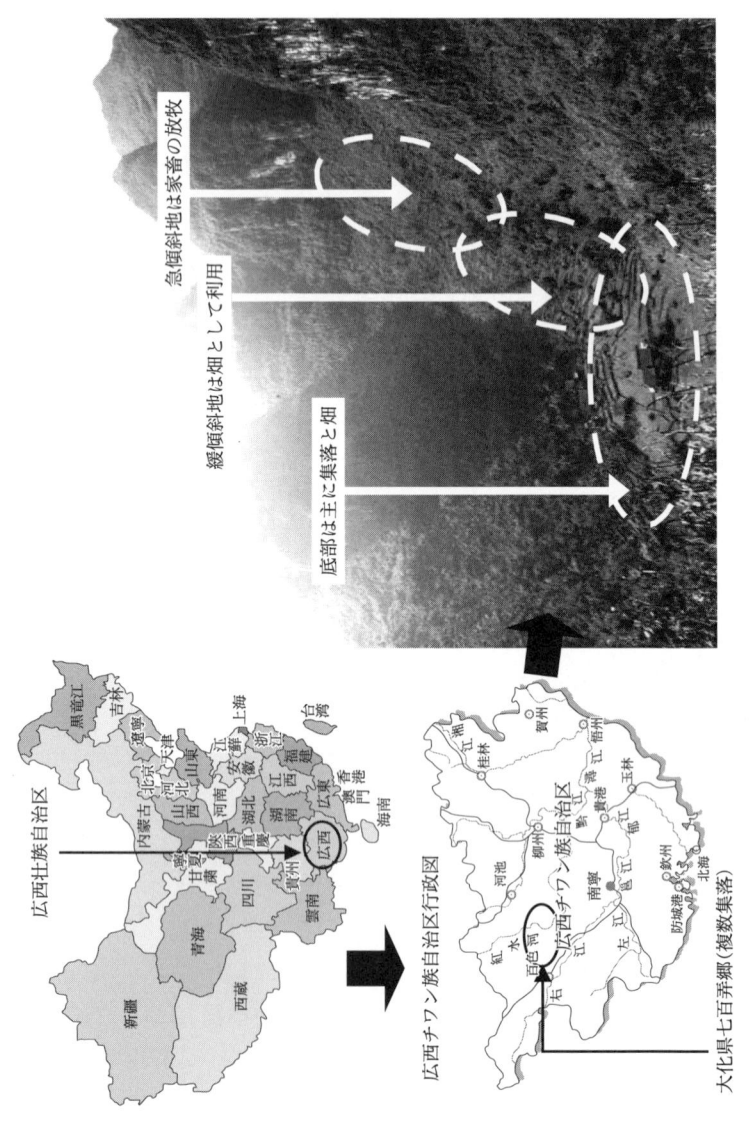

底部は主に集落と畑

図16-2 広西壮族自治区大化県七百弄郷の地図と地形図。資料：http://searchina.ne.jp/area_guide/

大化県七百弄郷（複数集落）

広西チワン族自治区行政図

広西壮族自治区

表16-1 調査対象地域（各屯集落）の概要。出典：出村ら[3]の鄭をもとに一部修正・加筆

	弄石屯(NongShiTun)	歪線屯(WaiXianTun)	波担屯(BoTanTun)	弄力屯(NongLiTun)
戸数（農家数）	21戸	12戸	14戸	11戸
人口（人）[1]	164人	50人	74人	69人
耕地が分布している弄数	5個	8個	3個	4個
主作物	トウモロコシ、大豆、サツマイモなど	トウモロコシ、大豆、サツマイモなど	トウモロコシ、大豆、サツマイモなど	トウモロコシ、大豆、サツマイモなど
化学肥料の施肥状況	有	有	有	有
主な飼育家畜	豚、山羊、鶏、兎など	豚、鶏、兎など	豚、山羊、鶏、兎など	豚、山羊、鶏、兎など
飼育頭数の増減		1997年から2000年にかけて鶏、アヒル、兎は倍増した。山羊は半減した。豚は若干減少した。		
使用燃料	新中心（一部メタンガス）	新中心	少（山頂付近のみ）	新中心
森林状況	中（急傾斜地から森林）	豊富（傾斜地にも単木か散在）	中（良好な二次林の残存）	
山林の管理形態	生産請負制	集落管理	生産請負制	生産請負制
山林の経営方式	火入れなし	火入れなし	火入れあり	火入れなし
郷中心部からの距離	比較的近い	遠い	比較的近い	比較的近い
表土状況	表土は全体的に60 cmほど	表土は薄く、弄底部の耕地でも30 cmほど	表土は全体的に薄く20 cmほど	不明
傾斜地利用状況[2]	緩傾斜地はすべて耕地化	石積耕地に消極的、手をつけず露岩化	石積耕地が斜面一面に広がる	石積耕地に消極的、家畜飼育に利用
弄の形状[3]	底中、高中	底短、高長	底短、高長、傾長	底、高長、傾長
農地面積（草地、畑地）[4]	3,780 a	1,340 a	4,290 a	1,600 a
林地面積（高木林、低木林）[4]	7,750 a	9,610 a	3,190 a	3,220 a
岩礫・崩壊地面積[4]	880 a	0 a	550 a	40 a

注1）人口は2002年のものである。
注2）石積耕地化とは、弄の斜面の等高線上に石を積み重ねて作った段々畑のことである。土壌流失の防止にもなる。
注3）底はドリーネ底部、高はドリーネ底部から山頂部までの高さ、傾は傾斜地を意味する。
注4）各屯集落の所有する弄の各地目面積は、衛星IKONOSおよび地形図を利用して推計したものである。

実施されている地域でもある。そのため森林被覆率は，屯集落内の人口と家畜の増加に伴い減少していったが，近年では退行還林政策や風山育林政策によって回復傾向にある。

次に，中国の行政組織を説明すると図 16-3 の通りである。まず，大化県といった「県」レベルでの組織が持つ役割は行財政，司法，立法，税などの機能を果たし，旧体制の人民公社の時と大きな変化はない。しかし，七百弄郷といった「郷」政府になると，以前の人民公社のような経営に関する機能が除外されている。経営の機能は，その下層の組織である，屯(生産隊)や屯の構成人員である農家に受け渡されている。つまり，農家は土地の所有(土地使用権の保持)が可能になり，自ら生産を行い，税金をおさめるという制度に変化している。表 16-1 の森林の管理が生産請負制になっている背景には，このような

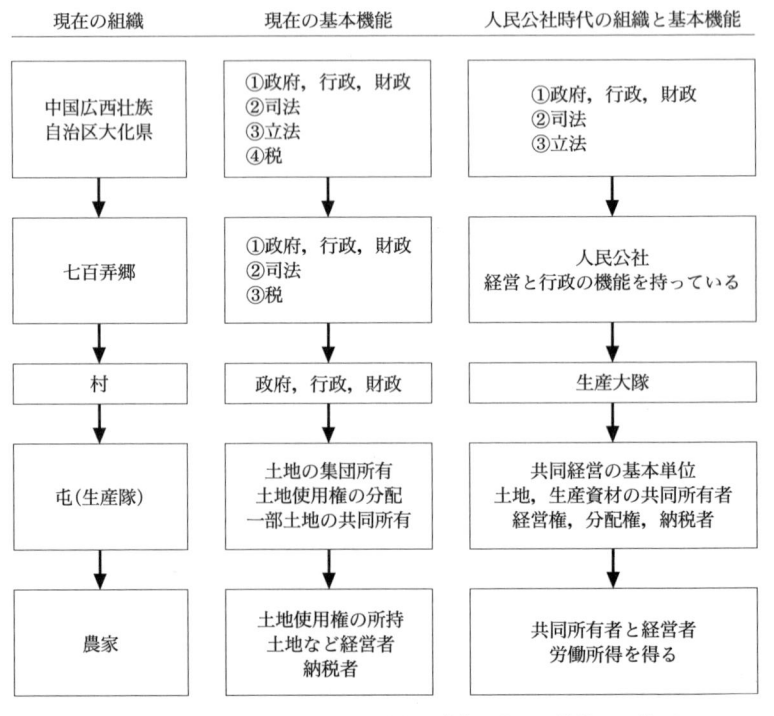

現在の組織	現在の基本機能	人民公社時代の組織と基本機能
中国広西壮族自治区大化県	①政府，行政，財政 ②司法 ③立法 ④税	①政府，行政，財政 ②司法 ③立法
七百弄郷	①政府，行政，財政 ②司法 ③税	人民公社 経営と行政の機能を持っている
村	政府，行政，財政	生産大隊
屯(生産隊)	土地の集団所有 土地使用権の分配 一部土地の共同所有	共同経営の基本単位 土地，生産資材の共同所有者 経営権，分配権，納税者
農家	土地使用権の所持 土地など経営者 納税者	共同所有者と経営者 労働所得を得る

図 16-3 七百弄郷の組織構造。出典：出村ら[3]の鄭より抜粋し，修正した。

制度の変革もあるが，生産請負制として割り当てれば適正な維持管理を行うと見込んでいた点もある。しかし実際には，燃料として現金収入が得られることから過度な伐採が続いた。

3-3. 基本データおよび分析データ

分析に使用したデータは，1998～2002年の5ヶ年にわたる農林学系の実験データと4つの屯集落46戸に対する農家聞き取り調査によるものである。各集落における総面積の推定・土地利用区分は，衛星(IKONOS)画像判読に基づき推計した(データおよび計測方法の詳細は，出村ら[3, 4]を参照)。主な調査項目は，家族構成，農業(各作物の作付面積と収量，投入窒素量，家畜への飼料量など)，燃料となる薪などの消費量のデータであり，それらデータを用いてEFを推計した。

4つの屯集落の中では弄石屯に関するデータの精度が高い。弄石屯以外の集落では，農地が零細でかつ分散錯圃であることや，平地と傾斜地での作物を区別して管理していないため正確な単収データが得られなかった。そのため，ほかの3集落で不足しているデータに対しては，弄石屯の単収データなどを利用して計算してある。それ以外の特別な条件に対しては，別途注に記入してある。

3-4. エコロジカル・フットプリントのフレームワークの構築

EF分析に関する既存研究を見ると，EFの計測方法にはそれぞれ違いがあり，必ずしも統一的な方法が取られているわけではない。しかし，計測に関する基本的な考え方は同じであるため，以下，基本的な計測方法を概説していく。

はじめに，われわれが年間に消費するすべての財を①農地，②牧草地，③林地，④二酸化炭素吸収地，⑤生産能力阻害地，⑥海洋・淡水域の6つの面積カテゴリーに分類する。各カテゴリーにはそれぞれ農地，牧草，森林，海洋・淡水域を起源に生産されるものが該当する。二酸化炭素吸収地は，エネルギーの消費により発生した二酸化炭素量を吸収するために確保されなければならない林地が該当する。生産能力阻害地はもともと何かを生産することが可能な土地であったが，建築物の建設や舗装などにより，何も生産することができなくなった土地が該当する。

次に，①農地，②草地，③林地に属する各財の年間消費量を生産するために使用した面積を求める。面積そのもののデータが存在しない場合は，消費量と土地生産性データを用い推計する。畜産品(加工品含む)については，牧草や穀物飼料の使用にかかわる土地面積を用い，森林の場合は年間の単位当たりの成長量を使用する。

そして，④二酸化炭素吸収地の面積を算定する。具体的には，ある一定地域内で化石燃料や木材，廃棄物などの燃焼によって発生した二酸化炭素排出量を求め，世界の森林の平均二酸化炭素固定能力量で除すことで二酸化炭素吸収地面積を推計する。

さらに，既存の統計資料から⑤生産能力阻害地を求め，最後に⑥海洋・淡水域を起源とする財の年間消費量を算定する。⑥海洋・淡水域の面積は，漁獲された魚と同量の魚が回復するのに必要とされる植物性プランクトン量から求められる。例えば，アジに関して説明すると，100 g のアジは生きるために 1 kg の動物性プランクトンを必要とし，その 1 kg の動物性プランクトンは 10 kg の植物性プランクトンを必要とする。このようにすべての魚介類に関して必要とされる植物性プランクトンの量を計算すると，魚介類が必要とする植物性プランクトンの総量が推計される。さらに，その得られた数値を水域の単位面積当たりの植物性プランクトン量で除し，魚介類の海洋・水域面積を求める。以上の作業手順を経て，各項目から得られた面積を合計した値が EF となる。

以上の手順を踏まえ，調査対象地域である七百弄郷に適用させていく。まず七百弄郷で消費されている財は表 16-2 に記す通りである。3-2. でも述べてあるが，本対象地域では第二次産業と第三次産業は一切行われていないため，主に農業生産にかかわる財が多い。また EF の考えを視覚的にまとめたものが図 16-4 であり，実際に七百弄郷に適用するにあたり用いたモデルが図 16-5 である。図 16-4 は，われわれが消費する各財をすべて土地面積に変換し，得られた各カテゴリーの土地面積を合計することで EF が求められるという流れを表したものである。図 16-5 は，実際に七百弄郷の人間活動のフロー図である。このフロー図から，七百弄郷には耕種作物や家畜生産に使用された土地面積を表す〝農地カテゴリー″，燃料消費により発生した二酸化炭素を吸収するのに必要な林地面積を表す〝二酸化炭素吸収地カテゴリー″，耕種作物へ投入した

第16章 エコロジカル・フットプリントを用いた持続可能性評価と環境収容力の推定　395

表16-2　七百弄郷の各集落で消費した財

消費した財のカテゴリー	消費した財
耕種作物	トウモロコシ，大豆，米，サツマイモ，レンコン，バナナ，カボチャ，火麻
化学肥料	尿素，リン肥料，(カリ肥料)
有機肥料	液肥，堆肥，草木灰
家畜生産	雌豚，子豚，肥育豚，兎，山羊，鳩，鶏，鶏卵，アヒル，(役牛)
そのほかの食料	(食塩)，トウモロコシ酒，豚油
燃料	薪，茎葉，木材，灯油，(メタンガス)
木材	(建築資材)，(家具類)
生産能力阻害地	建物，道路，(貯水槽)

注）カッコ内の財に関してはデータの制約上推計することができなかった。

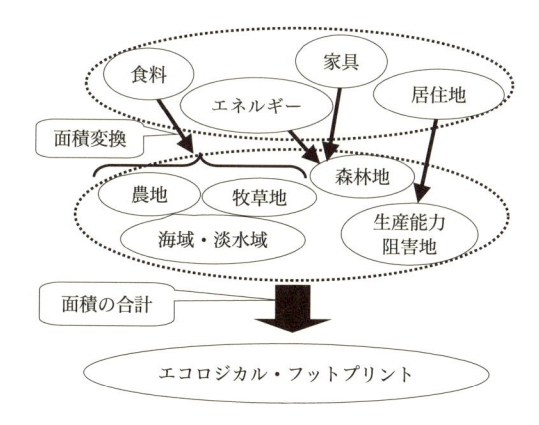

図16-4　エコロジカル・フットプリントの分析方法

化学肥料と有機肥料のエネルギー量を生産するのに必要な農地・林地面積を表す〝農地・林地バイオマスカテゴリー″，そして道路や家屋といった〝生産能力阻害地カテゴリー″の4つのカテゴリーである。なお，海水・淡水域を起源とした財を消費していないため，本節でのEF分析に海水・淡水域は含まれていない。

3-5. 試算と考察

各集落の最大扶養可能人口の推計結果は表16-3中の①のようになった。弄

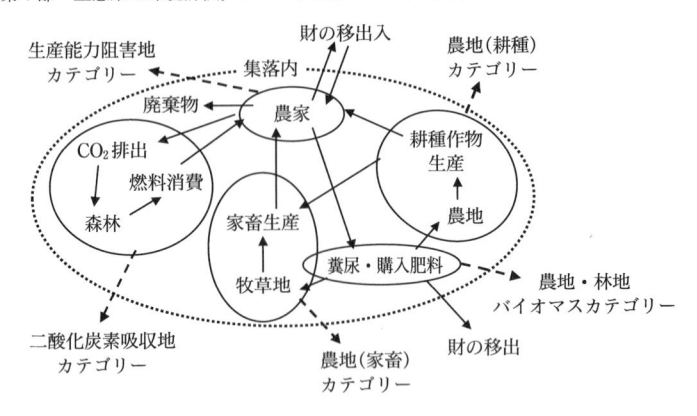

396　第V部　生態系の環境評価，エコロジカル・エコノミックス

図16-5　エコロジカル・フットプリントの七百弄郷への適用

石屯で71人，歪線屯で36人，波坦屯で35人，弄力屯で33人であった。現実の居住人口とEFによる最大扶養可能人口の相対的な超過比を表す表16-3中の②を見ると，森林が豊富で人口が少ない歪線屯が1.4倍であり，ほかの屯は2倍以上もの過剰人口を抱えていた。またいずれの屯も最大扶養可能人口の許容量を超えていることから，土地単位当たりの人口が過剰であることが明らかとなった。次に，各屯集落が利用できるすべての土地面積(林地と農地)とEFの比率を表した「環境インパクト」を表16-3中の③で見ると，森林資源が豊かで人口の少ない歪線屯以外は，いずれも環境への負荷が大きくなっていた[4]。

　このように，七百弄郷において土地面積当たりの人口が過剰な状態であるにもかかわらず現在の人口を維持できる理由は，4つの屯集落の人間活動が，再生産を行う自然資本の元本を切り崩して現在の人間活動を行っているためと考えられる。つまり，4つの屯集落では，資源消費量が環境収容力を超過した状態にあり，自然生態系の資源供給能力や廃棄物浄化能力といった機能を発揮する自然資本の元本自体を消費している状態にある。事実，3-2. での七百弄郷の歴史および概要を見ると，森林は急激に減少し，人口増加と森林被害の深刻さに移民政策が取られるほど深刻な状態であった。そのため，現在の人口は一時的なものであり，長期にわたって維持し続けることは不可能であるといえる。今後は，環境収容力と資源消費量の間の乖離をなくすことが重要である。以下，各集落のEFの内訳がどのようになっているのかを明らかにし，資源消費量を

第16章　エコロジカル・フットプリントを用いた持続可能性評価と環境収容力の推定　397

表16-3　各集落の最大扶養可能人口と環境インパクト

集落名			弄石屯	歪線屯	波坦屯	弄力屯
世帯人員(人/世帯)			4.8	3.9	4.7	5.3
①	最大扶養可能人口(人)		71	36	35	33
	④	農地に規定される最大扶養可能人口	74.7	36.9	83.0	33.1
		総農地面積(a)	3,780	1,340	4,290	1,600
		1人当たりの農地のEF(a/人)	50.58	36.34	51.67	48.33
	⑤	林地に規定される最大扶養可能人口	71.6	64.8	35.1	35.6
		総林地面積(a)	7,750	9,610	3,190	3,220
		1人当たりの林地のEF(a/人)	108.22	148.20	91.01	90.43
②	最大扶養可能人口超過率		2.3	1.4	2.1	2.1
	人口(人)		164	50	74	69
	最大扶養可能人口(人)		71	36	35	33
③	環境インパクト		2.1	0.8	1.3	2.0
	集落全体のEF(a)		26,140	9,243	10,566	9,583
	所有する弄の土地面積(a)		12,410	10,950	8,030	4,860

注1)　最大扶養可能人口とは，現在の生活水準で，その集落に最大何人住めるかを意味する。最大扶養可能人口超過率とは，本来の最大扶養可能人口に対する現在の人口の超過割合を表す。環境インパクトとは，集落の住民の人間活動が集落内の自然生態系に与えた負荷量を表す。数値は大きいほど自然生態系への環境負荷が大きい。絶対的基準ではないが1.0以下が良好な数値である。

注2)　ここでの最大扶養可能人口は，人間活動量であるEFと集落内の農地・林地面積の割合から計算される。つまり弄石屯を例に挙げると，弄石屯の住民は年間50.58 a/人の農地面積と108.22 a/人の林地面積を使用して生活している。それに対し，弄石屯集落の実際の土地面積は農地3,780 aと林地7,750 aであるため，農地に関しては74人(＝3,780 a÷50.58 a/人)，林地に関しては71人(＝7,750 a÷108.22 a/人)が限界点となる。さらに，最大扶養可能人口はより低い数値の限界点に規定されるため，現在の弄石屯の人間活動水準では，林地に規定される71人が最大扶養可能人口となる。

注3)　集落全体のEF＝(1人当たりの農地のEF＋1人当たりの林地のEF)×人口により求められる。

減少させるのに有効な方策を考察する。

　各集落のEF分析結果の内訳は図16-6に記すようになった。図16-6を見ると，各集落における年間のEFの結果は，弄石屯で159.3 a/人，歪線屯で184.8 a/人，波坦屯で142.7 a/人，弄力屯で138.8 a/人であった。また，その内訳は，耕種作物生産のために投入した化学肥料と有機肥料を生産するために確保しなければならない農地・林地バイオマスに関するEFと，燃料の燃焼により発生

弄石屯の住民が実際に使用したEF
(生活するのに必要なEF)159.39 a/人

歪線屯の住民が実際に使用したEF
(生活するのに必要なEF)184.85 a/人

波坦屯の住民が実際に使用したEF
(生活するのに必要なEF)142.79 a/人

弄力屯の住民が実際に使用したEF
(生活するのに必要なEF)138.89 a/人

□：耕種作物生産，■：家畜生産，■：農地バイオマス，▨：林地バイオマス
▨：二酸化炭素吸収，■：生産能力阻害地

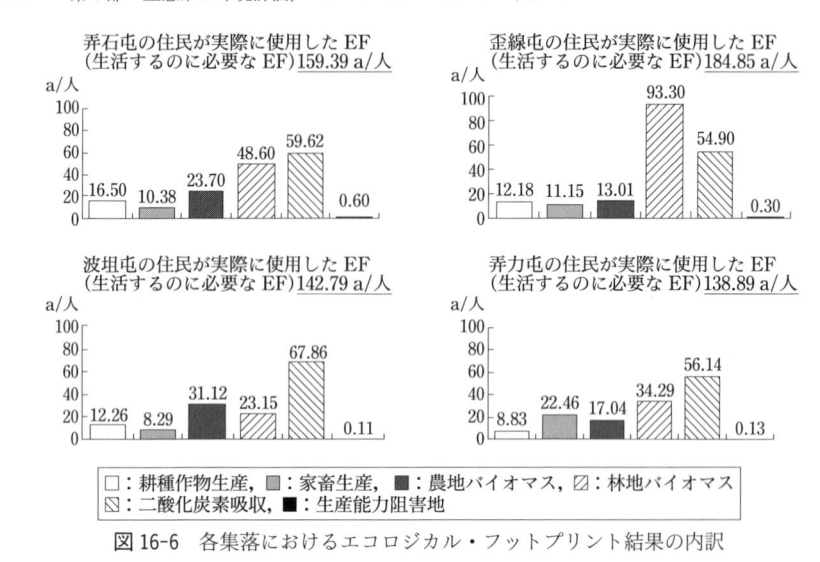

図16-6 各集落におけるエコロジカル・フットプリント結果の内訳

した二酸化炭素を吸収するために確保しなければならない二酸化炭素吸収に関するEFで全体の約8割を占めていた(弄石屯82.3%，歪線屯87.2%，波坦屯85.5%，弄力屯77.4%)。EF分析結果の内訳の中で大きなウエイトを占める二酸化炭素吸収に関するEFを見ると，多少の差はあるものの各集落とも54～67 a/人であった。調理や暖房に使用する目的での燃料の消費であるため各集落間で大きな差は見られなかった。

次に，耕種作物生産のために投入した化学肥料と有機肥料を生産するために確保しなければならない農地・林地バイオマスに関するEFを見ると，集落ごとにばらつきがある。農地・林地バイオマスに関するEFは，農地への投入肥料のEFを表すものであり，EF値が高いほど農地へ肥料を多投していることになる。最も肥料投入に関するEFが高かった集落は，歪線屯の肥料の生産に関する林地バイオマスのEFであった。また一番肥料投入に関するEFが低かった集落は弄力屯であった。この理由は，3-2. でも述べてあるが，1人当たりの化学肥料と有機肥料の投入量が歪線屯で一番多く，1人当たりの化学肥料と有機肥料の投入量が弄力屯で一番少なかったためであると考えられる。また，肥料投入に関するEFの中でも林地バイオマスのEFが高かった理由は，化学

肥料や有機肥料を生産するのに必要な農地バイオマスと林地バイオマスの面積の推計が，実際の地目割合に依存する仮定条件に従っているためである。逆に，実際に林地面積の少ない波坦屯では，地目割合に依存する仮定条件により，林地バイオマスの EF は農地バイオマスの EF よりも低くなっている。

EF の内訳結果からは，4 つの屯集落において二酸化炭素吸収に関する EF と肥料投入に関する EF の値がすべての EF の 8 割強を占めることを明らかにした。現在 4 つの屯集落は，前述した通り土地単位当たりの人口が過剰な状態にあり，環境収容力(集落の土地面積)と資源消費量(住民の EF)の乖離をなくすことが求められている。そのため，各集落においては，二酸化炭素に関する EF と肥料投入に関する EF を減少させるような方策が，自然生態系への環境負荷量を減らすのに効果的であるといえる。ここで意図することは，環境収容力を超過した発展途上地域に対し，資源消費量の規制を呼びかけるものではなく，資源消費のスリム化を行う場合の一情報を提示してくれることである。EF は比較的理解されやすく概念上有効な指標であるが，具体的な政策を提言するまでの情報は持っていない(石川[10])。そのため，最終的な決断を下すのは個人ないしは政策当局に委ねられることになる点に留意されたい。

最後に，EF 分析結果の移出入関係の内訳を見ることにする。本分析では 4 集落の移出入結果を求めているが，前述してある通り，弄石屯の精密なデータに比べほかの 3 集落は，データ収集の限界から若干の仮定条件を用いて計測を行っている。しかし，各集落とも移出入の結果に対して大きな差はなかった。そのため，弄石屯の EF の移出入結果である図 16-7 を用いて考察する。

図 16-7 の移入された土地面積と移出された土地面積を比較すると，移入された面積の方が多かった。これは，弄石屯集落内の土地面積だけでは現在の人口の消費活動を満たすことができず，外部からの物資に依存していることを意味している。屯集落は人里離れた閉鎖空間に見えるが，外部からの物資に依存しなければならない生活状態であることが窺える。また移入した EF の大半は，化学肥料生産のために必要な農地バイオマスと林地バイオマスに関する EF であった。一方，移出した EF はほぼ家畜生産に関する EF であった。農地面積が少ないことから家畜生産を行い，家畜を移出することで化学肥料を購入していることがわかった。しかし，弄石屯を含む 4 つの屯集落では，すでに農地に

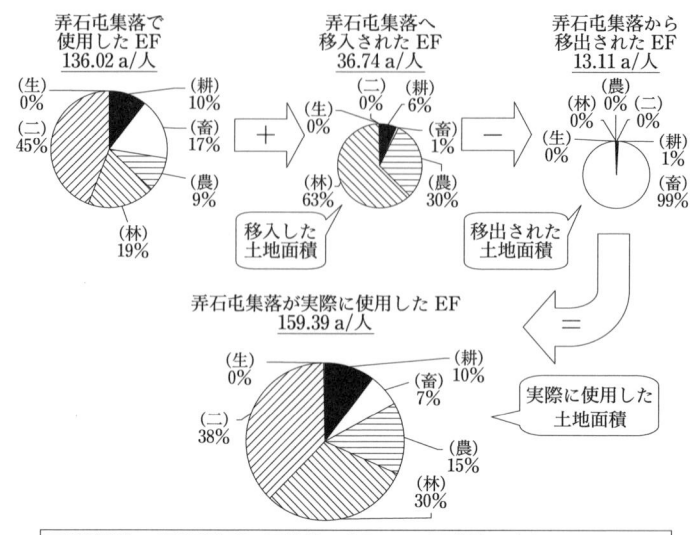

図 16-7　弄石屯における EF の移出入関係

注）「集落で使用した EF」とは，集落内の自然生態系に与える人間活動量，すなわち環境負荷量を表している。「移入された EF」とは，移入した財を生産するために集落外の住民が集落外の自然生態系に与える環境負荷量をいう。しかし集落内の住民の需要に起因した環境負荷量であるため，集落内の住民の人間活動量を推計する場合は加算する必要がある。「移出された EF」とは，移出した財を生産するために集落内の自然生態系に与える環境負荷量をいう。しかし，集落外の住民の需要に起因した環境負荷量であるため，集落内の住民の人間活動量を推計する場合は差し引く必要がある。

大量の余剰窒素があり，化学肥料の投入は窒素汚染という環境問題をさらに悪化させる恐れがある。このような状態が改善されない理由は，農家調査の聞き取り結果によると，作物に必要な投入量の情報を知らないため〝投入量に比例して収量が伸びる″，〝化学肥料を投入することが一種のステータス″など間違った情報のもと，農家自らが化学肥料を購入し自然生態系に環境負荷を与えているという実態が明らかとなった。

4. 環境負荷と環境便益を考慮した環境面からの持続可能性評価
　——北海道の農林業を事例にして——

4-1. 課　題

　前節では，環境収容力概念を応用したEF分析を用いて，中国農村地域の最大扶養可能人口の推計と農村地域の持続可能性評価を行った。農村地域での適正な農林業活動は，自然環境が持つ洪水防止機能や大気浄化機能などといった環境便益（多面的機能）を副次的に発生させる。そのため，環境負荷以外にも環境便益を考慮した形で持続可能性を評価する必要がある。残念ながら，前節で紹介した中国農村地域は環境問題が深刻化しており，環境便益を発揮するような自然生態系ではなかった。そのため，環境負荷のみを計上して農村地域の持続可能性の評価を行うにとどまっている。

　このような事実を踏まえれば，農林業が持続可能な状態にあるか否かを把握するには，①経済活動に伴い発生した環境負荷量と環境便益の効果を計測し，②農林業の生産活動と自然環境とのバランスがどのような状態にあるのかを考慮した評価をしなければならない。これら上記2点を個別に扱い評価した研究例は数多くあるが，同一のフレームワーク上で総体的に評価した研究例は少ない。

　農林業の持続可能性評価の重要な要因である上記2点を同一のフレームワークで評価する手法にNAMEA(National Accounting Matrix including Environmental Accounts)がある[5]。NAMEAは，従来の国民経済計算と環境会計を組み合わせた手法であり，改良を行うことで農林業へも十分適用可能である。さらに，NAMEAにより得られたデータをもとに，EF分析を行うことで，総体的な農林業の持続可能性を計測することが可能となる(NAMEAについては，第13章を参照)。

　そこで，本節では，①農林業の経済状態と農林業の環境便益および環境負荷を把握するためにNAMEAを農林業部門に適用し，②さらにEFを用いることで包括的な農林業の環境的持続可能性の評価を行った。

　なお，評価対象を北海道の農林業とした理由は，先に述べた通り恵まれた自

然条件の下で環境便益が発揮されているためである。また，農林業が地域の土壌や気温などの自然条件と密接に関係した産業であるため，地域単位で持続可能性評価を行う必要があると考えたためである。さらに，地域単位で農林業の持続可能性評価を行う場合，日本の食料生産基地といわれている北海道を対象地域に選定することは，農林業の持続可能性を評価する上で適切な事例地域であると判断したためである。

4-2. 北海道の農林業の概要

北海道地域の農林業は道央・道南地域では水稲栽培と畑作を主に行っており，道央・道北・道東地域では畑作と酪農を中心に行っている。林家は北海道全域に散見される。北海道のGDPにおける第一次産業のウエイトは他都府県に比べて大きいことから，北海道地域では農林業が盛んに行われており，北海道の重要な基幹産業である。また，日本の食糧供給基地の役割も担っている。

4-3. 分析データとカテゴリー

本研究では，北海道の農家・林家の生産活動によって発生する直接的な環境負荷[6]と生産活動が行われることで発揮される農地・林地の持つ環境便益を対象に評価した。環境負荷と環境便益の項目は，地球温暖化ガスの排出（ガスの吸収），大気汚染物質の排出（汚染物質の吸収），水質汚染（水質浄化），廃棄物の排出（廃棄物の処理），森林資源消費（森林資源貯蓄），および水資源消費（水資源涵養）の6カテゴリーからなる。ただし，上記カッコ内のガスの吸収や汚染物質の吸収などは環境便益の項目を表している。これら6カテゴリーは，CO_2，水，森林蓄積量などの物量データから構成されている。具体的には，農作業にトラクターを利用したならば，そこから排出される CO_2，NO_x，SO_x の物量データは，環境負荷の地球温暖化ガス（CO_2）の排出と大気汚染物質（NO_x，SO_x）の排出のカテゴリーに計上されることになる。一方で，農作物が栽培されることにより NO_x，SO_x も吸収されるので，その吸収される物量データが環境便益の項目の大気汚染物質の吸収に該当することになる。当然物量データで計測できない農林業の環境便益もあるため，本研究では物量単位で計測困難な保健休養機能やアメニティ機能などは対象外とした。結果を先取りする形に

なるが，該当する環境負荷と環境便益の項目は表16-4の計測結果とともにまとめられている。なお，評価対象の分析は1995年度と2000年度を対象とし，官公庁などから刊行された統計書および報告書などのデータ[7]を利用して計算した。

4-4. エコロジカル・フットプリントのフレームワークの構築

本分析で利用するNAMEAはAriyoshi and Moriguchi [1]によって提案された日本版NAMEAを以下のように改良したものである。第1に，従来の国民経済レベルから地域経済レベルへ変更したこと，第2に，農林業の環境便益(多面的機能)の評価部分を導入したこと，そして第3に，農林業の持続可能性を計測するためにEFをNAMEAのフレームワーク内に取り入れたことである。上記3点の改良により，本研究では農林業の生産活動によって発生する環境負荷と環境便益を物量単位で定量化することを可能にした。さらに，EFを用いてNAMEAの物量データを土地面積という単位に変換し，農林業の持続可能性評価の総合指標として利用することも可能にした。

以下，NAMEAで推計されたCO$_2$や窒素など単位の異なる環境負荷物質と，農林業を営むことで発揮される水資源涵養，大気汚染物質の吸収などの環境便益を土地面積に変換するEF分析の方法を解説する。

環境負荷物質をEFへ変換する方法は，発生した環境負荷を浄化するために必要な土地面積という形で計算した(この計測方法は，一般的に利用されているエネルギーに関するEFの推計と同様の方法である。詳細はWackernagel and Rees [16])。具体的に説明すると，環境負荷の項目である地球温暖化ガスの排出の計測は，はじめにNAMEAを用いて農林業のCO$_2$排出量を求め，次にその推計量(t-C)と人工林の森林蓄積量当たりのCO$_2$吸収量(t-C/m^3)，および単位面積当たりの森林蓄積量(m^3/ha)を用いることで計算した。関係式は以下の通りである。

$$\text{地球温暖化ガスの排出に関するEF (ha)} = \frac{\text{CO}_2\text{排出量(t-C)}}{\text{人工林の森林蓄積量当たりのCO}_2\text{吸収量(t-C/m}^3\text{)}} \times \frac{1}{\text{単位面積当たりの森林蓄積量(m}^3\text{/ha)}}$$

表16-4 農林業の環境負荷と環境便益の計測結果

項目		1995			2000		
		環境負荷の EF(ha)…I	環境便益の EF(ha)…II	EF収支(ha) I+II	環境負荷の EF(ha)…I	環境便益の EF(ha)…II	EF収支(ha) I+II
地球温暖化	$CO_2/N_2O/CH_4$	973,006	−1,516,476	−543,470	787,282	−1,522,448	−735,166
大気汚染	NO_x/SO_x	648,885	−1,191,000	−542,115	526,629	−1,176,000	−649,371
	NH_3	****		****	****		****
	SPM	****		****	****		****
水質汚染	T-N/T-P/BOD/COD	191,056		191,056	176,386		176,386
廃棄物廃棄	プラスチック	(1,840)		(1,840)	(2,758)		(2,758)
	糞尿	(191,056)		(191,056)	(176,386)		(176,386)
	稲わら類	(2,261)		(2,261)	(1,759)		(1,759)
	家畜死体	****		****	****		****
自然資源	森林資源	(86,104)	(−32,926)	(53,178)	(62,071)	(−31,926)	(30,145)
	水資源	****	−2,841,284	−2,841,284	****	−2,838,304	−2,838,304
土地利用	農地利用	1,324,808		1,324,808	1,315,856		1,315,856
	林地利用	1,516,476		1,516,476	1,522,448		1,522,448
合計		4,654,231	−5,548,760	−894,529	4,328,601	−5,536,752	−1,208,151

注1) 環境負荷の値が大きい(よりプラス)ほど環境負荷物質を排出していることを意味し,環境便益の値が小さい(よりマイナス)ほど,多面的機能を発揮している.
注2) ****は,現段階では計算上推計することが困難であるため,計上していない.
注3) 斜体の数値は,矢印先の環境負荷発生のメカニズムと密接に関連しあっていることから,ダブルカウントの対象となるため最終的なEF収支には計上していない.つまり,地球温暖化の環境負荷(973,006 ha)の中には,廃棄物廃棄(プラスチックの1,840 ha,稲わら類の2,261 ha)も含まれている.
注4) 廃棄物の計測に関しては,経済活動の結果低下した環境質を回復させるために廃棄物処理施設を建設するという仮定の下で計測した.つまり,経済活動による環境負荷量=発生した環境負荷物質を除去するのに要求される廃棄物処理施設規模=要求される規模の廃棄物処理施設の設置に必要とされるすべての土地面積,として推計した.

同様に,大気汚染物質の排出も,NO_x,SO_xの排出量($t\text{-}NO_x/kg$,$t\text{-}SO_x/kg$)と農産物の作付面積当たりの吸収量($t\text{-}NO_x/ha$,$t\text{-}SO_x/ha$)を用いて推計した[8]。廃棄物の廃棄は,ビニール,わら類といった廃棄物を焼却処分した際に発生する地球温暖化ガス量｛$(kg\text{-}C, N_2O, CH_4)/kg$｝を温暖化係数で標準化し,単位面積当たりの吸収量($kg\text{-}C/ha$)で除すことで浄化に必要な土地面積を推計した.ただし,この項目は前述した地球温暖化ガスの排出の計算過程に計上されているため,二重計算となることを防ぐために最終的なEF値には加算せず,表16-4中では参考値として計上するにとどめてある.水質汚染項目は,水質汚染の原因であるT-N(total nitrogen;全窒素),T-P(total phosphorus;全リ

ン)，BOD，COD が廃棄物廃棄項目の家畜糞尿に起因することから，糞尿の適正処理によって未然に防止できると仮定した。具体的には，簡易堆肥発酵施設[9]を設置するのに使用したエネルギー量(MJ/Year)とエタノール法(80 GJ/ha)[10]を用いて，水質汚染の項目として計上した。森林資源消費項目は，人工林の伐採量と人工林の移輸入量(農林業部門への利用目的で移輸入されたもののみ)，単位面積当たりの人工林蓄積量から推計し計上した。土地利用については，農地と林地の増減面積をそのまま計上した。面積の増加はそのまま作付行為という環境負荷の増加を表している。

環境便益を EF へ変換する方法は，排出された環境負荷物質の総量と単位面積当たりの吸収量，有用な資源の貯蓄量と単位面積当たりの資源の貯蓄量の関係から推計した[11]。具体的に説明すると，地球温暖化項目は人工林面積当たりの森林蓄積量が吸収する CO_2 量(t-C/m^3)，実際に吸収された CO_2 量(t-C)，単位面積当たりの森林蓄積量(m^3/ha)を用いて推計した。大気汚染(物質の吸収)項目についても総排出量と農作物の作付面積当たりの吸収量を用いて推計した。水質汚染浄化，廃棄物吸収の項目に関しては，物量データが得られなかったため計上していない。森林資源貯蓄の項目は，人工林の森林蓄積量(m^3)と単位面積当たりの森林貯蓄量(m^3/ha)の関係から推計した。水資源涵養の項目は，農地と林地の合計面積を計上した。なぜなら，北海道の農地と林地の合計面積が涵養している水量は 2000 年で 13,461 百万 m^3 であるが[12]，13,461 百万 m^3 を涵養できるのは，現在の農地面積と林地面積が存在するためと判断したためである。

そして最後に，環境負荷量(EF は正の値となる)と環境便益(EF で負の値となる)の収支を求めることで，北海道の農林業がどのような状態にあるのかを把握することができる。EF 収支が正値であれば，多面的機能による環境便益よりも環境負荷量の方が大きいので持続不可能な状態にあると判断され，逆に EF 収支が負値であれば，環境負荷量よりも多面的機能による環境便益の方が大きいので持続可能な状態にあると判断することができる。

4-5. 結果と考察

EF を用いて農林業の環境負荷と環境便益を計測した結果，表 16-4 のよう

な結果となった。1995年度のEF収支(環境負荷量—環境便益)は-89万4,529 ha, 2000年度のEF収支は-120万8,151 haという結果であった。EFは環境負荷量を面積単位で表した指標であるため，EF収支が負値となった本研究では，環境負荷以上に環境便益が発揮されていることを意味する。すなわち，1995年度と2000年度ともに，北海道の農林業では，環境負荷量以上に環境便益が発揮されているということが明らかとなった。これは農林業分野での環境負荷を環境便益で相殺しても，なお環境負荷を浄化できる余力があることを表しており，北海道の農林業の環境便益が近県や道内の第二次，第三次産業の環境負荷を吸収するなど，現在の環境状態の維持に貢献しているのではないかと推察される。環境負荷や環境便益の地理的な影響範囲は，物質や機能により局所的な場合や広域に及ぶ場合もあるが，本研究では北海道内の農林業による環境便益の受益者の優先度を，道内農林業を最優先し，次いで道内の他部門としている。

また，EF収支が，1995年度と2000年度の間に31万3,662 ha減少していることから，2000年度の農林業は，1995年度の農林業よりも環境に対する負荷が少ないということを明らかにした。表16-4の変化量の項目からわかるように，EF収支の減少は，農林業の環境便益が増加したことよりも，環境負荷量自体の減少によるものが大きかった。このような計測結果になった理由としては，農家戸数自体の減少や農業技術の進歩などにより環境負荷量が減少したためと考えられる。一方で，環境便益の項目の減少量がわずかであった理由は，EFの計測に利用した1995年と2000年の物量データ自体に差がなかったためである。なぜなら，環境便益は農地と林地の面積にある程度比例して発揮される性質を持っている。1995年と2000年にかけて農地と林地の面積にそれほど変動がないことから，発揮される環境便益についても大きな変化が見受けられなかったと考えられる[13]。

以上の分析結果より，1995年度，2000年度ともに北海道地域の農林業は持続可能な状態にあることが明らかとなった[14]。また，1995年度の農林業より2000年度の農林業の方が，環境負荷を逓減させている点で環境に優しい生産活動を行っているといえる[15]。

しかしながら，本研究では，農林業の環境負荷と環境便益を6つのカテゴ

リーに限定していること，NAMEA によって計上されていても EF 分析が困難なために計上できなかった項目があることなど，計算上まだ不十分な点がある。農林業の環境便益にはどのような種類があり，どれだけ環境便益が発揮されているのかを把握すること自体困難なことではあるが，物量データとして入手可能な土壌流出防止機能といった残された環境便益の項目を組み入れるなどの改良が必要である。ただし，伝統文化維持機能などはフレームワークに組み入れるのは困難である。また，大気汚染項目の SPM (Suspended Particulate Matter；浮遊粒子状物質) 排出量や廃棄物の家畜死体などをどのように土地面積に変換するのかといった計算上の問題点も解決する必要がある。これら問題点を克服することで，NAMEA と EF を融合させた新たな持続可能性評価指標はより精度の高い指標となるであろう。

　今後，本研究で指摘した改良点が克服され，各都道府県や市町村などで実施されるならば，環境保全型の生産活動を営んでいる自治体か否かの客観的目安になりうるだろう。また，将来，環境保全型農業地域に対し，環境支払いを実施する際にはその判断基準の一助になりうる可能性があるといえよう。

5. ま と め

　本章の目的は，第 15 章で説明したエコロジカル経済学の環境収容力概念に即した EF 分析を解説し，2 つの実証分析を行うことである。1 つは，人口問題を抱える中国広西壮族自治区大化県七百弄郷を対象に，屯集落内の最大扶養可能人口の推計をし，農村地域の持続可能性評価をすることである。2 つめは，農村地域の環境便益 (多面的機能) が考慮された持続可能性評価ではないという先の実証分析の限界点を改良する形で，NAMEA と EF 分析を融合させたフレームワークを作り，実際に北海道の農林業に適用させることである。

　EF の解説では EF の定義と特徴を整理した。EF は，人間活動を行うのに必要とされる資本の量を土地・水域という面積の尺度に換算し，表示するツールであった。EF は土地面積というなじみやすい単位を用いているため，環境負荷の大きさを容易に想像することができること，地球の土地面積をベースに持続可能性評価の判断基準に用いることができること，貨幣評価に比べバイア

スが少ないことなどのメリットを持つことを解説した。

　第3節の実証分析の部分では，従来のEFの計算結果を利用し，人口問題を抱える中国広西壮族自治区七百弄郷の最大扶養可能人口を推計した。推計結果は，各集落とも1.4～2.3倍の過剰人口を抱えている結果となり，持続不可能な状態であることを明らかにした。第3節の特徴は，集落の土地面積とEFの関係から持続可能性評価を行ったことにある。有限な土地資源が養うことのできる人口には限界があり，そのキャパシティーを超える人口は最終的には環境問題を引き起こすことになる。多くの発展途上地域がそのような深刻かつセンシティブな問題を抱えている。そのような問題に対し，EFは土地資源が持つ環境収容力という観点から，居住可能な人口の情報提示（地域の持続可能性に関する情報提示）を行った。同様に，第4節の実証分析の部分では，農林業の環境便益と環境負荷の両側面を考慮するために，EFとNAMEAを北海道の農林業部門に適用し，包括的な持続可能性評価を行った。計測結果は，1995年，2000年ともに北海道の農林業部門は環境負荷量以上に環境便益を発揮している結果となり，持続可能な状態であることを明らかにした。第4節の特徴は，今まで困難とされてきた環境負荷と環境便益の両面を同時のフレームワークで扱った点にある。環境負荷は農林業活動によって発生するが，その副産物として環境便益も発揮される。本来，環境負荷の影響力と環境便益の機能はそれぞれ個々の単位で計算され，総合的に判断することが難しい。しかし，EFとNAMEAを用いることで包括的な持続可能性の指標として表すことを可能にした。

　EFは，従来の環境経済学的なアプローチではなく，生物物理量単位で表されるアプローチである。その特殊性ゆえに，人間の効用を無視した形であると指摘されている。しかしながら，環境問題が発生する根本的な原因の1つには，人間活動の規模が環境収容力を超過することにある。それは人間の効用で推し量ることは不可能であろう。そういう意味でも，本章で行った分析には意味があるといえよう。

注

1) 最大扶養可能人口とは，現在の消費水準で当該集落に生活することのできる最大人口を表す。最大人口によって消費される資源量(ここでは利用される土地面積)は，生活基盤である自然生態系が供給できる範囲内に収まっている。
2) EF(Ecological Footprint)は環境面積要求量とも呼ばれ，人間の何らかの活動によって踏み付けられた自然生態系面積を意味する。
3) 出村ら[3, 6]の報告書内で波多野が窒素フロー分析の計測結果をまとめている。本章での計測結果は波多野の計測結果である。
4) 環境インパクトは，ある集落に住む人間が自然生態系に与えた環境負荷の大きさを表しているが，自給率という形で表したなじみある概念に変更することもできる。まず，比較対照として熱供給量をベースにした食料自給率は，弄石屯78%，歪線屯89%，波坦屯87%，弄力屯77%であったが，環境インパクトの逆数を取った形である土地資源自給率は，弄石屯47%，歪線屯118%，波坦屯76%，弄力屯51%であった。歪線屯以外では自給率が低下した。歪線屯以外の集落で減少した理由は，食料自給率は食料のみが持つエネルギーに関しての自給率であり，土地資源自給率はすべての活動に関して使用した土地資源に対する自給率を表すため，食料自給率よりも低くなりやすい(土地資源自給率とは，EF分析の結果である総使用土地面積を利用して求めることができる。具体的には，表16-3中の所有する弄の土地面積÷集落全体のEFにより求めることが可能である)。ただし，歪線屯のように，1人当たりの土地面積が大きい集落などでは増加することもある。日本の食料自給率が，海外からの輸入飼料を考慮した場合とそうでない場合とでは異なる結果になるのと同じ関係である。食料自給率は，耕種作物と家畜生産のEF分析結果の詳細を利用して，"集落内で生産される各食料の総生産量"×"該当する熱供給量"により"集落内で生産可能な総熱供給量"を求める(EF分析の結果の詳細は紙幅の都合上割愛してある)。次に食料の移出入を加味した"実際に消費した総熱供給量"を求める。最後に"実際に消費した総熱供給量"÷"集落内で生産可能な総熱供給量"により求めた。

	弄石屯	歪線屯	波坦屯	弄力屯
食料自給率	78%	89%	87%	77%
土地資源自給率	47%	118%	76%	51%

5) NAMEAの和訳はないが，あえて訳すならば"環境会計を含む国民会計行列(または国民経済計算行列)"などといえるだろう。
6) 環境負荷には直接的なものと間接的なものがある。本節では，農産物・林産物を生産することを目的に，生産活動を行った際に発生する環境負荷を直接的な環境負荷としている。すなわち，農産物・林産物の生産のために投入された窒素，ガソリン，石油の燃焼によるCO_2，NO_x，SO_xなどを指す。また間接的な環境負荷とは，農産物・林産物の生産のために投入された資材を生産するために発生した環境負荷を指す。例えば，肥料生産のために消費された石油や資材などから発生する環境負荷を指す。本研究では，

ライフサイクル分析を必要とするような間接的な環境負荷までの計測は困難であると判断し，直接的な環境負荷のみの計測にとどめてある．そのため，環境負荷の数値は最小限の推計値(過小評価)である．

7) 北海道水産林務部：『北海道林業統計(各年度)』，(社)北海道地域農業研究所(1998)：『農業・農村の多面的機能の評価調査報告書(平成10年3月)』，経済産業省経済産業政策局調査統計部：『エネルギー生産・需給統計年報(各年度)』，農林水産省大臣官房統計情報部(2002)：「2000年世界農林業センサス 第14巻 林業総合統計報告書(2002年6月)」，農林省農林経済局統計情報部：『作物統計(各年度)』，三菱総合研究所(1991)：『水田のもたらす外部経済効果に関する調査・研究報告書(1991年3月)』，農林水産省大臣官房統計部：『耕地及び作付面積統計(各年度)』，農林水産省大臣官房統計情報部：『生産農業所得統計(各年度)』，農林水産省生産局生産資材課(2003)：『ポケット肥料要覧2002/2003』，農林水産省統計情報部(1998)：『環境保全型農業調査畜産部門調査結果の概要』，農林水産省(2003)：『農林水産業関連廃棄物等の利用・処理について』，環境省温室効果ガス排出量算定方法検討会(2002)：『温室効果ガス排出量算定に関する検討結果』などの統計書および報告書を使用した．

8) NO_x, SO_x を吸収する地目を農地とした理由は，北海道の畑地に作付けられている農作物が NO_x, SO_x を吸収するという科学的なデータがあるためである．また，仮に農作物同様，森林が NO_x, SO_x を吸収可能であったとしても，本研究では林地よりも食料を生産する農地の方を優先度の高い地目と見なしているため農地を利用した．

9) 簡易堆肥発酵施設は，遮水シート，被覆シート，通気管，ブロア(送風機)などで比較的簡単に設置することのできる施設である．簡易堆肥発酵施設の各資材の耐用年数を考慮し，糞尿1t当たりのエネルギー消費量を求めると，被覆シート(246.5 MJ/年)，遮水シート(738.3 MJ/年)，通気管(1,440 MJ/年)，遮水シート保護管(1,008 MJ/年)，ブロア(データの制約により推計できなかった)，光熱費(6,307.2 MJ/年)となる．つまり，水質汚染防止のために必要とされるエネルギー量は年間で9,739.9(MJ/t)となる．水質汚染に関する環境負荷量は，年間の糞尿排出量(946万9,943 t)×水質汚染防止に必要とされる年間のエネルギー量(9,739.9 MJ/t)÷エタノール法(80 GJ/ha)＋年間の糞尿排出量(946万9,943 t)×施設面積(0.008 ha/t)の計算式から19万1,056 ha/年と計算される．なお，計算に利用した簡易堆肥発酵施設のデータは，財団法人畜産環境整備機構『シートを利用した簡易ふん尿処理施設の事例集(簡易処理設置 設置ガイド)』から引用した．

10) エネルギーから土地面積への換算法は，Wackernagel and Rees [16]を参照．

11) 環境便益の計測に利用した原単位の多くは，(社)北海道地域農業研究所(1998)：『農業・農村の多面的機能の評価調査報告書(平成10年3月)』から引用したものである．

12) 水田の涵養水量は『作物統計』と『農業・農村の多面的機能の評価調査報告書』から水田611百万 m^3 と求められた．畑地の涵養水量は『耕地及び作付面積統計』と『農業・農村の多面的機能の評価調査報告書』から畑地444百万 m^3 と求められた．人工林の涵養水量は『北海道林業統計』をもとに12,406百万 m^3 と求められた．よって，北海道地域の水田，畑地，人工林の涵養水量の合計は13,461百万 m^3 となる．

13) 本研究での推計結果は北海道全体での総量評価であるが，単位当たりでの評価も試み

た結果以下のようになった。1995年で-0.33(EF収支/農地と林地の合計面積=-89万4,529 ha/270万3,376 ha), 2000年で-0.42(EF収支/農地と林地の合計面積=-120万8,151 ha/282万8,640 ha)であった。この数値の意味は, 単位当たりのEF収支を表し, マイナスであればあるほど単位当たりの環境便益の発揮量が多いことを意味し, プラスであればあるほど単位当たりの環境負荷の発生量が多いことを意味する。本研究では, -0.33(1995年)>-0.42(2000年)の関係から, 単位当たりの評価でも北海道の農林業は持続可能な状態にあるということが明らかとなった。

14) 農林業活動を行わなければ, EF収支が最小化するのではないかという意見もあるが, 農林業活動の停止は, 環境負荷の排出を停止させると同時に, 農林業活動が営まれることで発揮される水資源涵養機能などの環境便益を低下させることもある。そのため, 農林業活動を縮小(環境負荷の排出を抑制)させたとしても, 失われる環境便益が大きければ, 農林業活動を行わないことがEF収支を最小化させるとはいえない。本研究では, 農林業活動の規模の変化と環境負荷および環境便益の関係性を定量評価することが困難なため, EF収支を最小化させるような農林業活動の状態を明らかにする段階には至っていない。

15) 本研究では, 農林業の経済的な側面に触れられていないが, 経済的な側面も考慮して考える必要がある。北海道の農業粗生産額は, 12,716億円(1995年)から11,643億円(2000年)へと減少しており, 持続可能性評価の重要な要素である経済的側面から持続可能な状態ではないと指摘されるかもしれない。しかしながら, 農家一戸当たりの粗生産額は, 892万/戸(1995年)から970万円/戸(2000年)へと増加しており, ミクロベースで評価すれば持続可能な状態であるといえよう。

引用・参考文献

[1] Ariyoshi, N. and Moriguchi, Y. (2003): "The development of environmental accounting framework and indicators for measuring sustainability in Japan," Proceedings of the Workshop on Sustainable Development, 14-16, May, 2003, OECD Paris.

[2] Cohen, E. J. (1995): *How Many People Can the Earth Supprot?*(重定南奈子訳(2003):『新「人口論」——生態学的アプローチ』農文協)

[3] 出村克彦ほか(1998〜2002):『日中共同研究 中国西南部における生態系の再構築と持続的生物生産性の総合的開発報告書平成10〜15年度(第1〜5報)』日本学術振興会未来開拓学術研究推進事業研究成果報告書。

[4] 出村克彦・髙橋義文・林岳(2000):「人間活動と生態系機能における共存原理の関係：Carrying Capacityによる関係把握」『日中共同研究 中国西南部における生態系の再構築と持続的生物生産性の総合的開発報告書 平成11年度』日本学術振興会未来開拓学術研究推進事業(複合領域)「アジア地域の環境保全」pp. 17-36。

[5] 出村克彦・髙橋義文・林岳(2002):「Carrying Capacityからみた自然生態系と人間活動の関係——Ecological Footprintによる中国農村の一考察」『農経論叢』vol. 58, pp. 167-183。

[6] 出村克彦ほか(2003):『日本学術振興会未来開拓学術研究推進事業研究成果報告書：複合領域3 アジア地域の環境保全　中国西南部における生態系の再構築と持続的生物生産性の総合的開発』日本学術振興会未来開拓学術研究推進事業研究成果報告書．
[7] Folke, C., Jansson, A., Larsson, J. and Costanza, R. (1997): "Ecosystem appropriation by cities," *Ambio*, vol. 26(3), pp. 196-172.
[8] Folke, C., Kautsky, N., Berg, H., Jansson, A. and Troell, M. (1998): "The ecological footprint concept for sustainable seafood production: A review," *Ecological Applications*, vol. 8(1), pp. S63-S71.
[9] 林岳(2004):「地域における第一次産業の持続可能な発展に関する分析——北海道地方を事例とした環境・経済統合勘定の構築と推計」『農林水産政策研究』vol. 6, pp. 1-22。
[10] 石川雅紀(2002):「環境の総合リスク分析をどう生かすのか？」『科学』vol. 72, pp. 1002-1008。
[11] Leitmann, J. (1999): *Sustaining Cities*, McGraw-Hill.
[12] 内閣府(2002):『平成13年度内閣府委託調査　SEEAの改訂等にともなう環境経済勘定の再構築に関する研究報告書』財団法人日本総合研究所．
[13] Parker, P. (1998): "An environmental measure of Japan's economic development," *Geographische Zeitschrift*, 86. Jg. Heft2, pp. 106-119.
[14] Rees, W. E. (1999): "Commentary forum consuming the earth: the biophysics of sustainability," *Ecological Economics*, vol. 29, pp. 23-27.
[15] 髙橋義文(2004):「発展途上地域における農業活動の持続性評価に関する研究——Ecological FootprintとEmergy Flow Modelによる分析」『北海道大学大学院農学研究科邦文紀要』vol. 27(1), pp. 115-197。
[16] Wackernagel, M. and Rees, W. (1995): *Our Ecological Footprint: Reducing Human Impact on the Earth*, New Society Publishers, B.C.
[17] Wackernagel, M. and Rees, W. E. (1998): "Perceptual and structural barriers to investing in natural capital: economics from an ecological footprint perspective," *Ecological Economics*, vol. 20, pp. 3-24.
[18] Wada, Y. (1993): The Appropriated Carrying Capacity of Tomato Production: Comparing the Ecological Footprints of Hydroponic GreenHouse and Mechanized Field Operations, B. A Dissertation, University of British Columbia.
[19] Wada, Y. (1999): The Myth of 'Sustainable Development': The Ecological Footprint of Japanese Consumption, PhD Dissertation UBC, B.C.
[20] 和田喜彦(2002):「エコロジカル・フットプリントと永続可能な経済——大地の恵みのペースで生きる」『C&G』No. 6, pp. 40-43。
[21] WWF (2001): *Living Planet Report 2000*.
[22] 山本充(2002):「NAMEAフレームワーク」『商学討究』vol. 52(4), pp. 165-187。

第17章　エメルギーフロー・モデルを用いた持続可能性評価と定常状態の推定
　　　　——太陽エネルギーに注目した動学評価——

髙橋義文・出村克彦

1. はじめに

　第16章では，エコロジカル経済学の重要な概念である環境収容力を応用したEF分析を用いて持続可能性評価を行った。EFの特徴は先にも述べてあるが，EFの評価は自然生態系の環境収容力と人間の活動規模を比較する静学的なものである。そのため，人間の活動の場である社会経済システムが今後どのように変化するのか，または自然生態系の環境収容力がどのように変化するのかについては言及することができない。このような自然生態系の環境収容力と人間の活動規模を同時にかつ動学的に分析する方法は非常に困難であるが，Odum [10] によって構築されている。

　Odum [10] は，自然生態系と社会経済システム間を往来するエネルギーの流れに注目し，すべての財をエネルギーに変換した上で分析を行っている。さらにOdum and Odum [13] では，種類の異なるエネルギー同士では単位当たりの仕事の寄与率が異なるという問題点を指摘し，さらにそれを改良した独自の単位であるエメルギー(Emergy)概念を用いた分析方法を開発している。この分析アプローチは，エメルギーという物量単位と自然生態システムという循環経路に焦点をあてている点で，第15章で区分したエコロジカル経済学のアプローチに該当する。

　そこで本章では，第16章で持続不可能な状態にあると評価された中国農村地域を対象に，現在の活動水準のまま人間活動を行うとどのような帰結(成長・定常・衰退)を迎えるのかをシミュレーション分析する。本章でシミュレーションを行う意義は，将来の見通しがよくも悪くもその活動の中での重要

な要素が何であるかを認識することにある。シミュレーションにより得られた情報は，今後の進むべき人間活動の方向性を示唆してくれるものとなるであろう。

2. エメルギーフロー・モデルについて

2-1. エネルギーとエメルギーの概念とその特徴

　現在，われわれがエネルギーという単語から連想するものは，ほとんどが食糧，石油，石炭，電力といった日常的なものであろう。さらに，これら物質の持つエネルギーはすべてカロリー(cal)ないしはジュール(joule)の単位に換算することが可能であり，その結果を加算したり比較することが可能であるとして疑ってこなかった。しかし，Odum and Odum [13] やエネルギー・資源学会 [8] によると，このエネルギーに関する認識は，①エクセルギー(Exergy)とアネルギー(Anergy)という異なるタイプのエネルギーの総計を指しており，エネルギーとエクセルギーの区別が明確になされていないこと，②石油の持つエネルギー量，太陽光線の持つエネルギー量という具合にエネルギーの種類が異なれば，エネルギー1単位当たりの仕事の寄与率が異なることなどの問題を抱えていた。

　以下，上記①と②の問題点を踏まえたエネルギーの認識がどのように変化・改善されていったかを説明する。第1に，前述した通り，エネルギーはエクセルギーとアネルギーから構成されている。図17-1に示すように，エクセルギーは経済活動に有効に利用できるエネルギーであり，アネルギーは経済活動に有効に利用できないエネルギーである。エネルギーとエクセルギーを明確に区別することで，分析手法も見かけのエネルギー分析と実質エネルギー分析に区別される。エクセルギー分析は，アネルギーという有効利用できないエネルギーを含んでいない点で，エネルギー分析に比べて精度の高い分析方法であるといえる。また，エネルギー分析に比べ分析枠組みの適用範囲が広いのも特徴的である(図17-2)。

　第2に，②のエネルギーの種類によって1単位当たりの仕事をこなす寄与率

第17章 エメルギーフロー・モデルを用いた持続可能性評価と定常状態の推定　415

```
        系内または物質に存在する「エネルギー」の総量
                          ‖
    「エクセルギー」の総量        「アネルギー」の総量
   経済活動へ有効に活用でき     経済活動へ有効に活用でき
   るエネルギーを意味する。    ないエネルギーを意味する。
           ↓ （エクセルギーに Transformity を掛ける）
        「エメルギー」の総量
      異なる種類のエネルギー同士を比較
      したり，加算することができる。
```

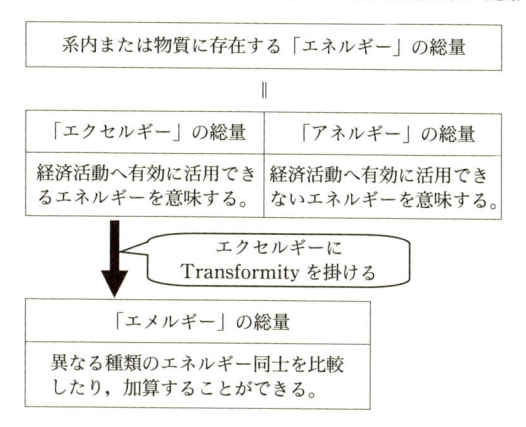

図17-1　「エネルギー」,「エクセルギー」,「エメルギー」の区分と概要

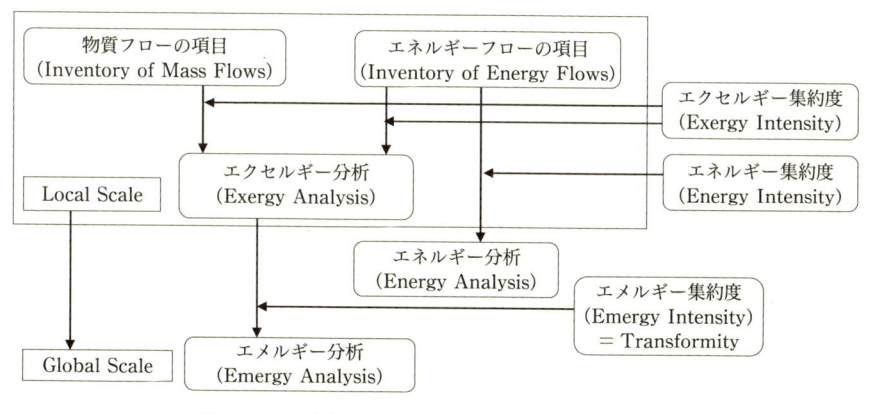

```
  物質フローの項目           エネルギーフローの項目
  (Inventory of Mass Flows)   (Inventory of Energy Flows)
                                           エクセルギー集約度
                                           (Exergy Intensity)
  Local Scale   エクセルギー分析
                (Exergy Analysis)          エネルギー集約度
                                           (Energy Intensity)
                      エネルギー分析
                      (Energy Analysis)    エメルギー集約度
                                           (Emergy Intensity)
                                           = Transformity
  Global Scale  エメルギー分析
                (Emergy Analysis)
```

図17-2　各分析の枠組み。出典：Federici et al. [9]

が異なるという点である。これは1 kcalの有機物を生産するために必要なエネルギーが太陽エネルギーで1,000 J（熱量単位のジュール，単位はJoule；以下，J）であり，石油エネルギーで400 Jであるとした時，太陽エネルギーと石油エネルギー1 Jの行う活動の量は異なることになる。なぜなら，石油エネルギーは太陽エネルギーを集約させたエネルギーであるためである。このように，単純に単位が同じ1 Jであるという理由で異なる種類のエネルギーを比較することはできない。このようなエネルギーの質の違いに関する問題点に対し，

Odum は Transformity という独自の係数をエクセルギーに乗じ，標準化させたエメルギーという単位を用いることで解決を図っている。エメルギーとは，質の異なるエクセルギー同士を比較可能にするために標準化したエネルギーをいう。つまり，エメルギー分析は，上述した従来のエネルギー分析やその改良版であるエクセルギー分析よりも精度の高い分析手法であるといえる。さらにエメルギー分析は，エメルギー同士を加算したり，比較することも可能であるため，分析の適用範囲がほかの分析手法に比べて幅広いというメリットを持っている。

最後に，エメルギーとエメルギーを求めるのに必要な Transformity の定義を解説する。Odum [11] によると，エメルギーは「物・サービスを生み出すために，直接ないし間接的に消費された任意の有効エネルギーであり[1]，エクセルギー(実質エネルギー)×Transformity により求められる。その単位はエマジュール(eMjoule)と表される」と定義されている。また，エメルギーの定義中にも使用されている Transformity は，「ある生産エネルギー1Jを作るのに必要な任意のエネルギー量であり，エメルギー÷エクセルギーから求められる」と定義される。このエメルギーと Transformity の定義を具体的に説明すると次のようになる。米を生産するのに労働力と肥料のみが必要であると仮定した場合，まず米生産に費やした労働力と肥料それぞれの実質エネルギーを求め，次に各エネルギーに対応した Transformity を乗じてエメルギーに変換する。そして最後にその得られたエメルギーを合算することで米のエメルギーが推計されることになる。そのほかにも，米に関する Transformity がすでに求まっているのなら，それを米のエクセルギーに乗じるだけで米のエメルギーが求められる。

2-2. エメルギー分析を用いた既存研究

エメルギー分析は，近年開発された新しい概念であることや異質のエネルギーを標準化しなければならないというデータ上の制約から，報告書レベルでの研究例ばかりであり，学術的な報告は非常に少ない。先行研究を見てみると，Odum [11], Odum et al. [12], Brown and Ulgiati [1], Brown and Buranakarn [3], Federici et al. [9], Serrano et al. [15] の報告がある。Odum [11] では，エ

メルギー分析に使用する技術用語の定義，エメルギーの推計に必要な Transformity の係数とその推計手順などを詳細に解説している．Odum et al. [12] では，エメルギー概念の解説，エネルギーフローの記号論の構築などエメルギー分析のマニュアルを前半部で提示し，単純なタンクモデル(ダムや生態系にエネルギーが貯蔵されていくモデル)から経済システムや情報システムを含んだマクロモデル，自然生態システムにまで拡張したグローバルモデルの実証分析を行っている．Brown and Ulgiati [1] では，エメルギー分析を用いて，世界総生産(Gross World Product)と自然資源の関係性を評価している．その結果，1950年に比べ生物圏(Biosphere)に4倍の環境負荷を与える一方，1ドル当たりのエメルギー購買力(エメルギー/1ドル)が減少していることを明らかにしている．Brown and Buranakarn [3] では，セメント産業を対象にエメルギー分析を行っている．その結果，高エメルギー物質のリサイクルの有用性を明らかにし，エメルギー量が，物質のライフサイクル指標やリサイクルの方向性を示唆する可能性があることを述べている．Federici et al. [9] では，太陽エネルギーで標準化した Solar eMjoule(ソーラーエマジュールと呼び，単位は sej である)は，生態環境下における全物質の構成要素の新しい測度になるとし，また鉄道輸送と道路輸送といった人と物の輸送に対して環境面から持続可能性の評価をしている．Serrano et al. [15] では，農業生産活動に注目し，エメルギーを効率性・持続可能性の指標にして複数農家の持続可能性評価を行っている．

2-3. Odum, H. T. and Odum, E. C. によるエメルギーフロー・モデルの作成マニュアル

エメルギーフロー分析の第1の手順は，システム内を流れるフローモデルを作成することである．その視覚的に表したモデルを微分方程式に変換し直すことが第2の手順となる．以下ではまず，Odum and Odum [13] の手順に従ってエメルギーフロー・モデル(Emergy Flow Model)[2] の作成を解説する．大まかな手順は下記の①〜⑧の通りである．

① 分析対象となるシステムの境界フレームを描く．例えば，中国の農村地域や北海道などといった境界フレームを作成する．

② 境界フレームへ流入・流出するすべての重要な投入経路(Input Pathways)

のリストを作る。そして，フレーム周辺に左から右へと大まかにそれぞれの資源(流入元・流出先となる資源)を表す記号(Source Symbol)を置いていく。置く順番は左からエントロピーの低い順番，低質エネルギーから高質エネルギーの順に置いていく[3]。例えば，農村地域という境界フレームの外側から流入してくる資源のリストを作成し並べることである。つまり，太陽エネルギー，風力，水など不純物の少ないものが低質エネルギーとなり，作物や工業製品のように様々なエネルギーを集約させたものは高質エネルギーとなる。そして置いた記号の特徴を表すような名称をつける。

③ 境界フレーム内に存在し，重要と考えられる要素のリストを作る。境界フレームの中に，②と同様に左から右へとエントロピーの低い順に要素を置き，記号に名称をつける。例えば，農村地域では太陽エネルギーを受けて生産活動を行う植物などの生産者，その植物などを食すことで成長する家畜などの消費者，植物や家畜などを消費する人間といったより高次元な消費者などが存在する。それら項目を境界フレームの中に置いていく。ほかにも，高質エネルギーを消費して新たな生産物を作る工場や都市などがあるなら加える必要がある。

④ ①で定義した境界フレーム内に存在する重要と考えられる流入・流出の過程(Process)のリストを作る。それら流入・流出の過程は，記号に接続している経路を表すために使用される。例えば，植物を表す記号から家畜や人間といった記号に食料(エネルギー)が流入する流れをいう。

⑤ 物質は保存(Conserve)されるということを念頭に置き，矛盾がないか自分が配置したモデル中の各物質のフローと貯蓄(Storage)をチェックする。これは境界フレーム内外に配置した項目と項目間の経路が正しいかの確認段階である。

⑥ 境界フレーム内の閉ざされた空間内での貨幣フローや，境界を超えて流入・流出する貨幣フローなどをチェックする。なお，貨幣フローの経路を作る際に，エネルギーの経路と混同しないように異なる線種を使用する必要がある(Odum and Odum [13] は貨幣フローの経路に破線を使用している)。これは，エネルギーの流れと反対に貨幣が流れるという考えに従ったものである。例えば，石油(エネルギー)を購入して使用することはエネルギーの循環を誘発させることになり，購入という行為自体に伴って貨幣も循環していることをモデル

に記す必要があるためである。
⑦　エネルギーフローが適当であるかすべての経路をチェックする。これは実際にエネルギーの流入・流出量が妥当であるかの確認である。
⑧　もし，モデルが25以上の記号を含むような複雑なものとなったのなら，有用な項目や投入の情報などを書き留めた上で，もう一度書き直す必要がある。なぜなら，政策議論，シミュレーションの際には，シンプルなモデルの方が望ましいためである。

　以上が，Odum and Odum [13] によって紹介されたエネルギーフローモデル作成の基本的な手順である。さらにエメルギーフロー分析を行うためには，モデル内の経路を流れるエクセルギーに Transformity を乗じる必要がある。

2-4. エネルギーフロー・モデルから微分方程式への変換

　次に，実際に作成したモデルのシミュレーションを行う段階であるが，視覚的なモデルを微分方程式に変換する必要がある。エネルギーフローモデルのシミュレーションは，差分方程式(Difference Equation)が微分方程式(Differential Equation)と類似の性質を持つという特徴を利用したものである。そのためエネルギーフローモデルのシミュレーションは，差分方程式と微分方程式の体系から派生したシステムダイナミクスの分野に該当すると考えられる。

　エネルギーフローモデルのシミュレーションで重要なことは，エネルギーの量が減少傾向，増加傾向，定常のいずれの状態[4]にあるのかを知ることである。エネルギーの量の増減を計測する意義は，地球上のすべての資源が，直接的，間接的に太陽エネルギーを受けて生産された産物だからである。また，ある一定の速度で注がれる太陽エネルギー量を目安にすれば，資源消費量の速度(使い過ぎなど)を調整できるためである。つまり，エネルギーは成長に必要な資源量の目安となるばかりでなく，貯蓄された資産や資本の代替指標も兼ねている。エネルギーの増減が重要な意味を持つことを理解した上で，作成したモデル中の貯蓄記号に注目し，実際の調査データから貯蓄に流入するエネルギー量，貯蓄から流出するエネルギー量，流出量と流入量の差分量を求める。そしてそれに関する微分方程式を展開することで，エネルギーの貯蓄に関する関係式が求められる。以上の分析概要を踏まえ，次節において具体的に実証する。

3. エメルギーフロー・モデルの中国への適用

3-1. 弄石屯におけるエメルギーフローのマクロモデル

　本節では第 16 章でも用いた中国広西荘族自治区大化県七百弄郷弄石屯を対象に，前節での分析手順に従ったエメルギーフロー・モデルを作成した。弄石屯集落とその周辺地域との関係を表したエメルギーフローのマクロモデルが図 17-3 である。弄石屯集落の内部の循環過程を詳細に表したエメルギーフローのミクロモデルが図 17-4 である。はじめに図 17-3 を用いてマクロモデルの概説を行う。

① 丸型（○）の記号は起動力を持つ外部からの物質・エネルギー源を表す。ここではエントロピーの一番低い左側に位置するため，太陽や雨といった自然資源が該当する。

② 丸型の記号から流れる矢印（→）(Pathway Lines)は，エネルギーの流れる経路を表している[5]。

③ 次に，物質・エネルギー源からの矢印を受ける弾丸型（▱）の記号は低質

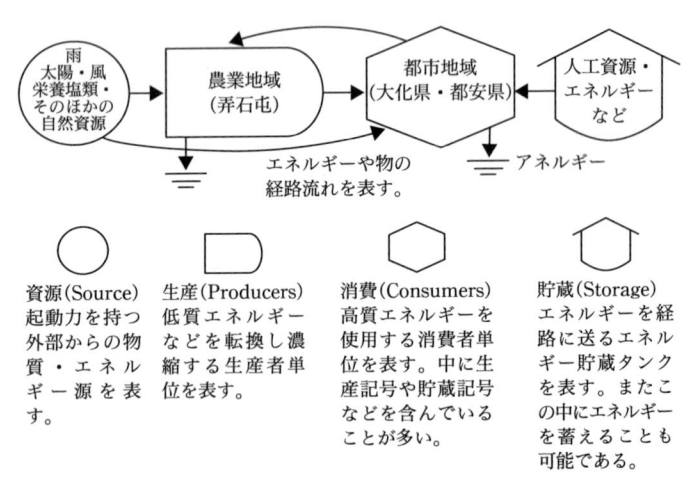

図 17-3　弄石屯のマクロ的エメルギーフロー・モデル
注）図中内の記号の持つ定義，性質は Odum and Odum [13]に依拠する。

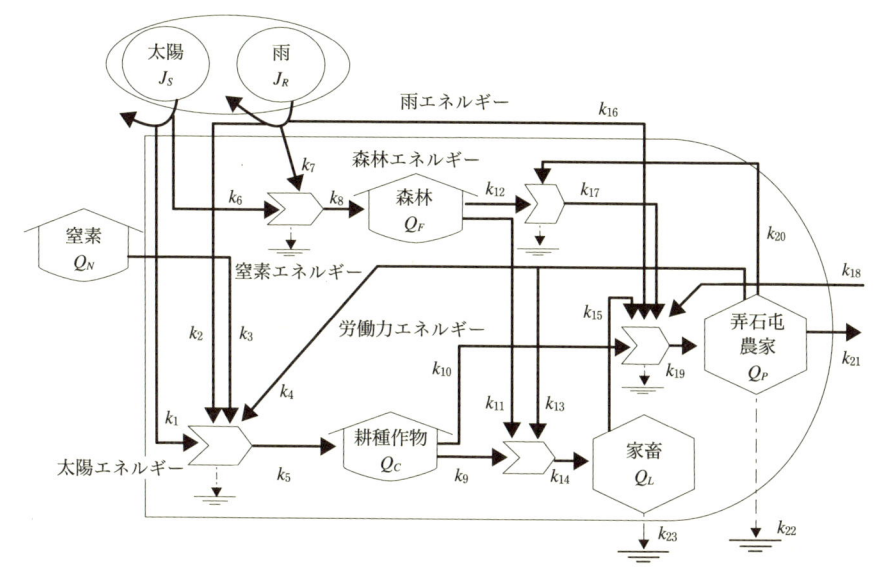

第17章　エメルギーフロー・モデルを用いた持続可能性評価と定常状態の推定　421

図 17-4　弄石屯のミクロ的エメルギーフロー・モデル

注1) 図中内の記号の持つ定義，性質は Odum and Odum [13]に依拠する。
注2) 図中の羽根型(▷)の記号は相互作用(Interaction Symbol)と呼ばれるものであり，低質エネルギー同士を合流させ，より高質なエネルギーとして産出させる機能を表す記号である。例えば，養分，土壌，水，太陽の低質エネルギーが合流し，植物という高質なエネルギーを生むことを意味する。

エネルギーなどを転換し濃縮する生産者単位(Producers)を表す。ここでは太陽エネルギーや雨といった低質エネルギーを転換できる生産者単位として，弄石屯(農村地域)を選択した。

④　そして，弾丸型から流れる矢印を受けた六角形(⬡)の記号は高質エネルギーを使用する消費者単位(Consumers)を表す。消費者単位を表す六角形の記号の中には，弾丸型の生産者記号や傘型(⌂)の貯蔵記号を内包していることが多い。

⑤　最後に，生産者単位と消費者単位である農村地域と都市地域から下に向かって矢印が伸びている。この矢印(⊥)は熱放散・償却(Heat Sink)と呼ばれ，仕事に用いられた後に放散した熱エネルギーの流出を意味する。そしてその熱エネルギーは再利用不可能である。例えば，パソコンの利用は本来の使用目的

以外にも廃熱を出す。このような廃熱が該当する。また機械などの減価償却なども該当する。

3-2. 弄石屯におけるエメルギーフローのミクロモデル

前節ではマクロモデルでの説明であったが，本節では図17-4を用いてミクロモデルを解説する。

① 弾丸型の生産者記号である弄石屯集落に流入・流出してくるエネルギーのリスト，および弄石屯集落内部で行われる循環過程のリストを作成した。ここでは，太陽(J_S)，雨(J_R)，窒素(Q_N)の資源記号と，耕種作物(Q_C)，森林(Q_F)の貯蔵記号と，家畜(Q_L)，農家(Q_P)の消費記号をモデル内に配置した。

② はじめに，弾丸型の生産者記号(弄石屯集落)の外側から窒素と太陽エネルギー，雨に含まれる鉱物(マグネシウム，カルシウム)，窒素などのエネルギーが流入してくる。

③ 耕種作物(Q_C)の生産活動に関するエネルギーの循環過程について解説する。

弄石屯集落内では，太陽，雨，窒素，農家からの労働力のエネルギーを得て耕種作物が生産される。そのため，耕種作物(Q_C)は，太陽，雨，窒素，農家の記号から矢印を受ける(エネルギーの流入)ことになる。また，耕種作物は農家と家畜によって消費されるので農家と家畜へ矢印を出す(エネルギーの流出)ことになる。

④ 家畜(Q_L)の肥育活動に関するエネルギーの循環過程について解説する。

弄石屯集落内では，耕種作物，森林，農家からの労働力のエネルギーを得て家畜が成長(家畜の体重増加)する。そのため，家畜(Q_L)は，耕種作物，森林，農家の記号から矢印を受ける(エネルギーの流入)ことになる。一方，家畜は農家によって消費(食料および販売目的)されるので農家に矢印を出す(エネルギーの流出)ことになる。また，家畜の記号から下に向かって矢印(Heat Sink)が出ているが，ここでは家畜の成長にエネルギーを投入したにもかかわらず，消費することなく死亡した家畜のエネルギーとした。

⑤ 農家(Q_P)の人間活動に関するエネルギーの循環過程について解説する。

弄石屯集落内では，耕種作物，家畜，森林，屯集落外部からの物資(衣服，

灯油など)のエネルギーを得て農家は生活している。そのため,農家(Q_P)は,耕種作物,家畜,森林の記号および屯集落外部から矢印を受ける(エネルギーの流入)ことになる。一方,農家は耕種作物と家畜へ労働力を提供しているので耕種作物と家畜に矢印を出す(エネルギーの流出)ことになる。さらに,農家(Q_P)のエネルギーの貯蓄量が増加するにつれ森林の消費量(燃料)も多くなるので,農家(Q_P)の増加にあわせて森林消費量を増加させるように矢印を出している。また,農家から屯集落外へ矢印が出ているが,これは家畜の販売という形でのエネルギーの流出である。この家畜の販売により,弄石屯集落外からの物資の移入が可能となっている。最後に,農家の記号から下に向かって矢印(Heat Sink)が出ているが,ここでは農家から流出するエネルギーはすべて労働力と仮定しているため,農作業に従事しない子供が消費したエネルギーとした。

⑥ 森林(Q_F)の成長活動に関するエネルギーの循環過程について解説する。

弄石屯集落内では,太陽と雨のエネルギーを得て森林が成長する。そのため,森林(Q_F)は,太陽と雨の記号から矢印を受ける(エネルギーの流入)ことになる。また,森林は農家(燃料)と家畜(食料)によって消費されるので農家と家畜に矢印を出す(エネルギーの流出)ことになる。

なお,図17-4内のJ_S,J_R,Q_N,Q_C,Q_F,Q_L,Q_Pの記号間を結ぶ矢印k_n($n=1\sim23$)はエネルギーの流れと量を表している。図17-4の記号は表17-1の記号に対応し,各エネルギーの大きさを表している。

3-3. エメルギーフロー・モデルの数式化

エメルギーフロー・モデルから,耕種作物,森林,家畜,農家に対する微分方程式を求めることにする。なお,本節で求めている数式の記号と図17-4および表17-1の記号は対応している。

① 耕種作物(Q_C)の生産に関するエネルギーの微分方程式について説明する。

耕種作物(Q_C)の移出入の差分から耕種作物の貯蔵に関する方程式,すなわち微分方程式を求める。耕種作物の持つエネルギー貯蔵の微分方程式は$\dot{Q}_C=DQ_C/DT$である。この微分方程式の右辺は耕種作物(Q_C)へ流入するエネルギー量,耕種作物(Q_C)から流出するエネルギー量,耕種作物(Q_C)に関連する

表17-1 弄石屯集落を循環する太陽エメルギー量とその係数

名称および変数	係数 ①	エネルギー量(J/年) ②	Transformity(seJ/J) ③	太陽エメルギー量(seJ) ④=②×③
太陽エネルギー(J_S)	---	5.167E+12	1	5.167E+12
雨水エネルギー(J_R)	---	1.028E+11	89,900	9.245E+15
土壌中窒素の貯蔵エネルギー(Q_N)	---	2.297E+06	4,620,000,000	1.061E+16
森林バイオマスの貯蔵エネルギー(Q_F)	---	6.606E+10	11,000	7.267E+14
耕種作物の貯蔵エネルギー(Q_C)	---	3.443E+08	85,187	2.933E+13
家畜肥育の貯蔵エネルギー(Q_L)	---	4.406E+07	2,140,000	9.429E+13
農家への貯蔵エネルギー(Q_P)	---	321149979.8	7,380,000	2.37009E+15
k_1	0.015241935			7.875E+10
k_2	0.036328273			3.358E+14
k_3	0.509578544			5.407E+15
k_4	6.062E−01			1.43683E+15
k_5	2.442E−47			2.93285E+13
k_6	0.03125			1.615E+11
k_7	0.007294183			6.743E+13
k_8	1.521E−15			7.26458E+13
k_9	2.910E−01			8.53377E+12
k_{10}	0.68187921			1.99985E+13
k_{11}	9.745E−06			7081800000
k_{12}	1.949E−02			1.41625E+13
k_{13}	1.418E−01			3.36121E+14
k_{14}	1.867E−30			9.42889E+13
k_{15}	9.171E−01			8.64707E+13
k_{16}	0.034750328			3.212E+14
k_{17}	8.223E−18			1.41625E+13
k_{18}	6.719E−03			1.59237E+13
k_{19}	4.387E−75			4.578E+14
k_{20}	0.000E+00			0.000E+00
k_{21}	2.113E−02			5.00714E+13
k_{22}	2.520E−01			5.97287E+14
k_{23}	7.754E−02			7.31104E+12

注1) 弄石屯の調査データをもとに計算された数値である。
注2) 太陽エメルギーは，弄石屯のエメルギーフロー・モデル内を実際に循環しているエメルギー量を表す。
注3) 係数については表17-2 を参照。
注4) ―――：係数が存在しないセルを，▉：それぞれのエネルギー量とTransformity が入るが，ここではそれらの値を用いずとも計算できるので省略した。

係数 k_n，太陽(J_S)と雨(J_R)と農家の労働力(Q_P)に関するエネルギー源から求めることができる。

図17-5 は数式を作成しやすいように耕種作物に関する部分のみ抽出したものである。はじめに，傘型の貯蓄記号(Q_C)に向けられる矢印部分（エネルギー

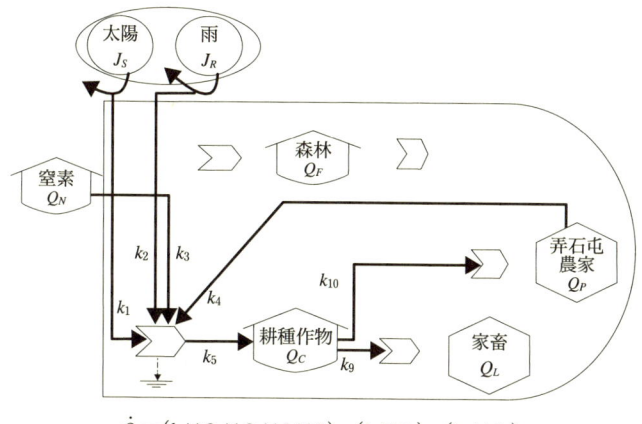

第17章　エメルギーフロー・モデルを用いた持続可能性評価と定常状態の推定　425

$$\dot{Q}_C = (k_5 \times Q_N \times Q_P \times J_R \times J_S) - (k_9 \times Q_C) - (k_{10} \times Q_C)$$

図17-5　耕種作物に関する方程式の作成

流入)に関する方程式を作り，次に傘型の貯蓄記号(Q_C)から出て行く矢印部分(エネルギー流出)に関する方程式を作る。それは数式(17-1)のように表すことができる。

$$\dot{Q}_C = (k_5 \times Q_N \times Q_P \times J_R \times J_S) - (k_9 \times Q_C) - (k_{10} \times Q_C) \cdots\cdots (17\text{-}1)$$

(17-1)式の両辺をQ_Cで除すことで，左辺は対数を取り時間tで微分した形になる。そこで両辺にdtを掛け，両辺を積分すると次式となる。

$$\int d\log Q_C = \int \{\frac{1}{Q_C}(k_5 \times Q_N \times Q_P \times J_R \times J_S) - k_9 - k_{10}\} dt \cdots\cdots (17\text{-}2)$$

(17-2)式を解くと，右辺に積分定数Q_{C0}を加えたQ_Cの方程式となる。

$$\log Q_C = \{\frac{1}{Q_C}(k_5 \times Q_N \times Q_P \times J_R \times J_S) - k_9 - k_{10}\} t + Q_{C0} \cdots\cdots (17\text{-}3)$$

② 家畜(Q_L)の肥育に関するエネルギーの微分方程式について説明する。

家畜(Q_L)の移出入の差分から家畜の貯蔵に関する微分方程式を求める。家畜の持つエネルギー貯蔵の微分方程式は$\dot{Q}_L = DQ_L/DT$である。この微分方程式の右辺は家畜(Q_L)へ流入するエネルギー量，家畜(Q_L)から流出するエネルギー量，家畜(Q_L)に関連する係数k_n，耕種作物(Q_C)と森林(Q_F)と農家の労

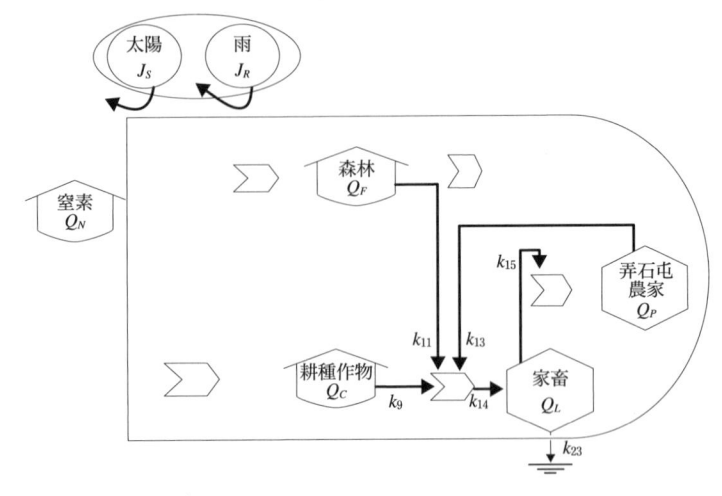

426　第Ⅴ部　生態系の環境評価，エコロジカル・エコノミックス

$$\dot{Q}_L = (k_{14} \times Q_C \times Q_F \times Q_P) - (k_{15} \times Q_L) - (k_{23} \times Q_L)$$

図17-6　家畜に関する方程式の作成

働力(Q_P)に関するエネルギー源から求めることができる。

　図17-6は数式を作成しやすいように家畜に関する部分のみ抽出したものである。はじめに，六角型の消費記号(Q_L)に向けられる矢印部分(エネルギー流入)に関する方程式を作り，次に六角型の消費記号(Q_L)から出て行く矢印部分(エネルギー流出)に関する方程式を作る(図17-3にも記してあるが，ここでの消費記号は貯蓄の機能を併せ持つ)。それは数式(17-4)のように表すことができる。

$$\dot{Q}_L = (k_{14} \times Q_C \times Q_F \times Q_P) - (k_{15} \times Q_L) - (k_{23} \times Q_L) \cdots\cdots (17\text{-}4)$$

　(17-4)式の両辺をQ_Lで除すことで，左辺は対数を取り時間tで微分した形になる。そこで両辺にdtを掛け，両辺を積分すると次式となる。

$$\int d\log Q_L = \int \{\frac{1}{Q_L}(k_{14} \times Q_C \times Q_F \times Q_P) - k_{15} - k_{23}\} dt \cdots\cdots (17\text{-}5)$$

　(17-5)式を解くと，右辺に積分定数Q_{L0}を加えたQ_Lの方程式となる。

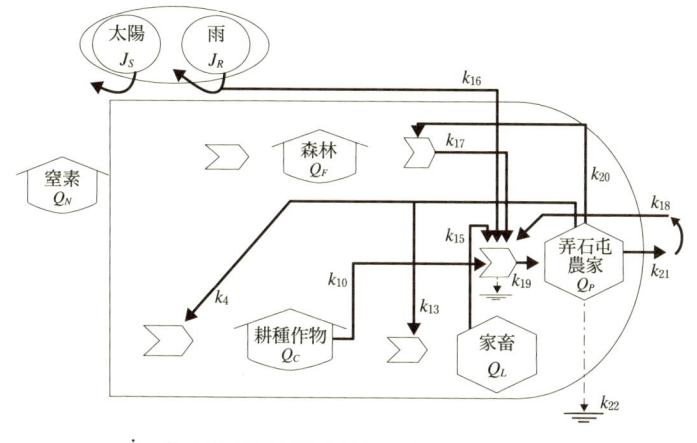

第 17 章　エメルギーフロー・モデルを用いた持続可能性評価と定常状態の推定

$$\dot{Q}_P = (k_{19} \times Q_C \times Q_L \times J_R \times Q_P \times Q_F \times Q_P) \\ - (k_4 \times Q_P) - (k_{13} \times Q_P) - (k_{20} \times Q_P) - (k_{21} \times Q_P) - (k_{22} \times Q_P)$$

図 17-7　農家に関する方程式の作成

$$\log Q_L = \{\frac{1}{Q_L}(k_{14} \times Q_C \times Q_F \times Q_P) - k_{15} - k_{23}\} t + Q_{L0} \cdots\cdots\cdots (17\text{-}6)$$

③　農家(Q_P)の人間活動に関するエネルギーの微分方程式について説明する。

農家(Q_P)の移出入の差分から農家の貯蔵に関する微分方程式を求める。農家の持つエネルギー貯蔵の微分方程式は $\dot{Q}_P = DQ_P/DT$ である。この微分方程式の右辺は農家(Q_P)へ流入するエネルギー量，農家(Q_P)から流出するエネルギー量，農家(Q_P)に関連する係数 k_n，それに雨(J_R)，耕種作物(Q_C)，森林(Q_F)，家畜(Q_L)そして農家の労働力(Q_P)に関するエネルギー源から求めることができる。

図 17-7 は数式を作成しやすいように農家に関する部分のみ抽出したものである。はじめに六角型の消費記号(Q_P)に向けられる矢印部分(エネルギー流入)に関する方程式を作り，次に六角型の消費記号(Q_P)から出て行く矢印部分(エネルギー流出)に関する方程式を作る(家畜のケースと同様に，ここでの消費記号は貯蓄の機能を併せ持つ)。それは数式(17-7)のように表すことができる。

$$\dot{Q}_P = (k_{19} \times Q_C \times Q_L \times J_R \times Q_P \times Q_F \times Q_P)$$
$$- (k_4 \times Q_P) - (k_{13} \times Q_P) - (k_{20} \times Q_P) - (k_{21} \times Q_P) - (k_{22} \times Q_P)$$
$$\cdots\cdots(17\text{-}7)$$

(17-7)式の両辺を Q_P で除すことで，左辺は対数を取り時間 t で微分した形になる．そこで両辺に dt を掛け，両辺を積分すると次式となる．

$$\int d\log Q_P = \int \{\frac{1}{Q_P}(k_{19} \times Q_C \times J_R \times Q_L \times Q_F \times Q_P)$$
$$- k_4 - k_{13} - k_{20} - k_{21} - k_{22}\} dt \cdots\cdots(17\text{-}8)$$

(17-8)式を解くと，右辺に積分定数 Q_{P0} を加えた Q_P の方程式となる．

$$\log Q_P = \{\frac{1}{Q_P}(k_{19} \times Q_C \times Q_L \times Q_F \times Q_P) - k_4 - k_{13} - k_{20} - k_{21} - k_{22}\} t + Q_{P0}$$
$$\cdots\cdots(17\text{-}9)$$

④ 森林(Q_F)の成長に関するエネルギーの微分方程式について説明する．

森林(Q_F)の移出入の差分から森林の貯蔵に関する微分方程式を求める．森林の持つエネルギー貯蔵の微分方程式は $\dot{Q}_F = DQ_F/DT$ である．この微分方程式の右辺は森林(Q_F)へ流入するエネルギー量，森林(Q_F)から流出するエネルギー量，森林(Q_F)に関連する係数 k_n，太陽(J_S)と雨(J_R)と農家の労働力(Q_P)に関するエネルギー源から求めることができる．

図17-8は数式を作成しやすいように森林に関する部分のみ抽出したものである．はじめに，傘型の貯蓄記号(Q_F)に向けられる矢印部分(エネルギー流入)に関する方程式を作り，次に傘型の貯蓄記号(Q_F)から出て行く矢印部分(エネルギー流出)に関する方程式を作る．それは数式(17-10)のように表すことができる．

$$\dot{Q}_F = (k_8 \times J_R \times J_S) - (k_{17} \times Q_F \times Q_P) - (k_{11} \times Q_F) \cdots\cdots(17\text{-}10)$$

(17-10)式の両辺を Q_F で除すことで，左辺は対数を取り時間 t で微分した形になる．そこで両辺に dt を掛け，両辺を積分すると次式となる．

$$\int d\log Q_F = \int \{\frac{1}{Q_F}(k_8 \times J_R \times J_S) - k_{17} \times Q_P - k_{11}\} dt \cdots\cdots(17\text{-}11)$$

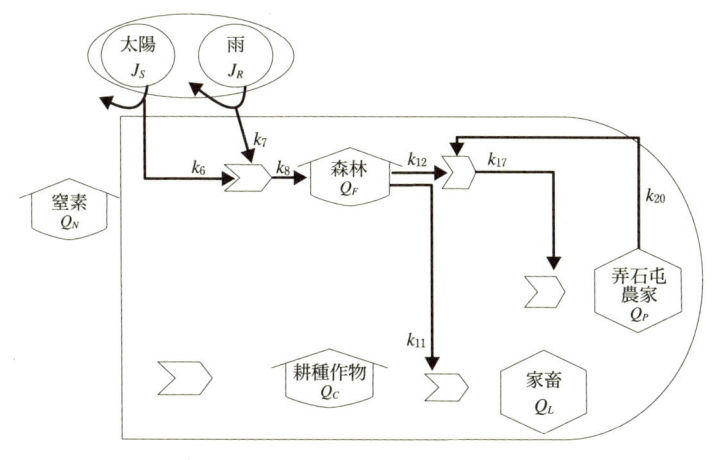

図 17-8　森林に関する方程式の作成

$$\dot{Q}_F = (k_8 \times J_R \times J_S) - (k_{17} \times Q_F \times Q_P) - (k_{11} \times Q_F)$$

(17-11)式を解くと，右辺に積分定数 Q_{F0} を加えた Q_F の方程式となる。

$$\log Q_F = \{\frac{1}{Q_F}(k_8 \times J_R \times J_S) - k_{17} \times Q_P - k_{11}\}t + Q_{F0} \cdots\cdots (17\text{-}12)$$

4. 分析方法

4-1. 分析データ

分析に使用した基本データは，1999 年から 2003 年までの 5 ヶ年に及ぶ現地調査結果をまとめた報告書を利用した(出村ら[5, 6], 梁[14])。主に使用したデータは，太陽輻射熱，降雨量，雨水の成分，窒素循環量，衛星 IKONOS による土地面積の推計，家畜の肥育状況，耕種作物の生育状況，農家労働時間，水の使用目的と使用量，摂取カロリー，衣服・灯油といった屯集落外部からの物資の移出入量などである。データ制約上，エネルギー(J)換算できなかったものは，科学技術庁資源調査会編(『衣・食・住のライフサイクルエネルギー』大蔵省印刷局)のデータで代用した。

また，エメルギーを推計する上で必要なTransformityの係数は，Odum [11]，Odum et al. [12]，Brown [2]，Williams [17]，Serrano et al. [15]のものを利用した。Odum et al. [12]では，概論と世界の予算「Introduction and Global Budget」というタイトルで，主に石油，天然ガス，土壌，リンなどといった資源に関するTransformityの計算の紹介であった。Odum [11]では，潮の満潮・干潮時のエネルギーといった地球生物圏(Geobiosphere)に関するTransformityの係数の計算であった。Brown [2]では，森林，湿地に流れるエネルギーといった自然生態系に関するTransformityの係数の計算であった。Williams [17]では，フロリダ州の農産品に関するTransformityの係数の計算であった。Serrano et al. [15]はイタリアの農産品に関する分析の中でTransformityの係数を開示していた。Transformityの係数として引用したものは，すべて基本単位がSolar eMJoule(ソーラーエマジュール，太陽エメルギーと呼び，単位はseJと表す)である。なお分析に使用した係数および採用理由は表17-1と表17-2に記してある。

4-2. シミュレーションの仮定条件

シミュレーションを行う上で，データの制約から以下の8つの仮定条件を置いた。
① 本書でのシミュレーションでは，技術進歩や情報の蓄積による効果を考慮していない。
② 貨幣やサービスなどをモデルに組み込むことは分析上可能であるが，今回は計上していない。
③ 農家(Q_P)に投入されるエメルギー(耕種作物Q_C，家畜Q_L，森林Q_F，雨水J_R)や購入物(食料，衣服，灯油など)は，すべて変換されて労働力になると仮定した。これは，農家のエメルギーの貯蔵量が増えればそれだけの労働力を養えることを意味する。つまり，〝農家のエメルギーの増加＝労働力の増加＝農家の裕福さ〟を表している。
④ 農家から耕種作物や家畜，森林へと流れるエメルギーは，労働力エメルギーを表す。各カテゴリーへ流出するエメルギー量は，農作業時間と家畜の放牧時間の監視といった調査データから計算した。

第 17 章　エメルギーフロー・モデルを用いた持続可能性評価と定常状態の推定　431

表 17-2　Transformity および選択係数の採用方法

変数	Transformity と係数	採用理由
J_S	1	Odum et al. [12] より引用
J_R	89,900	Serrano et al. [15] より引用
Q_N	4,620,000,000	Serrano et al. [15] より引用
Q_F	11,000	Odum et al. [12] より引用
Q_C	85,187	Serrano et al. [15] より引用。しかしこの Transformity はトウモロコシのものである。
Q_L	2,140,000	Serrano et al. [15] より引用。しかしこの Transformity は牛のものである。
Q_P	7,380,000	Serrano et al. [15] より引用
k_1	0.015241935	植物が実際に太陽エネルギー(J_S)を利用できるのは 5% 程度であるため、その上限値である 0.05 と総土地面積(124 ha)に対する農地面積(37.8 ha)の割合を乗じたもので推計した。$k_1 = 0.05 \times (37.8/124)$
k_2	0.036328273	橘ら(出村ら[6])より、雨水の利用率は実際に農業生産に使用した水量(12,360 m³÷年間降雨量(173,892 m³))により推計した。つまり、$k_2 = 12,360(m^3)/173,892(m^3) \times 0.5111$ より推計した。0.511 は使用した水量のうち農業に使用した割合を表す(実際に使用した割合も橘らにより計測されている。残りの 0.4889 は生活用水として使用している)。雨水 1 L に対するカルシウム含有率は 49.58 mg(エネルギー量は 11.5 MJ/kg)、マグネシウム含有量は 10.59 mg(エネルギー量は 2.0 MJ/kg)であった。カルシウムとマグネシウムのエネルギー量のデータはなかったため、農林水産省生産局生産資材課監修『ポケット肥料 2001 要覧』の硫酸化マグネシウムと硝酸カルシウムで代用した。
k_3	0.509578544	波多野ら(出村ら[6])より、土壌中の窒素が作物に吸収される量(266 kgN/ha)は土壌中に流入してくる窒素量(522 kgN/ha)の割合で推計した。$k_3 = 266/522$。Wada [16] より、窒素 1 kg のエネルギー量は 73.84 MJ である。
k_4	0.606233766	農家が摂取したエネルギー量はすべて農業活動に使用すると仮定した。はじめに信濃ら(出村ら[5])より、弄石屯の住民が摂取しているエネルギー量(食料購入分のエネルギー量は含まれてないため、購入食料分の 1,108.43 kcal/人を加える必要がある)2,234 kcal/人・日を推計した。しかし、一般的に供給エネルギーによる換算値よりも、実際の摂取エネルギーは 300〜600 kcal/人・日分(非機械化であるため、600 kcal を採用)低くなるとされているため、その分を控除して推計した。次に、弄石屯内の農業従事者は 57.6 人であり、耕種作物と家畜への労働力エネルギーの配分比率は、耕種作物：家畜肥育 = 389：91 である(農家の労働時間は 8 時間であるものとした。家畜肥育の労働時間は大久保(正)ら(出村ら[5])より推計した)。さらに、k_4 は農家が摂取するエネルギー量のうち耕種作物生産に割く労働力(エネルギー量)を表すので、$k_4 = (2,234+1,108.43-600)/0.24 \times 57.6 \times 365 \times (389/480) \times 7,380,000)/Q_P$ となる。つまり、$(2,234+1,108.34-600)/0.24$ はエネルギー量をジュールに変換している。$57.6 \times 365 \times (389/480)$ は労働者数×年間×労働力エネルギーの配分比率である。7,380,000 は Transformity である。
k_5	2.44156E-47	生産される耕種作物生産のエネルギー量である雨、窒素、労働力のエネルギー量の合計値と、その合計値から農作物の熱供給に利用されるエメルギー量割合から k_5 を推計した。$k_5 = (82,628,184/0.24 \times 85,187)/(J_S \times J_R \times Q_N \times Q_P)$。82,628,184/0.24 は弄石屯内で生産された食料エネルギー量(cal)をジュールに変換した値である。85,187 は Transformity である。
k_6	0.03125	k_1 と同様の方法で推計した。$k_6 = 0.05 \times (77.5/124)$。
k_7	0.007294183	大久保ら(出村ら[6])より、弄石屯の森林現存量は 3,171 t である。森林が必要とする降雨量は現時点で推計することができなかった。しかし、『Handbook of Emergy Evaluation』によれば、森林バイオマスの約 40% は水分であることから、森林現存量に 0.4 を乗じて必要な水量割合 $k_7 = (3,171,000 \times 0.4)/173,892,000$ を推計した。173,892,000 は k_2 でも使用しているが、弄石屯の年間降雨量である。
k_8	1.52096E-15	エネルギー・資源学会編『エネルギー・資源ハンドブック』の薪炭の熱量は 5,000 kcal である。大久保ら(出村ら[6])より、弄石屯における森林資源の純生産量が 317 t/年であることから森林の成長エネルギー量と、森林の成長に投入されたエネルギー量の比率から推計した。$k_8 = (317,000 \times 5,000)/($太陽$(J_S) \times$雨$(J_R))$
k_9	0.2909717	貯蔵されている耕種作物エメルギー量と家畜肥料のために消費されるエメルギー量の関係から推計した。弄石屯集落が消費した耕種作物エネルギー量は 80,141,544 kcal である。消費したエネルギー量は、出村ら[6]のエコロジカル・フットプリントの計算結果と科学技術庁資源調査会編『衣・食・住のライフサイクルエネルギー』、『食品成分表』を用いて計算した。また耕種作物の消費エネルギー量の 30% は家畜肥育に費やされると仮定しているので、$k_9 = (80,141,544 \times 0.3/0.24) \times 85,187$ で推計した。85,187 は Transformity である。

表17-2(つづき)　Transformity および選択係数の採用方法

k_{10}	0.68187921	k_9 と同様の方法で推計した。農家が消費する耕種作物のエネルギー量の70％は農家が消費すると仮定した。$k_{10} = (80,141,544 \times 0.7/0.24) \times 85,187$。
k_{11}	9.74532E-06	出村・髙橋(出村ら[6])と科学技術庁資源調査会編『衣・食・住のライフサイクルエネルギー』から、家畜生産に必要な野草(ツル、葉)データ量とエネルギー量を推計した。家畜が消費する野草のエネルギー量は7,081,800,000である。よって、$k_{11} = 7,081,800,000/Q_F$
k_{12}	0.01948912	大久保ら(出村ら[6])によると、弄石屯の森林から農家に流れるエネルギー使用量は206 t/年であった。また、弄石屯で導入している改良釜の熱効率は約30％である(薪の使用は主に調理などの燃料として使用されているため)。$k_{12} = ((206 \times 1,000 \times 5,000 \times 0.3)/0.24 \times 11,000)/Q_F$。11,000 は Transformity である。
k_{13}	0.141818182	k_4 と同様の方法で、全労働時間：耕種作物への投下労働時間：家畜肥育への投下労働時間=480：389：91 の比率から推計した。$k_{13} = (2,234 + 1,108.43 - 600)/0.24 \times 3.6 \times 16 \times 365 \times (91/480) \times 7,380,000$
k_{14}	1.86663E-30	出村・髙橋(出村ら[6])のエコロジカル・フットプリント分析結果と科学技術庁資源調査会編『衣・食・住のライフサイクルエネルギー』、『食品成分表』を用いて、家畜の年間肥育量(増加した体重)ならびに、各肉類のエネルギー量9.42889E+13を求めた。さらに家畜肥育に使用した全エネルギー量との割合から k_{14} を推計した。$k_{14} = (9.42889E+13)/(Q_C \times Q_F \times Q_P)$
k_{15}	0.917082244	出村・髙橋(出村ら[6])より、弄石屯の農家へ流入した家畜のエネルギーは自家消費分4,091,850 kcal、販売分5,605,794 kcalである。$k_{15} = ((5,605,794 + 4,091,850)/0.24 \times 2,140,000)/Q_L$。2,140,000 は Transformity である。
k_{16}	0.034750328	k_3 と同様の計測により、実際に生活用水に使用した水量÷年間降雨量により推計した。つまり、$k_{16} = (12,360 (m^3)/173,892 (m^3)) \times 0.4889$ より推計した。橘ら(出村ら[6])より、0.4889 は総使用量のうち生活用水として使用した水量の割合である。0.5111 は農業用水に使用している。
k_{17}	8.22296E-18	農家が燃料として使用する森林のエメルギー量は1.41625 E+13である。k_{17} は森林の成長エメルギー量と農家人口に影響を受ける。農家人口(農家の貯蓄エメルギー量)が増えれば、薪の消費量も増えるため、$k_{17} = (1.41625E+13)/(Q_F \times Q_P)$ として推計した。
k_{18}	0.006718606	出村・髙橋(出村ら[6])と科学技術庁資源調査会編『衣・食・住のライフサイクルエネルギー』、『食品成分表』を用いて、系外から移入した財のエネルギー量を推計した。主に移入している財は食料品、灯油などである。各財のエネルギー量は、食料品(耕種作物、家畜などの直接投入エネルギー)=31,152,534 kcal、灯油(111.68 kg=1,116,800 kcal)、衣類(中衣、肌着、靴下、寝具、タオル男女大小別に1人当たり年4回購入すると仮定した)=101,694,700 kcal となった。その結果、外部からのエメルギー量は57,693,014 kcal/年となる。この移入する際にTransformityを掛けると移入されるエメルギー量は1.59237 E+13 となる。この移入するエメルギー量と農家に蓄えられるエメルギー量の関係から k_{18} を推計した。$k_{18} = (1.59237E+13)/Q_P$
k_{19}	4.38702E-75	k_3 と同様の計測により、実際に生活用水に使用した水量÷年間降雨量により推計した。つまり、$12,360(m^3)/173,892(m^3)) \times 0.4889$ より推計した。0.4889 は総使用量のうち生活用水として使用した水量の割合を表す。
k_{20}	0	$k_{20} = (k_{17} - Q_F \times k_{12}/Q_P$ より推計した。
k_{21}	0.021126389	農家から弄石屯外へ移出されるエネルギー量と農家に蓄えられるエネルギー量の関係から推計した。そのため、$k_{21} = (243,360/0.24 \times 85,187 + 5,605,794/0.24 \times 2,140,000)/Q_P$ となる。$243,360/0.24 \times 85,187$ は耕種作物として移出されるエネルギー量(J)に85,187のTransformityを掛けた値である。また $5,605,794/0.24 \times 2,140,000$ は家畜として移出されるエネルギー量(J)に2,140,000のTransformityを掛けた値である。
k_{22}	0.25201039	k_4 と k_{19} を利用して推計した。弄石屯農家調査より、4.8125人/世帯のうち、農業従事者が3.6人/世帯であり非農業従事者が1.2125人/世帯である。1.2125人/世帯のエネルギー量が労働力として使用されずに消費されている。その消費エネルギー量は5.97287E+14 である。そのため $k_{22} = (597287E+14)/Q_P$ として推計される。
k_{23}	0.0775388	弄石屯の農家調査データより、死亡した家畜が持つエメルギー量と家畜肥育のエメルギー量の関係から推計した。死亡した家畜のエネルギー量は3,416,375 J である。そのため $k_{23} = (3,416,375 \times 2,140,000)/Q_L$ となる。2,140,000 は Transformity である。

⑤　耕種作物と家畜は，農家からのエメルギー(労働力)の投入増加量に比例して生産量(＝エメルギー量)も増加するとした。また森林は農家のエメルギーの貯蔵量が増えると薪の使用量も増加するので，比例して薪の消費量(＝エメルギー量)も増加するようにした。

⑥　今回は窒素を弾丸型の生産者単位(弄石屯)外において，植物に必要な窒素を恒常的に得ることが可能なモデルにした。本対象地域では農業生産に窒素を撒いていたが，今回は窒素の貯蓄部分を弄石屯のシステム外に配置した。そのため，散布した窒素の脱窒・揮散などは考慮していない。実際，窒素循環を組み込んだモデルを用いてシミュレーションを行ってみたが，増減を激しく繰り返す振動を行い計測自体が安定しなかった。よって，本来はモデルに組み込む必要があるものの，窒素を耕種作物，家畜，農家といった循環経路の中に入れていない。参考までに，出村ら[6]で波多野は窒素フロー分析を行っており，弄石屯はすでに窒素過多の状態であり，耕種作物が吸収可能な窒素量の倍以上が残留していることが明らかになった。

⑦　Transformityの項目がないものはすべて1とし，エクセルギーを計測できない項目はエネルギーで代用した。

⑧　すべてのカテゴリーにおいてエメルギーが増加すれば，そのカテゴリー内の個体数ないしは重量が増加，成長することを意味する。例えば，雨と太陽のエメルギーを受けると森林のエメルギーは増加する。これは単純に森林の成長量を表すことになる。

以上，本シミュレーションは上記8つの仮定条件の下で行っている。

5. シミュレーション結果と考察

シミュレーション結果は，耕種作物，家畜，農家のカテゴリー群と，森林のカテゴリーとで異なる傾向を取ることが明らかとなった。そしてそれら結果を踏まえ，各エメルギーの傾向を総合的に捉えた結果を図にまとめ，考察した。

はじめに，耕種作物，家畜，農家のように減少から回復へと傾向が変化したカテゴリー群について考察する。各カテゴリーは，耕種作物→家畜→農家→耕種作物といったフィードバックループの過程を持っている。そのため，各カテ

ゴリー間のエメルギーは，ほかのカテゴリーのエメルギーに敏感に反応するという条件に成り立っている。

（1）耕種作物のエメルギーフロー・シミュレーション結果

耕種作物の計測結果は，図17-9のように1～12年まで減少傾向を示している。図17-9中の耕種作物の貯蔵記号に流入するエメルギー（生産に必要な水，太陽，窒素，労働力などの生産要素）よりも流出するエメルギー（家畜と農家による消費量）の方が大きいためである。事実，第16章の中国七百弄郷の概要では，家畜の飼育は増加傾向にあった。さらに，第16章の計測結果は，土地資源から見て環境収容力を超過している状況（土地単位当たり人口が過密状態）であることがわかっている。すなわち，耕種作物のエメルギーでは，現在の弄石屯集落の農家（＝人口分の労働力エメルギー；以下，農家）と家畜を養えるだけのエメルギー規模（生産規模）ではないことを意味する。

次に13～100年期は微増ないしは平衡（変化なし）を続ける。これは，12年までの間に耕種作物，家畜，農家の負のフィードバックで急激に減少した結果である。耕種作物のエメルギーの急激な減少により，過剰な家畜と農家は生活ができなくなり，耕種作物へのエメルギー流入量＝家畜と農家へのエメルギー流出量まで自然減少を繰り返すことになる。つまり，流入と流出のエメルギー規模が同じ水準まで低下し，耕種作物のエメルギーフローの経路と密接に関連する要素はお互いの歩調を合わせ同じペースで増加（回復）しているものと考え

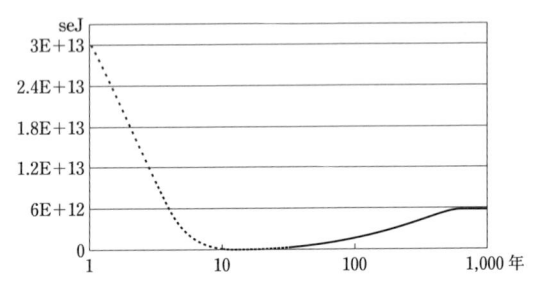

図17-9　弄石屯における耕種作物の太陽エメルギーフロー・シミュレーション

注1）12年目で最低値 1.361＋E11(seJ)をとる。
注2）797年に 5.675＋E12 の値で平衡状態に入る。平衡状態とは移入エメルギー量と移出エメルギー量が等しくなり，エメルギーの貯蓄量が増減せず常に一定に保たれた安定状態をいう。この安定した状態は Daly [4]のいう定常状態を表す。

られる。

　最後に100年以降は増加傾向を示し，定常状態に入る。これは，100年期まで耕種作物のエメルギーフローの経路に関連した要素(家畜・農家)と同じペースでエメルギーを増加(回復)させたことが原因である。エメルギーの消費スピードを考慮しなければ，1〜12年期で記したように減少傾向を示すだけであるが，13〜100年期の間に耕種作物の生産基盤を整え，正のフィードバックループをすることで増加傾向に転じたと考えられる。

(2) 家畜のエメルギーフロー・シミュレーション結果

　家畜の計測結果は，図17-10のように1〜12年まで減少傾向を示している。図17-10中の家畜の消費記号に流入するエメルギー(飼料としての森林，耕種作物，労働力などの生産要素)より流出するエメルギー(農家による消費量，死亡数)の方が大きいためである。これは現在の家畜の飼育頭数が，弄石屯のエメルギー生産規模に見合っていないためである。事実，第16章の中国七百弄郷の概要では，家畜の飼育は増加傾向にある。図17-10を見ると，家畜のエメルギーの減少幅が大きいのがわかる。これは，農家の次に高濃縮されたエメルギーを消費する生物であり，人間によって飼育頭数が管理されているためである。そのため，農家用の耕種作物がある一定ラインを超えて減少し，不足すると，家畜のエメルギーの調整(飼育頭数の調整)が始まることを表している。つまり，弄石屯で影響を一番受けやすいのは家畜肥育である。

　次に13〜100年期は微増ないしは平衡(変化なし)を続ける。これは，12年

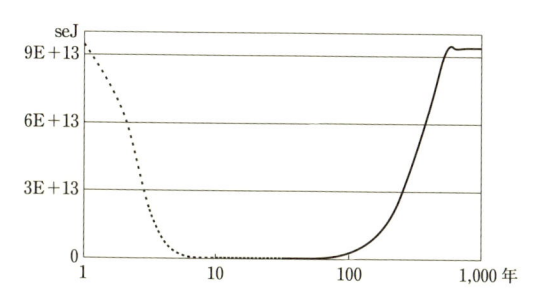

図17-10　弄石屯における家畜の太陽エメルギーフロー・シミュレーション
　　注1) 12年目で最低値4.233+E9(seJ)をとる。
　　注2) 831年に9.385+E13の値で平衡状態に入る。

までの間に先に述べた耕種作物のエメルギーが減少したため，食料を確保できなくなるためである。

　最後に100年以降は急激に増加する。家畜へ流入する主要な要因である森林エメルギーの影響が大きいと思われる((4)の図17-12参照)。森林エメルギーが10〜100年期以降，急激に増加している。これは家畜にとって豊富な飼料量の確保を意味する。そのため，生産調整された頭数が飼料の回復とともに従来の規模に回復すると考えられる。定常状態の位置が耕種作物の値よりも高いのは，家畜が耕種作物を消費して成長する贅沢品であるためと考えられる。

（3）農家のエメルギーフロー・シミュレーション結果

　農家の計測結果は，図17-11のように1〜11年まで減少傾向を示している。図17-11中の農家の貯蔵記号に流入するエメルギー(燃料としての森林，食料としての耕種作物，食料と販売のための家畜，衣服や食料といった屯集落外部からの物資)より流出するエメルギー(耕種作物と家畜への労働力，家畜の販売など)の方が大きいためである。これは現在の農家人口が，弄石屯のエメルギー生産規模に見合ってないためである。事実，第16章の計測結果では，弄石屯は過剰人口の状態にあることがわかっている。

　次に12〜100年期は微増ないしは平衡(変化なし)を続ける。これは，12年までの間に耕種作物と家畜のエメルギーが減少し，農家の生活が厳しくなることを意味する。

　最後に100年以降は急激に増加する。これは森林資源の回復により，①燃料

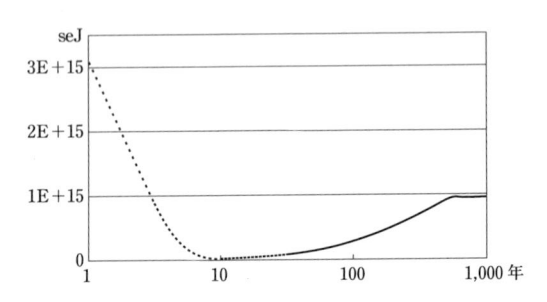

図17-11 弄石屯における農家の太陽エメルギーフロー・シミュレーション
　　注1）11年目で最低値 2.278＋E13(seJ)をとる。
　　注2）820年に 9.503＋E14 の値で平衡状態に入る。

を得ることが可能となり直接農家のエメルギーが増加したこと，②飼料を得ることで家畜のエメルギーが回復し，結果として家畜を消費する農家のエメルギーが回復したこと，③回復した農家エメルギーが耕種作物と家畜の両カテゴリーに流れ，結果として多くのエメルギー(農産物)を得ることができ好循環したことなどのためと考えられる。

（4）森林のエメルギーフロー・シミュレーション結果

森林の計測結果は，図17-12のように1〜10年期まで微増・平衡傾向を示している。この理由は，図17-12中の森林に流入するエメルギー(太陽，水といった森林成長のための要素)が流出するエメルギー(燃料や飼料としての消費量)よりも大きいためである。これは森林のエメルギー貯蔵が増加傾向にあるので，将来，森林バイオマスの回復の予兆を意味する。実際，第16章の中国七百弄郷の概要では，中国の国策として退耕還林，封山育林政策が取られ，森林に与える環境負荷が少なくってきており，森林は回復傾向にある。しかし，第16章の計測結果ならびに先の農家・家畜のエメルギーフロー・シミュレーション結果を見ると，土地単位当たりの集落の人口は最大扶養可能人口の2倍以上であり，かつ本節では1〜12年までは家畜と農家(人口分の労働力エメルギー)を養うだけの生産規模ではないと予想されている。すなわち，森林エメルギーの流出の主要因である家畜と農家が減少傾向にあるので，森林エメルギーが微増・平衡状況になると考えられる。

11〜100年期は増加傾向にある。この理由は1〜12年期まで，森林の流出エ

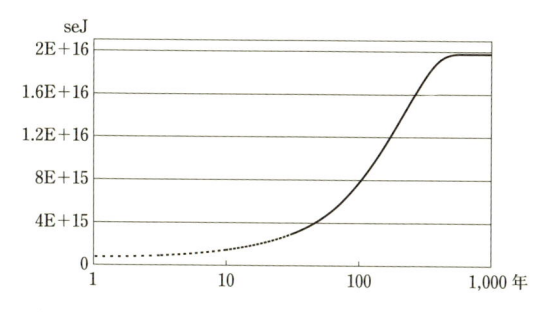

図17-12 弄石屯における森林の太陽エメルギーフロー・シミュレーション
注) 638年に$1.975+E16$(seJ)の値で平衡状態に入る。

メルギーの主要因である家畜と農家が急激に減少傾向を示していたためである。これにより，森林は森林のエメルギーの貯蓄基盤を整えることが可能になり，10年期以降は増加傾向を示すことになる。つまり，さらなる森林生態系の回復が予想される。

最後に100年以降は指数的に増加傾向を記す。これは11～100期までに森林のエメルギーの貯蓄基盤を整え，家畜と農家への流出がバランスよく行われることが原因と考えられる。それ以降は全体のエメルギーフローを通して流入＝流出となる定常状態まで増加し続ける。

（5）各エメルギーフロー・シミュレーション結果の比較

最後に，弄石屯集落における定常状態について考察する。図17-13と表17-3から，各カテゴリーの太陽エメルギーの合計値が定常状態に入る時期は，まず森林のエメルギーの貯蔵が定常状態に達し，連鎖的に耕種作物，家畜，農家のエメルギー順で定常状態に入ることがわかった。このシミュレーションでは，森林の回復いかんにより，現状よりも環境収容力の水準を高めることが可能であることも窺える。また，環境収容力が現状よりも高いことは，使用できるエメルギーが増えることを意味するため，労働力エメルギーの確保（人口を増やせる量的解釈）だけでなく，よりエメルギーの濃縮された財（テレビや車など質

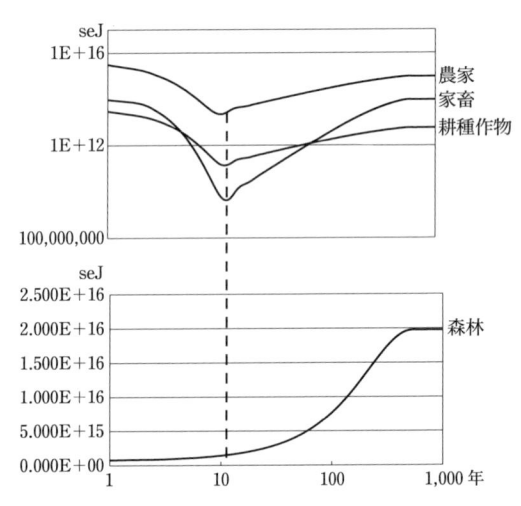

図17-13　森林のエメルギー貯蔵関数とほかのエメルギー貯蔵関数の関係性

表 17-3　各カテゴリーの太陽エメルギーの量的変化

	耕種作物	家畜	農家	森林
0〜12 年	減少	減少	減少	微増(平衡)
13〜100 年	平衡	平衡	平衡	増加
100 年〜	増加	増加	増加	増加
定常状態に入る順番	2	4	3	1

注)　ここでの定常状態に入るとは，エメルギーの移入量と移出量が等しくなり，ストック量に増減のない状態を表す。

的解釈)を蓄えることも可能な展望となっている。

6. まとめ

　第 16 章で行った分析はあくまで静学的な評価にとどまっており，弄石屯集落の自然環境や最大扶養可能人口がどのように変化(回復，悪化，停滞，増加，減少など)するのか予測することができなかった。このような問題点に対し，本章では自然生態系と社会経済システム間を還流するエメルギー量(標準化した独自のエネルギー単位)に注目し，現在の過剰人口が自然環境(耕種作物，家畜，森林)に与える影響力をシミュレートした。以下，耕種作物，家畜，農家，森林の各カテゴリーについてのシミュレーション結果を考察する。

　耕種作物のエメルギーについてまとめると，耕種作物のシミュレーション結果は減少から平衡，そして増加といった傾向を示していた。初期の段階で耕種作物のエメルギーが減少する理由は，耕種作物に流入するエメルギー(生産に必要な水，太陽，窒素，労働力などの生産要素)よりも流出するエメルギー(家畜，農家の消費量)の方が大きいためである。事実，弄石屯では家畜の飼育は増加傾向にあり(第 16 章 3-2. の中国七百弄郷の概要)，土地単位当たりの人口が過密状態であった(第 16 章 3-5. の計算と考察)。そのため，現在の消費水準で生活を行い続ければ，過剰状態にある家畜飼育頭数と人口により，耕種作物のエメルギーは消費し尽くされてしまう。つまり，耕種作物のエメルギーでは，現在の弄石屯集落の農家と家畜を養えるだけのエメルギー規模(生産規模)ではないことが明らかとなった。また，耕種作物のエメルギー量の減少は，耕種作

物から家畜や農家へ流入するエメルギー量の減少を意味し，この流入するエメルギー量の減少がさらに家畜や農家から流出するエメルギー量の減少(耕種作物へ流入されるエメルギー量の減少)を招く。その結果，耕種作物，家畜，農家の3カテゴリー間を循環するエメルギー量の流れは少なくなり，流入エメルギーと流出エメルギーの量的関係が等しい平衡状態へと移行する結果となった。

家畜のエメルギーについてまとめると，家畜のシミュレーション結果は，減少から平衡，そして増加という傾向を示していた。初期の段階で家畜のエメルギーが減少する理由は，家畜に流入するエメルギー(飼料としての森林資源，食料としての耕種作物，農家からの労働力)より流出するエメルギー(販売品としての家畜，食料としての家畜)の方が大きいためである。これは，家畜の肥育のために給餌される飼料のエメルギーといった流入エメルギーよりも，家畜が販売・消費されるエメルギーといった流出エメルギーの方が多いためである。また，家畜のエメルギー量の減少は，家畜から農家へ流入するエメルギー量の減少を意味し，この流入するエメルギー量の減少がさらに農家から流出するエメルギー量の減少(家畜へ流入する直接的なエメルギー量の減少，農家から耕種作物へ流れ最終的に家畜へ流入する間接的なエメルギー量の減少)を招く。その結果，耕種作物，家畜，農家の3カテゴリー間を循環するエメルギー量の流れは少なくなり，流入エメルギーと流出エメルギーの量的関係が等しい平衡状態へと移行する結果となった。

農家のエメルギーについてまとめると，農家のシミュレーション結果は耕種作物，家畜同様，減少から平衡，そして増加といった傾向を示していた。初期の段階で農家のエメルギーが減少する理由は，農家に流入するエメルギー(燃料としての森林，食料としての耕種作物，食料や販売目的の家畜，衣服や食料といった屯集落外部からの物資)より流出するエメルギー(耕種作物と家畜への労働力，家畜を含む財の移出など)の方が大きいためである。これは，弄石屯の土地当たりの人口が過剰な状態である現状を考えると，弄石屯集落内を循環する利用可能なエメルギー量以上に，弄石屯の農家のエメルギー消費量が多いことを意味する。つまり，現在の自然生態系を含んだ弄石屯集落内を循環するエメルギー量では，現在の生活水準のまま現在の人口を維持し続けることは不可能であることが明らかとなった。また，耕種作物カテゴリーと家畜カテゴ

リー同様，農家のエメルギー量の減少は，農家から耕種作物と家畜へ流入するエメルギー量の減少を意味し，さらに，この流入するエメルギー量の減少が耕種作物と家畜から流出するエメルギー量の減少（農家へ流入する直接的なエメルギー量の減少）を招く。その結果，耕種作物，家畜，農家の3カテゴリー間を循環するエメルギー量の流れは少なくなり，流入エメルギーと流出エメルギーの量的関係が等しい平衡状態へと移行する結果となった。

　森林のエメルギーについてまとめると，森林のシミュレーション結果は，微増・平衡から増加といった傾向を示していた。初期の段階で森林のエメルギーが微増・平衡する理由は，森林に流入するエメルギー（太陽，水といった森林成長のための要素）が流出するエメルギー（燃料や飼料としての消費量）より若干多いか同程度のためである。これは，農家が燃料として使用する森林資源消費量と家畜が飼料として使用する森林資源量よりも，弄石屯集落内の森林資源成長量の方が多い。すなわち森林資源量が成長していることを意味し，将来森林資源の成長（回復）の予兆を表している。この背景には，過度な森林伐採から環境問題を引き起こしたという反省から，森林保護政策が実施されている点も影響している。森林保護政策により，森林資源の利用は日常の燃料として使用するにとどまり，過伐採されることはなくなった。また，森林のエメルギー量の増加は，さらなる森林資源量の成長を意味する。次に微増から増加傾向に転じる理由は，家畜と農家といった森林の消費主体が初期の段階では過剰な規模（人口，飼育頭数）であったため，森林の成長量が制限されていた。しかし，耕種作物から流入するエメルギー量の減少に伴い家畜の飼育頭数と農家人口が減少すると，森林資源への影響力も減り，森林のエメルギーは増加に転じることとなった。

　最後に，耕種作物，家畜，農家のエメルギーが増加する理由について，森林のエメルギーの増加と絡めて考察する。図17-13を見ると，耕種作物，家畜，農家に関するカテゴリーは，過剰な家畜飼育頭数と農家人口を維持するだけのエメルギーを確保できないために，3カテゴリーのエメルギー量は減少傾向を示し，平衡期に移行する結果となっていた。一方，森林のエメルギー量は，平衡から増加傾向を示していた。これは，森林を使用する家畜と農家という消費主体が減少したことにより，森林資源の消費量が減少したためである。さらに

森林のエメルギーが増加することにより，森林資源を飼料として使用する家畜と燃料として使用する農家の各エメルギーも連動的に増加した。家畜のエメルギーと農家のエメルギーの増加は，減少した家畜の飼育頭数と農家の人口の回復を意味する。家畜のエメルギーの増加は，家畜を食料，販売目的に消費する農家のエメルギー量をさらに増加させ，農家労働力の投入という形で耕種作物のエメルギーも増加させることになる。

つまり，現在の自然生態系の状況を考慮したエメルギーフロー・モデルのシミュレーションでは，農家カテゴリーの結果が意図するように，現在の農家人口を維持することは困難であるということを明らかにした。また，森林のエメルギーが増加・定常状態に移行すると，森林資源を消費する家畜，農家のエメルギーも連動して増加・定常状態に移行されるので，家畜や農家の活動量は森林のエメルギー量に規定されることも明らかとなった。さらに，森林のエメルギーが定常状態へ移行することで，ほかのカテゴリーのエメルギーも定常状態に移行させられている。このような定常状態が，本来自然生態系が許容できる範囲内での持続的な状態を表しているのではないだろうか。"強い持続可能性"の観点から持続可能性を考えるなら，農家の活動の起点となる森林生態系の一定量(定常状態量)の確保が重要であるというのはまさにこのことだろう。

注

1) エメルギーはある任意のエネルギーに標準化されたものをいう。そのため，石油エネルギーや水力エネルギーなどに標準化することも可能である。しかし，各エネルギーに標準化するのに必要な Transformity を独自に求めなければならない。一般的には Odum の太陽エネルギーに標準化したものが用いられている。
2) なお本書で「モデル」という言葉を使用した時は，経済学で使用される数式ではなく，エメルギーの流れを視覚的に表した図である。
3) Odum and Odum [13] は，本文中では Transformity の順番と書いているが，モデル作成の段階では，Transformity はわからないので，エントロピーの低い順番からと意訳している。
4) エネルギーが A，B，C という場所を A→B→C の順に流れる場合，B は A からのエネルギーを受け取り(B へ流入)，B は C へエネルギーを送る(B から流出)ことになる。ここで B に注目すると，エネルギー流入＞エネルギー流出の状態であれば B は増加傾向，エネルギー流入＜エネルギー流出の状態であれば B は減少傾向，エネルギー流入＝エネルギー流出の状態であれば B は定常となる。

5) この矢印は同質のエネルギーである時のみ，矢印同士が分離・合流することができる．

引用・参考文献

[1] Brown, M. T. and Ulgiati, S. (1999): "Emergy evaluation of natural capital and biosphere services," *Ambio*, vol. 28(6), pp. 1-24.
[2] Brown, M. T. (2001): *Handbook of Emergy Evaluation: Folio #3 Emergy of Ecosystem*, Center for Environmental Policy, University of Florida.
[3] Brown, M. T. and Buranakarn, V. (2003): "Emergy indices and ratios for sustainable material cycles and recycle options," *Resources Conservation & Recycling*, vol. 38, pp. 1-22.
[4] Daly, H. E. (1999): *Ecological Economics and the Ecology of Economics: Essays in Criticism*, Edward Elgar, Cheltenham.
[5] 出村克彦ほか(1998～2002):『日中共同研究　中国西南部における生態系の再構築と持続的生物生産性の総合的開発報告書平成10～15年度(第1～5報)』日本学術振興会未来開拓学術研究推進事業研究成果報告書．
[6] 出村克彦ほか(2003):『日本学術振興会未来開拓学術研究推進事業研究成果報告書：複合領域3アジア地域の環境保全　中国西南部における生態系の再構築と持続的生物生産性の総合的開発』日本学術振興会未来開拓学術研究推進事業研究成果報告書．
[7] 出村克彦・但野利秋(2006):『中国山岳地帯の森林環境と伝統社会』北海道大学出版会．
[8] エネルギー・資源学会編(1996):『エネルギー・資源ハンドブック』オーム社．
[9] Federici, M., Ulgiati, S., Verdesca, D. and Basosi, R. (2003): "Efficiency and sustainability indicators for passenger and commodities transportation systems: the case of Siena, Italy," *Ecological Indicators*, vol. 3, pp. 155-169.
[10] Odum, H. T. (1971): *Environment, Power, and Society*, John Wiley & Sons, NewYork.
[11] Odum, H. T. (2000): *Handbook of Emergy Evaluation: Folio #2 Emergy of Global Processes*, Center for Environmental Policy, University of Florida.
[12] Odum, H. T., Brown, M. T. and Williams, S. B. (2000): *Handbook of Emergy Evaluation: Folio #1 Introduction and Gloval Budget*, Center for Environmental Policy, University of Florida.
[13] Odum, H. T and Odum, E. C. (2000): *Modeling for All Scales*, Academic press, Sandiego.
[14] 梁建平(2002):「中国における退耕還林の概況とそれが岩溶地区の生態系再構築への影響」『日本学術振興会未来開拓学術研究推進事業研究成果報告書：複合領域3アジア地域の環境保全　中国西南部における生態系の再構築と持続的生物生産性の総合的開発』2002年国際シンポジューム，九州大学．
[15] Serrano, S., Domingos, T. and Simoes, A. (2002): "Energy and Emergy Analysis of

Meat and Dairy Production in Intensive, Extensive and Biological Systems," Fifth international ESEE conference: FRONTIERS 2, Tenerife, Spain, pp. 12-15.

[16] Wada, Y. (1993): The Appropriated Carrying Capacity of Tomato Production: Comparing the Ecological Footprints of Hydroponic GreenHouse and Mechanized Field Operations, B. A Dissertation, University of British Columbia.

[17] Williams, S. B. (2001): *Handbook of Emergy Evaluation: Folio ♯4 Emergy of Florida Agriculture*, Center for Environmental Policy, University of Florida.

第18章 む す び
――日本における農業環境政策に向けて――

出村克彦・山本康貴・吉田謙太郎

　本書では，各種の最先端の評価手法を適用した研究事例を紹介することにより，農業と環境をめぐる評価問題についての多様な切り口を提示してきた。本書の前に，『農村アメニティの創造に向けて―農業・農村の公益的機能評価』(出村克彦・吉田謙太郎編著(1999)：大明堂)を上梓したが，往時と比較すると，農業と環境をめぐる状況は，研究面においても，政策面においても大きく変化してきた。本書が分析対象とした農業農村および農業環境は多様である。その農業環境に由来する様々な環境現象を，どのように経済評価するかという課題に焦点を絞り，その解明のために適した方法論を採用し，分析を試みた。執筆者たちがすでに発表した学術論文を基に各章が構成されているため，章によっては記述のトーンが異なったり冗長な箇所も散見される。統一性を保つべく編集努力をしたが，この点を完全に解消することができたとはいいがたい。しかしながら，農家を分析対象としたミクロレベルから，地域・国を対象としたマクロレベルまでの広範な分析対象に対し，包括的に環境の経済評価を試みた点が類書に見られない特徴だとわれわれは考える。さらにここで採用した方法論が普及し，改良され，農業環境問題の分析が深化するなら，われわれにとって幸甚である。本書のむすびにあたり，農業環境に対する政策上の方向性を概観し，それに対する本書の分析の含意を述べて結としたい。

　持続可能な農業農村の構築を目指す農業環境政策は，先進国，特にEUで先行し，日本でも本格化しつつある。米国やEUは農産物輸出国であり，農産物過剰問題を抱えた下で，農業環境政策が実施されている。一方，わが国は食料自給率が格段に低いため，依然として農業生産拡充を追求すると同時に，環境

にも配慮するという「難題」を乗り越えて行かねばならない。「難題」となる理由は，農業農村は多面的機能として農業生産物以外に様々な便益をもたらす一方で，農業生産の拡大には環境負荷を高める側面もあるからである。

わが国おいては，2004年3月に策定された「食料・農業・農村基本計画」で，「品目横断的経営安定対策」を導入することが明らかにされた。これを受け農林水産省は2005年10月に「経営所得安定対策等大綱」を決定した。この「大綱」においては，①担い手に対して施策を集中する品目横断的経営安定対策の創設，②これと表裏一体の関係にある，米の生産調整支援対策の見直し，そして③農地・水などの資源や環境の保全向上を図るための対策の創設が3つの柱となっている。

品目横断的経営安定対策の創設は，これまでの全農家を対象とし，品目ごとの価格に着目して講じてきた対策を，担い手に対象を絞り，経営全体に着目した対策に転換するものであり，戦後の農政を根本から見直すものとなっている。その中で農業環境政策は，③の「農地・水・環境保全向上対策」として，経営安定対策と並ぶ，「車の両輪」という重要な役割を担うことになった。

「農地・水・環境保全向上対策」は，①農地・農業用水などの適切な資源保全管理が高齢化や混住化などにより困難になってきている点，②ゆとりや安らぎといった国民の価値観変化への対応が必要な点，③わが国農業生産全体のあり方が環境保全重視への転換が求められている点などから，地域ぐるみで効果が高い共同活動，および農業者ぐるみで先進的な営農活動支援を目指すとされている。

1990年代初頭から後半にかけて，主に農村景観保全とグリーンツーリズム観光振興に関する地方自治体レベルでの政策が増加しつつあった。それらの問題を政策に組み込むこと，つまり農業の外部経済を内部化するための政策増加を背景として，外部性の評価手法であるCVMやトラベルコスト法が積極的に適用され，世界中でもわが国において先進的に研究蓄積がなされてきていた。その後は，非貿易関心事項としてWTOで取り上げられるに至り，多面的機能議論が世界的に浸透するとともに，東アジア諸国や欧米諸国にも普及していった。一般住民・消費者や観光客を対象とした外部経済評価事例は，確かに目に見えにくいものの，農業生産の場に付随して外部性が発揮されていることの根

拠を顕示させることに成功し，その後の政策化へとつながっていった．

　1998年には本書でも紹介されている集落排水事業を対象として，農林水産省がCVMを費用対効果分析に取り入れたことを皮切りに，農業分野だけではなく，ほかの公共事業分野にも積極的に取り入れられるようになった．その流れは2001年の中央省庁再編時に政策評価が義務づけられたことによりさらに加速化された．1999年には食料・農業・農村基本法が38年ぶりに改正され，多面的機能が正式に基本法に位置づけられた．それまでは，洪水防止や土砂崩壊防止などの国土保全にかかわる機能が代替法により評価されるにとどまっていた印象は否めないが，CVMにより伝統文化や景観，生物・生態系保全なども評価が可能となったこともあり，新基本法においてはそうした機能も明文化され，政策議論の俎上に載せられるに至った．2000年には，条件不利地域への助成金という性格は持ちつつも，多面的機能維持を根拠の1つとした農家への直接助成制度である中山間地域等直接支払制度が導入された．その際に積み残しになっていた外部不経済の評価，つまり環境負荷については，コンジョイント分析を用いることにより，多面的機能と同時に評価できることが実証された．その後，環境負荷をもたらす農薬や化学肥料の使用，さらには湖沼や河川のCOD，BODを悪化させないような農業環境規範を含んだ先駆的な政策である環境こだわり農業推進条例が2004年に滋賀県で導入され，同時に環境負荷削減に対する助成政策である環境支払い政策が開始された．その費用便益分析にもコンジョイント分析の結果が使用され，多面的機能と同時に環境負荷削減の便益が推計された．こうした流れは中央政府にも波及し，2007年度からは全国版環境支払い政策である農地・水・環境保全向上対策が導入され，品目横断的経営安定対策による担い手支援と車の両輪として今後の農政の中核に位置づけられることとなった．また，農業関連の外部不経済の中でも，家畜排泄物や食品廃棄物などの循環利用にかかわる法律や対策も積極的に打ち出されるようになってきた．2001年5月には食品リサイクル法が施行され，2002年12月にはバイオマス・ニッポン総合戦略が閣議決定され，2004年11月には，家畜排せつ物の管理の適正化及び利用の促進に関する法律（家畜排せつ物法）が本格的に施行された．これらの循環型社会の形成に資する法律や各種対策は，農業という産業のゆりかごから墓場までを，研究者や政策担当者が大いに意識せざ

るを得ない状況を作り上げてきており，LCAなどが積極的に活用され，政策提言に使用されている現状にある。

　このように，環境評価手法は現実の状況や政策動向に影響を与えつつ，かつまた現実からのフィードバックを受けて発展してきている。前著『農村アメニティの創造に向けて』は多面的機能の評価手法と政策手法を網羅的に紹介することにより，政策議論および研究を深化させる効果があったと評価されている。本書では，農業と環境を取り巻く現実や実際の政策が急速に変化したことに伴い，環境評価手法の適用範囲が拡大するとともに，適用される手法の種類と水準も長足の進歩を遂げたことが読者に理解していただけることであろう。2000年を境として，環境財を多属性に分解して限界評価額を得る手法であるコンジョイント分析の適用が進んできた。環境財の評価と対になる分野である食品安全性に関する研究にも盛んに取り入れられることにより，ポジティブとネガティブという両極端なベクトルを持つ属性を同時に評価することが可能となった。また，現実の費用対効果分析への環境評価手法の適用が進んできたことにより，実務・政策担当者向けの簡便な利用方法である便益移転研究にも目が向けられ，多くの研究蓄積がなされてきた。そのことにより，費用対効果分析に接続しやすいというメリットを持つ，限界評価額を原単位として用いるための知見も蓄積されてきている。

　ところで，これまでの農業環境政策は，補助金・助成金システムに基づくものがほとんどであり，補助金や公共施設建設にかかわる便益を評価するという枠組みで環境評価手法が使用されてきた感は否めない。しかしながら，2007年からはわが国においても本格的に規制影響評価(Regulatory Impact Assessment)が導入される予定である。1980年代に欧米諸国を中心として導入された規制影響評価は，各種規制政策にかかわる影響を金銭評価することにより費用便益分析を実施するものである。規制影響評価の導入とともに，環境評価手法の必要性が急速に高まった諸外国における歴史的事実を考慮すると，さらに新たな農業政策における政策評価のための評価手法の開発が急務であることが予想される。せいぜい10年程度の間に，農業と環境をめぐる問題は急速に変化してきており，そうした状況の変化に対応，かつリードすることにより研究が発展してきていることが本書の各章から理解できるように，新たな政策ニーズ

第18章 むすび

の高まりは，今後の農業と環境問題，そしてそれらを解決，発展させていくための研究の方向性について大いに示唆を与えるものである。

今後の農業政策は生産者と消費者の2極に軸足を置いている。農業農村の環境政策はその両者をつなぐ重要な要因である。都市住民，消費者との交流が進み，農村への来訪者が増えれば，農村環境の整備，保全，維持が必要であり，「美しい農村環境・景観」が求められる。日本のように高温，多雨，多湿の気象の下では，農業資源を手入れせずに放置すれば，その結果は明らかであり，農村は荒れていく。耕作放棄地の発生は侘びしく，寂れた景観悪化をもたらす。その意味では，正常な農業生産活動こそが美しい農村を維持する基本的環境政策といえる。しかし，今の日本の農村は，後継者の不足や高齢化により過疎化が一層進む状況にあり，農業資源の維持，管理は政策的に進めなければならない。中山間地域の畦畔や農道，用水路の管理には直接支払制度が活用され，効果を挙げている。また，家畜糞尿の管理は法的に義務づけられている。こうした活動に対する経費の支出や投資は所得形成に結びつかない。もしこの負担を生産者に求めるとしたら，過重な負担となる。農業環境資源を良好な状態にすることは，広く国民にも恩恵をもたらしている。農業環境政策は政策的にも，財政的にもpublicな支援が必要である。

次に重要なことは，環境と経済はtrade offの関係にあるといわれるが，これをいかにwin-winの関係に転換するかという点である。環境調和型農業の推進により投入資材費を低減させること，安全，安心を競争力とする農産物の販売に結びつけることなどの取り組みが進んでいる。しかし環境コストを償うにはこうした農法的な対策では十分とはいえない。win-winの関係を醸成するには技術進歩と生産者，消費者の意識的努力，試みがカギとなる。そしてそれを支援するのが政策である。環境政策が実効性を持つのは，現場の生産者に受け入れられることが必要である。政策要求の根拠は農業環境の適切な評価に基づかねばならない。本書の研究がその基礎となることを期するものであるが，その成否は読者の批判に俟ちたい。

初出一覧

第 1 章
　　書き下ろし。
第 2 章
　　書き下ろし。
第 3 章
　　伊藤寛幸・吉田謙太郎・山本康貴・出村克彦(2005)：「農業集落排水事業における便益移転の可能性検証」『農業土木学会論文集』vol. 73(4)，pp. 435-442。
　　吉田謙太郎(2000)：「政策評価における便益移転手法の適用可能性の検証」『農業総合研究』vol. 54(4)，pp. 1-24。
　　吉田謙太郎(2003)：「選択実験型コンジョイント分析による環境リスク情報のもたらす順序効果の検証」『農村計画学会誌』vol. 21(4)，pp. 303-312。
第 4 章
　　書き下ろし。
第 5 章
　　中谷朋昭(1999)：「トラベルコスト法」出村克彦・吉田謙太郎編『農村アメニティの創造に向けて——農業・農村の公益的機能評価』大明堂，pp. 21-35。
　　佐藤和夫(2005)：「軽種馬生産地の持つ多面的機能評価——カウントデータモデルを用いた個人トラベルコスト法の適用」『農業経済研究』vol. 77(1)，pp. 12-22。
　　佐藤和夫・粕渕真樹(2005)：「日本在来馬の保存・活用による便益の計測——仮説的トラベルコスト法による分析」『2005年度日本農業経済学会大会論文集』pp. 391-396。
第 6 章
　　斉藤貢・岩本博幸・眞柄泰基(2003)：「インドネシアにおける生活排水による水環境汚染の改善に関する費用便益分析」『土木学会論文集』No. 741/Ⅶ(28)，pp. 131-141。
第 7 章
　　増田清敬(2006)：「わが国の農業分野におけるLCA研究の動向」『農経論叢』vol. 62，pp. 99-115。
第 8 章
　　工藤卓雄(2006)：「水稲直播栽培と局所施肥管理技術の導入における普及および環境影響に関する可能性評価」『石川県農業総合研究センター特別研究報告』vol. 7，pp. 155-214。
第 9 章
　　増田清敬・髙橋義文・山本康貴・出村克彦(2005)：「LCAを用いた低投入型酪農の環境影響評価——北海道根釧地域のマイペース酪農を事例として」『システム農学』

vol. 21(2), pp. 99-112。

第 10 章

増田清敬・和田臨・山本康貴・出村克彦(2006)：「LCA を用いた地域資源循環システムの環境影響評価」『2005 年度日本農業経済学会論文集』pp. 397-404。

第 11 章

林岳(2004)：「農林水産業における環境会計導入の課題」『農業生産活動の環境影響評価に関する FS 研究会農業・生物系特定産業技術研究機構研究調査室小論集』No. 5, pp. 13-22。

山本充・林岳・出村克彦(1998)：「北海道における環境・経済統合勘定の推計──北海道グリーン GDP の試算」『小樽商科大学商学討究』vol. 49(2・3 合併), pp. 93-122。

山本充(2001)：「環境・経済統合勘定の展望」『小樽商科大学商学討究』vol. 52(2・3 合併), p. 247-271。

山本充(2002)：「NAMEA フレームワーク」『小樽商科大学商学討究』vol. 52(4), pp. 165-187。

第 12 章

林岳・山本充・合崎英男・出村克彦・三橋初仁(2002)：「環境経済統合勘定による農業の多面的機能評価手法の開発」環境経済・政策学会 2002 年大会個別報告。

林岳・山本充・増田清敬(2003)：「廃棄物勘定による農業の有機性資源循環システムの把握」『2003 年度日本農業経済学会論文集』pp. 338-340。

林岳・山本充・合崎英男・出村克彦・三橋初仁・國光洋二(2004)：「マクロ環境勘定による農林業の多面的機能の総合評価に関する研究」『小樽商科大学商学討究』vol. 54(4), pp. 107-130。

山本充・林岳・有吉範敏(2003)：「マクロ環境勘定による環境便益の評価方法に関する研究」『小樽商科大学商学討究』vol. 54(1), pp. 233-248。

第 13 章

林岳(2004)：「地域における第一次産業の持続可能な発展に関する分析──北海道地方を事例とした環境・経済統合勘定の構築と推計」『農林水産政策研究』No. 6, pp. 1-22。

林岳・久保香代子・合田素行(2004)：「地域における有機性資源リサイクルシステムの定量的評価──宮崎県国富町を事例として」『2004 年度日本農業経済学会論文集』pp. 277-281。

Hayashi, T., Takahashi, Y. and Yamamoto, M.(2005): "How can we evaluate sustainability of the agriculture?: an evaluation by the NAMEA and the ecological footprint," 『小樽商科大学商学討究』vol. 56(2・3 合併), pp. 1-15。

山本充・林岳・出村克彦(1998)：「北海道における環境・経済統合勘定の推計──北海道グリーン GDP の試算」『小樽商科大学商学討究』vol. 49(2・3 合併), pp. 93-122。

Yamamoto, M., Hayashi, T. and Demura, K.(1999): "Estimation of integrated environmental and economic accounting in Hokkaido,"『地域学研究』vol. 29(1), pp. 25-40.

山本充(2002):「廃棄物勘定に関する考察(1)」『小樽商科大学商学討究』vol. 53(1), pp. 307-341。

山本充(2002):「廃棄物勘定に関する考察(2)」『小樽商科大学商学討究』vol. 53(2・3合併), pp. 165-186。

山本充(2003):「廃棄物勘定に関する考察(3)」『小樽商科大学商学討究』vol. 53(4), pp. 137-153。

山本充(2003):「北海道における廃棄物勘定の推計とその検討」『地域学研究』vol. 33(1), pp. 33-44。

山本充(2004):「北海道 NAMEA の試算」『草地生態系の物質循環機能を考慮した酪農の持続的生産体系と LCA 分析』(平成 13 年度〜15 年度日本学術振興会科学研究補助金(基盤研究(B)(2))研究成果報告書(第 2 報)研究代表:出村克彦), pp. 69-112。

第 14 章

林岳(2004):「農林水産業における環境会計導入の課題」『農業生産活動の環境影響評価に関する FS 研究会農業・生物系特定産業技術研究機構研究調査室小論集』No. 5, pp. 13-22。

林岳(2007):「農業における環境会計適用の意義と課題」『農業および園芸』vol. 82(7), pp. 743-750。

第 15 章

髙橋義文(2004):「持続性概念からみたエコロジカル経済学」『農経論叢』vol. 60, pp. 175-188。

第 16 章

髙橋義文・出村克彦(2003):「自然環境問題と持続的農業農村開発――Carrying Capacity 概念による人間活動の観点から」『2003 年度日本農業経済学会論文集』pp. 411-416。

髙橋義文・林岳・山本充(2006):「農林業の環境負荷と多面的機能を考慮した新たな持続可能性評価手法に関する研究」『2005 年度日本農業経済学会論文集』pp. 304-310。

第 17 章

髙橋義文・出村克彦(2003):「Emergy Flow Model による人間活動のシミュレーションと環境収容力の推定――中国農村部弄石屯を事例にして」第 53 回地域農林経済学会大会, 山口大学。

第 18 章

書き下ろし。

なお, 本書に収録するにあたっては, いずれも全文を見直すとともに, 大幅な加筆修正を行った。

執筆者紹介(担当順)

出村克彦　北海道大学大学院農学研究院教授
岩本博幸　東京農業大学国際食料情報学部講師
小池　直　株式会社マクロミルネットリサーチ事業部リーダー
吉田謙太郎　筑波大学大学院システム情報工学研究科准教授
伊藤寛幸　株式会社ルーラルエンジニア主幹
佐藤和夫　酪農学園大学酪農学部准教授
中谷朋昭　ストックホルムスクールオブエコノミクス経済統計学科リサーチアシスタント・大学院生
斉藤　貢　国連開発計画ソロモン諸島事務所環境プログラムマネージャー
眞柄泰基　北海道大学創成科学共同研究機構特任教授
増田清敬　日本学術振興会特別研究員(小樽商科大学大学院商学研究科配属)
工藤卓雄　石川県農林水産部専門員
山本康貴　北海道大学大学院農学研究院准教授
山本　充　小樽商科大学大学院商学研究科教授
林　岳　農林水産省農林水産政策研究所研究員
髙橋義文　北星学園大学経済学部講師

〈編著者紹介〉

出村 克彦(でむら かつひこ)
　1945年北海道生まれ
　北海道大学卒業，農学博士
　北海道大学大学院農学研究院教授
　主 著
　『食肉経済の周期分析』(明文書房，1979年)
　『農村アメニティの創造に向けて―農業・農村の公益的機能評価―』〈編著〉(大明堂，1999年)
　『中国山岳地帯の森林環境と伝統社会』〈編著〉(北海道大学出版会，2006年)

山本 康貴(やまもと やすたか)
　1960年北海道生まれ
　北海道大学卒業，博士(農学)
　北海道大学大学院農学研究院准教授
　主 著
　『消費者と食料経済』〈共著〉(中央経済社，2000年)
　『農業の与件変化と対応策』〈共著〉(農林統計協会，2002年)
　『食品安全性の経済評価―表明選好法による接近―』〈共著〉(農林統計協会，2004年)

吉田謙太郎(よしだ けんたろう)
　1968年北海道生まれ
　北海道大学卒業，博士(農学)
　筑波大学大学院システム情報工学研究科准教授
　主 著
　『農村アメニティの創造に向けて―農業・農村の公益的機能評価―』〈編著〉(大明堂，1999年)
　『国境措置と日本農業』〈共著〉(農林統計協会，2000年)
　『Food Safety: Consumer, Trade, and Regulation Issues』〈共著〉(Zhejiang University Press，2005年)

農業環境の経済評価──多面的機能・環境勘定・エコロジー──
2008年3月31日　第1刷発行

編著者　出村克彦
　　　　山本康貴
　　　　吉田謙太郎

発行者　吉田克己

発行所　北海道大学出版会
札幌市北区北9条西8丁目 北海道大学構内(〒060-0809)
Tel. 011(747)2308・Fax. 011(736)8605・http://www.hup.gr.jp

アイワード／石田製本　Ⓒ 2008　出村克彦・山本康貴・吉田謙太郎
ISBN978-4-8329-6689-5

中国山岳地帯の森林環境と伝統社会	出村克彦　編著 但野利秋	A5判・460頁 定価10000円
生命(いのち)を支える農業 ―日本の食糧問題への提言―	石塚喜明著	四六判・128頁 定価1600円
日本の農業・アジアの農業	石塚喜明著	四六判・200頁 定価2000円
復元の森 ―前田一歩園の姿と歩み―	石井　寛編著	B5判・312頁 定価18000円
自然保護法講義[第2版]	畠山武道著	A5判・352頁 定価2800円
アメリカの環境保護法	畠山武道著	A5判・498頁 定価5800円
アメリカの環境訴訟	畠山武道著	A5判・394頁 定価5000円
アメリカの国有地法と環境保全	鈴木　光著	A5判・426頁 定価5600円
生物多様性保全と環境政策 ―先進国の政策と事例に学ぶ―	畠山武道　編著 柿澤宏昭	A5判・438頁 定価5000円
アメリカ環境政策の形成過程 ―大統領環境諮問委員会の機能―	及川敬貴著	A5判・382頁 定価5600円
環境の価値と評価手法 ―CVMによる経済評価―	栗山浩一著	A5判・288頁 定価4700円
サハリン大陸棚石油・ガス開発と環境保全	村上　隆編著	B5判・448頁 定価16000円
水鳥のための油汚染救護マニュアル	E.ウォルラベン著 黒沢信道・優子訳	B5判・144頁 定価1800円
北海道・緑の環境史	俵　浩三著	A5判・418頁 定価3500円
北の自然を守る ―知床，千歳川そして幌延―	八木健三著	四六判・264頁 定価2000円
森からのおくりもの ―林産物の脇役たち―	川瀬　清著	四六判・224頁 定価1600円
野生動物の交通事故対策 ―エコロード事始め―	大泰司・ 井部・増田　編著	B5判・210頁 定価6000円
知床の動物 ―原生的自然環境下の脊椎動物群集とその保護―	大泰司紀之　編著 中川　元	B5判・420頁 定価12000円
どんぐりの雨 ―ウスリータイガの自然を守る―	M.ディメノーク著 橋本・菊間訳	四六判・246頁 定価1800円
馬産地80話 ―日高から見た日本競馬―	岩崎　徹著	四六判・270頁 定価1800円

〈定価は消費税含まず〉

北海道大学出版会